◆ 应用型人才培养"十三五"规划教材

建筑结构

（附建筑结构施工图集）

第二版

◉ 张宪江　主　编
◉ 徐广舒　副主编

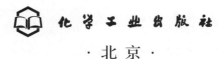

化学工业出版社

·北京·

本书结合最新结构设计规范与标准构造图集，对混凝土结构、砌体结构、钢结构及结构抗震等内容进行了精选与整合。在内容组织上，以结构施工图识读为主线，从结构整体出发、由结构组成构件切入，按照必需、够用的原则，涵盖了结构设计计算、施工图识读与施工构造等内容。通过对本书的学习，可以对建筑结构的设计原理、施工图识读与施工构造知识有比较全面的了解，从而理解设计意图，深层次读懂结构施工图，具备土木工程技术人员的基本知识和核心技能。

本书配套的建筑、结构施工图以汇编的形式单独成册，以便于查阅。同时，还可以通过扫描二维码查看丰富的数字资源。

本书可作为应用型土建类专业群（建筑工程技术、工程监理、工程管理、工程造价等）专业核心课的教材，也可供从事设计、施工、监理等工作的技术人员参考。

图书在版编目（CIP）数据

建筑结构：附建筑结构施工图集/张宪江主编．—2版．
—北京：化学工业出版社，2019.2（2023.1重印）
ISBN 978-7-122-33711-5

Ⅰ．①建…　Ⅱ．①张…　Ⅲ．①建筑结构-高等学校-教材　Ⅳ．①TU3

中国版本图书馆 CIP 数据核字（2019）第 010647 号

责任编辑：李仙华　　　　　　　　　　　　装帧设计：王晓宇
责任校对：杜杏然

出版发行：化学工业出版社（北京市东城区青年湖南街 13 号　邮政编码 100011）
印　　装：三河市延风印装有限公司
787mm×1092mm　1/16　印张 25¼　字数 655 千字　2023 年 1 月北京第 2 版第 3 次印刷

购书咨询：010-64518888　　售后服务：010-64518899
网　　址：http://www.cip.com.cn
凡购买本书，如有缺损质量问题，本社销售中心负责调换。

定　　价：59.80 元

土建类专业教材编审委员会

第二版前言

应用型人才教育必须以能力培养为目标，以岗位能力分析为基础，以最新规范、标准为依据，以典型工程为主线，以教学内容的实用性为突破口，以新的教学手段为载体。

为贯彻新的国家规范、标准及图集，及时反映教学实践中的经验，在保持第一版的特点和风格下，做了必要修订。修订的主要内容有：①鉴于目前框架-剪力墙结构应用广泛，增加了剪力墙的基本知识、施工图识读及其施工构造等内容；②施工图识读与施工构造处理是土建类从业人员最核心的能力，故在相关章节中增加了施工图识读与施工构造的内容，旨在强化核心能力的培养；③基于职业教育"必需、够用"的原则，删除了框架结构设计、预应力混凝土构件及计算机辅助设计的相关内容；④混凝土结构中填充墙应用广泛，掌握填充墙的施工构造很有必要，故增加了框架填充墙的相关知识；⑤钢结构部分，依据最新《钢结构设计标准》(GB 50017—2017)进行了修订，强化了钢结构施工图识读能力培养，弱化了相关设计理论的介绍。

本书有机地融合了如下内容：结构设计准则及抗震设计基本知识；钢筋混凝土结构基本构件——梁、板、柱、墙等的设计计算、结构施工图平法表达与识图，以及相关的配筋构造；砌体结构基本构件的设计计算、结构施工图表达与识图，以及填充墙等墙体的一般构造；钢结构基本构件与连接设计计算、结构施工图表达与识图等内容。通过对结构基本构件设计计算的学习，深化对结构构件在结构中的受力特性及施工构造的理解，以达到深入理解结构施工图的设计意图、具备结构施工图识读与施工构造处理能力的教学目的。

本书编写时，注重能力培养，各章节中包含了典型案例、实训项目，以及章小结、思考与练习等基本内容。**还可以通过扫描二维码查看丰富的数字资源。本书提供电子课件及视频等教学资源，可登录 www.cipedu.com.cn 网址免费获取。**

本书由张宪江担任主编，徐广舒担任副主编。本书第一章、第二章、第五章、第十章由张宪江编写，第三章由陈凤编写；第四章、第十一章由黄昆编写，第六章～第八章由熊森编写，第九章由陈宇峰编写，第十二章由何慧荣编写，第十三章～第十五章由汪丽编写，第十六章、第十七章由徐广舒编写，第十八章由付华编写，第十九章由曹丽萍编写。本书配套的混凝土结构、砌体结构及钢结构施工图由黄昆提供。

在本书编写过程中，参阅了相关的书籍和文献，并得到了化学工业出版社及湖州建工集团有限公司的茅建坤教授高工的大力支持和帮助，谨此一并致谢！

本书是对应用型土建类专业平台课——"建筑结构"课程内容改革的尝试和探索，能对应用型人才教育改革有所裨益为编者所企盼。由于编者水平有限，虽尽心尽力、反复推敲，仍难免存在疏漏或不妥之处，恳请读者与同行专家批评指正。

编　者

2019 年 01 月

目录

第三篇　砌 体 结 构

第四篇　钢 结 构

二维码资源目录

第一篇
建筑结构基本知识

何谓建筑结构？实际工程常采用哪些结构类型？这些结构类型各有哪些特点？如何进行结构设计？在学习这门课程之前，必须首先了解这些基本知识。

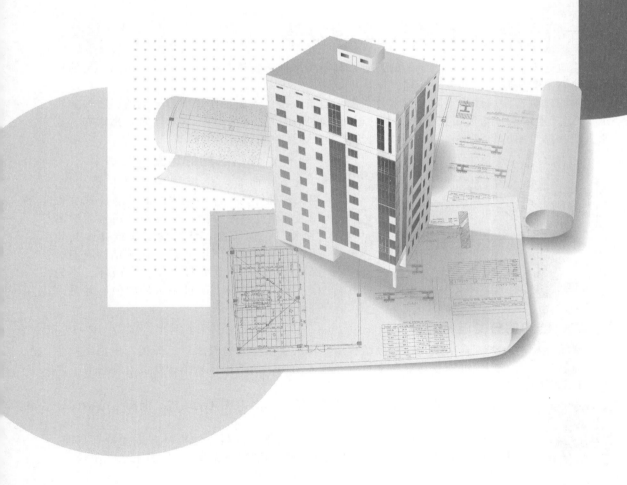

第一章 建筑结构的基本概念

知识目标	• 理解建筑结构的基本概念 • 了解混凝土结构、砌体结构、钢结构、木结构、混合结构的特点及其应用 • 熟悉各结构体系的特点及其应用
能力目标	• 能够识别结构中构件的类别 • 能够识别结构体系的类别

第一节 建筑结构的定义与分类

建筑是人们为了满足社会生活的需要，利用所掌握的物质与技术手段，并运用一定的科学规律和美学法则创造的人工环境。

按照建筑物使用性质不同，通常分为民用建筑（指供人们工作、学习、生活、居住的建筑物）、工业建筑（指为工业生产服务的车间、辅助用房等建筑物）、农业建筑（指供农、牧业生产和加工用的建筑物）。其中民用建筑又可分为居住建筑与公共建筑。

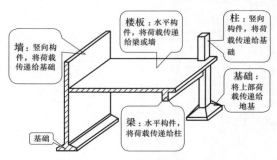

墙：竖向构件，将荷载传递给基础

楼板：水平构件，将荷载传递给梁或墙

柱：竖向构件，将荷载传递给基础

基础：将上部荷载传递给地基

梁：水平构件，将荷载传递给柱

基础

图 1.1.1 建筑结构组成示意图

一、建筑结构的定义

一般而言，建筑物中由梁、板、柱、墙、基础等构件连接而成的能承受外部"作用"的空间体系称为建筑结构（通常简称为"结构"）。简言之，结构就是建筑物中起骨架作用的部分（图 1.1.1）。建筑结构应能够保证建筑物在承受各种作用后不破坏、不失稳，变形、裂缝不超过规定的限值，并且具有足够的使用年限。

二、结构的分类与特点

建筑结构的分类方式很多，通常按结构所采用的主要受力材料来进行分类。根据结构主要受力材料不同，一般可划分为混凝土结构、砌体结构、钢结构、木结构及混合结构等。

1. 混凝土结构

主要以混凝土为主要受力材料的结构称之为混凝土结构。混凝土结构的分类如图 1.1.2 所示。

目前，建筑工程中广泛采用的是现浇钢筋混凝土结构（若未加特别指明，本书中所说的钢筋混凝土结构均指现浇钢筋混凝土结构），如图 1.1.3 所示。

钢筋混凝土结构有哪些特点？请扫码了解一下吧！

二维码 1.1

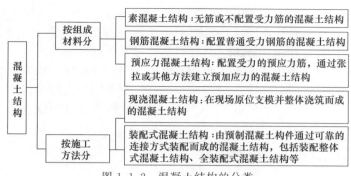

图 1.1.2　混凝土结构的分类

图 1.1.3　钢筋混凝土结构

2. 砌体结构

砌体结构是指由块体和砂浆砌筑而成的墙、柱作为建筑物主要受力构件的结构，是砖砌体、砌块砌体和石砌体结构的统称。块体包括普通黏土砖、承重黏土空心砖、硅酸盐砖、混凝土中小型砌块、粉煤灰中小型砌块或料石和毛石等。

砌体结构有哪些特点？请扫码了解一下吧。

实际工程中，砌体结构一般与混凝土结构结合使用，采用砌体作墙体，钢筋混凝土作楼、屋盖，即通常所说的砖混结构，如图 1.1.4 所示。

二维码 1.2

3. 钢结构

钢结构是以钢材作为主要受力材料的结构，通常以钢板、钢管、热轧型钢或冷加工成型的型钢通过焊接、铆钉或螺栓连接而成，如北京的奥运场馆"鸟巢"（图 1.1.5）。随着我国高层、大跨度建筑的发展，采用钢结构的趋势正在增长。

图 1.1.4　砌体结构

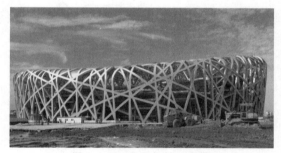

图 1.1.5　奥运场馆—鸟巢

钢结构有哪些特点？请扫码了解一下吧。

二维码 1.3

4. 木结构

木结构是指采用木材为主要受力材料建成的结构（图 1.1.6）。木结构在古代应用得十分广泛，但存在易燃、易腐蚀等缺点，目前国内仅在一些仿古建筑中少量应用。在国外一些国家广泛用作乡村别墅，如新西兰国家的许多住宅建筑采用木结构。关于木结构，本书不做过多介绍。

5. 混合结构

由两种及两种以上材料作为主要受力材料的结构称为混合结构，如砌体-混凝土结构（砖混结构）、钢-混凝土结构等。

多层混合结构一般是由砖墙（柱）和混凝土楼

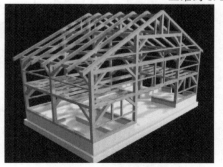

图 1.1.6　木结构

（屋）盖组成的砖混结构。高层混合结构一般是钢-混凝土结构，即由钢或型钢混凝土（SRC）框架与钢筋混凝土（RC）筒体所组成的共同承受竖向和水平作用的结构［图1.1.7（a）］。它是近年来在我国迅速发展的一种结构形式，不仅具有钢结构建筑自重轻、截面尺寸小、施工进度快、抗震性能好的特点，还兼有钢筋混凝土结构刚度大、防火性能好、成本低的优点，因而被认为是一种符合我国国情的较好的高层建筑结构形式。如我国的上海金茂大厦，建筑高度420.5m，由混凝土核心筒＋SRC巨型翼柱＋钢柱＋钢梁或桁架组合而成［图1.1.7（b）］。

(a) 钢框架+RC核心筒

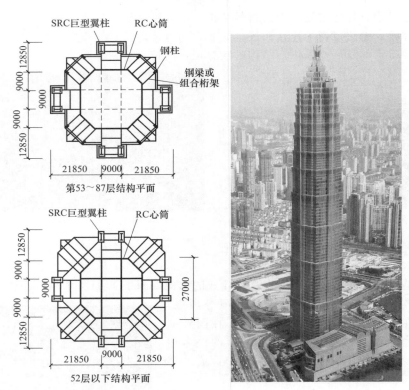

(b) 上海金茂大厦

图1.1.7 高层混合结构

关于混合结构，本书不做过多介绍。

第二节 结构体系的划分

结构设计时，一般应根据结构的受力和构造特点不同，将其划分为若干种结构体系，以便于分析结构内力，进而对结构进行设计（通常，结构体系是针对上部结构而言的，不包含基础部分）。

一、混凝土结构体系的划分

为便于结构内力分析与配筋设计，通常将钢筋混凝土结构划分为框架结构、剪力墙结构、框架-剪力墙结构、部分框支剪力墙结构、筒体结构、板柱结构、单层厂房结构等几种结构体系。

1. 框架结构

由梁、柱和板为主要构件组成的承受竖向和水平作用的结构称为框架结构（图1.2.1），它是多层房屋的常用结构形式。

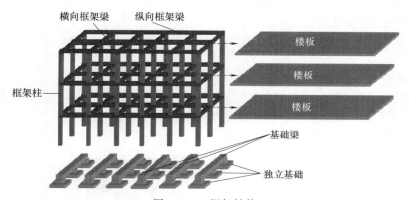

图1.2.1 框架结构

框架结构体系的最大特点是承重结构和围护、分隔构件完全分开，墙只起围护、分隔作用。框架结构在水平作用下表现出抗侧移刚度小，水平位移大的特点，属于柔性结构，故随着房屋层数的增加，水平作用逐渐增大，因此会由于侧移过大而不能满足使用要求。

2. 剪力墙结构

利用钢筋混凝土剪力墙作为竖向承重及抗侧力构件的结构称为剪力墙结构（图1.2.2）。所谓剪力墙，实质上是刚结于基础的钢筋混凝土墙片，具有很高的抗侧移能力。因结构中的水平剪力主要由其承担，故名剪力墙。

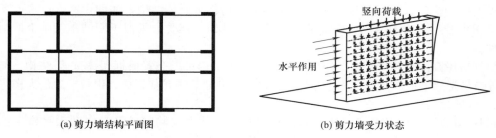

(a) 剪力墙结构平面图   (b) 剪力墙受力状态

图1.2.2 剪力墙结构

3. 框架-剪力墙结构

为了弥补框架结构中随房屋层数增加，水平荷载迅速增大而侧向刚度不足的缺点，可在框架结构中设置部分钢筋混凝土剪力墙，形成框架和剪力墙共同承受竖向和水平作用的体系，即框架-剪力墙结构，简称框-剪结构，如图 1.2.3 所示。剪力墙可以是单片墙体，也可以是电梯井、楼梯井、管道井组成的封闭式井筒。

框-剪结构的侧向刚度比框架结构大，大部分水平作用由剪力墙承担，而竖向荷载主要由框架承受。同时由于它只在部分位置上有剪力墙，保持了框架结构易于分割空间、立面易于变化等优点。此外，这种体系的抗震性能也较好。所以，框-剪体系在多层及高层办公楼、住宅等建筑中得到了广泛应用。

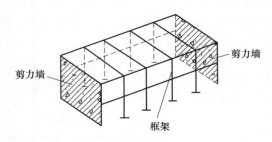

图 1.2.3　框架-剪力墙结构

4. 部分框支剪力墙结构

当剪力墙结构的底部要求有较大空间时，可将底部一层或几层部分剪力墙设计为框支剪力墙（剪力墙不落地），形成部分框支剪力墙结构，如图 1.2.4 所示。

部分框支剪力墙结构属竖向不规则结构，上、下层不同结构的内力和变形通过转换层传递，抗震性能较差，烈度为 9 度的地区不应采用。

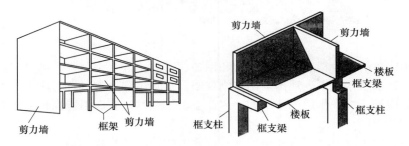

图 1.2.4　部分框支剪力墙结构

5. 筒体结构

以筒体为主组成的承受竖向和水平作用的结构称为筒体结构，如图 1.2.5 所示。所谓筒体，是指由若干片剪力墙围合而成的封闭井筒式结构，其受力类似于刚结于基础上的筒形悬臂构件。

根据房屋高度及其所受水平作用的不同，筒体结构可以布置成框架-核心筒结构、筒中筒结构等结构形式。筒体结构多用于高层或超高层公共建筑中，如饭店、银行、通信大楼等。

6. 板柱结构

板柱-剪力墙结构是由梁与柱组成的板柱框架与剪力墙共同承受竖向和水平作用的结构[图 1.2.6（a）]。板柱-剪力墙结构形式在地下工程中广泛应用。

板柱框架是由楼板和柱组成承重体系的房屋结构，也称无梁楼盖体系[图 1.2.6（b）]。它的特点是室内楼板下没有梁，空间通畅简洁，平面布置灵活，在层高不变的情况下，可以增加建筑物的净高。

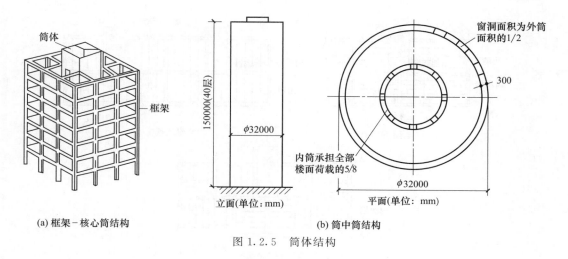

(a) 框架-核心筒结构   (b) 筒中筒结构

图 1.2.5 筒体结构

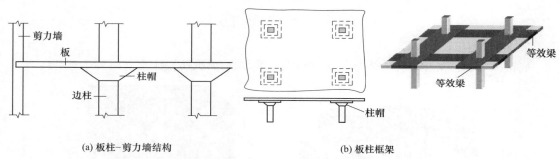

(a) 板柱-剪力墙结构   (b) 板柱框架

图 1.2.6 板柱-剪力墙结构及板柱框架

7. 单层厂房结构

单层厂房结构是由屋面横梁（屋架或屋面大梁）和柱组成，主要用于单层工业厂房 [图 1.2.7 (a)]。设计分析时，一般假定屋面横梁与柱的顶端铰接，柱的下端与基础顶面刚结，形成铰接排架 [图 1.2.7 (b)]。

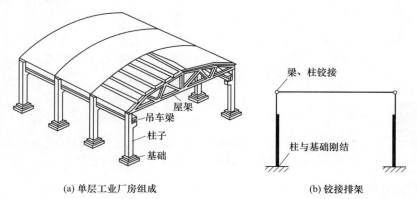

(a) 单层工业厂房组成   (b) 铰接排架

图 1.2.7 单层厂房结构

二、砌体结构体系的划分

砌体结构建筑一般可分为多层砌体房屋与底部框架砌体房屋。

1. 多层砌体房屋

多层砌体房屋可分为横墙承重体系、纵墙承重体系、纵横墙承重体系（图 1.2.8）。

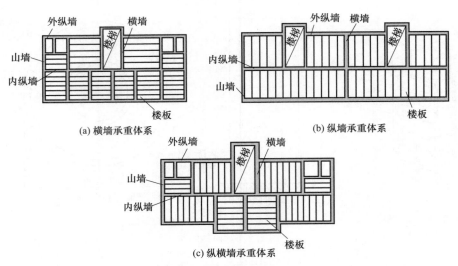

(a) 横墙承重体系　　　　　　　　(b) 纵墙承重体系

(c) 纵横墙承重体系

图 1.2.8　多层砌体房屋结构体系

2. 底部框架砌体房屋

底部框架砌体房屋可分为内框架承重体系与底部框架-抗震墙体系（图 1.2.9）。

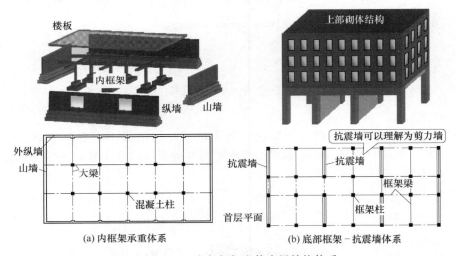

(a) 内框架承重体系　　　　　　　(b) 底部框架－抗震墙体系

图 1.2.9　底部框架砌体房屋结构体系

 名词解释

　　砌体结构中，通常将平行于房屋长向布置的墙体称为纵墙；平行于房屋短向布置的墙体称为横墙；房屋四周与外界分隔的墙体称为外墙；外横墙又称为山墙；其余墙体称为内墙。

三、钢结构体系的划分

钢结构建筑一般有单层钢结构、多高层钢结构、大跨度钢结构等结构体系。

1. 单层钢结构

单层钢结构体系主要有排架、框架及门式刚架等形式，其中比较常见的单层钢结构体系为门式刚架（图 1.2.10）。

2. 多高层钢结构

多高层钢结构体系主要有框架结构、框架-支撑结构、框架-剪力墙结构、简体结构、巨

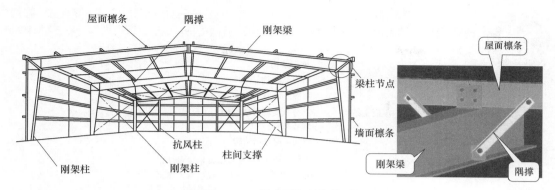

图 1.2.10 门式刚架结构体系

型结构等形式。其中比较常见的多高层钢结构体系有钢框架-中心支撑结构、巨型框架结构（图 1.2.11）。

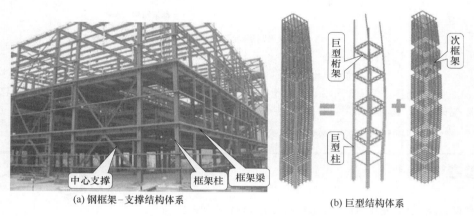

(a) 钢框架-支撑结构体系　　　　　(b) 巨型结构体系

图 1.2.11 多高层钢结构体系

名词解释

柱间支撑的斜腹杆都连接于梁柱节点时称为中心支撑。图 1.2.11（a）中的 V 形斜撑也属于中心支撑。

3. 大跨度钢结构

大跨度钢结构体系主要有桁架、网架网壳、钢拱、悬索等形式。其中比较常见的大跨度钢结构体系有平板网架结构与网壳结构（图 1.2.12）。

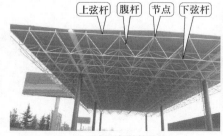

(a) 平板网架结构体系　　　　　(b) 网壳结构体系

图 1.2.12 大跨度钢结构体系

一般而言，建筑物中由梁、板、柱、墙、基础等构件连接而成的能承受外部"作用"的骨架称为建筑结构（简称结构），结构是建筑安全的基本保证。建筑结构一般按材料或按受力特点和构造特点进行如下分类。

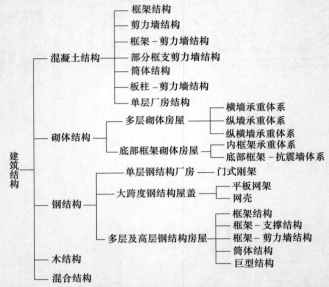

建筑结构

- 混凝土结构
  - 框架结构
  - 剪力墙结构
  - 框架–剪力墙结构
  - 部分框支剪力墙结构
  - 筒体结构
  - 板柱–剪力墙结构
  - 单层厂房结构
- 砌体结构
  - 多层砌体房屋
    - 横墙承重体系
    - 纵墙承重体系
    - 纵横墙承重体系
  - 底部框架砌体房屋
    - 内框架承重体系
    - 底部框架–抗震墙体系
- 钢结构
  - 单层钢结构厂房 — 门式刚架
  - 大跨度钢结构屋盖
    - 平板网架
    - 网壳
  - 多层及高层钢结构房屋
    - 框架结构
    - 框架–支撑结构
    - 框架–剪力墙结构
    - 筒体结构
    - 巨型结构
- 木结构
- 混合结构

一般而言，多层和高层建筑常采用混凝土结构、钢结构及混合结构；大跨空间类建筑常采用钢结构；单层厂房常采用钢结构或混凝土结构；砌体结构一般仅用于多层房屋。

思考与练习

1. 何谓建筑？何谓建筑结构？组成结构的基本构件有哪些？
2. 结构按所采用的主要受力材料，可划分为哪几类？各有何主要特点？
3. 根据结构的受力和构造特点，可划分为哪几种结构体系？
4. 框架结构主要由哪几种构件组成？有何主要受力特点？
5. 框架-剪力墙结构主要由哪几种构件组成？有何主要受力特点？
6. 门式刚架主要由哪几种构件组成？
7. 目前，实际工程中多层和高层建筑、单层厂房常采用哪种结构类型与结构体系？

第二章 结构设计的基本概念

知识目标

- 了解结构设计的一般要求与流程
- 理解荷载的分类及荷载代表值
- 熟悉结构内力分析与内力组合的概念
- 了解计算机辅助结构设计在工程中的应用
- 了解概率极限状态设计法的概念
- 了解承载能力极限状态设计的实用表达式

能力目标

- 能够进行荷载统计并进行必要换算
- 能够根据设计条件计算简单构件的内力设计值并绘制内力图

第一节 结构设计的一般流程

结构设计包括上部结构设计和基础设计，本书所说结构设计是指上部结构设计。上部结构设计需要依据结构专业的相关规范、图集等进行，其主要内容包括以下几点。

① 根据建筑设计确定结构体系及结构主要材料；

② 结构平面布置；

③ 初步选用材料种类、强度等级等，根据经验初步确定构件的截面尺寸；

④ 结构荷载计算；

⑤ 各种荷载作用下结构的内力分析与内力（荷载效应）组合；

⑥ 构件的截面、节点设计与构造设计；

⑦ 绘制结构施工图。

结构设计的一般流程如图 2.1.1 所示。

结构设计应满足哪些基本要求呢？请扫码了解一下吧。

图 2.1.1 结构设计的一般流程

二维码 2.1

第二节 结构上的荷载

结构是用来承受外部"作用"的"骨架"。这里所说的"作用"是使结构产生效应（如结构的内力、变形、裂缝等）的各种原因的统称。作用分为直接作用和间接作用。直接作用习惯上称为荷载，系指施加在结构上的集中力或分布力系，如结构的自重、楼面荷载、雪荷载、风荷载等；间接作用指引起结构外加变形或约束变形的原因，如地基不均匀沉降、混凝土收缩、温度变化、地震作用等。本书中如无特别说明，一般是指直接作用（即荷载）。

结构设计时需要确定荷载效应，而荷载效应是由荷载引起的，只有先确定了结构上的荷载，才能够分析结构的荷载效应（内力、变形、裂缝等）。

一、荷载分类

按随时间的变异情况不同，结构上的荷载可分为下列三类。

1. 永久荷载

在结构使用期间，其值不随时间变化，或者其变化与平均值相比可以忽略不计，或其变化是单调的并能趋于限值的荷载，称为永久荷载，也称恒荷载或恒载，如结构自重、土压力、预应力等。

2. 可变荷载

在结构使用期间，其值随时间变化，且其变化与平均值相比不可以忽略不计的荷载，称为可变荷载，也称活荷载或活载，如楼面活荷载、屋面活荷载、风荷载、雪荷载、吊车荷载等。

3. 偶然荷载

在结构使用期间不一定出现，而一旦出现其量值很大，且持续时间很短的荷载，称为偶然荷载，如爆炸力、撞击力等。

二、荷载代表值

结构设计时，应对荷载赋予一个规定的量值，该量值即为荷载代表值。

1. 永久荷载代表值

永久荷载代表值采用荷载标准值。荷载标准值是荷载的基本代表值，为设计基准期（一般为 50 年）内最大荷载统计分布的特征值（例如均值、众值、中值或某个分位值）。

永久荷载主要包括结构构件、围护构件、面层及装饰、固定设备、长期储物的自重等。几种常用材料的单位体积自重列于表 2.2.1，其他常用材料和构件的单位自重可从《建筑结构荷载规范》（GB 50009—2012）（以下简称《荷载规范》）查取。

表 2.2.1　几种常用材料的单位体积自重

序号	名　称	自重/(kN/m³)	序号	名　称	自重/(kN/m³)
1	素混凝土	22.0～24.0	5	蒸压粉煤灰加气混凝土砌块	5.5
2	钢筋混凝土	24.0～25.0	6	混凝土空心小砌块	11.8
3	水泥砂浆	20.0	7	水磨石地面	0.65
4	石灰砂浆、混合砂浆	17.0	8	加气混凝土	5.5～7.5

结构自重的标准值（永久荷载代表值）可按结构构件的设计尺寸与材料单位体积的自重计算确定。例如，某钢筋混凝土矩形截面梁的截面尺寸为 200mm×500mm，若取钢筋混凝土的单位体积的自重标准值为 25kN/m³，则该梁的自重标准值为 0.2×0.5×25＝2.5（kN/m）（线荷载）。

特别说明

荷载的表现形式有集中力（kN）、线荷载（kN/m）、面荷载（kN/m²）、体荷载（即自重，kN/m³），结构内力分析时，这几种荷载形式可以相互转化。如：自重（kN/m³）×厚度（m）＝面荷载（kN/m²）；面荷载（kN/m²）×宽度（m）＝线荷载（kN/m）；线荷载（kN/m）×长度（m）＝集中力（kN）。

2. 可变荷载代表值

可变荷载应根据设计要求采用标准值、组合值、频遇值或准永久值作为其代表值。

（1）可变荷载标准值　作用于结构上的可变荷载包括楼面均布活荷载、屋面均布活荷载、屋面积灰荷载、施工和检修荷载及栏杆荷载、吊车荷载、雪荷载、风荷载等。

民用建筑楼面均布活荷载（包括作用在楼面上的人群、家具及临时性荷载等）标准值列于表 2.2.2，可根据实际情况选用。

房屋建筑的屋面水平投影面上的屋面均布活荷载的标准值见表 2.2.3，可根据实际情况选用。

其余可变荷载标准值的取值可从《荷载规范》查取。

表 2.2.2 民用建筑楼面均布活荷载标准值及其组合值、频遇值和准永久值系数（部分）

项次	类 别	标准值 /(kN/m²)	组合值 系数 ψ_c	频遇值 系数 ψ_f	准永久值 系数 ψ_q
1	（1）住宅、宿舍、旅馆、办公楼、医院病房、托儿所、幼儿园	2.0	0.7	0.5	0.4
	（2）试验室、阅览室、会议室、医院门诊室	2.0	0.7	0.6	0.5
2	教室、食堂、餐厅、一般资料档案室	2.5	0.7	0.6	0.5

注：本表仅列出部分民用建筑楼面均布活荷载标准值及其组合值、频遇值和准永久值系数，完整附表请扫码获取。

表 2.2.3 屋面均布活荷载标准值及其组合值系数、频遇值系数和准永久值系数

项次	类 别	标准值/(kN/m²)	组合值系数 ψ_c	频遇值系数 ψ_f	准永久值系数 ψ_q
1	不上人的屋面	0.5	0.7	0.5	0.0
2	上人的屋面	2.0	0.7	0.5	0.4
3	屋顶花园	3.0	0.7	0.6	0.5
4	屋顶运动场	3.0	0.7	0.6	0.4

注：1. 不上人的屋面，当施工或维修荷载较大时，应按实际情况采用；对不同类型的结构应按有关设计规范的规定采用，但不得低于 $0.3kN/m^2$。

2. 当上人的屋面兼作其他用途时，应按相应楼面活荷载采用。

3. 对于因屋面排水不畅、堵塞等引起的积水荷载，应采取构造措施加以防止；必要时，应按积水的可能深度确定屋面活荷载。

4. 屋顶花园活荷载不包括花圃土石等材料自重。

二维码 2.2

（2）可变荷载组合值 当两种或两种以上可变荷载同时作用于结构上时，所有可变荷载同时达到其单独出现时可能达到的最大值的概率极小。因此，除主导荷载（产生最大效应的荷载）可以其标准值为代表值外，其他伴随荷载均应以小于标准值的荷载值作为其代表值，此即为可变荷载组合值。

可变荷载组合值可表示为 $\psi_c Q_k$。其中，Q_k 为可变荷载标准值，ψ_c 为可变荷载组合值系数，其值按表 2.2.2、表 2.2.3 查取。

（3）可变荷载频遇值 可变荷载频遇值是指在设计基准期内被超越的总时间仅为设计基准期一小部分的荷载值。可变荷载频遇值可表示为 $\psi_f Q_k$。其中，ψ_f 为可变荷载频遇值系数，其值按表 2.2.2、表 2.2.3 查取。

（4）可变荷载准永久值 可变荷载准永久值是指在设计基准期内经常达到或超过的荷载值，它对结构的影响类似于永久荷载。

可变荷载准永久值可表示为 $\psi_q Q_k$，其中，ψ_q 为可变荷载准永久值系数。ψ_q 的值按表 2.2.2、表 2.2.3 查用。

案例

某露台构造做法如下，试对永久荷载标准值进行统计计算，并确定可变荷载标准值。

【分析】

露台构造做法：	永久荷载标准值统计计算
20mm 厚 1:3 水泥砂浆抹平压光	$0.02m \times 20kN/m^3 = 0.4kN/m^2$
SBS 防水层	$0.1kN/m^2$
30mm 厚 1:3 水泥砂浆双向配筋	$0.03m \times 25kN/m^3 = 0.75kN/m^2$

60mm 厚憎水膨胀珍珠岩块保温层	$0.06\text{m} \times 2.5\text{kN/m}^3 = 0.15\text{kN/m}^2$
现浇钢筋混凝土屋面板（厚度120mm）	$0.12\text{m} \times 25\text{kN/m}^3 = 3.0\text{kN/m}^2$
板底抹灰（水泥砂浆，厚度20mm）	$0.02\text{m} \times 20\text{kN/m}^3 = 0.4\text{kN/m}^2$
永久荷载标准值（叠加）	4.8kN/m^2
活载标准值（查表 2.2.3）	2.0kN/m^2

第三节　结构分析与荷载效应组合

一、结构分析

当在结构上施加荷载（作用）时，必然会在结构内部产生内力（效应），获知结构内力（效应）的大小是进行结构设计的前提。将实际结构简化为结构分析模型，并在其上施加荷载，通过力学分析手段确定结构的荷载效应（内力、变形、裂缝等），称之为结构分析。一般情况下，特别关注结构的内力（弯矩、剪力、轴力、扭矩等），在不致混淆的情况下，通常称之为结构内力分析。

目前，多采用计算机进行结构内力分析。在运用软件进行计算机辅助内力分析时，应根据实际情况选择计算程序及调整程序的各项参数，使其最大限度地反映实际工程的情况，尽可能地使计算结果与实际模型相一致。结构内力分析与设计的软件很多，目前国内常用的是中国建筑科学院的 PKPM 系列程序。

1. PKPM 结构内力分析与设计示例

PKPM 系列程序包含有完整的各种计算分析模块。根据结构特点，合理地选用程序模块对提高设计质量和效率十分重要。PKPM 系列软件中最常用的结构分析与设计模块有：混凝土结构、砌体结构、钢结构、鉴定加固、预应力等。

PKPM 结构设计软件功能强大，软件使用自己独立的图形和数据平台，采用人机交互方式，可以完成结构模型输入、结构整体受力分析、构件内力和配筋计算（或截面设计与节点设计）、绘制结构施工图等任务（图 2.3.1）。

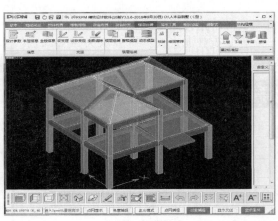

(a) PKPM初始界面　　　　　　　　　　　　　(b) PKPM结构建模

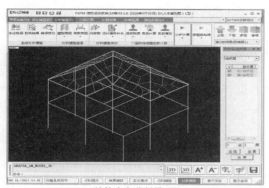

(c) 结构内力分析模型

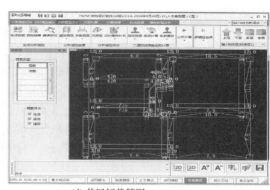

(d) 首层恒载简图

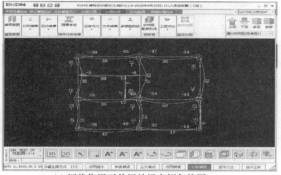

(e) 恒载作用下首层的梁弯矩包络图

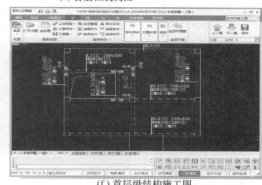

(f) 首层梁结构施工图

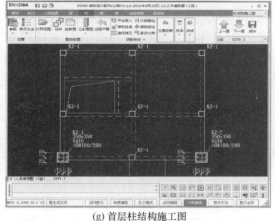

(g) 首层柱结构施工图

(h) 首层板结构施工图

图 2.3.1 PKPM 结构内力分析与施工图设计示例

2. 计算结果正确性分析

计算机软件的结构设计软件不是万能的，对于某些特殊情况的结构，计算结果可能会存在问题；如果输入数据多，也难免出错；另外由于结构计算必定需要做一些简化，有些计算结果需要做修正和补充。因此，在使用程序时，不仅要认真输入数据，而且要对计算结果进行检查、分析和判断，不能盲目地、不加分析地使用输出数据。

总之，无论使用哪种结构设计软件，均应经过考核和验证，其技术条件应符合相关标准、规范的要求。对结构分析软件的计算结果，在确认其合理有效后，方可用于工程设计。

二、荷载效应组合

如前所述，结构上作用有恒荷载和若干种活荷载，每种荷载均会在结构中产生荷载效应。结构设计时，通常要把这些不同荷载效应进行某种组合，并取各种组合中的最不利组合（荷载效应最大）进行结构构件或节点的设计计算，这就涉及荷载效应组合的问题。荷载效应组合包括基本组合、偶然组合、标准组合、频遇组合、准永久组合。本书仅介绍基本组合、标准组合，其他组合方式请参阅《荷载规范》。

1. 荷载基本组合的效应设计值（荷载效应基本组合）

荷载基本组合的效应设计值 S_d（主要包括弯矩、剪力、轴力、扭矩设计值等），应从下列荷载组合值中取用最不利的效应设计值确定。

（1）由可变荷载控制的效应设计值，应按下式进行计算：

$$S_d = \sum_{j=1}^{m} \gamma_{G_j} S_{G_j k} + \gamma_{Q_1} \gamma_{L_1} S_{Q_1 k} + \sum_{i=2}^{n} \gamma_{Q_i} \gamma_{L_i} \psi_{c_i} S_{Q_i k} \qquad (2.3.1)$$

（2）由永久荷载控制的效应设计值，应按下式进行计算：

$$S_d = \sum_{j}^{m} \gamma_{G_j} S_{G_j k} + \sum_{i=1}^{n} \gamma_{Q_i} \gamma_{L_i} \psi_{c_i} S_{Q_i k} \qquad (2.3.2)$$

式中　γ_{G_j}——第 j 个永久荷载的分项系数，当永久荷载效应对结构不利时，式（2.3.1）中取 $\gamma_G = 1.2$，式（2.3.2）中取 $\gamma_G = 1.35$；当永久荷载效应对结构有利时，$\gamma_G \leqslant 1.0$；

　　γ_{Q_i}——第 i 个可变荷载分项系数，其中 γ_{Q_1} 为主导可变荷载 $S_{Q_1 k}$ 的分项系数；一般情况下取值 1.4，对标准值大于 $4kN/m^2$ 的工业房屋楼面结构的活荷载，取值 1.3；

　　γ_{L_i}——第 i 个可变荷载考虑设计使用年限的调整系数（表 2.3.1），其中 γ_{L_1} 为主导可变荷载 $S_{Q_1 k}$ 的考虑设计使用年限的调整系数；

　　$S_{G_j k}$——按第 j 个永久荷载标准值 G_{jk} 计算的荷载效应值；

　　$S_{Q_i k}$——按第 i 个可变荷载标准值 Q_{ik} 计算的荷载效应值，其中 $S_{Q_1 k}$ 为诸可变荷载效应中起控制作用者；

　　ψ_{c_i}——第 i 个可变荷载 Q_i 的组合值系数；

　　m——参与组合的永久荷载数；

　　n——参与组合的可变荷载数。

注：1. 基本组合中的效应设计值仅适用于荷载与荷载效应为线性的情况；

2. 当对 $S_{Q_1 k}$ 无法明显判断时，应轮次以各可变荷载效应作为 $S_{Q_1 k}$，并选取其中最不利的荷载组合的效应设计值。

楼面和屋面活荷载考虑设计使用年限的调整系数 γ_L 按表 2.3.1 采用。

表 2.3.1　楼面和屋面活荷载考虑设计使用年限的调整系数 γ_L

结构设计使用年限/年	5	50	100
γ_L	0.9	1.0	1.1

注：1. 当设计使用年限不为表中数值时，调整系数 γ_L 可按线性内插确定。

2. 对于荷载标准值可控制的活荷载，设计使用年限调整系数 γ_L 取 1.0。

特别说明　

①《荷载规范》中所说的荷载组合，实际上指的是荷载效应组合。当荷载与荷载效应呈线性关系时，先对多种荷载进行荷载组合然后一次性计算荷载效应，与先分别计算各荷载作用下的荷载效应然后再对各荷载效应进行组合，二者的结果是相等的。

② 荷载效应组合一般是指内力组合，组合后的内力值即为内力设计值。通常把荷载基本组合的效应设计值称作内力设计值。内力设计值主要用于结构构件或节点的设计计算。

2. 荷载标准组合的效应设计值（荷载效应标准组合）

荷载标准组合的效应设计值 S_d（主要变形、裂缝、振幅、加速度等），应按下式进行计算：

$$S_d = \sum_{j=1}^{m} S_{G_j k} + S_{Q_1 k} + \sum_{i=2}^{n} \psi_{c_i} S_{Q_i k} \tag{2.3.3}$$

注：组合中的效应设计值仅适用于荷载与荷载效应为线性的情况。

案例

某受均布荷载作用的简支梁，计算跨度 $l = 6.0m$。该简支梁承受的永久荷载标准值（包括梁自重）为 $g_k = 8kN/m$；活荷载标准值为 $q_k = 12kN/m$，设计使用年限 50 年。

按荷载基本组合，试计算该简支梁跨中截面最大弯矩设计值 M。

【分析】

（1）首先计算荷载标准值作用下的弯矩值。

永久荷载标准值引起的跨中弯矩：$M_{Gk} = \dfrac{1}{8} g_k l^2 = 36.0$（kN·m）

活荷载标准值引起的跨中弯矩：$M_{Qk} = \dfrac{1}{8} q_k l^2 = 54.0$（kN·m）

（2）按荷载基本组合计算该简支梁跨中截面最大弯矩设计值 M。

由可变荷载控制的弯矩设计值［式（2.3.1）］：

$$M_1 = S_{d1} = \sum_{j=1}^{m} \gamma_{G_j} S_{G_j k} + \gamma_{Q_1} \gamma_{L_1} S_{Q_1 k} + \sum_{i=2}^{n} \gamma_{Q_i} \gamma_{L_i} \psi_{c_i} S_{Q_i k}$$

$$= 1.2 \times 36.0 + 1.4 \times 1.0 \times 54.0 = 118.8 \text{（kN·m）}$$

由永久荷载控制的弯矩设计值［式（2.3.2）］：

$$M_2 = S_{d2} = \sum_{j}^{m} \gamma_{G_j} S_{G_j k} + \sum_{i=1}^{n} \gamma_{Q_i} \gamma_{L_i} \psi_{c_i} S_{Q_i k}$$

$$= 1.35 \times 36.0 + 1.4 \times 1.0 \times 0.7 \times 54.0 = 101.5 \text{（kN·m）}$$

所以，该简支梁跨中截面最大弯矩设计值为：

$$M = \max\{M_1, M_2\} = 118.8 \text{（kN·m）}$$

实训 ◉ 荷载统计及内力设计值计算

1. 实训目标

本实训主要熟悉结构内力分析的一般过程，明确荷载与内力设计值的关系，为后续的结构配筋设计打下理论基础。

2. 实训要点

根据建筑构造做法进行荷载统计，确定结构分析模型，进行内力分析与内力组合，确定内力设计值。

3. 实训内容及深度

某办公楼的结构安全等级为二级，混凝土强度等级为 C25。其屋面结构施工图（局部）及屋面做法见图 2.3.2，屋面为不上人屋面，钢筋混凝土板厚为 120mm，试对屋面梁 L7 进行受力分析，并计算其跨中截面的弯矩设计值。

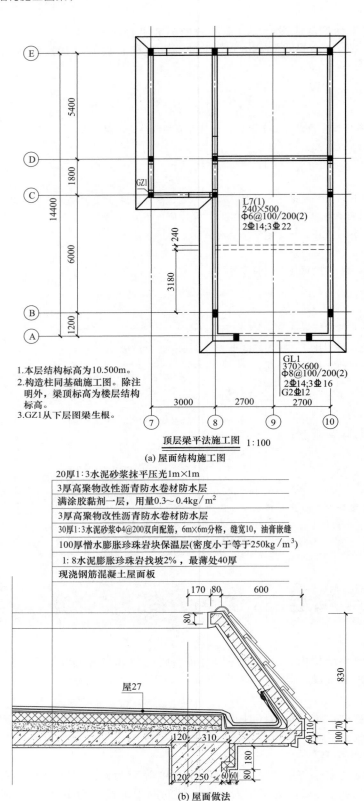

1. 本层结构标高为10.500m。
2. 构造柱同基础施工图。除注明外，梁顶标高为楼层结构标高。
3. GZ1从下层图梁生根。

L7(1)
240×500
Φ6@100/200(2)
2Φ14;3Φ22

GL1
370×600
Φ8@100/200(2)
2Φ14;3Φ16
G2Φ12

顶层梁平法施工图 1:100

(a) 屋面结构施工图

20厚1:3水泥砂浆抹平压光1m×1m

3厚高聚物改性沥青防水卷材防水层

满涂胶黏剂一层，用量0.3~0.4kg/m²

3厚高聚物改性沥青防水卷材防水层

30厚1:3水泥砂浆Φ4@200双向配筋，6m×6m分格，缝宽10，油膏嵌缝

100厚憎水膨胀珍珠岩块保温层(密度小于等于250kg/m³)

1:8水泥膨胀珍珠岩找坡2%，最薄处40厚

现浇钢筋混凝土屋面板

屋27

(b) 屋面做法

图 2.3.2 某办公楼屋面结构施工图（局部）及屋面做法
注：屋面板板底、梁底及梁侧采用混合砂浆抹灰，厚度 20mm。

提示：（1）为简化计算，L7 受荷区域取梁两侧屋面板的各一半面积；L7 的跨度 l_0 取 5.4m，按简支梁分析计算。

（2）恒荷载标准值可由建筑构造做法统计计算得到；活荷载标准值可由《荷载规范》直接查得，本例仅考虑屋面活荷载。

4. 实训步骤

（1）熟悉建筑施工图中相关构造做法，进行恒载统计计算，并转化为线荷载。

① 屋面恒载统计。

屋面构造做法：	恒载标准值统计计算
20mm 厚 1：3 水泥砂浆抹平压光	$0.02m \times 20kN/m^3 \times [(1.2+6+1.8)/2]m$ $=1.8kN/m$
3mm 厚高聚物沥青防水卷材防水层	
胶黏剂 1 层（$0.3 \sim 0.4kg/m^2$）	
3mm 厚高聚物沥青防水卷材防水层	
30mm 厚 1：3 水泥砂浆双向配筋	
100mm 厚憎水膨胀珍珠岩块保温层（$250kg/m^2$）	
1：8 水泥膨胀珍珠岩找坡（平均厚度取 70mm）	
现浇钢筋混凝土屋面板（厚度 100mm）	
板底抹灰（混合砂浆，厚度 20mm）	
屋面恒载标准值（叠加）	_____ kN/m

② L7 恒载统计。

恒载标准值进行统计计算

L7 自重［梁自重计算截面 240mm×（500−100）mm］	
梁底及梁侧抹灰（混合砂浆，厚度 20mm，周长 2×400mm+240mm）	
L7 恒载标准值（叠加）	_____ kN/m
L7 恒载总计：	_____ kN/m

（2）确定活荷载标准值，并转化为线荷载。

活荷载标准值（查表 2.2.3）_____ $kN/m^2 \times [(1.2+6+1.8)/2]m=$ ____ kN/m

（3）确定并绘制内力分析简图，分别施加各荷载标准值，计算得到 L7 跨中截面的弯矩标准值并绘制其弯矩图。

恒载标准值作用下 L7 跨中截面弯矩标准值值 $M_G=$ _____ kN·m

活荷载标准值作用下 L7 跨中截面弯矩标准值值 $M_Q=$ _____ kN·m

（4）按承载能力极限状态设计的基本组合公式进行内力组合，得到 L7 跨中截面的弯矩设计值。

① 由可变荷载控制的效应弯矩设计值计算：

$$M_1 = \sum_{j=1}^{m} \gamma_{G_j} S_{Gjk} + \gamma_{Q_1} \gamma_{L_1} S_{Q_1k} + \sum_{i=2}^{n} \gamma_{Q_i} \gamma_{Li} \psi_{ci} S_{Qik} = \underline{\qquad} kN \cdot m$$

② 由永久荷载控制的效应弯矩设计值计算：

$$M_2 = \sum_{j}^{m} \gamma_{G_j} S_{Gjk} + \sum_{i=1}^{n} \gamma_{Q_i} \gamma_{Li} \psi_{ci} S_{Qik} = \underline{\qquad} kN \cdot m$$

L7 跨中截面的弯矩设计值 $M=$ _____ kN·m

二维码 2.3

5. 实训小结

了解荷载的分类以及荷载代表值的概念，能够根据建筑构造详图进行荷载统计，并能够进行内力分析与内力组合，确定结构构件的内力设计值。

第四节 结构设计的实用方法

目前，结构设计主要采用以概率理论为基础的极限状态设计方法。

一、概率极限状态设计法简介

1. 极限状态

二维码 2.4

结构的工作状态 Z 可以用结构的作用效应 S_d 和结构抗力 R_d 的关系式来描述，这种关系式称为结构的功能函数，即

$$Z = R_d - S_d = g(R_d, S_d) \tag{2.4.1}$$

式中 Z——结构的功能函数。

如何理解 S_d 和 R_d？请扫码进一步了解。

结构的功能函数可以用来判别结构所处的工作状态：

二维码 2.5

当 $Z > 0$（$R_d > S_d$）时，结构处于可靠状态；

当 $Z < 0$（$R_d < S_d$）时，结构处于失效状态；

当 $Z = 0$（$R_d = S_d$）时，结构处于极限状态。

关系式 $Z = g(R_d, S_d) = R_d - S_d = 0$ 称为极限状态方程。

极限状态可分为承载能力极限状态和正常使用极限状态两类。承载能力极限状态对应于结构或结构构件达到了最大承载能力，出现疲劳破坏、产生不适于继续承载的变形或因结构局部破坏而引发的连续倒塌；正常使用极限状态是对应于结构或结构构件达到正常使用的某项规定限值或耐久性能的状态。如何界定承载能力极限状态和正常使用极限状态，请扫码进一步了解。

2. 结构的可靠指标

结构设计要保证结构不能处于失效状态，但由于荷载效应 S_d 和结构抗力 R_d 都是随机变量。所以功能函数 $Z = R_d - S_d$ 也是随机变量。因此，结构可靠度大小只能用概率来衡量。

把结构处于可靠状态（$Z = R_d - S_d \geq 0$）的概率，称为结构的可靠概率，用 P_s 表示；反之，结构处于失效状态（$Z = R_d - S_d < 0$）的概率，称为结构的失效概率，用 P_f 表示，显然有

$$P_s + P_f = 1 \text{ 或 } P_s = 1 - P_f \tag{2.4.2}$$

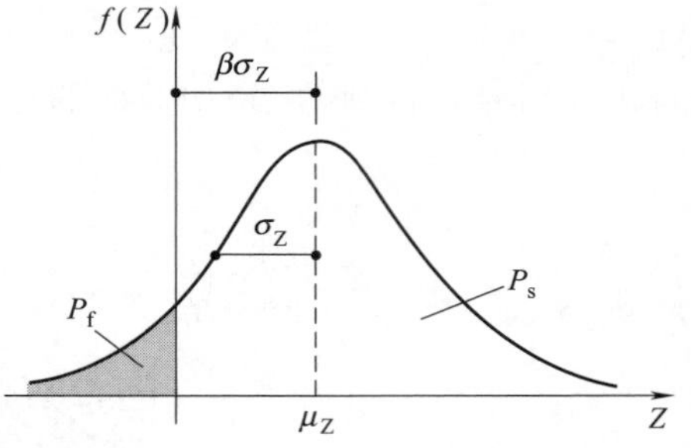

R_d、S_d 一般为正态变量，故 Z 也为正态变量，其概率分布曲线如图 2.4.1 所示。图中横坐标表示 Z 值，纵坐标 $f(Z)$ 表示相应 Z 值出现的概率，μ_Z 表示平均值，σ_Z 表示标准差，β 为可靠指标。

由图可知，当 μ_Z 和 σ_Z 能够确定时，那么失效概率值 P_f 就是确定值。若定义 $\beta = \mu_Z / \sigma_Z$，则失效概率 P_f 的大小可以通过 β 来度量，β 越大，P_f 越小，所以将 β 称作"可靠指标"。

图 2.4.1 结构失效概率与可靠指标的关系

我国《工程结构可靠性设计统一标准》（GB 50153—2008）在对建筑结构的荷载、各类结构材料性能与各种结构构件的可靠度进行了大量的调查实测、统计分析以及理论研究后提出，可以通过保证荷载取值及结构材料强度的可靠度来实现结构或结构构件的可靠性。例如，荷载标准值由设计基准期（50 年）内最大荷载概率分布的某个分位值来确定；材料强度标准值取大于或等于强度实际值的概率不小于 95%，并将材料强度标准值除以大于 1 的材料分项

系数后作为材料强度设计值。

二、概率极限状态设计法的实用表达式

1. 承载能力极限状态设计的实用表达式

结构的安全性通过承载能力极限状态设计来保证。对于承载能力极限状态，应按荷载的基本组合（或偶然组合）计算荷载组合的效应设计值，并应采用下列表达式进行设计：

$$\gamma_0 S_d \leqslant R_d \tag{2.4.3}$$

式中　S_d——荷载组合的效应设计值（主要包括弯矩、剪力、轴力、扭矩设计值等）；

　　　R_d——结构构件抗力的设计值，应按各有关建筑结构设计规范的规定确定；

　　　γ_0——结构的重要性系数。对安全等级为二级或设计使用年限为 50 年的结构构件，结构重要性系数不应小于 1.0。关于结构安全等级划分及其重要性系数请扫码进一步了解。

2. 正常使用极限状态设计的实用表达式

结构的适用性通过正常使用极限状态设计来保证。对于正常使用极限状态，应根据不同的设计要求，采用荷载的标准组合、频遇组合或准永久组合，并按下列表达式进行设计：

$$S_d \leqslant C \tag{2.4.4}$$

二维码 2.6

式中　C——结构或结构构件达到正常使用要求所规定的限值，例如变形、裂缝、振幅、加速度、应力等的限值，应按各有关建筑结构设计规范的规定确定。

特别说明

　　通过结构设计，应使结构在规定的时间内，在正常使用情况下满足安全性、适用性、耐久性的要求。通常结构的安全性通过承载能力极限状态设计来保证；结构的适用性通过正常使用极限状态设计来保证；结构的耐久性通过合理选用结构材料来保证。

　　任何结构必须进行承载能力极限状态设计，对于正常使用极限状态设计可视具体情况而进行。本书仅介绍承载能力极限状态设计方法，关于正常使用极限状态设计方法本书不做过多介绍。

本章小结

　　通过结构设计，应使结构在规定的时间内，在正常使用情况下满足安全性、适用性、耐久性的要求。

　　结构设计的一般流程如下：

根据建筑设计，确定结构体系、平面布置

↓

初步确定结构材料种类、强度及构件截面尺寸 ←

↓　　　　　　　　　　　　　　　　　调整确认

统计结构上的荷载

↓

确定结构分析模型及方法，进行结构内力分析 ←

↓

结构构件(节点)设计与构造设计

↓

绘制结构施工图

　　在做结构设计之前，必须首先确定结构所承受的荷载（外力），进而算得结构的内力，作为结构设计的基本条件。结构上的荷载可分为永久荷载（也称恒荷载或恒载）、可变荷载（也称活荷载或活载）、偶然荷载。荷载的表现形式有集中力（kN）、线荷载（kN/m）、面荷载（kN/m²）、体荷载（即自重，kN/m³），结构内力分析时，这几种荷载形式可以相互转化。永久荷载代表值采用荷载标准值。结构自重的标准值（永久荷载代表值）可按结构构件的设计尺寸与材料单位体积的自重计算确定；可变荷载应根据设计

要求采用标准值、组合值、频遇值或准永久值作为其代表值。可变荷载标准值可从"荷载规范"中直接查取。

将实际结构简化为结构分析模型，并在其上施加荷载，通过力学分析手段确定结构的荷载效应（内力、变形、裂缝等），称之为结构分析。目前，多采用计算机进行结构分析。

结构上作用有恒荷载和若干种活荷载时，通常要把这些不同荷载产生的效应进行某种组合，并取各种组合中的最不利组合（荷载效应最大）进行结构构件或节点的设计计算，此即为荷载组合的效应设计值（如内力设计值），如下所示：

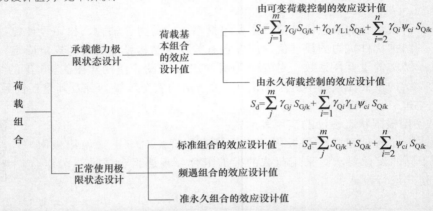

由可变荷载控制的效应设计值

$$S_{\mathrm{d}}=\sum_{j=1}^{m}\gamma_{Gj}S_{Gjk}+\gamma_{Q1}\gamma_{L1}S_{Q1k}+\sum_{i=2}^{n}\gamma_{Qi}\psi_{ci}S_{Qik}$$

由永久荷载控制的效应设计值

$$S_{\mathrm{d}}=\sum_{j}^{m}\gamma_{Gj}S_{Gjk}+\sum_{i=1}^{n}\gamma_{Qi}\gamma_{Li}\psi_{ci}S_{Qik}$$

标准组合的效应设计值 $S_{\mathrm{d}}=\sum_{j}^{m}S_{Gjk}+S_{Q1k}+\sum_{i=2}^{n}\psi_{ci}S_{Qik}$

思考与练习

1. 结构设计应满足哪些预定功能要求？结构设计的主要内容有哪些？

2. 何谓荷载？荷载可以分为哪几类？试举例说明永久荷载、可变荷载。

3. 何谓荷载代表值？如何取得永久荷载标准值？如何取得可变荷载标准值？

4. 荷载的表现形式有哪几种？这几种荷载形式如何相互转化？

5. 结构分析的目的是什么？

6. 为何要进行荷载组合？荷载组合与荷载效应组合有何区别与联系？

7. 永久荷载、可变荷载的分项系数一般取多少？

8. 何谓承载能力极限状态和正常使用极限状态？试解释承载能力极限状态设计的实用表达式。

9. 结构承载能力极限状态设计时采用哪种荷载组合？

10. 一般而言，如何保证结构的安全性、适用性、耐久性？

11. 某住宅楼面梁，由永久荷载标准值引起的跨中弯矩 $M_{Gk}=45\mathrm{kN\cdot m}$，由楼面可变荷载标准值引起的跨中弯矩 $M_{Qk}=25\mathrm{kN\cdot m}$，可变荷载组合值系数 $\psi_c=0.7$，结构安全等级为二级。试计算按承载能力极限状态设计时该梁跨中最大弯矩设计值 M。

12. 某钢筋混凝土矩形截面简支梁，截面尺寸 $b\times h=200\mathrm{mm}\times500\mathrm{mm}$，计算跨度 $l_0=4\mathrm{m}$，梁上作用恒荷载标准值 9kN/m（不含梁自重，梁底及两侧抹灰层为 20mm 水泥砂浆），活荷载标准值 6kN/m，活荷载组合值系数 $\psi_c=0.7$，梁的安全等级为二级。试计算按承载能力极限状态设计时的梁跨中弯矩设计值 M。

13. 利用建筑力学相关知识，分别绘制××别墅（见建筑结构施工图集的工程实例一）①轴框架、Ⓐ轴框架（题13图）在竖向荷载作用下的弯矩示意图。

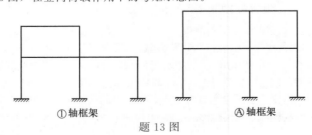

①轴框架　　　　Ⓐ轴框架

题 13 图

二维码 2.7

第三章 结构抗震基本知识

知识目标	· 理解地震震级、烈度、基本烈度与设防烈度、抗震等级的概念 · 熟悉抗震设防分类与设防标准 · 了解结构抗震设防目标 · 熟悉抗震设计的基本要求与一般规定 · 理解抗震构造措施的概念
能力目标	· 能够根据设防类别、设防烈度、结构类型和房屋高度等因素 确定结构抗震等级

2008年5月12日发生在四川汶川的地震，造成直接经济损失八千多亿元，六万多人遇难，一万多人失踪。地震造成的这些灾害，主要是工程结构破坏和房屋倒塌引起的。据对世界上130余次伤亡较大地震灾害进行的分类统计表明，其中95%以上的伤亡是由于建筑结构破坏、倒塌造成的。因此，为了抵御和减轻地震灾害，必须提高结构的抗震性能，对结构进行抗震分析和设计。

第一节 结构抗震基本术语

一、地震震级

地震就是地球表层的快速振动，它就像刮风、下雨、闪电、山崩、火山爆发一样，是地球上经常发生的一种自然现象。引起地球表层振动的原因很多，根据地震的成因，可以把地震分为构造地震、火山地震、塌陷地震、诱发地震及人工地震几种。其中由于地下深处岩层错动、破裂所造成的地震称为构造地震（图3.1.1），这类地震发生的次数最多，破坏力也最大，约占全世界地震的90%以上。

地球内部岩层破裂引起振动的地方称为震源，震源在地面上的投影称为震中。地震震级是表示地震大小（地震释放出来的能量大小）的一种度量。里氏震级 M 的定义为：在离震中100km处的坚硬地面上，由标准地震仪所记录的最大水平位移 A （μm）的常用对数值，用公式表示为：$M=\lg A$。一般认为，$M<2$ 的地震称为微震，人们感觉不到；$M=2\sim4$ 的地震称为有感地震；$M>5$ 的地震称为破坏性地震，建筑物有不同程度的破坏；$M=7\sim8$ 的地震称为强烈地震或大地震；$M>8$ 的地震称为特大地震。

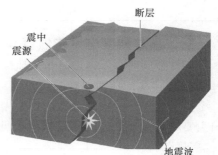

图3.1.1 构造地震示意图

二、地震烈度

地震烈度是指某一区域内地表和各类建筑物遭受一次地震影响的平均强弱程度。对于同一次地震只有一个地震等级，而地震影响范围内的各地却有不同的地震烈度。为了在实际工作中评定烈度的高低，有必要制定一个统一的评定标准，这个规定的标准称为地震烈度表。在世界各国使用的有几种不同的烈度表。我国的烈度表主要根据宏观的地震影响和破坏现象（如：人的感觉、物体的反应、房屋建筑物的破坏、地表改观等现象）定性划分的，共分为Ⅻ级，见表 3.1.1（表中仅列出了部分地震烈度表，完整的地震烈度表请扫码获取）。

二维码 3.1

表 3.1.1 中国地震烈度表（GB/T 17742—2008）（部分）

地震烈度	人的感觉	房屋震害				其他震害现象	水平向地面运动	
		类型	震害程度		平均震害指数		峰值加速度 /(m/s²)	峰值速度 /(m/s)
Ⅵ	多数人站立不稳,少数人惊逃户外	A	少数中等破坏,多数轻微破坏和/或基本完好		0.00～0.11	家具和物品移动;河岸和松软土出现裂缝,饱和砂层出现喷砂冒水;个别独立砖烟囱轻度裂缝	0.63 (0.45～0.89)	0.06 (0.05～0.09)
		B	个别中等破坏,少数轻微破坏,多数基本完好					
		C	个别轻微破坏,大多数基本完好		0.00～0.08			
Ⅶ	大多数人惊逃户外,骑自行车的人有感觉,行驶中的汽车驾乘人员有感觉	A	少数毁坏和/或严重破坏,多数中等和/或轻微破坏		0.09～0.31	物体从架子上掉落;河岸出现塌方,饱和砂层常见喷水冒砂,松软土地上裂缝较多;大多数独立砖烟囱中等破坏	1.25 (0.90～1.77)	0.13 (0.10～0.18)
		B	少数毁坏,多数严重和/或中等破坏					
		C	个别毁坏,少数严重破坏,多数中等和/或轻微破坏		0.07～0.22			
Ⅷ	多数人摇晃颠簸,行走困难	A	少数毁坏,多数严重和/或中等破坏		0.29～0.51	干硬土上出现裂缝,饱和砂层绝大多数喷砂冒水;大多数独立砖烟囱严重破坏	2.50 (1.78～3.53)	0.25 (0.19～0.35)
		B	个别毁坏,少数严重破坏,多数中等和/或轻微破坏					
		C	少数严重和/或中等破坏,多数轻微破坏		0.20～0.40			
Ⅸ	行动的人摔倒	A	多数严重破坏或/和毁坏		0.49～0.71	干硬土上多处出现裂缝,可见基岩裂缝、错动,滑坡、塌方常见;独立砖烟囱多数倒塌	5.00 (3.54～7.07)	0.50 (0.36～0.71)
		B	少数毁坏,多数严重和/或中等破坏					
		C	少数毁坏和/或严重破坏,多数中等和/或轻微破坏		0.38～0.60			

三、基本烈度与设防烈度

一个地区的基本烈度是指该地区在今后 50 年时间内，在一般场地条件下可能遭受到超越概率为 10％的地震烈度。

按国家规定的权限批准的作为一个地区抗震设防依据的地震烈度称为抗震设防烈度，我国主要城市和地区的抗震设防烈度见《建筑抗震设计规范》（GB 50011—2010）（以下简称《抗震规范》）。

四、设防分类与设防标准

建筑物根据其使用功能的重要性分为特殊设防类（简称甲类）、重点设防类（简称乙类）、标准设防类（简称丙类）、适度设防类（简称丁类）四个抗震设防类别。一般的工业与民用建筑（公共建筑、住宅、厂房等）属于标准设防类（丙类）。建筑抗震设防类别的划分方法参见《建筑工程抗震设防分类标准》（GB 50223—2008）的规定。

各抗震设防类别建筑物的抗震设防标准，应符合下列要求：

（1）特殊设防类　应按高于本地区抗震设防烈度一度的要求加强其抗震措施；当抗震设防烈度为9度时应按比9度更高的要求采取抗震措施。同时应按高于本地区抗震设防烈度的要求确定其地震作用。

（2）重点设防类　应按高于本地区抗震设防烈度一度的要求加强其抗震措施；但当抗震设防烈度为9度时应按比9度更高的要求采取抗震措施。同时应按本地区抗震设防烈度确定其地震作用。

（3）标准设防类　应按本地区抗震设防烈度确定其抗震措施和地震作用。

（4）适度设防类　允许比本地区抗震设防烈度的要求适当降低其抗震措施，但当抗震设防烈度为6度时不应降低。一般情况下，仍应按本地区抗震设防烈度确定其地震作用。

为何设计时不能直接把抗震设防和地震震级挂钩呢？因为地震震级并不能代表对房屋的破坏程度，这一概念请扫码进一步了解。

二维码 3.2

五、抗震等级

抗震等级是确定结构抗震计算与采用抗震措施的依据，《抗震规范》在综合考虑了设防类别、设防烈度、结构类型和房屋高度等因素后，将结构划分为四个等级。对丙类现浇钢筋混凝土房屋应按表3.1.2确定其抗震等级；对丙类钢结构应按表3.1.3确定其抗震等级。

表 3.1.2　现浇钢筋混凝土房屋的抗震等级

结构类型		设防烈度							
		6度		7度			8度		9度
框架结构	高度/m	≤24	>24	≤24		>24	≤24	>24	≤24
	普通框架	四	三	三		二	二	一	一
	大跨度框架	三		二			一		一
框架-抗震墙结构	高度/m	≤60	>60	≤24	25~60	>60	≤24	25~60	>60 / ≤24	25~50
	框架	四	三	四	三	二	三	二	一	二 / 一
	抗震墙	三		三		二	二		一	
抗震墙结构	高度/m	≤80	>80	≤24	25~80		≤24	25~80	≤24	25~60
	抗震墙	四	三	四	三		三	二	二	一
部分框支抗震墙结构	高度/m	≤80	>80	≤24	25~80	>80	≤24	25~80	
	抗震墙　一般部位	四	三	四	三	二	三	二	
	抗震墙　加强部位	三	二	三	二	一	二	一	
	框支层框架	二		二		一	一		
框架-核心筒结构	框架	三		二			一		一
	核心筒	二		二			一		一
筒中筒结构	外筒	三		二			一		一
	内筒	三		二			一		一
板柱-抗震墙结构	高度/m	≤35	>35	≤35		>35	≤35	>35	
	框架、板柱的柱	三		二		二	二		
	抗震墙	二		二		二	二	一	

注：1. 建筑场地为Ⅰ类时，除6度设防烈度外应允许按表内降低一度所对应的抗震等级采取抗震构造措施，但相应的计算要求不应降低。

2. 接近或等于高度分界时，应允许结合房屋不规则程度及场地、地基条件确定抗震等级。

3. 大跨框架结构指跨度不小于18m的框架。

4. 房屋高度不大于60m的框架-核心筒结构按框架-抗震墙的要求设计时，应按表中框架-抗震墙结构的规定确定其抗震等级。

表 3.1.3　钢结构房屋的抗震等级

房屋高度	烈　　度			
	6 度	7 度	8 度	9 度
≤50m		四	三	二
>50m	四	三	二	一

注：1. 高度接近或等于高度分界时，应允许结合房屋不规则程度及场地、地基条件确定抗震等级。

2. 一般情况下，构件的抗震等级应与结构相同；当某个部位各构件的承载力均满足 2 倍地震作用组合下的内力要求时，7～9 度的构件抗震等级应允许按降低一度确定。

名词解释

（1）抗震墙　指结构抗侧力体系中的钢筋混凝土剪力墙，不包括只承担重力荷载的混凝土墙。

（2）场地与场地类别　场地是指建筑物所在地，其范围大体相当于厂区、居民点和自然村的范围。历史震害资料表明，建筑物震害除与地震类型、结构类型等有关外，还与其下卧层的构成、覆盖层厚度密切相关。建筑的场地根据土层等效剪切波速和场地覆盖层厚度按表 3.1.4 划分为四类。

表 3.1.4　各类建筑场地的覆盖层厚度　　　　单位：m

等效剪切波速 /(m/s)	场　地　类　别			
	Ⅰ	Ⅱ	Ⅲ	Ⅳ
$v_{se}>500$	0			
$500\geqslant v_{se}>250$	<5	≥5		
$250\geqslant v_{se}>140$	<3	3～50	>50	
$v_{se}\leqslant140$	<3	3～15	>15～80	>80

需要注意的是，在确定结构抗震等级时，应按建筑设防类别与设防标准、场地类别等条件对抗震设防烈度进行调整，然后再行判定结构的抗震等级。

第二节　结构抗震设计基本知识

一、抗震设防目标

《抗震规范》提出了"三水准"的抗震设防目标。

第一水准：当遭受低于本地区抗震设防烈度的多遇地震（简称小震）影响时，一般不损坏或不需修理可继续使用（即小震不坏）；

第二水准：当遭受相当于本地区抗震设防烈度的地震影响时，可能损坏，经一般修理或不需修理仍可继续使用（即中震可修）；

第三水准：当遭受高于本地区抗震设防烈度预估的罕遇地震影响时，不致倒塌或发生危及生命的严重破坏（即大震不倒）。

二、抗震设计的基本要求

一般来说，建筑抗震设计包括概念设计、抗震计算与抗震措施三个层次的内容与要求。

概念设计在总体上把握抗震设计的基本原则。概念设计可以概括为：注意场地选择，把握建筑体型、建筑高度与高宽比限值，设置抗震缝，充分利用结构延性，设置多道防线，重视非结构因素等。

抗震计算为建筑抗震设计提供定量手段。地震时，地面上原来静止的结构物因地面运动而产生强迫振动。由地震动引起的结构内力、变形、位移及结构运动速度与加速度等统称为结构地震反应。因此，结构地震反应是一种动力反应，其大小（或振动幅值）不仅与地面运动有关，还与结构动力特性（自振周期、振型和阻尼）有关，一般需采用结构动力学方法分析才能得到，本书不做过多介绍。《抗震规范》规定，截面抗震验算时，结构的地震作用效应和其他荷载效应的基本组合，应按下式计算：

$$S = \gamma_G S_{GE} + \gamma_{Eh} S_{Ehk} + \gamma_{Ev} S_{Evk} + \psi_w \gamma_w S_{wk}$$

(3.2.1)

式中　S——结构构件内力组合的设计值，包括组合的弯矩、轴力和剪力设计值等；

γ_G——重力荷载分项系数，一般情况应采用 1.2；

γ_{Eh}，γ_{Ev}——分别为水平、竖向地震作用分项系数，按《抗震规范》取用；

γ_w——风荷载分项系数，应采用 1.4；

S_{GE}——重力荷载代表值的效应，按《抗震规范》取用；

S_{Ehk}——水平地震作用标准值的效应；

S_{Evk}——竖向地震作用标准值的效应；

S_{wk}——风荷载标准值的效应；

ψ_w——风荷载组合值系数，一般结构取 0.0，风荷载控制其作用的建筑应采用 0.2。

结构构件的截面抗震验算，应采用下列设计表达式：

$$S \leq R / \gamma_{RE}$$

(3.2.2)

式中　R——结构构件承载力设计值；

γ_{RE}——承载力抗震调整系数，对于抗震墙取 0.85，其他结构构件的取值请查阅《抗震规范》。

抗震措施是根据抗震概念设计原则，一般不需计算而对结构和非结构各部分必须采取的各种细部要求。抗震措施可以在保证结构整体性、加强局部薄弱环节等意义上保证抗震计算结果的有效性。抗震措施一般包含内力调整和抗震构造措施两方面的内容。其中抗震构造措施是抗震措施的重要内容，是抗震计算结果有效性的保证。混凝土结构、砌体结构、钢结构等不同的结构类型采取的抗震构造措施有所不同，各种结构类型采取的具体抗震构造措施将在后续相关章节中加以介绍。

抗震设计的上述三个层次的内容是一个不可割裂的整体，忽略任何一部分，都可能造成抗震设计的失败。

重点说明

（1）抗震措施与抗震构造措施的概念

抗震措施：除地震作用计算和抗力计算以外的抗震设计内容，包括抗震构造措施。

抗震构造措施：根据抗震概念设计原则，一般不需计算而对结构和非结构各部分必须采取的各种细部要求。

（2）抗震设计、抗震措施与抗震构造措施的区别与联系

抗震设计 = 概念设计 + 地震作用计算 + 抗震措施

抗震措施 = 内力调整 + 抗震构造措施（内力调整包含：强柱弱梁，强剪弱弯，强节点弱构件）

抗震构造措施 = 抗震等级、配筋率、锚固长度、轴压比、梁柱箍筋加密及非结构构件抗震构造措施等

三、抗震设计的一般规定

为了达到"三水准"的抗震设防目标，采用"二阶段"设计法。

第一阶段设计：按多遇地震作用效应和其他荷载效应的基本组合验算构件的承载力，在多遇地震作用下验算结构的弹性变形，以满足小震不坏的抗震设防要求。对大多数结构可只进行第一阶段设计。

第二阶段设计：在罕遇地震作用下验算结构的弹塑性变形，以满足大震不倒的抗震设防要求。对特殊要求的建筑，地震时易倒塌的结构以及有明显薄弱层的不规则结构，除进行第一阶段设计外，还要进行结构薄弱部位的弹塑性层间变形验算，并采取相应的抗震构造措施。

至于中震可修的抗震设防要求，只要结构按第一阶段设计，并采取相应的抗震措施，即可得到满足。

　　对于框架结构，为了使框架具有必要的承载能力、良好的变形和耗能能力，应使塑性铰首先在梁的根部出现，此时结构仍能继续承受重力荷载，保证框架不倒。反之，若塑性铰首先在柱上出现，很快就会在柱的上下端都出现塑性铰，使框架由结构转变为机构，造成房屋倒塌。为此设计时应遵循"强柱弱梁"原则。在选择构件尺寸、配筋及构造处理时，要保证构件有足够的延性，也必须保证构件的抗剪承载能力大于抗弯承载能力，保证在构件出现塑性铰前不会发生剪切破坏，称之为"强剪弱弯"。"强剪弱弯"也是框架抗震设计应遵循的原则之一。另外，在梁的塑性铰充分发挥作用前，框架节点和钢筋锚固不应发生破坏，要做到"强节点，强锚固"。"强柱弱梁""强剪弱弯""强节点，强锚固"的设计原则不仅适用于框架结构，也适用于其他钢筋混凝土结构。

　　对于剪力墙结构，为了实现延性剪力墙，连梁屈服先于墙肢屈服，使塑性变形和耗能分散于连梁中，避免因墙肢过早屈服使塑性变形集中在某一层而形成软弱层或薄弱层。为此设计时应遵循"强墙弱梁"原则。同时应该加强剪力墙重点部位（底部加强部位）的抗震构造措施。

本章小结

　　地震造成惨重的人员伤亡和巨大的财产损失，主要是由结构破坏引起的。为了最大限度地减轻地震灾害，搞好结构抗震设计是一项重要的根本性减灾措施。本章主要介绍了结构抗震的基本知识，主要内容如下。

　　① 工程结构抗震常见的基本术语主要有地震震级、地震烈度、基本烈度与设防烈度、设防分类与设防标准、抗震等级等。其中抗震等级是确定结构和构件抗震计算与采用抗震措施的依据，《抗震规范》在综合考虑了设防类别、设防烈度、结构类型和房屋高度等因素后，将结构划分为四个等级。

　　② 抗震设防目标"三水准"，即小震不坏、中震可修、大震不倒。

　　③ 建筑抗震设计包括概念设计、抗震计算与抗震措施三个层次的内容与要求。其中抗震构造措施是抗震措施的重要内容，是抗震计算结果有效性的保证。抗震设计的上述三个层次的内容是一个不可割裂的整体，忽略任何一部分，都可能造成抗震设计的失败。

　　④ 抗震设计一般采用"二阶段"设计法，即多遇地震作用下弹性验算与罕遇地震作用下弹塑性验算。抗震设计时应遵循"强柱弱梁""强剪弱弯""强节点，强锚固"及"强墙弱梁"的设计原则。

思考与练习

　　1. 何谓地震烈度？地震烈度与震级有何区别与联系？

　　2. 何谓基本烈度、设防烈度？二者有何区别与联系？

　　3. 抗震设防分哪几类？标准设防类的设防标准是什么？

　　4. 何谓抗震等级？混凝土结构的抗震等级的划分应考虑哪些因素？

　　5. 某钢筋混凝土剪力墙结构，建筑高度22m，房屋属规则结构，重点设防类，抗震设防烈度7度，建筑场地为Ⅱ类，试确定该剪力墙结构的抗震等级。

　　6. 试说明抗震设防目标"三水准"及"二阶段"设计法。

　　7. 抗震设计包括哪些内容？抗震设计、抗震措施与抗震构造措施有哪些区别与联系？

　　8. 抗震设计的基本原则有哪些？

第二篇
钢筋混凝土结构

钢筋混凝土结构由梁、板、柱、墙、基础等基本构件组成，由于各种构件受力特点不同，其计算方法、施工图表达及配筋构造也不同。因此，必须熟悉各种构件的受力特点，掌握其计算方法、施工图表达方式及配筋构造做法，才能真正读懂钢筋混凝土结构施工图。而读懂结构施工图是结构施工或工程预算的前提。

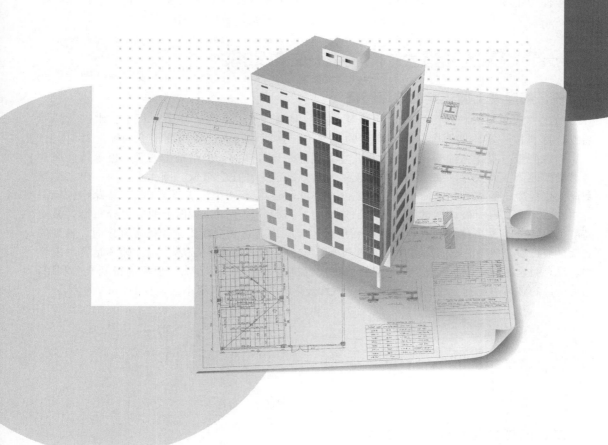

第四章 初识钢筋混凝土结构施工图

- 知识目标
  - 了解钢筋混凝土结构构件的一般破坏特征
  - 熟悉梁、板、柱、剪力墙中一般配筋情况
  - 熟悉梁、柱平法施工图及现浇板结构施工图

- 能力目标
  - 能够读懂简单框架结构的建筑与结构施工图

在学习钢筋混凝土结构构件配筋设计前，首先来熟悉一下钢筋混凝土构件的受力性能、结构构件中钢筋的一般配置及其施工图表达，目的是先从结构整体出发，建立一个整体的结构概念，然后再具体学习结构构件的配筋计算方法，即整体着眼，细部入手。

第一节 钢筋混凝土构件的受力性能

一、素混凝土简支梁的破坏特征

通过"建筑材料与检测"课程的学习可知，混凝土是由水泥、砂子、石子、水以及外加剂或外掺料按一定比例混合、硬化而成的一种抗压强度较高而抗拉强度很低的脆性材料。

当混凝土材料作为纯受压构件时，其承载能力是比较高的。但结构中的梁、板等构件通常会承受横向荷载而受弯，如采用素混凝土梁，其承载能力往往会很低。图 4.1.1 为一根未配置钢筋的素混凝土简支梁，截面尺寸为 200mm×300mm，混凝土强度等级为 C20，梁跨中作用一集中力 F，对其进行破坏性试验。试验结果表明，当荷载较小时，截面上的应力分布沿梁截面高度呈直线分布；当荷载增大到使梁底受拉区边缘拉应力达到混凝土抗拉极限强度时，该处的混凝土被拉裂，裂缝沿截面高度方向迅速发展，试件随即发生断裂破坏。这种破坏是突然发生的，没有明显的预兆。尽管混凝土的抗压强度比其抗拉强度高十倍左右，但不能得到充分利用，因为试件的破坏由混凝土的抗拉强度控制，试件破坏时的荷载值 F 很小，只有 12.5kN 左右。

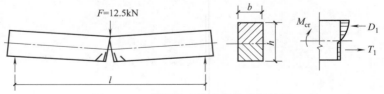

图 4.1.1 素混凝土简支梁的破坏特征

二、钢筋混凝土简支梁的破坏特征

通过"建筑材料与检测"课程的学习可知，线状钢筋是一种抗拉强度很高的材料，其塑性和韧性也都很好。如果在该梁的梁底受拉区布置三根直径为 16mm 的 HPB300 级钢筋，

再进行如图 4.1.2 所示的加载试验，则可以看到，当加载到使梁底受拉区边缘达到混凝土抗拉极限强度时，混凝土虽被拉裂，但裂缝不会沿截面高度迅速发展，试件也不会随即发生断裂破坏。混凝土开裂后，裂缝截面的混凝土拉应力由梁底纵向受拉钢筋来承受，故荷载还可以进一步增加。此时，变形将相应发展，裂缝的数量和宽度也将增大，直到梁底受拉钢筋被拉断或受压区混凝土被压碎时，试件才发生破坏。试件破坏前，变形和裂缝都发展得很充分，呈现明显的破坏预兆。虽然试件中梁底纵向受拉钢筋的截面面积只占整个截面面积的 1%左右，但破坏时荷载 F 却可以提高到 80kN 左右。

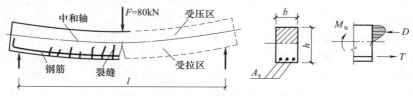

图 4.1.2　钢筋混凝土简支梁的破坏特征

通过素混凝土简支梁的破坏特征与钢筋混凝土简支梁的破坏特征的比较可知，在混凝土梁的受拉区配置一定数量的钢筋后，受拉区的拉应力由抗拉强度很高的钢筋来承担，受压区的压应力则由抗压强度较高的混凝土来承担。这样，充分利用了钢筋与混凝土两种材料的力学特性，因此钢筋混凝土梁的承载能力大大地提高了，同时其受力特性也得到了显著改善，呈现延性破坏的特征。正因为如此，钢筋混凝土结构在目前的建筑工程中应用最为广泛。

案例

某三跨连续梁，承受均布线荷载 q 作用，跨度均为 3.0m（图 4.1.3）。试绘制该连续梁的弯矩示意图，并绘图说明该连续梁各梁段跨中及支座处受拉纵向钢筋的配置位置（上部或下部）（图 4.1.4）。

图 4.1.3　三跨连续梁受力简图

【分析】

(a) 弯矩示意图

(b) 连续梁受拉纵向钢筋的配置示意图

图 4.1.4　三跨连续梁弯矩及纵筋配置示意图

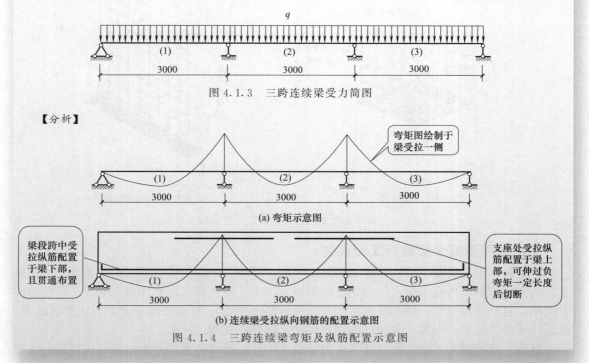

第二节　钢筋混凝土构件中钢筋配置及其施工图表达

一、钢筋混凝土构件中钢筋的配置

钢筋混凝土结构的基本构件有钢筋混凝土梁（以下简称梁）、钢筋混凝土板（以下简称板）、钢筋混凝土柱（以下简称柱）、钢筋混凝土剪力墙（以下简称剪力墙）及钢筋混凝土基础（鉴于基础的相关知识会在"地基与基础"课程中学习，故本书中不再过多介绍）。不同构件中配置的钢筋有所不同。梁中钢筋的一般配置如图 4.2.1（a）所示，上部贯通纵向钢筋与上部附加支座负筋一起承受支座处的负弯矩，箍筋主要箍住纵筋（或参与受力），形成钢筋骨架；板中钢筋的一般配置如图 4.2.1（b）所示，板面支座负筋主要承受支座处板面负弯矩，分布钢筋一般起固定板面负筋（或板底受力筋）的作用；柱中钢筋的一般配置如图 4.2.1（c）所示；剪力墙中钢筋的一般配置如图 4.2.1（d）所示，水平分布筋一般承受水平剪力，竖向分布筋一般起固定水平分布筋的作用（或参与受力），拉筋一般起联系墙身钢筋的作用。

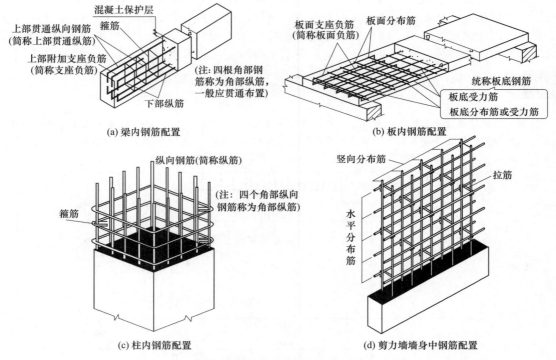

图 4.2.1　钢筋混凝土结构基本构件中钢筋的一般配置

二、钢筋混凝土结构施工图表达

为了表示钢筋混凝土结构构件的形状、大小、材料、配筋、构造及其相互关系，便于施工，就需要绘制结构施工图。一套完整的结构施工图主要包括结构设计总说明（全局性的文字说明，包括结构材料、施工注意事项及选用标准图集等）、结构平面布置图（主要表达梁、板、柱等构件的平面布置，各构件的截面尺寸、配筋）及结点详图。

目前，钢筋混凝土梁、柱、板和剪力墙的结构施工图通常采用平法标注形式，其标注依据为国家建筑标准设计图集《混凝土结构施工图平面整体表示方法制图规则和构造详图（现浇混凝土框架、剪力墙、梁、板)》(16G101-1)(以下简称《16G101-1》)。

1. 梁平法施工图

梁平法施工图是在平面布置图上采用平面注写方式或截面注写方式来表达的施工图。实际工程中以平面注写方式表示的梁施工图最为常见。平面注写方式是在梁的平面布置图上，分别在不同编号的梁中各选出一根，在其上注写截面尺寸和配筋具体数量的方式来表达梁的平法施工图。

平面注写包括集中标注与原位标注，集中标注表达梁的通用数值，原位标注表达梁的特殊数值。当集中标注中某项数值不适用于梁的某部位时，则应将该项数值在该部位原位标注，施工时按照原位标注取值优先原则。

图 4.2.2 (a) 为××别墅框架结构三维示意图，图 4.2.2 (b) 为××别墅二层梁平面注写方式，从某榀梁中任一跨用引出线集中标注通用数值，而在梁各对应位置进行原位标注。

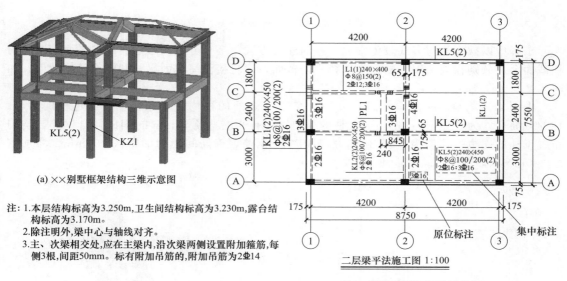

(a) ××别墅框架结构三维示意图

注：1. 本层结构标高为3.250m，卫生间结构标高为3.230m，露台结构标高为3.170m。
2. 除注明外，梁中心与轴线对齐。
3. 主、次梁相交处，应在主梁内，沿次梁两侧设置附加箍筋，每侧3根，间距50mm。标有附加吊筋的，附加吊筋为2Φ14

(b)××别墅二层梁平面注写方式

图 4.2.2 梁平法施工图注写示例

 特别说明

在实际施工中，通常需要同时查看建筑施工图和结构施工图。只有把二者结合起来看，在脑海中形成一个空间概念，才能真正读懂结构施工图。

由图 4.2.2 (b) 可见，KL5 的集中标注为 KL5(2)240×450 Φ8@100/200(2) 2Φ16;3Φ16，表示框梁5有2跨，截面尺寸为 240mm×450mm；梁的箍筋为直径 8mm 的 HPB300 钢筋，双肢箍，箍筋间距为加密区 100mm，非加密区 200mm；梁的上部纵筋为 2 根直径 16mm 的 HRB400 钢筋，梁的下部纵筋为 3 根直径 16mm 的 HRB400 钢筋。在支座处有原位标注 3Φ16，表示此处在两根上部贯通纵筋中间再加一根直径 16mm 的 HRB400 钢筋，共计 3 根直径 16mm 的 HRB400 钢筋，如图 4.2.3 所示。

2. 柱平法施工图

柱平法施工图是在柱平面布置图上采用列表注写方式或截面注写方式来表达的施工图。

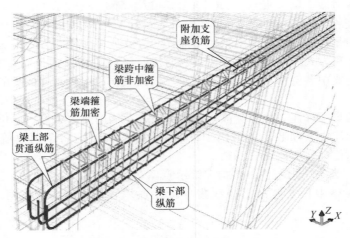

图 4.2.3　KL5 配筋三维示意图

实际工程中以截面注写方式较为常见。截面注写方式，是在分标准层绘制的柱平面布置图的柱截面上，分别在同一编号的柱中选择一个截面，以直接注写截面尺寸和配筋具体数值，如图 4.2.4（a）所示。

由图 4.2.4（a）可见，标高 -0.700～3.250 之间的柱均为 KZ1，轴线经过柱的形心，柱的截面尺寸为 350mm×350mm；柱的纵向钢筋有 8 根直径 16mm 的 HRB400 钢筋，均匀布置于柱的周边；箍筋为直径 8mm 的 HPB300 钢筋，箍筋间距为加密区 100mm，非加密区 200mm，如图 4.2.4（b）所示。

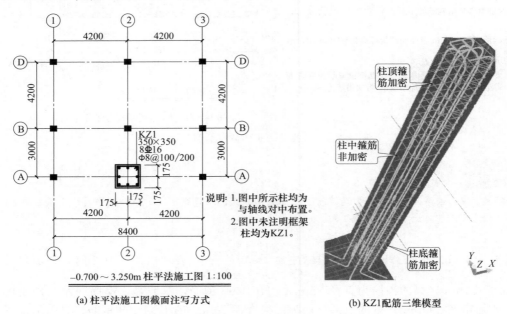

说明：1.图中所示柱均为与轴线对中布置。
2.图中未注明框架柱均为KZ1。

-0.700～3.250m柱平法施工图 1:100

(a) 柱平法施工图截面注写方式

(b) KZ1配筋三维模型

图 4.2.4　柱平法施工图注写示例

3. 现浇板结构施工图

现浇板结构施工图主要表示现浇板的平面布置、板厚和配筋情况，一般采用传统表示和平法表示两种方法。传统表示法是在各层平面图上画出每一板块的板底两垂直方向钢筋和板面支座负弯矩筋（简称板面负筋，沿板四边布置），并注明钢筋规格、间距和伸出长度。这种方法直观易懂，但表示钢筋的线条较多，图面较密。

图 4.2.5 为××别墅二层现浇板传统表示法实例。由图可见，Ⓐ～Ⓑ与①～②轴间（左下角）板块中，⟨h=120⟩表示此板厚 120mm，⊢┃　Φ10@180　┃⊣表示板底短边方向钢筋为直径 10mm 的 HPB300 钢筋，排布间距为 180mm，端部做 180°弯钩；由图中的注释可知板长短边方向钢筋为直径 10mm 的 HPB300 钢筋，排布间距为 200mm，端部做 180°弯钩；⌐700⌐表示此钢筋为板面负筋，沿板的四边布置，自梁边算起伸入板中 700mm，并在钢筋两端向下 90°弯钩。由图中的注释可知，板面负筋为直径 10mm 的 HPB300 钢筋，排布间距为 200mm，如图 4.2.6 所示。

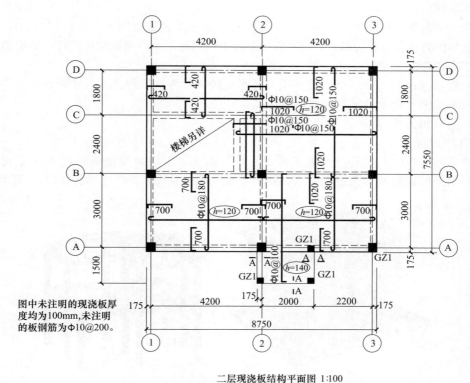

二层现浇板结构平面图 1:100

图 4.2.5　现浇板施工图传统表示方式

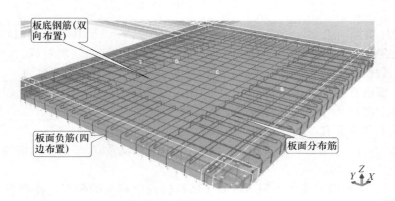

图 4.2.6　Ⓐ～Ⓑ与①～②轴间（左下角）板块配筋三维模型

固定板面负筋的分布钢筋由"结构设计总说明"第13条（见建筑结构施工图集工程实例一结施02）可知为直径6mm的HPB300钢筋。

实训 ▶ 建筑及结构施工图初步识读

1. 实训目标

了解钢筋混凝土结构构件中钢筋的配置，熟悉钢筋混凝土结构施工图的表达方式，能够初步识读钢筋混凝土结构施工图。

2. 实训要点

识读××别墅的建筑及结构施工图（见配套"建筑结构施工图集"工程实例一），了解钢筋混凝土结构的建筑与结构形式，初步读懂混凝土结构施工图，明确结构构件中的钢筋配置。

3. 实训内容及深度

（1）学习《16G101-1》图集关于梁、柱平法的表示方法及现浇板传统表示方式。

（2）识读××别墅的建筑及结构施工图。

（3）完成相关练习。

4. 实训过程

首先学习《16G101-1》图集关于梁、柱平法的表示方法及现浇板传统表示方式。然后识读××别墅的建筑及结构施工图（其建筑效果及结构见图4.2.7）。最后回答下列问题。

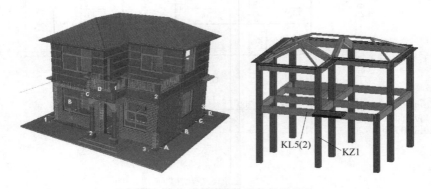

图 4.2.7　　××别墅建筑效果及结构

（1）该别墅共有_____层，室外地面标高_____m；室内外高差_____m，该楼东西宽_____m，南北长_____m。

（2）首层外墙厚_____mm，内墙厚_____mm，该层共有空调机位_____个，卫生间外墙窗宽度_____m；1—1剖面的剖视方向朝_____（填左或右）。

（3）KL1截面宽度为_____mm，截面高度为_____mm，跨数为_____。

（4）KL2箍筋直径为_____mm，非加密区箍筋间距为_____mm。

（5）KL2下部有_____根钢筋，钢筋直径为_____mm，为_____级钢。

（6）KL5上部纵筋有_____根，直径为_____mm。

（7）按照1∶20的比例绘制KL5在①～②轴配筋变化处的断面图。

5. 实训小结

本实训主要了解钢筋混凝土结构构件中钢筋的配置，能将钢筋混凝土结构施工图表达的配筋情况以三维的形式识读出来。

二维码 4.1

本章小结

　　本章主要介绍了钢筋混凝土结构构件配筋的基本思路、构件中钢筋的一般配置情况及其施工图表达。

　　钢筋混凝土结构充分利用了钢筋（受拉）与混凝土（受压）两种材料的力学特性，其承载能力大大地提高，同时其受力特性也得到显著改善，呈现延性破坏的特征。因此，钢筋混凝土结构在目前的建筑工程中应用最为广泛。混凝土结构设计时，应根据结构构件的实际受力情况合理配置钢筋。

　　一般而言，钢筋混凝土梁中配置有上部纵筋（含支座负筋）、下部纵筋及箍筋；钢筋混凝土板中配置有板面负筋、分布钢筋、板底两垂直向钢筋；钢筋混凝土柱中配置有纵筋、箍筋；钢筋混凝土剪力墙墙身中配置有竖向分布筋、水平分布筋、拉筋。

　　钢筋混凝土梁、柱、板和剪力墙的结构施工图通常采用平法标注形式，其标注依据为国家建筑标准设计图集《混凝土结构施工图平面整体表示方法制图规则和构造详图（现浇混凝土框架、剪力墙、梁、板）》（16G101-1）。

　　梁平法施工图平面注写方式，是在梁的平面布置图上，分别在不同编号的梁中各选出一根，在其上注写截面尺寸和配筋具体数量的方式来表达。平面注写包括集中标注与原位标注两种，集中标注表达梁的通用数值，原位标注表达梁的特殊数值。

　　柱平法施工图截面注写方式，是在分标准层绘制的柱平面布置图的柱截面上，分别在同一编号的柱中选择一个截面，直接注写截面尺寸和配筋具体数值。

　　现浇板结构施工图主要表示现浇板的平面布置、板厚和配筋情况。现浇板传统表示法是在各层平面图上画出每一板块的板底两垂直方向钢筋和板面支座负筋（沿板四边布置），并注明钢筋规格、间距和伸出长度。板面负筋的分布筋配置一般在结构设计总说明中统一说明，不在图中绘制，以使图面简洁。

思考与练习

　　1. 从受力特性上来说，钢筋混凝土结构有何特点？

　　2. 钢筋混凝土结构构件中，受力纵筋一般应配置在构件的受拉区还是受压区？试解释梁支座处上部支座负筋的作用。

　　3. 钢筋混凝土梁、板、柱、剪力墙墙身中，一般应配置哪些钢筋？

　　4. 一套完整的结构施工图主要包括哪些内容？

　　5. 梁平法施工图平面注写方式中，集中标注主要注写哪些内容？原位标注主要注写哪些内容？

　　6. 梁箍筋加密区一般位于梁的哪些部位？

　　7. 柱平法施工图截面注写方式主要注写哪些内容？柱箍筋加密区一般位于柱的哪些部位？

　　8. 现浇板结构施工图传统表示法主要注写哪些内容？板中分布钢筋主要起什么作用？

第五章 钢筋混凝土结构材料

<table>
<tr><td>知识目标</td><td>
• 了解钢筋的品种、强度级别和符号表示
• 熟悉常用的纵向受力钢筋和箍筋的强度级别、强度设计值、公称直径及公称截面面积
• 熟悉混凝土的强度等级及其强度设计值
• 了解混凝土材料耐久性的基本要求
• 理解钢筋锚固长度的概念以及锚固构造做法
• 理解混凝土保护层厚度的概念
</td></tr>
<tr><td>能力目标</td><td>
• 能够根据设计条件确定钢筋的锚固长度
• 能够根据设计条件确定结构构件的混凝土保护层厚度
</td></tr>
</table>

　　钢筋混凝土结构构件的主要组成材料为钢筋和混凝土,研究混凝土结构时必然要先熟悉这两种材料的基本性能。钢筋与混凝土两种材料性能差异很大,在荷载等外部作用下,为什么能够共同工作呢? 因此必须理解二者共同工作的机理及保证二者共同工作的构造措施。

第一节 钢筋混凝土结构材料的技术要求

一、钢筋混凝土结构用钢筋

1. 钢筋的力学指标

　　钢筋混凝土结构中采用的普通钢筋主要是热轧钢筋。热轧钢筋是低碳钢(含碳量小于0.25%)或普通低合金钢在高温状态下轧制而成。按其强度不同可分为 HPB300、HRB335(HRBF335)、HRB400(HRBF400、RRB400) 和 HRB500(HRBF500) 四个级别,随着钢筋强度的提高,其塑性逐渐降低。

　　HPB300 级钢筋的外形为光面圆钢筋,称为光圆钢筋。HRB335(HRBF335)、HRB400(HRBF400、RRB400) 和 HRB500(HRBF500) 级钢筋(HRB 表示普通热轧钢筋,HRBF 表示细晶粒热轧钢筋,RRB 表示余热处理钢筋)表面上一般轧上肋纹,称为变形钢筋(图 5.1.1)。

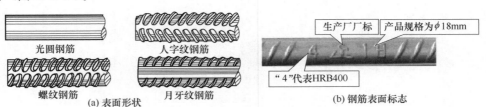

光圆钢筋　　人字纹钢筋
螺纹钢筋　　月牙纹钢筋
(a) 表面形状

生产厂厂标　产品规格为$\phi18mm$
"4"代表HRB400
(b) 钢筋表面标志

图 5.1.1　钢筋的表面形状

普通钢筋的抗拉强度较高，在钢筋混凝土结构中主要利用其抗拉强度。普通钢筋的牌号和抗拉强度设计值 f_y、抗压强度设计值 f'_y 见表 5.1.1。

表 5.1.1　普通钢筋强度设计值

牌号	符号	表面形状	公称直径 d/mm	抗拉强度设计值 f_y/(N/mm²)	抗压强度设计值 f'_y/(N/mm²)
HPB300	Φ	光圆	6～22	270	270
HRB335 HRBF335	Φ Φ^F	带肋	6～50	300	300
HRB400 HRBF400 RRB400	Φ Φ^F Φ^R	带肋	6～50	360	360
HRB500 HRBF500	Φ Φ^F	带肋	6～50	435	410

注：当用作受剪、受扭、受冲切承载力计算时，抗拉强度设计值大于 360N/mm² 时应取 360N/mm²。

普通钢筋一般具有明显的屈服点，其应力-应变关系如图 5.1.2（a）所示。为了便于对混凝土结构的设计计算，通常采用简化的钢筋应力-应变关系，如图 5.1.2（b）所示。

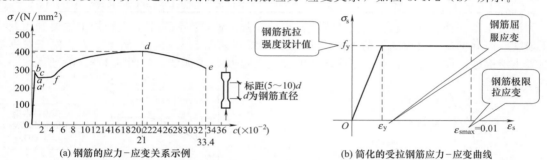

(a) 钢筋的应力-应变关系示例　　(b) 简化的受拉钢筋应力-应变曲线

图 5.1.2　钢筋应力-应变关系

2. 钢筋的公称直径、公称截面面积及理论重量

各种公称直径钢筋的公称截面面积及理论重量见表 5.1.2。

表 5.1.2　钢筋的公称直径、公称截面面积及理论重量

公称直径 /mm	不同根数钢筋的公称截面面积/mm²									单根钢筋理论 重量/(kg/m)
	1	2	3	4	5	6	7	8	9	
6	28.3	57	85	113	142	170	198	226	255	0.222
8	50.3	101	151	201	252	302	352	402	453	0.395
10	78.5	157	236	314	393	471	550	628	707	0.617
12	113.1	226	339	452	565	678	791	904	1017	0.888
14	153.9	308	461	615	769	923	1077	1231	1385	1.21
16	201.1	402	603	804	1005	1206	1407	1608	1809	1.58
18	254.5	509	763	1017	1272	1527	1781	2036	2290	2.00
20	314.2	628	942	1256	1570	1884	2199	2513	2827	2.47
22	380.1	760	1140	1520	1900	2281	2661	3041	3421	2.98
25	490.9	982	1473	1964	2454	2945	3436	3927	4418	3.85
28	615.8	1232	1847	2463	3079	3695	4310	4926	5542	4.83

3. 钢筋的选用原则

《混凝土结构设计规范》（GB 50010—2010）（以下简称《混凝土规范》）规定，钢筋混凝土结构的钢筋应按下列规定选用。

（1）纵向受力普通钢筋宜采用 HRB400、HRB500、HRBF400、HRBF500 钢筋，也可采用 HPB300、HRB335、HRBF335、RRB400 钢筋。

（2）梁、柱纵向受力普通钢筋应采用 HRB400、HRB500、HRBF400、HRBF500 钢筋。

（3）箍筋宜采用 HPB300、HRB400、HRBF400、HRB500、HRBF500 钢筋，也可采用 HRB335、HRBF335 钢筋。

二、混凝土材料

1. 混凝土的力学指标

普通混凝土是由水泥和砂、石按适当比例配合，必要时加入外加剂和掺合料，经搅拌后由流态逐渐硬化所形成的人造石材。普通混凝土按立方体抗压强度标准值（N/mm²，试件尺寸为 150mm×150mm×150mm），将混凝土划分为 C10、C15、C20、C25、C30、C35、C40、C45、C50、C55、C60、C65、C70、C75、C80、C85、C90、C95、C100 19 个强度等级。

钢筋混凝土结构中通常采用的混凝土强度等级为 C15～C80，共 14 个强度等级。由于混凝土立方体受压状态与构件的实际受力状态有明显差异，故钢筋混凝土结构设计时应采用混凝土轴心抗压强度设计值 f_c（试件尺寸为 150mm×150mm×300mm）及轴心抗拉强度设计值 f_t（表 5.1.3）。一般而言，混凝土轴心抗压强度小于标准立方体抗压强度。

表 5.1.3　混凝土强度设计值　　　　　单位：N/mm²

强度	混凝土强度等级													
	C15	C20	C25	C30	C35	C40	C45	C50	C55	C60	C65	C70	C75	C80
f_c	7.2	9.6	11.9	14.3	16.7	19.1	21.1	23.1	25.3	27.5	29.7	31.8	33.8	35.9
f_t	0.91	1.10	1.27	1.43	1.57	1.71	1.80	1.89	1.96	2.04	2.09	2.14	2.18	2.22

混凝土是一种脆性材料，其抗压强度高而抗拉强度低，在钢筋混凝土结构中主要利用其抗压强度。混凝土在一次短期加荷下的应力-应变曲线，如图 5.1.3（a）所示。为了便于对钢筋混凝土结构进行设计计算，通常采用简化的混凝土应力-应变曲线，如图 5.1.3（b）所示。

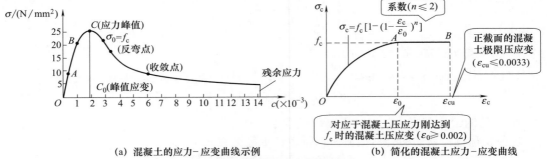

(a) 混凝土的应力-应变曲线示例　　　　　(b) 简化的混凝土应力-应变曲线

图 5.1.3　混凝土应力-应变关系

2. 混凝土的选用原则

为保证结构安全可靠、经济耐久，选择混凝土时，要综合考虑材料的力学性能、耐久性能、施工性能和经济性能等因素。按照《混凝土规范》的规定，混凝土应按下列规定选用。

（1）钢筋混凝土结构的混凝土的强度等级不应低于 C20；采用强度等级 400MPa 及以上的钢筋时，混凝土的强度等级不应低于 C25。

（2）承受重复荷载的钢筋混凝土构件，混凝土强度等级不得低于 C30。

同时，设计使用年限为 50 年的钢筋混凝土结构，其混凝土材料的耐久性宜符合表 5.1.4 的规定。

表 5.1.4　混凝土材料的耐久性基本要求

环境等级	最大水胶比	最低强度等级	最大氯离子含量/%	最大碱含量/(kg/m³)
一	0.6	C20	0.30	不限制
二 a	0.55	C25	0.20	
二 b	0.50(0.55)	C30(C25)	0.15	3.0
三 a	0.45(0.50)	C35(C30)	0.15	
三 b	0.40	C40	0.10	

注：1. 处于严寒和寒冷地区二 b、三 a 类环境中的混凝土应使用引气剂，并可采用括号中的有关参数。

2. 上部结构一般处于室内干燥环境，其环境类别为一类；基础一般与土壤直接接触，其环境类别为二 a 类。（混凝土结构所处环境类别的详细规定请扫码查看）

二维码 5.1

第二节 钢筋锚固与保护层厚度

一、钢筋与混凝土共同工作的机理

钢筋与混凝土的材料性能相差很大，在荷载、温度、收缩等外界因素作用下，为什么能够结合在一起共同工作呢？一是因为二者之间具有相近的温度线膨胀系数；二是因为混凝土硬化后，钢筋与混凝土之间产生的粘接作用。粘接作用是钢筋与混凝土共同工作的基础，如果钢筋和混凝土不能良好地粘接在一起，构件受力变形后，在小变形的情况下，钢筋和混凝土不能协调变形；在大变形的情况下，钢筋就有可能从混凝土中滑脱而分离，不能够共同受力。

钢筋与混凝土之间的粘接作用可以用两者界面上的粘接应力来说明。当钢筋与混凝土之间有相对变形（滑移）时，其界面上会产生沿钢筋轴线方向的相互作用力，这种作用力称为粘接应力，如图 5.2.1 所示。

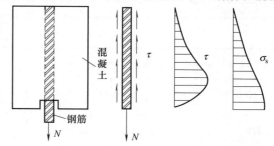

图 5.2.1　直接拔出实验与应力分布示意图

钢筋与混凝土之间粘接作用产生的原因主要有以下几个方面。

（1）化学胶结力　来源于水泥浆体和钢筋表面之间化学作用产生的吸附胶着作用。

（2）摩擦力　混凝土凝结硬化时的收缩使接触面上产生正压应力及摩擦力。

（3）机械咬合力　对于光圆钢筋，机械咬合力是由钢筋表面凹凸不平与混凝土嵌入咬合产生的；对于带肋钢筋，钢筋表面的横肋嵌入混凝土内并与之咬合，能显著提高钢筋与混凝土之间的粘接性能。通常带肋钢筋的粘接性能明显地优于光圆钢筋。

二、钢筋锚固长度

1. 钢筋锚固长度的概念

在外力等作用下，为了防止钢筋从混凝土中拔出，应将钢筋埋入混凝土中一定长度，这一长度称为钢筋锚固长度（图 5.2.2）。只有具有足够的钢筋锚固长度，才能在钢筋与混凝土之间积累足够的粘接应力，从而使二者保持整体，实现两者共同受力、协调变形的目的。如果钢筋锚固长度不足，则可能因钢筋滑脱而导致结构丧失承载能力并由此导致结构破坏。

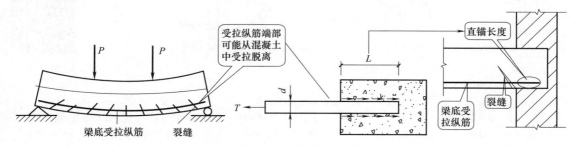

图 5.2.2　钢筋锚固长度的概念

一般而言，钢筋锚固长度是指钢筋伸入支座中的总长度；对于支座负弯矩区段则是指支座负筋伸过负弯矩区段后的延伸长度；对于钢筋搭接连接的情况，则是指钢筋搭接的长度。钢筋锚固一般情况下采用直锚，当不满足直锚长度时，可采用端部弯折锚固（此时锚固长度包括直线及弯折部分）或其他锚固形式。

2. 钢筋锚固长度及构造

《16G101-1》中关于受拉钢筋的基本锚固长度 l_{ab} 的规定见表5.2.1；抗震设计时受拉钢筋的基本锚固长度 l_{abE} 的规定见表5.2.2。

表 5.2.1　受拉钢筋基本锚固长度 l_{ab}　　　　　　　　　单位：mm

钢筋种类	混凝土强度等级								
	C20	C25	C30	C35	C40	C45	C50	C55	≥C60
HPB300	$39d$	$34d$	$30d$	$28d$	$25d$	$24d$	$23d$	$22d$	$21d$
HRB335、HRBF335	$38d$	$33d$	$29d$	$27d$	$25d$	$23d$	$22d$	$21d$	$21d$
HRB400、HRBF400、RRB400	—	$40d$	$35d$	$32d$	$29d$	$28d$	$27d$	$26d$	$25d$
HRB500、HRBF500	—	$48d$	$43d$	$39d$	$36d$	$34d$	$32d$	$31d$	$30d$

表 5.2.2　抗震设计时受拉钢筋基本锚固长度 l_{abE}　　　　　　单位：mm

钢筋种类	抗震等级	混凝土强度等级								
		C20	C25	C30	C35	C40	C45	C50	C55	≥C60
HPB300	一、二级	$45d$	$39d$	$35d$	$32d$	$29d$	$28d$	$26d$	$25d$	$24d$
	三级	$41d$	$36d$	$32d$	$29d$	$26d$	$25d$	$24d$	$23d$	$22d$
HRB335 HRBF335	一、二级	$44d$	$38d$	$33d$	$31d$	$29d$	$26d$	$25d$	$24d$	$24d$
	三级	$40d$	$35d$	$31d$	$28d$	$26d$	$24d$	$23d$	$22d$	$22d$
HRB400 HRBF400	一、二级	—	$46d$	$40d$	$37d$	$33d$	$32d$	$31d$	$30d$	$29d$
	三级	—	$42d$	$37d$	$34d$	$30d$	$29d$	$28d$	$27d$	$26d$
HRB500 HRBF500	一、二级	—	$55d$	$49d$	$45d$	$41d$	$39d$	$37d$	$36d$	$35d$
	三级	—	$50d$	$45d$	$41d$	$38d$	$36d$	$34d$	$33d$	$32d$

注：四级抗震时，$l_{abE}=l_{ab}$。

受拉钢筋应根据锚固条件（如钢筋直径、保护层厚度、抗震等级等）进行必要修正。与钢筋直径相关的受拉钢筋锚固长度 l_a 及受拉钢筋抗震锚固长度 l_{aE} 的规定，请扫码获取。

为保证钢筋和混凝土之间的黏结力，防止钢筋在受拉时滑动，当不满足直锚长度时，可采用钢筋末端弯钩（图5.2.3，对于 HPB300 级钢筋，由于表面光滑，锚固强度低，故作为主受力筋时末端应做 180°弯钩，但作受压钢筋时可不做弯钩），或者采用机械锚固措施（图5.2.4）。

当混凝土结构中因设计需要配置纵向受压钢筋，且计算中充分利用其抗压强度时，锚固长度不应小于相应受拉锚固长度的 70%。

(a) 末端90°弯折

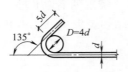

(b) 末端带135°弯钩

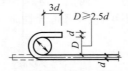

(c) 光圆钢筋末端180°弯钩

二维码 5.2

注：钢筋弯折 90°的弯弧内直径 D 应符合下列规定。

1. 光圆钢筋，不应小于钢筋直径的 2.5 倍。

2. 335MPa 级、400MPa 级带肋钢筋，不应小于钢筋直径的 4 倍。

3. 500MPa 级带肋钢筋，当直径 $d≤25$ 时，不应小于钢筋直径的 6 倍；当直径 $d>25$ 时，不应小于钢筋直径的 7 倍。

4. 位于框架结构顶层端节点处的梁上部纵向钢筋和柱外侧纵向钢筋，在节点角部弯折处，当钢筋直径 $d≤25$ 时，不应小于钢筋直径的 12 倍；当直径 $d>25$ 时，不应小于钢筋直径的 16 倍。

5. 箍筋弯折处尚不应小于纵向受力钢筋直径；箍筋弯折处纵向受力钢筋为搭接或并筋时，应按钢筋实际排布情况确定箍筋弯弧内直径。

图 5.2.3　弯钩锚固的形式和技术要求

三、混凝土保护层厚度

为了保护钢筋（如防腐、防火等）及保证钢筋与混凝土之间的粘接作用，钢筋混凝土构

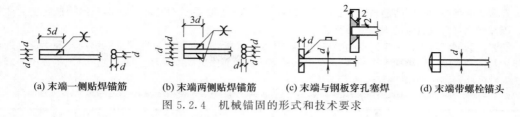

(a) 末端一侧贴焊锚筋　　(b) 末端两侧贴焊锚筋　　(c) 末端与钢板穿孔塞焊　　(d) 末端带螺栓锚头

图 5.2.4　机械锚固的形式和技术要求

件中，钢筋外边缘至混凝土表面之间需有一定厚度的混凝土层，称为混凝土保护层，其中最外层钢筋（箍筋、构造筋、分布筋等）外边缘至混凝土外表面的厚度称为混凝土保护层厚度 c（图 5.2.5，图中 c_{min} 为混凝土保护层最小厚度，d 为纵向钢筋直径，见表 5.2.3）。

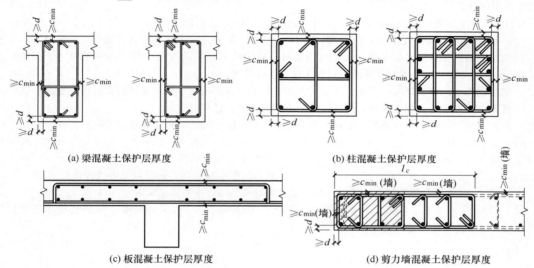

(a) 梁混凝土保护层厚度　　　　　　　　　(b) 柱混凝土保护层厚度

(c) 板混凝土保护层厚度　　　　　　　　　(d) 剪力墙混凝土保护层厚度

图 5.2.5　混凝土保护层厚度示意图

设计使用年限为 50 年的混凝土结构，其混凝土保护层最小厚度 c_{min} 见表 5.2.3。

表 5.2.3　混凝土保护层的最小厚度 c_{min}　　　　　　　　　单位：mm

环境类别	板、墙、壳	梁、柱、杆	环境类别	板、墙、壳	梁、柱、杆
一	15	20	三 a	30	40
二 a	20	25	三 b	40	50
二 b	25	35			

注：1. 混凝土强度等级不大于 C25 时，表中保护层厚度数值应增加 5mm。
2. 钢筋混凝土基础宜设置混凝土垫层，基础底部钢筋的混凝土保护层厚度应从垫层顶面算起，且不应小于 40mm。

本章小结

进行钢筋混凝土结构配筋设计前，必须首先了解混凝土、钢筋的力学性能及其强度设计值以及保证其强度有效发挥的构造措施。本章主要内容如下。

（1）普通钢筋的抗拉强度高，在钢筋混凝土结构中应充分利用其抗拉强度。按钢筋强度不同常可分为 HPB300（Φ）、HRB335（Φ）、HRB400（Φ）和 HRB500（Φ）四个级别。一般情况下，纵向受力筋宜采用 HRB400、HRB500 级钢筋，箍筋宜采用 HPB300、HRB400 级钢筋。

（2）混凝土抗压强度高而抗拉强度低，在混凝土结构中主要利用其抗压强度。钢筋混凝土结构中通常采用的混凝土强度等级有 C15～C80，共 14 个强度等级。采用强度等级 400MPa 及以上的钢筋时，混凝土的强度等级不应低于 C25。钢筋混凝土结构设计时采用的是混凝土轴心抗压强度设计值 f_c。

结构混凝土材料的耐久性非常重要，应根据结构所处的环境类别，通过限制最大水胶比、最低强度等级、最大氯离子含量、最大碱含量等指标来保证混凝土结构的耐久性。

（3）钢筋与混凝土共同工作的基础是二者之间的粘接作用。保证钢筋与混凝土之间粘接作用的主要途径是保证钢筋具有足够的锚固长度。《16G101-1》中以表格的形式列出了受拉钢筋锚固长度的具体数值，以及钢筋弯锚及机械锚固的构造要求。

同时，钢筋混凝土构件中的钢筋必须有一定厚度的混凝土来包裹，才能保证钢筋与混凝土之间的粘接作用及保护钢筋（如防腐、防火等），这个包裹钢筋的混凝土层称为混凝土保护层。钢筋的最小混凝土保护层厚度必须满足规范的要求。

思考与练习

1. 钢筋混凝土结构用钢筋从外观形式上看，钢筋表面形状有几种？按钢筋强度不同可划分为几个强度级别？分别用什么符号表示？

2. HRB400 级钢筋的抗拉强度设计值 f_y 取值为多少？C30 混凝土的抗压强度设计值 f_c 取值为多少？

3. 一般情况下，纵向受力筋宜采用哪些级别的钢筋？箍筋宜采用哪些级别的钢筋？

4. 混凝土的强度等级是如何确定的？钢筋混凝土结构中可采用的混凝土强度等级有哪些？采用强度 400MPa 及以上的钢筋时，混凝土强度不应低于哪个强度等级？

5. 钢筋混凝土结构设计时，混凝土强度采用的是轴心抗压强度设计值还是立方体抗压强度标准值？

6. 按耐久性要求，一类环境下，混凝土强度不应低于哪个强度等级？

7. 影响钢筋与混凝土之间粘接性能的主要因素有哪些？如何保证钢筋与混凝土之间的黏结力？

8. 何谓钢筋锚固长度？受拉钢筋抗震锚固长度 l_{aE} 与哪些因素有关？试根据××别墅结构施工图（结构设计总说明）中给定的条件，确定二层梁中 HRB335 级钢筋的抗震锚固长度 l_{aE}。

9. 钢筋 90°弯折时弯弧内直径应符合哪些规定？光圆钢筋末端 180°弯钩应满足哪些构造要求？

10. 混凝土保护层有何作用？通常所说的混凝土保护层厚度 c 是如何定义的？

11. 某钢筋混凝土梁，混凝土强度等级为 C25，一类环境，那么该梁的混凝土保护层最小厚度应取多少？

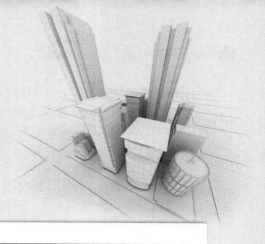

第六章　钢筋混凝土梁

知识目标	<ul><li>了解梁的截面形式及尺寸要求</li><li>熟悉梁内配筋种类与一般构造</li><li>掌握单筋矩形截面梁正截面承载力计算方法</li><li>熟悉 T 形截面梁正截面承载力计算方法</li><li>掌握梁斜截面承载力计算方法</li><li>了解受扭梁及其配筋</li><li>了解裂缝宽度及变形验算</li><li>掌握梁平法施工图表示方法</li></ul>
能力目标	<ul><li>能够根据设计条件对单筋梁进行正截面配筋计算</li><li>能够根据设计条件对梁斜截面进行配箍计算</li><li>能够读懂实际工程的梁平法施工图</li></ul>

第一节　梁的类型及梁内配筋

　　结构中的梁是以承受横向作用为主的受弯构件，其截面上一般作用有弯矩、剪力及扭矩（通常忽略轴力作用）。

一、梁的截面形式

　　对于现浇钢筋混凝土梁，常见的截面形式为矩形截面。一般情况下，应在梁的受拉一侧配置纵向受力钢筋，通常称之为单筋矩形截面梁 [图 6.1.1（a）]。当梁截面高度受到限制，受压区混凝土不足以抵抗梁内压应力时，可在梁的受压区配置一定量的纵向受压钢筋来分担，这种梁通常称之为双筋矩形截面梁 [图 6.1.1（b）]。当考虑板与梁共同受力时，其截面形式通常按 T 形或 Γ 形截面考虑 [图 6.1.1（c）、（d）]。

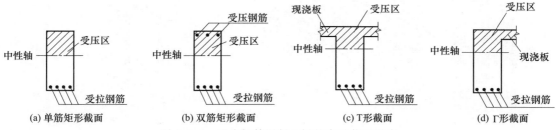

图 6.1.1　现浇钢筋混凝土梁的常见截面形式

　　梁的截面尺寸除应满足强度条件外，还应满足刚度条件和方便施工的要求。梁截面高度

h 可根据高跨比（h/l_0）来估计，如简支梁可取梁高为梁跨度的 1/12 左右，独立的悬臂梁可取梁高为梁跨度的 1/6 左右，设计时可参照表 6.1.1 初步确定梁的高度。为了施工方便，梁高一般按 50mm 的模数递增，对较大的梁（如 $h>800mm$）按 100mm 的模数递增。常用的梁高有 250mm、300mm、350mm、400mm、450mm、500mm、550mm、600mm、650mm、700mm、750mm、800mm、900mm、1000mm 等尺寸。

梁截面的宽度 b 可用梁的高宽比估算，如矩形截面梁，其高宽比 h/b 一般取 2.0～3.5，T 形截面梁，其高宽比 h/b 一般取 2.5～4.0（此处 b 为梁肋宽）。上述要求并非严格规定，设计时，宜根据具体情况灵活调整。常用的梁宽有 100mm、120mm、150mm、180mm、200mm、250mm 和 300mm 等尺寸。框架结构的主梁截面宽度不宜小于 200mm，梁宽在 300mm 以上的级差一般为 50mm。

表 6.1.1　混凝土梁的截面高度 h

构件种类	高跨比（h/l_0）	备　　注
多跨连续次梁	1/18～1/12	最小梁高： 次梁 $h \geqslant l_0/25$ 主梁 $h \geqslant l_0/15$
多跨连续主梁	1/14～1/8	
单跨简支梁	1/14～1/8	宽高比（b/h）：一般为 1/3～1/2，并以 50mm 为模数
悬臂梁	1/8～1/6	

注：由主、次梁和板组成的现浇混凝土楼盖称为肋梁楼盖（或有梁楼盖）（图 6.1.2）。当结构类型为框架结构时，主梁即为框架梁，次梁即为非框架梁。

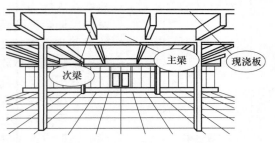

图 6.1.2　现浇混凝土楼盖

二、梁内配筋及其一般构造

梁内通常配置有上部纵筋（含贯通纵筋与支座负筋）、下部纵筋、侧面纵筋、箍筋、拉筋等，如图 6.1.3 所示。

1. 上部纵筋与下部纵筋

作用：配置在受拉区的纵向受力钢筋主要用来承受截面弯矩在梁内产生的拉应力，配置在受压区的纵向受力钢筋主要用于形成空间钢筋骨架，有时也用来补充混凝土受压能力的不足。

直径：当梁高 $h \geqslant 300mm$ 时，不应小于 10mm；当梁高 $h < 300mm$ 时，不应小于 8mm。梁纵向钢筋的常用直径 $d = 12 \sim 25mm$。

根数：梁的上部（或下部）纵向通长钢筋的根数不宜少于 2 根，且应尽量布置成一层。

纵向钢筋的排列要求：为了混凝土粗骨料能够顺利通过钢筋间的空隙，保证混凝土的浇筑密实，从而保证钢筋和混凝土之间的粘接作用，必须控制钢筋间净距的大小，其具体要求如图 6.1.4 所示。

图 6.1.3　钢筋混凝土梁中的配筋

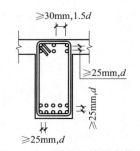

图 6.1.4　纵向钢筋排布构造

伸入支座范围内的纵向钢筋不宜少于两根。伸入梁支座范围内的锚固长度 l_{as} 应符合《混凝土规范》的规定。

特别说明

本书中将配置在受拉区受拉的上部纵筋或下部纵筋统称为纵向受力筋或受力纵筋，不包含受压纵筋及侧面纵筋，切勿错误理解。

如何理解"贯通钢筋""通长钢筋"与"架立钢筋"的概念？扫码了解一下吧。

2. 箍筋

作用：承受由截面剪力和弯矩在梁内引起的拉应力，并通过绑扎或焊接把梁中纵筋联系在一起，形成空间钢筋骨架。

设置范围：应沿梁全长设置箍筋，梁跨中可按构造加大箍筋间距。

直径：当梁截面高度 $h \leqslant 800$mm 时，不宜小于 6mm；当 $h > 800$mm 时，不宜小于 8mm。当梁中配有计算需要的纵向受压钢筋时，箍筋直径还不应小于纵向受压钢筋最大直径的 1/4。为了便于加工，箍筋直径一般不宜大于 12mm。箍筋的常用直径为 6mm、8mm、10mm。

间距：当梁中配有计算需要的纵向受压钢筋时，箍筋的间距不应大于 15d（d 为纵向受压钢筋的最小直径），并不应大于 400mm；当一层内的纵向受压钢筋多于 5 根且直径大于18mm 时，箍筋间距不应大于 10d。

梁宽在 150～350mm 时通常采用双肢箍；梁宽 >400mm 且一层内的纵向受压钢筋多于3 根时，或当梁宽不大于 400mm，但一层内纵向受压钢筋多于 4 根时，应采用三肢箍、四肢箍等（图 6.1.5）。

端部构造：有抗震要求的，应采用 135°弯钩，弯钩端头直段长度不小于 10d，且不小于75mm［图 6.1.5（d）］；无抗震要求的，可采用 90°弯钩，弯钩端头直段长度不小于 5d。

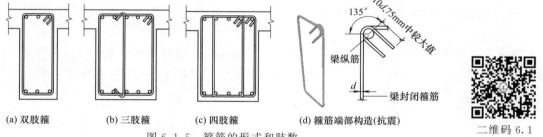

图 6.1.5　箍筋的形式和肢数

二维码 6.1

3. 侧面纵筋及拉筋

作用：当梁的截面高度较大时，防止在梁的侧面产生垂直于梁轴线的收缩裂缝，同时也为了增强钢筋骨架的刚度，或增强梁的抗扭作用。当梁的侧面纵筋主要起增加梁钢筋骨架的刚度时，侧面纵筋通常称为侧面纵向构造筋（可简称为侧面构造纵筋）；当梁的侧面纵筋主要起抵抗梁中扭矩时，侧面纵筋通常称为侧面抗扭纵筋。拉筋通过绑扎把侧面纵筋及箍筋联系在一起，形成空间钢筋骨架（图 6.1.6）。

设置条件：当梁的腹板高度 $h_w \geqslant 450$mm 时，在梁的两个侧面应沿高度配置侧面纵向构造筋，每侧纵向构造筋（不包括梁上、下部受力钢筋）的截面面积不应小于腹板截面面积 bh_w 的 0.1%，且其间距 $a \leqslant 200$mm（图 6.1.6）。侧面抗扭纵筋一般应通过计算配置。

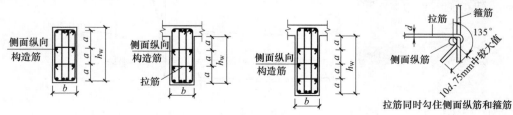

图 6.1.6　梁侧面纵筋和拉筋构造

重点提示

（1）当梁侧面配有直径不小于构造纵筋的受扭纵筋时，受扭钢筋可以代替构造纵筋。

（2）梁侧面构造纵筋的搭接与锚固长度可取 $15d$（d 为构造纵筋直径）。梁侧面受扭纵筋的搭接长度为 l_{LE} 或 l_L，其锚固长度为 l_{aE} 或 l_a，锚固方式同框架梁下部纵筋。

（3）当梁宽≤350mm 时，拉筋直径为 6mm；梁宽>350mm 时，拉筋直径为 8mm，拉筋间距为非加密区箍筋间距的 2 倍。当设有多排拉筋时，上下两排拉筋竖向错开设置。

第二节 单筋矩形截面梁纵向受力筋配筋设计

结构的安全性通过承载能力极限状态设计来保证。对于承载能力极限状态，应采用 $\gamma_0 S_d \leqslant R_d$ 表达式进行设计，其中荷载组合的效应设计值 S_d（主要包括弯矩、轴力和剪力设计值等），可以通过结构内力分析的方法得到。如果采用 $\gamma_0 S_d \leqslant R_d$ 表达式进行设计，则必须得到结构构件抗力的设计值 R_d 的表达式。一般而言 R_d 与混凝土、钢筋的强度设计值及构件的截面几何参数等因素有关。为了得到钢筋混凝土梁的抗力设计值 R_d 的表达式，可以依据破型试验的试验结果，并结合理论分析来得到。

 特别说明

如无特别说明，本书一般取结构的重要性系数 $\gamma_0 = 1.0$，即按 $S_d \leqslant R_d$ 给出相关计算公式。

一、适筋梁的概念及其破坏特征

1. 适筋梁的概念

当梁的截面尺寸、混凝土强度等级、钢筋种类确定后，梁的破坏形态主要与纵向受力钢筋的配置数量有关。纵向受力钢筋的配置数量通常采用配筋率 ρ 来表达，配筋率 ρ 的定义见式（6.2.1）。

$$\rho = \frac{A_s}{bh} \tag{6.2.1}$$

式中 A_s——梁中配置的纵向受力筋截面面积；

b——梁的截面宽度；

h——梁的截面高度。

梁纵向受力钢筋的配筋率不同，梁的破坏形态也不同。试验研究表明，根据梁配筋率大小的不同，出现三种破坏形态：适筋破坏（配筋率适当）、少筋破坏（配筋率很小）、超筋破坏（配筋率很大），如图 6.2.1 所示。与各破坏形态相对应的梁分别称为适筋梁、少筋梁、超筋梁。

适筋破坏有一个时间过程，而且在彻底破坏之前有明显的预兆，变形很大，呈现出延性

(a) 加载试验(简支梁三分点加载)

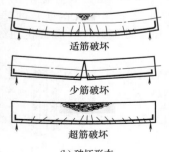

(b) 破坏形态

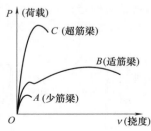

(c) 受力特征

图 6.2.1 梁的破坏形式

破坏的特征；而少筋破坏和超筋破坏在破坏之前没有明显的预兆，呈现出突发的脆性破坏特征。适筋梁的材料强度能得到充分发挥，安全经济，因此应该将梁设计成适筋梁，而少筋梁、超筋梁都应避免。

2. 适筋梁破坏特征

试验研究表明，适筋梁的破坏过程分为如下三个阶段。

（1）从加载开始到受拉区混凝土裂缝出现以前为第Ⅰ阶段，此阶段荷载很小，混凝土中的压应力及拉应力也很小，应力和应变几乎成直线关系，又称弹性阶段，如图 6.2.2（a）所示。当受拉边缘的拉应变达到混凝土极限拉应变时，即为第Ⅰ阶段末，第Ⅱ阶段始［即Ⅰa阶段，如图 6.2.2（b）所示］。

（2）从受拉区混凝土开裂到受拉区钢筋屈服为第Ⅱ阶段，又称带裂缝工作阶段，如图 6.2.2（c）所示。第Ⅱ阶段的截面应力图是梁裂缝宽度和变形验算的依据。当荷载达到某一数值时，纵向受拉钢筋将开始屈服，应力达到屈服强度 f_y 时，标志截面进入第Ⅱ阶段末，第Ⅲ阶段始［即Ⅱa阶段，如图 6.2.2（d）所示］。

（3）从受拉钢筋屈服至梁的受压区混凝土被压碎为第Ⅲ阶段，又称破坏阶段，如图 6.2.2（e）所示。在第Ⅲ阶段末［即Ⅲa阶段，如图 6.2.2（f）所示］，梁截面的受压区边缘混凝土达到其极限压应变而被压碎（此时混凝土的最大压应力达到 f_c），试件破坏。因此将Ⅲa阶段的应力状态作为梁正截面承载力计算的依据。

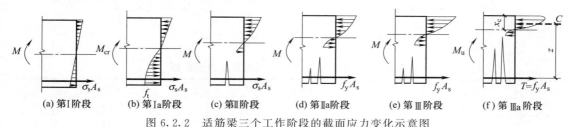

（a）第Ⅰ阶段　（b）第Ⅰa阶段　（c）第Ⅱ阶段　（d）第Ⅱa阶段　（e）第Ⅲ阶段　（f）第Ⅲa阶段

图 6.2.2　适筋梁三个工作阶段的截面应力变化示意图

二、单筋矩形截面梁纵向受力筋配筋计算公式

1. 基本假定

（1）平截面假定：假设梁在受弯变形后截面仍保持为平面。

（2）钢筋与混凝土共同工作：钢筋与混凝土之间无粘接滑移破坏，钢筋的应变与其所在位置混凝土的应变一致。

（3）不考虑拉区混凝土参与工作：受拉区混凝土开裂后退出工作，拉力全部由钢筋承担。

（4）材料的应力-应变关系：钢筋和混凝土的应力-应变关系均采用简化模型（见第五章图 5.1.2、图 5.1.3）。

 特别说明

（1）钢筋混凝土结构构件的截面承载力计算，一般涉及配筋计算、截面尺寸调整、混凝土强度等级调整等内容，其中配筋计算是主要内容。在不致混淆的情况下，可以将截面承载力计算理解为配筋设计。对于单筋矩形截面梁正截面承载力计算，可以理解为梁纵向受力筋的配筋设计。

（2）结构构件中的截面内力（如弯矩、剪力、轴力、扭矩等）通常是沿构件长度发生变化的，即构件不同位置处截面上的内力是不同的。所以不可能把每个截面都进行配筋计算，这就涉及计算截面（即控制截面）的选取问题。一般情况下，选取结构构件中的内力设计值最大处的截面进行配筋计算。

对于单筋矩形截面梁纵向受力筋配筋计算，一般选取梁跨中（正弯矩最大处）及支座处（负弯矩最大处）的截面作为控制截面进行配筋计算。其他截面，则依据控制截面配筋计算的结果，按构造配置钢筋即可。

2. 等效矩形应力图（基于适筋梁的Ⅲa阶段）

在极限弯矩 M_u（抗力设计值）的计算中，仅需知道受压区合力 C 的大小和作用位置 z 即可。为便于计算受压区合力 C，可取受压区等效矩形应力图形来代换抛物线应力图，如图 6.2.3 所示。二者的等效原则如下。

① 等效矩形应力图形与实际抛物线应力图形的面积相等，即合力大小相等。

② 等效矩形应力图形与实际抛物线应力图形的形心位置相同，即合力作用点不变。

为满足这两个原则，需将 f_c 和 x_c 进行变换，即分别乘以系数 α_1 和 β_1（α_1 和 β_1 的取值见表 6.2.1）即可，即等效矩形受压区折算应力为 $\alpha_1 f_c$ 和折算高度为 $\beta_1 x_c$。等效后的截面矩形应力图，如图 6.2.3（b）所示。

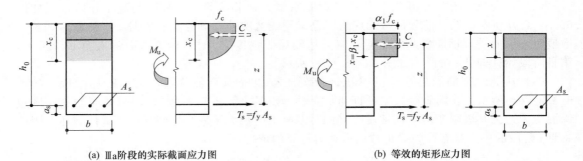

(a) Ⅲa阶段的实际截面应力图　　(b) 等效的矩形应力图

图 6.2.3　矩形应力图等效过程示意图

表 6.2.1　混凝土受压区等效矩形应力图系数

混凝土强度等级	≤C50	C55	C60	C65	C70	C75	C80
α_1	1.0	0.99	0.98	0.97	0.96	0.95	0.94
β_1	0.8	0.79	0.78	0.77	0.76	0.73	0.74

3. 计算公式

为便于建立计算公式，将图 6.2.3（b）的等效矩形应力图进一步简化为图 6.2.4。

由 $\sum X = 0$，可得

$$\alpha_1 f_c bx = f_y A_s \tag{6.2.2}$$

由 $\sum O = 0$，可得

$$M_u = \alpha_1 f_c bx \cdot z = \alpha_1 f_c bx \left(h_0 - \frac{x}{2} \right) \tag{6.2.3}$$

图中 h_0 为截面有效高度，指纵向受力钢筋截面面积的形心至截面受压区外边缘的距离（图 6.2.5）。

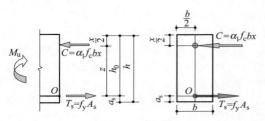

图 6.2.4　Ⅲa阶段等效应力图

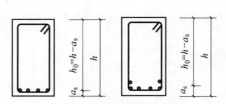

图 6.2.5　梁截面有效高度 h_0

特别说明

图 6.2.5 中 a_s 为纵向受力钢筋的形心到梁截面受拉区外边缘的距离。

(1) 当单排布筋时，假定纵筋直径 20mm，箍筋直径 8mm，混凝土最小保护层厚度为 20mm（按一类环境），则按梁纵筋的一般排布构造有：$a_s \geq 20 + 8 + 20/2 = 38mm$，故建议取：$a_s = 40mm$。

(2) 当双排布筋时，一般配筋量大（钢筋直径也较大），故假定纵筋直径 22mm，箍筋直径 8mm，混凝土最小保护层厚度为 20mm（按一类环境），则按梁纵筋的一般排布构造有：$a_s \geq 20 + 8 + 22 + 25/2 = 62.5mm$，故建议取：$a_s = 65mm$。

4. 计算公式的适用条件

计算公式是建立在适筋梁的基础上的，不适用于少筋梁和超筋梁。

(1) 防止少筋脆性破坏　防止少筋脆性破坏的方法是限制纵向受拉钢筋的最小配筋率。《混凝土规范》规定了最小配筋率取 0.002 和 $0.45 f_t/f_y$ 二者的较大值，即

$$\rho_{min} = \max\{0.002, 0.45 f_t/f_y\} \tag{6.2.4}$$

则纵向受力钢筋的最少配筋面积为

$$A_{s,min} = \rho_{min} b h \tag{6.2.5}$$

当由式（6.2.2）计算所得的 $A_s \geq A_{s,min}$ 时，说明梁不会少筋破坏。

(2) 防止超筋脆性破坏　当梁纵向受拉钢筋配置很多时，梁破坏时钢筋不屈服，故梁受拉部位不会出现较大的裂缝，因此梁的中性轴上移量很小，导致梁破坏时混凝土受压区高度 x 很大。可以通过限制梁受压区高度 x 的办法来防止超筋破坏。假定混凝土梁受压区高度 x 超过某一限值 x_b 时，梁会发生超筋破坏。x_b 称为界限受压区高度，x_b 与钢筋混凝土梁采用的混凝土强度等级和钢筋级别有关，《混凝土规范》给出了 x_b 的计算公式：$x_b = \xi_b h_0$，其中 ξ_b 为相对界限受压区高度，可由表 6.2.2 查取。

表 6.2.2　相对界限受压区高度 ξ_b

钢筋级别	混凝土强度等级						
	≤C50	C55	C60	C65	C70	C75	C80
HPB300	0.576	—	—	—	—	—	—
HRB335	0.550	0.541	0.531	—	—	—	—
HRB400	0.518	0.508	0.499	0.490	0.481	—	—
HRB500	0.482	0.473	0.464	0.455	0.446	0.438	0.429

当由式（6.2.2）或式（6.2.3）计算所得的 $x \leq x_b = \xi_b h_0$ 时，说明梁不会超筋破坏。

5. 纵向受力筋配筋设计步骤

按承载能力极限状态设计的实用表达式 $\gamma_0 S_d \leq R_d$，单筋矩形梁正截面承载力应按 $M \leq M_u$ 进行计算（结构安全等级按二级考虑，γ_0 取 1.0），即按下式进行计算：

$$M \leq M_u = \alpha_1 f_c b x \left(h_0 - \frac{x}{2}\right) \tag{6.2.6}$$

将式（6.2.6）与式（6.2.2）结合，即可对梁纵向受力钢筋进行配筋计算。梁配筋设计步骤如下。

已知：弯矩设计值 M，混凝土强度等级，钢筋级别，构件截面尺寸 b、h。

求：所需配置的受力纵筋。

设计步骤如下。

（1）查取相关参数：f_c，f_t，f_y，α_1，ξ_b。

（2）求 $\rho_{\min}$、h_0：

$$\rho_{\min}=\max\{0.2\%,0.45f_t/f_y\}; \quad h_0=h-a_s$$

（3）计算混凝土受压区高度 x，并判断是否属于超筋梁。

令 $M=M_u=\alpha_1 f_c bx(h_0-x/2)$ 可得：

$$x=h_0-\sqrt{h_0^2-\frac{2M}{\alpha_1 f_c b}}$$

若 $x\leqslant x_b=\xi_b h_0$，则不属于超筋梁。否则为超筋梁，应加大截面尺寸或提高混凝土强度等级，或改用双筋截面。

（4）由式 $\alpha_1 f_c bx=f_y A_s$ 计算受力纵筋截面面积 A_s，并判断是否属于少筋梁。

查表 5.1.2（见第五章）选配钢筋，一般使所选配的钢筋截面面积之和 $A_s^0 \geqslant A_s$。若 $A_s^0 \geqslant A_{s,\min}=\rho_{\min}bh$，则不属于少筋梁。否则为少筋梁，此时应按最小配筋面积 $A_{s,\min}$ 进行配筋。

（5）构造验算。

相邻钢筋之间净距 $D_n=(b-2c-2d_{箍}-\sum\limits_{i=1}^{n}d_{i纵})/(n-1)\geqslant 25\text{mm}$（式中，$c$ 为钢筋保护层厚度，n 为一排钢筋根数，$d_{箍}$ 为箍筋直径，$d_{i纵}$ 为纵向钢筋直径），若不满足构造要求，则重新选取 a_s，计算 h_0 后重复上述计算步骤。

案例

某钢筋混凝土矩形截面简支梁，跨中弯矩设计值 $M=78.9\text{kN}\cdot\text{m}$，梁的截面尺寸 $b\times h=200\text{mm}\times 450\text{mm}$，采用 C25 级混凝土，HRB400 级钢筋。试确定跨中截面下部纵向受力钢筋的数量。

【分析】

（1）查相应规范表 5.1.1、表 5.1.3、表 6.2.1、表 6.2.2 可得：

$f_y=360\text{N/mm}^2$，$f_c=11.9\text{N/mm}^2$，$f_t=1.27\text{N/mm}^2$，$\alpha_1=1.0$，$\xi_b=0.518$。

（2）确定截面有效高度 h_0。

假设纵向受力钢筋为单层排布，则 $h_0=h-a_s=450-40=410$（mm）。

（3）计算 x，并判断是否属于超筋梁：

$$x=h_0-\sqrt{h_0^2-\frac{2M}{\alpha_1 f_c b}}=410-\sqrt{410^2-\frac{2\times 78.9\times 10^6}{1.0\times 11.9\times 200}}$$

$$\approx 91(\text{mm})<\xi_b h_0=0.518\times 410\approx 212\ (\text{mm})$$

故不属于超筋梁。

（4）计算 A_s，并判断是否属于少筋梁：

$$A_s=\frac{\alpha_1 f_c bx}{f_y}=1.0\times 11.9\times 200\times 91/360\approx 602\ (\text{mm}^2)$$

$$\rho_{\min}=\max\{0.2\%,0.45f_t/f_y\}=\max\{0.2\%,0.16\%\}=0.2\%$$

$$A_{s,\min}=0.2\%\times 200\times 450=180(\text{mm}^2)<A_s=602\text{mm}^2$$

故不属于少筋梁。

查表 5.1.2，选配 3Φ16（$A_s=603\text{mm}^2$，略大于 602mm^2）。

注：建议实际配筋量不要超过计算配筋量的 5%。

（5）构造验算（假定箍筋直径为 8mm）：

$$D_n = \left(b - 2c - 2d_{\text{箍}} - \sum_{i=1}^{n} d_{i\text{纵}}\right)/(n-1)$$

$$= [200 - 2 \times (20+5) - 2 \times 8 - 3 \times 16]/(3-1)$$

$$= 43(\text{mm}) > 25\text{mm}$$

注：C25级混凝土保护层厚度应增加5mm。

满足钢筋排布要求，故原假设纵向受拉钢筋单层排布合理。
该矩形截面梁的配筋图如图6.2.6所示。

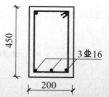

图6.2.6　梁配筋截面图（单位：mm）

第三节　T形截面梁纵向受力筋配筋设计

一、T形截面梁的特征

在建立单筋矩形截面梁的正截面承载力计算公式时，假定受拉区混凝土开裂后退出工作，拉力全部由钢筋承担，不考虑受拉区混凝土参与工作，因此在满足需要的情况下可挖去部分受拉区混凝土，形成T形截面对受弯承载力没影响，同时可以节省混凝土，减轻了梁的自重，如图6.3.1所示。

对于肋形楼盖，梁跨中截面承载力计算时应考虑位于受压区的楼板对梁承载能力的贡献，因此通常把梁的计算截面看作T形截面（通常称为肋形梁）。

显然，受压翼缘越大，对截面受弯越有利。相关研究表明，受压翼缘压应力的分布是不均匀的，如图6.3.2（a）所示。为便于分析计算，出发点仍然是将受压翼缘不均匀分布的压应力等效为矩形应力分布图，具体做法是采用翼缘计算宽度 b_f' 的办法，认为在受压翼缘计算宽度 b_f' 范围内压应力为均匀分布，b_f' 范围以外部分翼缘上的压应力不再考虑，如图6.3.2（b）所示。

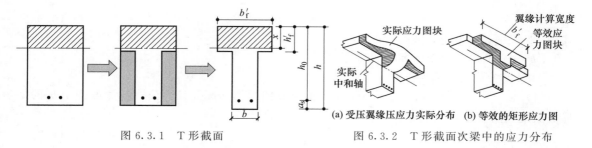

图6.3.1　T形截面　　　　　　图6.3.2　T形截面次梁中的应力分布

注：图中 b_f' 称为T形截面梁的翼缘宽度，h_f' 称为T形截面梁翼缘高度，b 称为T形截面梁腹板宽度，其他符号同前。

 特别提示

对于肋形梁，梁跨中截面处梁上部（楼板处）受压、下部受拉，故配筋计算时应考虑位于受压区的楼板对梁承载能力的贡献，通常按T形截面进行配筋计算。但在肋形梁的支座处，由于梁上部（楼板处）受拉，下部受压，因此不能考虑楼板对梁承载能力的贡献，故对支座负筋进行配筋计算时，应按矩形截面梁进行。

《混凝土规范》规定，T形及倒L形截面梁位于受压区的翼缘计算宽度 b_f'，应按表6.3.1所列情况中的最小值取用。

表 6.3.1　T 形及倒 L 形截面梁翼缘计算宽度 b'_f

项次	情　况		T 形截面		倒 L 形截面
			肋形梁	独立梁	肋形梁
1	按计算跨度 l_0 考虑		$l_0/3$	$l_0/3$	$l_0/6$
2	按梁（纵肋）净距 s_n 考虑		$b+s_n$	—	$b+s_n/2$
3	按翼缘高度 h'_f 考虑	$h'_f/h_0 \geqslant 0.1$	—	$b+12h'_f$	—
		$0.1 > h'_f/h_0 \geqslant 0.05$	$b+12h'_f$	$b+6h'_f$	$b+5h'_f$
		$h'_f/h_0 < 0.05$	$b+12h'_f$	b	$b+5h'_f$

注：表中 b 为梁的腹板宽度。

二、单筋 T 形截面梁纵向受力筋配筋计算公式

1. T 形截面的分类

为便于分析计算，以受压区高度 x 的大小将 T 形截面划分为第一类 T 形截面和第二类 T 形截面两类，如图 6.3.3 所示。

第一类 T 形截面：中性轴通过翼缘，即 $x \leqslant h'_f$。

第二类 T 形截面：中性轴通过梁的腹板（肋部），即 $x > h'_f$。

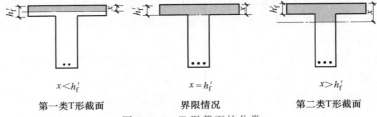

图 6.3.3　T 形截面的分类

当符合下列条件时，为第一类 T 形截面，否则为第二类 T 形截面（以界限情况为判断条件，基于单筋矩形截面梁的正截面承载力计算公式）：

界限情况　$x = h'_f$

$$M \leqslant \alpha_1 f_c b'_f h'_f (h_0 - h'_f/2) \tag{6.3.1}$$

式中　x——混凝土受压区高度；

h'_f——T 形截面受压翼缘的高度。

2. 计算公式及其适用条件

（1）第一类 T 形截面　第一类 T 形截面梁纵向受力筋配筋计算公式与宽度等于 b'_f 的矩形截面梁相同（图 6.3.4），即

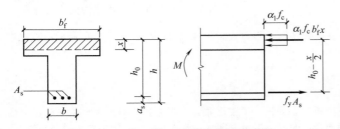

$$\alpha_1 f_c b'_f x = f_y A_s \tag{6.3.2}$$

$$M \leqslant \alpha_1 f_c b'_f x (h_0 - x/2) \tag{6.3.3}$$

为防止超筋脆性破坏，受压区高度应满足 $x \leqslant x_b$（对第一类 T 形截面，该适用条件一般能满足，可不予验算）；为防止少筋脆性破坏，受拉钢筋面积应满足 $A_s \geqslant \rho_{min} bh$。

图 6.3.4　第一类 T 形截面等效应力图

b 为 T 形截面的腹板宽度。

（2）第二类 T 形截面　第二类 T 形截面的等效矩形应力图如图 6.3.5 所示。

为便于说明问题，可将第二类 T 形截面进行分解，如图 6.3.6 所示。

对于第一部分，为单筋矩形截面梁，因此有

$$\begin{cases} \alpha_1 f_c bx = f_y A_{s1} \\ M_1 \leqslant \alpha_1 f_c bx \left(h_0 - \dfrac{x}{2} \right) \end{cases}$$

对于第二部分，有

$$\begin{cases} \alpha_1 f_c (b'_f - b) h'_f = f_y A_{s2} \\ M_2 \leqslant \alpha_1 f_c (b'_f - b) h'_f \left(h_0 - \dfrac{h'_f}{2} \right) \end{cases}$$

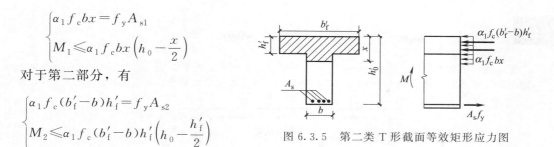

图 6.3.5　第二类 T 形截面等效矩形应力图

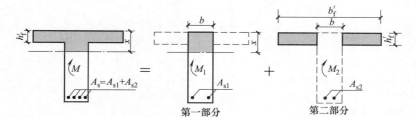

图 6.3.6　第二类 T 形截面的分解

再将第一部分、第二部分叠加起来即可得到第二类 T 形截面梁纵向受力筋配筋计算公式：

$$\begin{cases} \alpha_1 f_c bx + \alpha_1 f_c (b'_f - b) h'_f = f_y A_s & (6.3.4) \\ M \leqslant \alpha_1 f_c bx \left(h_0 - \dfrac{x}{2} \right) + \alpha_1 f_c (b'_f - b) h'_f \left(h_0 - \dfrac{h'_f}{2} \right) & (6.3.5) \end{cases}$$

为防止超筋脆性破坏，受压区高度应满足 $x \leqslant x_b$；为防止少筋脆性破坏，最小配筋量应满足 $A_s \geqslant A_{s,\min} = \rho_{\min} bh$（对第二类 T 形截面，该适用条件一般能满足，可不予验算）。

3. T 形截面梁纵向受力筋配筋设计程序

已知：弯矩设计值 M，混凝土强度等级，钢筋级别，截面尺寸。

求：所需配置的纵向受力筋。

T 形截面梁配筋设计程序如图 6.3.7 所示。

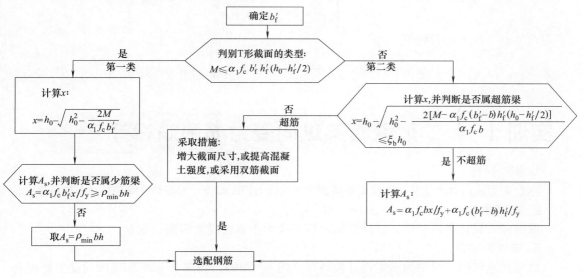

图 6.3.7　T 形截面梁配筋设计程序

案例

某现浇肋形楼盖次梁，截面尺寸如图6.3.8所示，梁的计算跨度为4.8m，跨中弯矩设计值为 $M=94kN·m$，采用C25级混凝土和HRB400级钢筋。试计算配置该次梁的纵向受力筋。

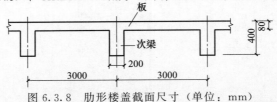

图6.3.8 肋形楼盖截面尺寸（单位：mm）

【分析】

（1）查表5.1.1、表5.1.3、表6.2.1、表6.2.2可得

$f_y=360N/mm^2$，$f_c=11.9N/mm^2$，$f_t=1.27N/mm^2$，$\alpha_1=1.0$，$\xi_b=0.518$；

假定纵向钢筋排布一层，则 $h_0=h-a_s=400-40=360$（mm）

（2）确定翼缘计算宽度。

根据表6.3.1有

按梁的计算跨度考虑：$b'_f=l_0/3=4800/3=1600$（mm）；

按梁净距 s_n 考虑：$b'_f=b+s_n=3000$（mm）；

按翼缘厚度 h'_f 考虑：$h'_f/h_0=80/365=0.219>0.1$，故不受此项限制。

取较小值得翼缘计算宽度 $b'_f=1600mm$。

（3）判别T形截面的类型。

$$\alpha_1 f_c b'_f h'_f(h_0-h'_f/2)=1.0\times11.9\times1600\times80\times(360-80/2)\approx487.4\times10^6(N·mm)$$
$$>M=94kN·m$$

故属于第一类T形截面。

（4）计算 x。

$$x=h_0-\sqrt{h_0^2-\frac{2M}{\alpha_1 f_c b'_f}}=360-\sqrt{360^2-\frac{2\times94\times10^6}{1.0\times11.9\times1600}}\approx14（mm）$$

（5）计算 A_s，并验算是否属于少筋梁。

$$A_s=1.0\times11.9\times1600\times14/360\approx741（mm^2）$$

$0.45f_t/f_y=0.45\times1.27/360=0.16\%<0.2\%$，取 $\rho_{min}=0.2\%$

$A_{s,min}=\rho_{min}bh=0.20\%\times200\times400=160（mm^2）<A_s=741mm^2$，故不属于少筋梁。

选配 3Φ18（$A_s=763mm^2>741mm^2$），配筋截面如图6.3.9所示。

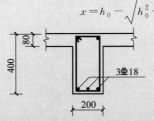

图6.3.9 T形梁配筋截面图（单位：mm）

实训1 ▶ T形截面梁纵向受力筋配筋设计

1. 实训目标

熟悉T形截面梁的分类，掌握T形截面梁纵向受力筋配筋设计方法与梁纵筋的排布构造要求。

2. 实训要点

根据梁的设计弯矩包络图，计算确定框架梁跨中纵向受力钢筋的配置。

3. 实训内容及深度

根据××别墅二层梁的弯矩设计包络图（图6.3.10），按照T形截面梁纵向受力筋配筋设计方法确定二层KL5的纵向受力钢筋配置，并将设计结果与××别墅二层梁结构施工图中 KL5 的配筋（见配套"建筑结构施工图集"工程实例一）相比较。

4. 预习要求

（1）钢筋及混凝土的力学性能指标。

（2）T 形截面梁纵向受力筋配筋设计方法。

5. 实训过程

（1）选取配筋设计控制截面及其弯矩设计值。

（2）确定 T 形截面翼缘宽度，判定 T 形截面类型。

注：根据××别墅结构设计条件确定相关设计参数。

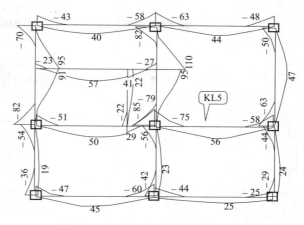

图 6.3.10　二层梁弯矩设计包络图

（3）按照 T 形截面梁纵向受力筋配筋设计方法确定 KL5 跨中下部纵向钢筋配置。

（4）将设计结果与××别墅二层梁结构施工图中 KL5 的配筋相比较。

6. 实训小结

本实训主要掌握 T 形截面翼缘宽度的确定、T 形截面类型判定及 T 形截面梁纵向受力筋配筋计算公式的应用，理解钢筋混凝土梁中纵向受力钢筋配筋的理论根据。

二维码 6.2

第四节　矩形截面梁箍筋配筋设计

在横向荷载作用下，梁不仅会在各个截面上引起弯矩 M，同时还产生剪力 V。在弯曲正应力和剪应力共同作用下，梁可能发生斜截面破坏，如图 6.4.1 所示。

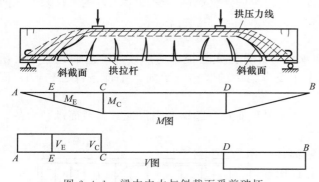

图 6.4.1　梁中内力与斜截面受剪破坏

梁斜截面破坏通常较为突然，具有脆性性质，更具危险性。所以，钢筋混凝土梁除应配置纵筋保证梁的正截面承载能力外，还须保证弯矩和剪力共同作用区段的斜截面承载能力。

梁的斜截面承载能力包括斜截面受剪承载力和斜截面受弯承载力。一般情况下，斜截面受剪承载力通过配置箍筋和弯起钢筋来保证；斜截面受弯承载力则须考虑纵筋、箍筋、弯起钢筋等的共同作用。

一、梁斜截面受剪破坏形态

相关研究表明，适筋梁斜截面受剪破坏形态主要取决于箍筋配置量和作用力至支座间的距离，为了便于说明问题，分别用配箍率 ρ_{sv} 和剪跨比 λ 来表示。

$$\rho_{sv} = \frac{A_{sv}}{bs} = \frac{nA_{sv1}}{bs} \tag{6.4.1}$$

式中　A_{sv1}——箍筋截面面积（单肢），mm^2；

n——箍筋肢数；

b——梁截面宽度，T 形、I 形截面的腹板宽度，mm；

s——相邻两箍筋间的距离，mm。

$$\lambda = \frac{a}{h_0} \qquad (6.4.2)$$

式中　a——集中荷载作用点至支座边缘的距离（图 6.4.2），mm；

　　　h_0——梁截面有效高度，mm。

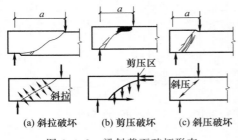

图 6.4.2　梁斜截面破坏形态

梁的配箍率和剪跨比不同，梁斜截面受剪破坏形态也不同。试验研究表明，根据梁的配箍率和剪跨比，梁斜截面受剪破坏形态有以下三种。

当箍筋配置过少，且剪跨比较大（$\lambda > 3$）时，梁斜截面会发生斜拉破坏 [图 6.4.2 （a）]，斜拉破坏发生的又十分突然；当箍筋配置过多过密，或梁的剪跨比较小（$\lambda < 1$）时，梁斜截面会发生斜压破坏 [图 6.4.2 （c）]，斜压破坏时箍筋未能充分发挥作用；当箍筋适量，且剪跨比适中（$\lambda = 1 \sim 3$）时，梁斜截面会发生剪压破坏 [图 6.4.2 （b）]，此时与临界斜裂缝相交的箍筋应力达到屈服强度，最后剪压区混凝土在正应力和剪应力共同作用下达到极限状态而破坏。

从以上三种破坏形态可知：斜压破坏时箍筋未能充分发挥作用，而斜拉破坏发生得又十分突然，故这两种破坏在设计时均应避免。《混凝土规范》通过限制截面最小尺寸来防止斜压破坏；通过控制箍筋的最小配箍率来防止斜拉破坏；对于剪压破坏，则是通过计算配置箍筋及弯起钢筋来保证其斜截面承载力的。

二、箍筋配筋计算公式

应该明确，影响斜截面受剪承载力的主要因素除了剪跨比 λ、配箍率 ρ_{sv} 以外，还有混凝土强度、纵向钢筋配筋率等。一般而言，混凝土的强度越高，受剪承载力越大；梁的纵向钢筋配筋率越大，斜截面受剪承载力越高。

1. 斜截面承载力计算公式

《混凝土规范》中所规定的梁斜截面承载力计算公式是根据剪压破坏形态而建立的。所采用的是理论与试验相结合的方法，其中主要考虑力的竖向（Y 向）平衡条件 $\sum Y = 0$，同时引入一些试验参数。

如前所述，对于剪压破坏，是通过计算配置箍筋及弯起钢筋来保证其斜截面承载力的。

一根既配置箍筋又配置弯起钢筋的梁，在出现斜裂缝 BC 后，取斜裂缝到支座的一段隔离体（图 6.4.3）。从隔离体上可以看出，梁发生斜压破坏时，与剪力 V_u 平衡的力由三部分组成：混凝土剪压区分担的剪力 V_c；与斜裂缝相交的箍筋分担的剪力 V_{sv}（合力）；与斜裂缝相交的弯起钢筋分担的剪力 V_{sb}（分力），即

$$V_u = V_c + V_{sv} + V_{sb} = V_{cs} + V_{sb}, \quad V_{cs} = V_c + V_{sv} \qquad (6.4.3)$$

式中　V_u——支座内边缘处最大剪力设计值（抗力设计值）；

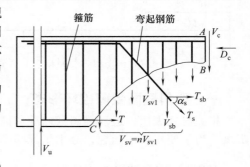

图 6.4.3　梁的斜截面受力分析简图

V_c——混凝土的受剪承载力设计值；

V_{sv}——箍筋的受剪承载力设计值；

V_{cs}——混凝土和箍筋的受剪承载力设计值；

V_{sb}——弯起钢筋所承受的剪力设计值。

对于矩形、T 形截面的一般梁，《混凝土规范》给出 V_{cs} 及 V_{sb} 计算公式如下：

$$V_{cs} = a_{cv} f_t b h_0 + f_{yv} \frac{A_{sv}}{s} h_0 \tag{6.4.4}$$

$$V_{sb} = 0.8 f_y A_{sb} \sin \alpha_s \tag{6.4.5}$$

式中　a_{cv}——斜截面混凝土受剪承载力系数，对于一般梁取 0.7，对于集中荷载作用下（包括作用有多种荷载，其中集中荷载对支座截面所产生的剪力值占总剪力的 75% 以上的情况）的独立梁，取 a_{cv} 为 $1.75/(\lambda+1)$，λ 为计算截面的剪跨比，当 λ 小于 1.5 时，取 1.5，当 λ 大于 3 时，取 3；

f_t——混凝土轴心抗拉强度设计值；

b——矩形截面的宽度或 T 形的腹板宽度；

h_0——截面有效高度；

f_{yv}——箍筋抗拉强度设计值，可按表 5.1.1 采用；

A_{sv}——箍筋截面面积，$A_{sv} = n A_{sv1}$；

n——箍筋肢数；

A_{sv1}——单肢箍截面面积；

s——箍筋间距；

A_{sb}——弯起钢筋的截面面积；

f_y——弯起钢筋的抗拉强度设计值；

α_s——弯起钢筋与梁轴线的夹角，一般取 45°；当梁高 $h > 800\text{mm}$ 时，可取 60°。目前，工程中采用仅配置箍筋来保证梁斜截面受剪承载力的方式比较常见。

对仅配置箍筋抗剪的一般梁，其斜截面受剪承载力计算公式为：

$$V \leqslant V_u = V_{cs} = 0.7 f_t b h_0 + f_{yv} \frac{A_{sv}}{s} h_0 \tag{6.4.6}$$

2. 计算截面位置一般规定

（1）支座边缘处的截面（图 6.4.4 中 1-1）；

（2）受拉区弯起钢筋弯起点处的截面（图 6.4.4 中 2-2、3-3）；

（3）箍筋直径或间距改变处的截面（图 6.4.4 中 4-4）；

（4）截面尺寸改变处的截面。

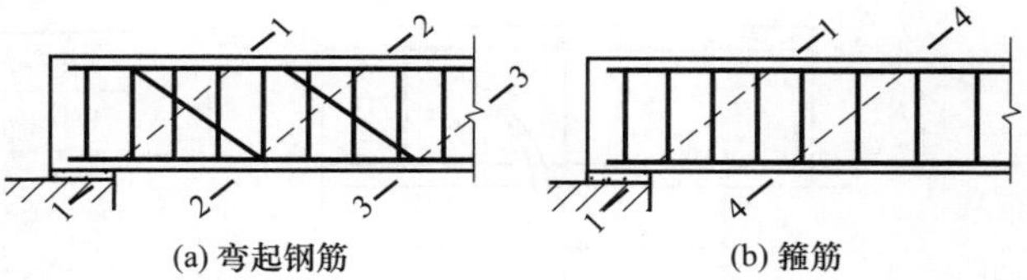

3. 计算公式的适用范围

由于梁的斜截面受剪承载力计

(a) 弯起钢筋　　(b) 箍筋

图 6.4.4　受剪计算斜截面位置

算公式仅是根据剪压破坏的受力特点确定的，不适用于斜压破坏和斜拉破坏，因此在使用斜截面受剪承载力计算公式时应复核公式的适用范围。

（1）防止斜压破坏的条件　从式（6.4.6）来看，似乎只要增加箍筋，就可以将构件的抗剪能力提高到所需要的任何程度，但事实并非如此。当构件截面尺寸较小而荷载又过大时，可能在支座上方产生过大的主压应力，使端部发生斜压破坏。这种破坏形态的构件斜截面受剪承载力基本上取决于混凝土的抗压强度及构件的截面尺寸，而箍筋的数量影响甚微。所以箍筋的受剪承载力就受到构件斜压破坏的限制。为了防止发生斜压破坏和避免构件在使用阶段过早地出现斜裂缝及斜裂缝开展过大，构件截面尺寸或混凝土强度等级应符合下列要求。

① 当 $h_w/b \leq 4$ 时，

$$V \leq 0.25\beta_c f_c b h_0 \qquad (6.4.7)$$

② 当 $h_w/b \geq 6$（薄腹梁）时，

$$V \leq 0.2\beta_c f_c b h_0 \qquad (6.4.8)$$

③ 当 $4 < h_w/b < 6$ 时，按线性内插法取用。

式中　V——构件斜截面上的最大剪力设计值；

β_c——混凝土强度影响系数。当混凝土强度等级不超过 C50 时，取 $\beta_c = 1.0$；当混凝土强度等级为 C80 时，取 $\beta_c = 0.8$；其间按线性内插法取用；

f_c——混凝土轴心抗压强度设计值；

b——矩形截面的宽度，T 形截面的腹板宽度；

h_w——截面的腹板高度：矩形截面取有效高度 h_0，T 形截面取有效高度减去翼缘高度 $(h_0 - h_f')$，如图 6.4.5 所示。

（2）防止斜拉破坏的条件　上面讨论的箍筋抗剪作用的计算，只是在箍筋具有一定密度和一定数量时才有效。如箍筋布置得过少或过稀，即使计算上满足要求，仍可能出现斜截面受剪承载力不足的情况。

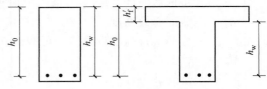

图 6.4.5　梁的腹板高度

1）配箍率要求。

箍筋配置过少，一旦斜裂缝出现，由于箍筋的抗剪作用不足以替代斜裂缝发生前混凝土原有的作用，就会发生突然性的脆性破坏。为了防止发生剪跨比较大时的斜拉破坏，规范规定当 $V > V_c$ 时，箍筋的配置应满足它的最小配箍率要求：

$$\rho_{sv} \geq \rho_{sv,min} = 0.24 f_t / f_{yv} \qquad (6.4.9)$$

式中　$\rho_{sv,min}$——箍筋的最小配箍率。

2）箍筋间距要求。

如箍筋间距过大，有可能在两根箍筋之间出现不与箍筋相交的斜裂缝，这时箍筋便无从发挥作用（图 6.4.6）。同时箍筋分布的疏密对斜裂缝开展宽度也有影响。采用较密的箍筋对抑制斜裂缝宽度有利。为此有必要对箍筋的最大间距 s_{max} 加以限制，具体要求见表 6.4.1。

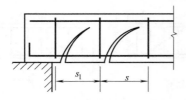

图 6.4.6　箍筋间距过大时产生的影响

s_1—支座边缘到第一根箍筋的距离；s—箍筋的间距

表 6.4.1　梁中箍筋的最大间距　单位：mm

梁高 h/mm	$V > 0.7 f_t b h_0$	$V \leq 0.7 f_t b h_0$
$150 < h \leq 300$	150	200
$300 < h \leq 500$	200	300
$500 < h \leq 800$	250	350
$h > 800$	300	400

重点说明

　　受弯构件正截面受弯承载力和斜截面受剪承载力的计算中，钢筋强度的充分发挥是建立在可靠的配筋构造基础上的。配筋构造是构件承载力的必要条件，没有可靠的配筋构造，构件的承载力就不能保证。

　　配筋构造与承载力计算同等重要，由于疏忽配筋构造而造成工程事故的情况常有发生，故切不可重计算，轻构造。

4. 箍筋配筋设计步骤

 特别说明

　　如前所述，为明确起见，本书中将梁的"正截面受弯承载力计算"称之为梁"纵向钢筋配筋计算"。同理，为明确起见，本书将梁的"斜截面承载力计算"称之为梁"箍筋配筋计算"或"配箍计算"。

　　已知：剪力设计值 V，截面尺寸，混凝土强度等级，箍筋级别，纵向受力钢筋的级别和数量。

　　求：梁内需配置的箍筋直径及箍筋间距。

　　设计步骤如下。

　　(1) 确定截面计算位置，计算剪力设计值。

　　(2) 复核截面尺寸（防止斜压破坏）。

　　梁的截面尺寸应满足：

　　当 $h_w/b \leqslant 4$ 时（厚腹梁，也即一般梁），应满足：$V \leqslant 0.25\beta_c f_c b h_0$；

　　当 $h_w/b \geqslant 6$ 时（薄腹梁），应满足：$V \leqslant 0.2\beta_c f_c b h_0$；

　　当 $4 < h_w/b < 6$ 时，按线性内插法取用。

　　否则，应加大截面尺寸或提高混凝土强度等级。

　　(3) 确定是否需按计算配置箍筋。

　　当满足下式条件时，可按构造配置箍筋，否则，需按配箍计算结果配置箍筋：

$$V \leqslant 0.7 f_t b h_0$$

　　(4) 确定箍筋数量。

　　对于仅配置箍筋的一般梁，按下式确定箍筋数量：

$$\frac{A_{sv}}{s} \geqslant \frac{V - 0.7 f_t b h_0}{f_{yv} h_0} \tag{6.4.10}$$

　　按式（6.4.10）求出 $\dfrac{A_{sv}}{s}$ 后，即可根据构造要求选定箍筋肢数 n 和直径 d，然后求出间距 s，或者根据构造要求选定 n、s，然后求出 d。

　　(5) 验算配箍率。

$$\rho_{sv} = \frac{nA_{sv1}}{bs} \geqslant \rho_{sv,min} = 0.24\frac{f_t}{f_{yv}}$$

案例

　　某办公楼矩形截面简支梁，截面尺寸 $250mm \times 500mm$，$h_0 = 460mm$，承受均布荷载作用，已求得支座边缘处剪力设计值为 185.85kN，混凝土强度等级为 C25 级，箍筋采用 HPB300 级钢筋，试确定该梁内需配置的箍筋。

　　【解析】

　　(1) 查表 5.1.1、表 5.1.3 可得 $f_{yv} = 270N/mm^2$，$f_c = 11.9N/mm^2$，$f_t = 1.27N/mm^2$，$\beta_c = 1.0$。

　　(2) 复核截面尺寸。

$$h_w/b = h_0/b = 460/250 = 1.84 < 4.0$$

　　应按下式复核截面尺寸：

$$V = 185.85kN \leqslant 0.25\beta_c f_c b h_0 = 0.25 \times 1.0 \times 11.9 \times 250 \times 460 = 342125 \text{（N）}$$

　　故截面尺寸满足要求。

（3）确定是否需要按计算配置箍筋。

$$V = 185.85\text{kN} > 0.7 f_t bh_0 = 0.7 \times 1.27 \times 250 \times 460 = 102235 \text{ (N)}$$

需要按计算配置箍筋。

（4）确定箍筋数量。

$$\frac{A_{sv}}{s} \geqslant \frac{V - 0.7 f_t bh_0}{1.25 f_{yv} h_0} = \frac{185.85 \times 10^3 - 102235}{1.25 \times 270 \times 460} \approx 0.539 \text{ (mm}^2/\text{mm)}$$

按构造要求，箍筋直径不宜小于6mm，现选用Φ8双肢箍筋（$A_{sv1} = 50.3\text{mm}^2$），则箍筋间距为：

$$s \leqslant \frac{A_{sv}}{0.539} = \frac{nA_{sv1}}{0.539} = \frac{2 \times 50.3}{0.539} \approx 186 \text{ (mm)}$$

查表得 $s_{max} = 200\text{mm}$，可取 $s = 180\text{mm}$。

（5）验算配箍率。

$$\rho_{sv} = \frac{nA_{sv1}}{b \cdot s} = \frac{2 \times 50.3}{250 \times 180} = 0.22\%$$

$$\rho_{sv.min} = 0.24 f_t / f_{yv} = 0.24 \times 1.27/270 = 0.11\% < \rho_{sv} = 0.22\%$$

配箍率满足要求。

所以箍筋选用Φ8@180，布置于支座附近区段；跨中剪力较小区段可按构造取Φ8@200。

实训2 矩形截面梁箍筋配筋设计

1. 实训目标

熟悉斜截面的破坏形态及箍筋的构造形式，掌握梁斜截面承载力计算截面的选取原则及箍筋配筋设计方法。

2. 实训要点

根据梁的剪力设计包络图，计算确定框架梁抗剪箍筋的配置。

3. 实训内容及深度

根据××别墅二层梁的剪力设计包络图（图6.4.7），按照梁的箍筋配筋设计方法确定二层KL5的箍筋配置，并将设计结果与××别墅二层梁结构施工图中KL5（见配套"建筑结构施工图集"工程实例一）的箍筋配置相比较。

4. 预习要求

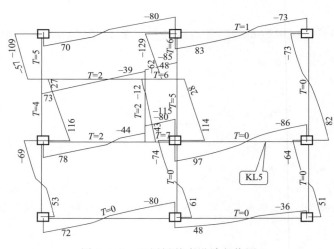

图6.4.7 二层梁剪力设计包络图

（1）钢筋及混凝土的力学指标。

（2）梁斜截面承载力计算截面的选取原则。

（3）梁箍筋配筋的计算公式。

5. 实训过程

（1）选取梁斜截面承载力计算截面及其剪力设计值。

（2）按照矩形截面梁的箍筋配筋设计方法配置抗剪箍筋。

二维码6.3

（3）将设计结果与××别墅二层梁结构施工图中 KL5 的箍筋配置相比较。

6. 实训小结

本实训主要是熟悉梁内抗剪箍筋的设计方法，理解钢筋混凝土梁中抗剪箍筋配筋的理论根据。

第五节　受扭梁及其配筋

受扭构件是钢筋混凝土结构的基本构件之一，如钢筋混凝土雨篷梁、框架的边梁等均属受扭构件称之为受扭梁，如图 6.5.1 所示。

一、纯扭梁及其配筋形式

矩形截面素混凝土纯扭梁破坏面为一个空间扭曲面，如图 6.5.2 所示，破坏具有突然性，属脆性破坏。

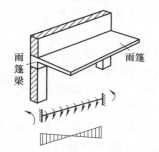

图 6.5.1　受扭梁示例

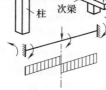

图 6.5.2　素混凝土纯扭梁破坏面

为了抵抗扭矩作用，通常在梁内配置抗扭箍筋和抗扭纵筋，如图 6.5.3 所示。为了保证受扭箍筋和受扭纵筋都能有效地发挥作用，应将两种钢筋的用量控制在一定的范围之内。通常采用控制纵向钢筋与箍筋的配筋强度比 ξ 来达到上述目的。

纯扭梁中，最合理的抗扭配筋方式是在梁靠近

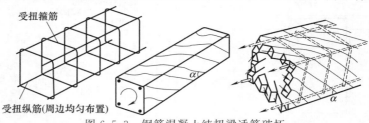

图 6.5.3　钢筋混凝土纯扭梁适筋破坏

表面处设置呈 45°走向的螺旋形箍筋，其方向与混凝土的主拉应力方向平行，也就是与裂缝垂直，但是螺旋箍筋施工比较复杂，同时这种螺旋筋的配置方法也不能适应扭矩方向的改变，实际上很少采用。实际工程中，一般是由靠近梁表面设置的横向箍筋和沿梁周边均匀对称布置的纵向钢筋共同组成抗扭钢筋骨架。它恰好与梁中抗弯钢筋和抗剪箍筋的配置方式相协调。

二、弯剪扭梁及其配筋计算思路

在实际工程中，单纯受扭矩作用的梁很少，一般都是受扭矩、弯矩及剪力的共同作用。在弯矩、剪力和扭矩共同作用下的钢筋混凝土梁，其受力状态十分复杂。梁的破坏特征及其承载力，与其所作用的外部荷载条件和梁的内在因素有关。

在弯、剪、扭共同作用下梁的纵筋计算一般是将受弯纵筋和受扭纵筋分别计算，然后叠加。这种计算方法是既简单又偏于安全的。

在弯、剪、扭共同作用下梁的受剪和受扭承载力中均包含钢筋和混凝土的贡献，箍筋数

量可按受扭承载力和受剪承载力分别计算，然后叠加。

详细的计算方法请参阅其他书籍，此处不再详细介绍。

三、受扭梁的配筋构造

在受纯扭和弯、剪、扭梁中，受扭纵向钢筋应沿截面周边对称布置。在截面的四角必须设有受扭纵向钢筋，也可以利用架立钢筋或侧面纵向构造钢筋作为受扭纵筋。受扭纵向钢筋的间距不宜大于300mm，纵向钢筋直径不应小于6mm。当矩形截面短边小于400mm，受扭纵筋可集中配置在四角，角部纵筋直径一般不宜小于10mm。受扭纵向钢筋的接头和锚固长度与纵向受拉钢筋相同。

沿截面周边布置的受扭纵向钢筋的间距不应大于200mm，且不应大于梁截面短边长度；除应在梁截面四角设置受扭纵向钢筋外，其余受扭纵向钢筋宜沿截面周边均匀对称布置。当梁支座边作用有较大扭矩时，受扭纵向钢筋应按受拉钢筋锚固在支座内。

在受弯、剪、扭梁中，配置在截面弯曲受拉边的纵向受力钢筋，其最小配筋量不应小于按弯曲受拉钢筋最小配筋率计算出的钢筋截面面积与按受扭纵向钢筋最小配筋率计算并分配到弯曲受拉边的钢筋截面面积之和。

受扭箍筋沿周边全长各肢所受拉力基本相同，为保证受扭箍筋可靠工作，箍筋应做成封闭式，且应沿截面周边布置。当采用复合箍筋时，位于截面内部的箍筋不应计入受扭所需的箍筋面积；当采用绑扎骨架时，箍筋的末端应做成不小于135°的弯钩，弯钩末端的直线长度应不小于10d（d为箍筋直径）。当箍筋间距较小时，弯钩的位置宜错开。

图6.5.4所示为受扭梁的配筋形式及构造要求。受扭钢筋在平法施工图中用"N"表示。如图6.5.5所示的受扭梁，表示在梁的中部均匀布置4根直径18mm的Ⅱ级钢。

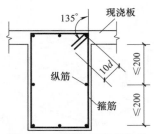

图6.5.4　受扭梁配筋构造

图6.5.5　受扭钢筋在平法图中的表示方法

第六节　裂缝宽度及变形验算简介

前述的计算是为了保证梁满足承载能力极限状态的要求而进行的。由于钢筋混凝土梁在正常使用时是带裂缝工作的，但其裂缝宽度不能超过某一限值（此时裂缝控制等级为三级；一级为严格要求不出现裂缝，二级为一般要求不出现裂缝，三级为允许出现裂缝）。同时，混凝土开裂造成构件刚度下降引起变形增大，其挠度也应加以限制。

关于挠度的概念，扫码了解一下吧。

控制结构构件的裂缝宽度及变形是满足正常使用极限状态的要求，裂缝宽度及变形验算的目的是保证结构构件的适用性和耐久性要求。

一、裂缝宽度验算及减小裂缝宽度的措施

1. 裂缝宽度验算方法简介

形成裂缝的原因是多方面的。其中一类是由于温度变化、混凝土收缩、钢筋锈蚀、地基

不均匀沉降等非荷载因素；另一类则是荷载作用于构件上产生的主拉应力超过混凝土的抗拉强度所造成。一般所指的裂缝，是指荷载作用下的正截面裂缝。

钢筋混凝土结构构件的裂缝宽度应满足：

$$w_{\max} \leqslant w_{\lim} \tag{6.6.1}$$

式中　$w_{\max}$——按荷载效应准永久组合（或标准组合）并考虑长期作用影响计算的最大裂缝宽度；

$w_{\lim}$——最大裂缝宽度限值，按《混凝土规范》取用。

《混凝土规范》给出了 $w_{\max}$ 的计算公式，本书不再展开阐述。

2. 减小裂缝宽度的措施

当裂缝宽度验算不满足裂缝宽度限制条件时，宜采用适当增加配筋率或减小钢筋直径，用变形钢筋代替光面钢筋等措施来减小裂缝的宽度。

二维码 6.4

需要注意的是，在进行钢筋的等强度代换时，若钢筋等级相同，用小直径钢筋代替大直径钢筋，裂缝宽度会减小；用大直径钢筋代替小直径钢筋，裂缝宽度则会增加，必要时需进行裂缝宽度的验算。

二、挠度验算及减小挠度的措施

1. 挠度验算方法简介

钢筋混凝土结构构件在正常使用极限状态下的挠度，可根据考虑荷载长期作用的刚度，用结构力学的方法进行计算。

挠度验算公式为：

$$f_{\max} \leqslant f_{\lim} \tag{6.6.2}$$

式中　$f_{\max}$——按荷载效应准永久组合（或标准组合）并考虑长期作用影响的刚度，用结构力学方法计算的挠度；

$f_{\lim}$——允许挠度值，按《混凝土规范》取用。

2. 减小挠度的措施

当挠度验算不满足时，一般情况下，采用加大构件截面有效高度或采用反拱构造是减小 $f_{\max}$ 有效措施。

第七节　梁结构施工图平法表达

目前，混凝土结构施工图采用平面整体表示方法（简称平法）。平法的表达形式，概括来讲，是把结构构件的尺寸和配筋等，按照平面整体表示方法制图规则，整体直接表达在各类构件的结构平面布置图上，再与标准构造详图相配合，即构成一套完整的结构设计施工图纸。

梁平法施工图系在梁平面布置图上采用平面注写方式或截面注写方式表达。下面重点介绍比较常见的平面注写方式，截面注写方式请查阅《16G101-1》。

一、平面注写方式

梁平面注写方式，系在梁平面布置图上，分别在不同编号的梁中各选一根梁，在其上注写截面尺寸和配筋具体数值的方式来表达梁平法施工图。平面注写包括集中标注与原位标注，集中标注表达梁的通用数值，原位标注表达梁的特殊数值。当集中标注中的某项数值不适用于梁的某部位时，则将该项数值原位标注，施工时，原位标注取值优先（图 6.7.1）。

关于梁平面注写方式的注写内容说明如下。

1. 梁编号

梁编号由梁类型代号、序号、跨数及有无悬挑代号几项组成，应符合表 6.7.1 的规定。

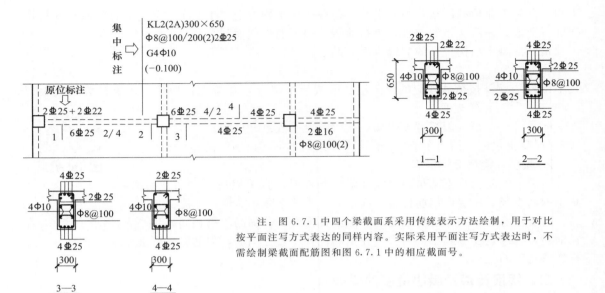

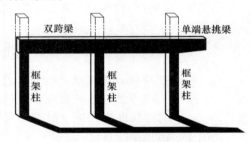

注：图 6.7.1 中四个梁截面系采用传统表示方法绘制，用于对比按平面注写方式表达的同样内容。实际采用平面注写方式表达时，不需绘制梁截面配筋图和图 6.7.1 中的相应截面号。

图 6.7.1　平面注写方式示例

表 6.7.1　梁编号

梁类别	代号	序号	跨数及是否带有悬挑
楼层框架梁	KL	××	(××)、(××A) 或 (××B)
屋面框架梁	WKL	××	(××)、(××A) 或 (××B)
框支梁	KZL	××	(××)、(××A) 或 (××B)
非框架梁	L	××	(××)、(××A) 或 (××B)
悬挑梁	XL	××	
井字梁	JZL	××	(××)、(××A) 或 (××B)

注：(××A) 为一端有悬挑（图 6.7.2），(××B) 为两端有悬挑，悬挑不计入跨数。

图 6.7.2　框架梁悬挑端示意

例如，KL7（5A）表示第 7 号框架梁，5 跨，一端有悬挑；L9（7B）表示第 9 号非框架梁，7 跨，两端有悬挑。

2. 梁集中标注

梁集中标注的内容有五项必注值及一项选注值（集中标注可以从梁的任意一跨引出），规定如下。

（1）梁编号，见表 6.7.1，该项为必注值。

（2）梁截面尺寸，该项为必注值。当为等截面梁时，用 $b \times h$ 表示；当为加腋梁时，用 $b \times h\ YC_1 \times C_2$ 表示，其中 C_1 为腋长，C_2 为腋高（图 6.7.3）；当有悬挑梁且根部和端部的高度不同时，用斜线分隔根部与端部的高度值，即为 $b \times h_1/h_2$（图 6.7.4）。

（3）梁箍筋，包括箍筋级别、直径、加密区与非加密区间距及肢数，该项为必注值。箍筋加密区与非加密区的不同间距及肢数需用斜线"/"分隔；当梁箍筋为同一种间距及肢数时，则不需用斜线；当加密区与非加密区的箍筋肢数相同时，则将肢数注写一次；箍筋肢数应写在括号内。加密范围见相应抗震级别的标准构造详图。

例：Φ 10@ 100/200（4），表示箍筋为 HPB300 级钢筋，直径 10mm，加密区间距为 100mm，非加密区间距为 200mm，均为四肢箍。

Φ 8@ 100(4)/150（2），表示箍筋为 HPB300 级钢筋，直径 8mm，加密区间距为 100mm，四肢箍；非加密区间距为 150mm，两肢箍。

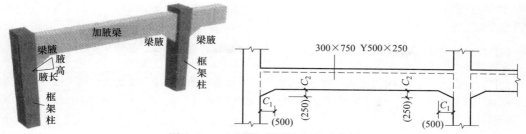

图 6.7.3　加腋梁截面尺寸注写示意

当抗震结构中的非框架梁、悬挑梁、井字梁及非抗震结构中的各类梁采用不同的箍筋间距及肢数时，也用斜线 "/" 将其分隔开。注写时，先注写梁支座端部的箍筋（包括箍筋的箍数、钢筋级别、直径、间距与肢数），在斜线后注写梁跨中部分的箍筋间距及肢数。

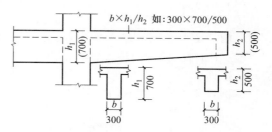

图 6.7.4　悬挑梁不等高截面尺寸注写示意

例：13 Φ 10@150/200（4），表示箍筋为 HPB300 级钢筋，直径 10mm；梁的两端各有 13 个四肢箍，间距为 150mm；梁跨中部分间距为 200mm，四肢箍。

18 Φ 12@150（4）/200（2），表示箍筋为 HPB300 级钢筋，直径 12mm；梁的两端各有 18 个四肢箍，间距为 150mm；梁跨中部分间距为 200mm，双肢箍。

（4）梁上部通长筋或架立筋配置，该项为必注值。所注规格与根数应根据结构受力要求及箍筋肢数等构造要求而定。当同排纵筋中既有通长筋又有架立筋时，应用加号 "+" 将通长筋和架立筋相连。注写时须将角部纵筋写在加号的前面，架立筋写在加号后面的括号内，以示不同直径及与通长筋的区别。

例：2Φ22 用于双肢箍；2Φ22＋（4Φ12）用于六肢箍，其中 2Φ22 为通长筋（角部钢筋），4Φ12 为架立筋。

当梁的上部纵筋和下部纵筋为全跨相同，且多数跨配筋相同时，此项可加注下部纵筋的配筋值，用分号 "；" 将上部与下部纵筋的配筋值分隔开。

例：3Φ22；3Φ20 表示梁的上部配置 3Φ22 的通长筋，梁的下部配置 3Φ20 的通长筋。

（5）梁侧面纵向构造钢筋或受扭钢筋配置，该项为必注值。

当梁腹板高度 $h_w \geqslant 450mm$ 时，须配置纵向构造钢筋，所注规格与根数应符合规范规定。此项注写值以大写字母 G 打头，接续注写设置在梁两个侧面的总配筋值，且对称配置。

例：G4Φ12，表示梁的两个侧面共配置 4Φ12 的纵向构造钢筋，每侧各配置 2Φ12。

当梁侧面需配置受扭纵向钢筋时，此项注写值以大写字母 N 打头，接续注写配置在梁两个侧面的总配筋值，且对称配置。受扭纵向钢筋应满足梁侧面纵向构造钢筋的间距要求，且不再重复配置纵向构造钢筋。

例：N6Φ22，表示梁的两个侧面共配置 6Φ22 的受扭纵向钢筋，每侧各配置 3Φ22。

（6）梁顶面标高高差，该项为选注值。

梁顶面标高高差，系指相对于结构层楼面标高的高差值，对于位于结构夹层的梁，则指相对于结构夹层楼面标高的高差。有高差时，需将其写入括号内，无高差时不注。

特别说明

（1）结构层楼面标高系指将建筑图中的各层地面和楼面标高值扣除建筑面层及垫层做法厚度后的标高，结构层号应与建筑层号对应一致。

（2）当某梁的顶面高于所在结构层的楼面标高时，其标高高差为正值，反之为负值。例如：某结构层的楼面标高为 44.950m，当某梁的梁顶面标高高差注写为（-0.050）时，即表明该梁顶面标高为 44.900m。

3. 梁原位标注内容的规定

（1）梁支座上部纵筋，该部位含通长筋在内的所有纵筋。

① 当上部纵筋多于一排时，用斜线"/"将各排纵筋自上而下分开。

例：梁支座上部纵筋注写为 6Φ25 4/2，则表示上一排纵筋为 4Φ25，下一排纵筋为 2Φ25。

② 当同排纵筋有两种直径时，用加号"+"将两种直径的纵筋相连，注写时将角部纵筋写在前面。

例：梁支座上部有四根纵筋，2Φ25 放在角部，2Φ22 放在中部，在梁支座上部应注写为 2Φ25+2Φ22。

③ 当梁中间支座两边的上部纵筋不同时，需在支座两边分别标注；当梁中间支座两边的上部纵筋相同时，可仅在支座的一边标注配筋值，另一边省去不注，如图 6.7.5 所示。

（2）梁下部纵筋。

① 当下部纵筋多于一排时，用斜线"/"将各排纵筋自上而下分开。

例：梁下部纵筋注写为 6Φ25 2/4，则表示上一排纵筋为 2Φ25，下一排纵筋为 4Φ25，全部伸入支座。

② 当同排纵筋有两种直径时，用加号"+"将两种直径的纵筋相连，注写时角筋写在前面。

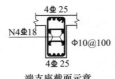

端支座截面示意

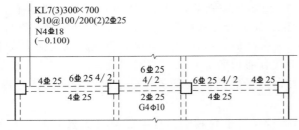

图 6.7.5　大小跨梁的注写示例

③ 当梁下部纵筋不全部伸入支座时，将梁支座下部纵筋减少的数量写在括号内。

例：梁下部纵筋注写为 6Φ25 2(-2)/4，则表示上排纵筋为 2Φ25，且不伸入支座，下一排纵筋为 4Φ25，全部伸入支座。

梁下部纵筋注写为 2Φ25+3Φ22(-3)/5Φ25，则表示上排纵筋为 2Φ25 和 3Φ22，其中 3Φ22 不伸入支座；下一排纵筋为 5Φ25，全部伸入支座。

④ 当梁的集中标注中已分别注写了梁上部和下部均为通长的纵筋值时，则不需在梁下部重复做原位标注。

（3）附加箍筋或吊筋，将其直接画在平面图中的主梁上，用线引注总配筋值（附加箍筋的肢数注写在括号内），如图 6.7.6 所示，当多数附加箍筋或吊筋相同时，可在梁平法施工图上统一注明，少数与统一注明值不同时，再原位引注。

施工时应注意：附加箍筋或吊筋的几何尺寸应按照标准构造详图结合其所在位置的主梁和次梁的截面尺寸而定。

（4）当在梁上集中标注的内容（即梁截面尺寸、箍筋、上部通长筋或架立筋；梁侧面纵向构造钢筋或受扭纵向钢筋；梁顶面标高高差中的某一项或几项数值）不适用于某跨或某悬挑部分时，则将其不同数值原位标注在该跨或该悬挑部位，施工时应按原位标注数值取用。

当在多跨梁的集中标注中已注明加腋，而该梁某跨的根部却不需要加腋时，则应在该跨原位标注等截面的 $b×h$，以修正集中标注中的加腋信息，如图 6.7.7 所示。

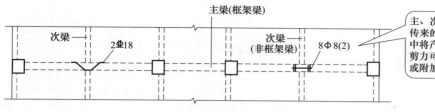

图 6.7.6　附加箍筋和吊筋的画法示例

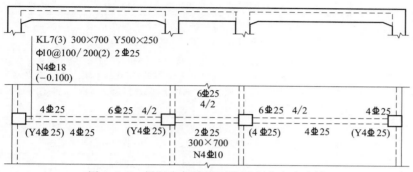

二维码 6.5

图 6.7.7　梁竖向加腋平面注写方式表达示例

　　工程中有时会遇到井字梁，它通常由非框架梁构成，并以框架梁为支座。想了解井字梁的更多知识，请扫码获取。

案例

　　图 6.7.8 为某框架结构 KL5 的平法施工图，试解读该梁的配筋信息。

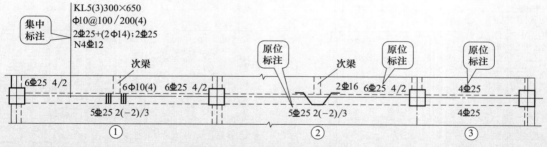

图 6.7.8　KL5 的平法施工图

【分析】

　　查阅《16G101-1》图集，结合 KL5 平法标注的实际情况，可得到其配筋信息，详见表 6.7.2。

表 6.7.2　KL5 钢筋平法标注信息

集中标注	KL5(3)300×650	表示 5 号框架梁，三跨；梁截面宽为 300mm，截面高为 650mm
	Φ10@100/200(4)	表示箍筋直径为 10mm（Ⅰ级钢），加密区箍筋间距为 100mm，非加密区箍筋间距为 200mm，4 肢箍
	2Φ25+(2Φ14)；2Φ25	2Φ25+(2Φ14)中 2Φ25 表示 KL5 的上部、角部贯通筋为 2 根直径 25mm 的Ⅲ级钢筋；(2Φ14)表示跨中上部、中间无负筋区布置 2 根直径 14mm(Ⅰ级钢)的架立筋（与两端支座负筋搭接）；后面的 2Φ25 表示梁的下部、角部贯通筋为 2 根直径 25mm 的Ⅲ级钢筋

集中标注	N4 ⾬ 12	表示在 KL5 的两侧、板底到梁底之间均布 4 根直径 12mm 的抗扭钢筋（Ⅲ级钢，每侧 2 根）
原位标注	①跨左端支座上部 6 ⾬ 25 4/2	表示 KL5 的①跨左端支座上部有 6 根直径 25mm 的Ⅲ级钢筋，分两层布置，其中上层布置 4 根（含 2 根角部贯通筋），下层布置 2 根支座负筋
	①、②跨右端支座上部 6 ⾬ 25 4/2	表示 KL5 的①、②跨右端支座上部有 6 根直径 25mm 的Ⅲ级钢筋，分两层布置，其中上层布置 4 根（含 2 根角部贯通筋），下层布置 2 根支座负筋
	②、③跨左端支座上无原位标注	②、③跨左端支座上部没有标注，则该支座上部负筋的布置情况与①、②跨右端支座上部负筋布置一致
	③跨跨中上部钢筋 4 ⾬ 25	表示 KL5 的③跨跨中、上部有 4 根直径 25mm 的Ⅲ级钢筋（含 2 根角部贯通角筋），单层布置，且这 4 根钢筋与②跨右端支座上部、上排支座负筋 4 ⾬ 25 拉通。③跨右端支座负筋与跨中上部钢筋 4 ⾬ 25 拉通布置（图中③跨右端支座负筋无标注）
	①、②跨梁下部钢筋 5 ⾬ 25 2（—2）/3	表示 KL5 的①、②跨下部有 5 根直径 25mm 的Ⅲ级钢筋，分两层布置，其中上层布置 2 根（不伸入支座），下层布置 3 根（含 2 根角部贯通筋）
	③跨梁下部钢筋 4 ⾬ 25	表示 KL5 的③跨下部有 4 根直径 25mm 的Ⅲ级钢筋（含 2 根角部贯通筋），单层布置
	①跨次梁两侧附加箍筋标注 6 Φ 10(4)	表示 KL5 上，次梁两侧附加 6 根直径 10mm 的 4 肢箍（Ⅰ级圆钢），每侧各附加 3 根
	②跨次梁处附加吊筋标注 2 ⾬ 16	表示在 KL5 上，次梁位置处布置 2 根直径 16mm 的附加吊筋（Ⅲ级钢）

注：Φ—HPB300 钢筋，即Ⅰ级钢；⾬—HRB400 级钢筋，即Ⅲ级钢。

完整的梁平法施工图平面注写方式示例如图 6.7.9 所示。

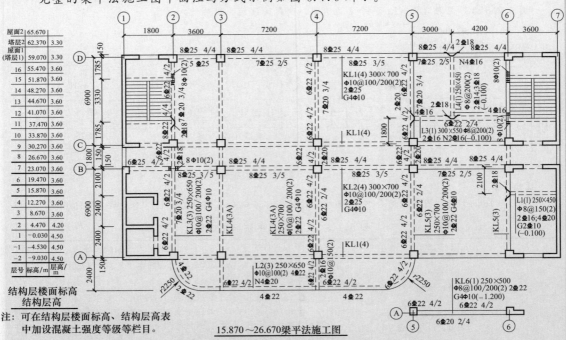

15.870～26.670梁平法施工图

图 6.7.9 梁平法施工图平面注写方式示例（《16G101-1》P. 37）

注：可在结构层楼面标高、结构层高表中加设混凝土强度等级等栏目。

实训3 ⊚ 识读梁平法施工图

1. 实训目标

掌握钢筋混凝土梁的平法施工图表示方法，能够识读实际工程的梁平法施工图。

2. 实训要点

根据钢筋混凝土结构梁平法施工图，结合《16G101-1》图集，读懂××别墅二层框架梁及非框架梁配筋信息。

3. 实训内容及深度

阅读××别墅的二层梁平法施工图（见配套"建筑结构施工图集"工程实例一），结合《16G101-1》图集，识读梁的配筋等信息，填写表6.7.3。

表6.7.3 二层梁平法施工图信息

梁编号	平法标注		配筋截面图		箍筋形式、尺寸
	集中标注	原位标注	跨中截面	支座附近截面	
KL1					
KL3					
KL5					
L1					

4. 预习要求

（1）阅读工程实例一的结构施工图获取梁的相关配筋信息。

（2）阅读《16G101-1》图集中梁的平法表示方法。

5. 实训过程

（1）阅读工程实例一的结构施工图，重点阅读二层梁平法施工图。

（2）根据二层梁平法施工图给出的配筋信息，绘制梁的配筋截面图。

二维码6.6

6. 实训小结

本实训主要是熟悉钢筋混凝土梁的平法施工图表达方式，能够将梁结构施工图和《16G101-1》图集相结合，读懂钢筋混凝土梁平法施工图。

本章小结

要正确识读并理解钢筋混凝土结构施工图，必须理解梁内钢筋的配筋计算原理。本章主要介绍了钢筋混凝土梁中钢筋的配筋计算原理，并介绍了梁平法施工图表达方式。

钢筋混凝土梁内主要配置有上部纵筋（含贯通纵筋与支座负筋）、下部纵筋、侧面钢筋、箍筋、拉筋等。一般而言，梁内配置受力钢筋的目的是提高梁的承载能力，从而保证结构使用安全，配筋设计时按承载能力极限状态设计法进行（$\gamma_0 S_d \leqslant R_d$）。

梁的承载力计算公式是在试验研究及理论分析的基础上得到的。钢筋混凝土梁的破坏形态主要有正截面破坏和斜截面破坏两种情况。正截面承载力计算主要是配置纵向受力钢筋，计算公式是基于适筋破坏状态建立的；斜截面承载力计算主要是配置抗剪箍筋（有时要考虑弯起钢筋抗剪），计算公式是基于剪压破坏状态建立的。

单筋矩形截面梁纵向受力筋配筋计算公式为：

$$\begin{cases} \alpha_1 f_c bx = f_y A_s \\ M \leq M_u = \alpha_1 f_c bx \cdot z = \alpha_1 f_c bx \left(h_0 - \dfrac{x}{2} \right) \end{cases}$$

在使用上式进行纵筋配筋计算时，应注意公式的适用条件（$x \leq x_b$，$\rho \geq \rho_{min}$）。对于 T 形截面梁，应考虑楼板（翼缘）的作用，配筋计算时应区分 T 形截面的类型（第一类 T 形截面还是第二类 T 形截面）。

对仅配置箍筋抗剪的一般梁，其斜截面承载力计算公式为：

$$V \leq V_u = V_{cs} = 0.7 f_t b h_0 + f_{yv} \frac{A_{sv}}{S} h_0$$

在使用上式进行配箍计算时，应注意公式的适用条件（截面尺寸，$\rho_{sv} \geq \rho_{sv,min}$）。同时应注意箍筋最大间距的规定。

受扭梁通常是通过配置抗扭纵筋和抗扭箍筋来抵抗扭矩的。

梁裂缝宽度及变形验算是为了保证梁满足正常使用的要求而进行的。梁裂缝宽度及变形验算的前提是梁的承载能力满足要求。

钢筋混凝土梁的施工图目前采用平法表达方式。梁平法施工图系在梁平面布置图上采用平面注写方式或截面注写方式表达。梁平面注写方式，系在梁平面布置图上，分别在不同编号的梁中各选一根梁，在其上注写截面尺寸和配筋具体数值的方式来表达梁平法施工图。平面注写包括集中标注与原位标注，集中标注表达梁的通用数值，原位标注表达梁的特殊数值。详细内容请参考《16G101-1》图集深入学习。

思考与练习

1. 何谓主梁和次梁？它们与框架梁和非框架梁有何异同？

2. 某多跨连续梁中某一跨的计算跨度为 6m，试初步确定该跨梁的截面尺寸。

3. 梁内通常配置有哪些钢筋，各起什么作用？

4. 梁中纵向受力筋的直径、间距有何规定？梁中箍筋有哪几种形式，箍筋端部应满足哪些构造要求？侧面纵筋排布构造有何要求？

5. 根据梁的正截面破坏形态不同，可将梁划分为哪些类型？纵向受力筋配筋计算时，是基于哪类梁进行的？

6. 梁的纵向受力筋配筋计算是基于适筋梁哪一阶段建立的？这一阶段梁的受力状态如何？

7. 计算确定梁的纵向受力筋时，如何确定配筋计算控制截面？

8. 梁纵向受力筋配筋设计时，如何防止少筋梁和超筋梁的出现？

9. 某钢筋混凝土矩形截面梁，计算截面的弯矩设计值 $M = 160$kN·m，截面尺寸 $b \times h = 250$mm$\times 550$mm。采用 C30 级混凝土，HRB400 级钢筋。试计算配置纵向受力筋的数量，并选配钢筋直径。

10. 某矩形截面钢筋混凝土梁，截面尺寸 $b \times h = 250$mm$\times 650$mm，采用混凝土强度等级 C30。现配有 HRB400 级纵向受拉钢筋 5 Φ 20（两排）。试求该梁的受弯承载力。

11. 某办公楼矩形截面简支楼面梁，承受均布恒载标准值 11kN/m（含自重），均布活荷载标准值 7.5kN/m，计算跨度 6m，采用 C30 级混凝土和 HRB400 级钢筋。试确定梁的截面尺寸和纵向钢筋的数量。

12. 第一类 T 形截面与第二类 T 形截面的本质区别在哪里？如何判别两类 T 形截面？

13. 已知某 T 形截面梁，如题 13 图所示，承受弯矩设计值 680kN·m。混凝土强度等级为 C30，纵向钢筋为 HRB400 级。试计算此 T 形截面梁所需纵向受拉钢筋数量。

14. 根据梁的斜截面破坏形态不同，可将梁划分为哪些破坏形态？配箍计算时，是基于哪种破坏形态进行的？

15. 梁内抗剪箍筋配筋设计时，如何防止斜拉破坏和斜压破坏情况的出现？

16. 梁内抗剪箍筋配筋设计时，计算截面的位置选取有何规定？

17. 某矩形截面钢筋混凝土梁，截面尺寸 $b \times h = 250\text{mm} \times 550\text{mm}$，混凝土强度等级为 C25。由均布荷载引起的支座边缘剪力设计值为 171kN，$a_s = 40\text{mm}$，箍筋采用 HPB300 级钢筋。试计算确定箍筋的直径和间距。

18. 受扭梁内通常配置哪些钢筋来抗扭？抗扭箍筋与一般箍筋有何异同？

19. 裂缝宽度及变形验算的目的是什么？

20. 何谓平法施工图？梁平法施工图表达有哪两种方式？平面注写方式主要注写哪些内容？

21. 何谓集中标注？何谓原位标注？当二者标注信息不一致时，应如何处理？

22. 为何要在梁中附加箍筋或附加吊筋？附加箍筋和附加吊筋应布置在框架梁上还是非框架梁上？

23. 某框架梁的平法集中标注如题 23 图，试述标注中各项字符的含义。假设现浇板板厚 120mm，试绘制该梁的配筋截面图。

24. 平法《16G101-1》规定，梁支座负筋标注为 2Φ22＋2Φ18 时，则角筋应为哪种钢筋？

25. 某框架梁支座负筋注写为：2Φ22＋4Φ18 4/2，试说明该支座负筋的排布构造。

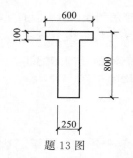

题 13 图

KL12（5B）250×600
8@100/200（4）
2Φ22＋(2Φ12)；4Φ22
G4Φ12
（－0.100）

题 23 图

二维码 6.7

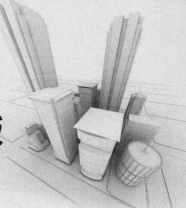

第七章 钢筋混凝土现浇板

- 知识目标
  - 了解板内配筋及其一般构造
  - 理解单向板与双向板的概念
  - 掌握板内配筋设计方法
  - 熟悉单向板、双向板、连续板、梯段斜板、悬挑板的配筋构造
  - 熟悉板平法结构施工图表示方法与传统表示方法

- 能力目标
  - 能够根据设计条件进行板内配筋计算及构造配筋
  - 能够读懂实际工程的现浇板结构施工图

第一节 现浇板的类型及板内配筋

结构中的板是以承受横向作用为主的受弯构件，其截面上一般作用有弯矩（通常忽略剪力作用）。

一、现浇板的截面形式与尺寸

钢筋混凝土现浇板的截面形式一般为矩形（图 7.1.1）。关于预制的空心板、槽形板等本书不做讨论。如无特别说明，本章所说的板指的是钢筋混凝土现浇板。

板的截面尺寸必须满足承载力、刚度和裂缝宽度控制要求，同时还应满足模数要求。从刚度（EI）条件出发，钢筋混凝土单向板的跨厚比不大于 30，双向板不大于 40。当板的荷载、跨度较大时宜适当减小。一般取 10mm 的倍数，工程中现浇板的常用厚度为 60mm、70mm、80mm、90mm、100mm、110mm、120mm 等。《混凝土规范》规定现浇钢筋混凝土板的厚度不应小于表 7.1.1 规定的数值。

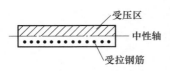

图 7.1.1 现浇板的截面形式

表 7.1.1 常见现浇钢筋混凝土板的最小厚度

板的类别		最小厚度/mm
单向板	屋面板	60
	民用建筑楼板	60
	工业建筑楼板	70
	行车道下的楼板	80
双向板		80
悬挑板（根部）	悬挑长度不大于500mm	60
	悬挑长度1200mm	100

名词解释

（1）单向板与双向板的概念

单向板：在荷载作用下，只在一个方向弯曲或者主要在一个方向弯曲的板，如图 7.1.2（a）所示。

双向板：在荷载作用下，在两个方向弯曲，且不能忽略任一方向弯曲的板，如图 7.1.2（b）所示。

(2)《混凝土规范》的规定

① 四边支承的板，当长边与短边长度之比不小于 3 时，定义为沿短边方向受力的单向板；当长边与短边长度之比不大于 2 时，定义为双向板；当长边与短边长度之比大于 2，但小于 3 时，宜按双向板设计，如图 7.1.3 所示。

② 两对边支承的板应按单向板计算，如板式楼梯的梯段斜板，如图 7.1.4 所示。

另外，单边支承的悬挑板按单向板计算，如阳台板、雨篷板等，如图 7.1.5 所示。

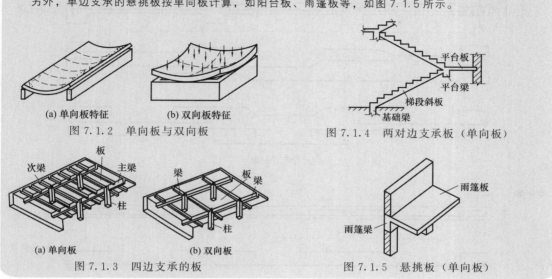

图 7.1.2 单向板与双向板
(a) 单向板特征　(b) 双向板特征

图 7.1.4 两对边支承板（单向板）

图 7.1.3 四边支承的板
(a) 单向板　(b) 双向板

图 7.1.5 悬挑板（单向板）

二、板内配筋及其一般构造

1. 板内钢筋

板内通常配置板底纵向钢筋（双向布置，简称板底钢筋）、板边支座负筋（沿板边布置，简称板面负筋）和分布钢筋（简称分布筋），如图 7.1.6 所示。

一般而言，板底钢筋、板面钢筋属于受力钢筋，其作用是用来承受板内弯矩产生的拉力；分布筋属于构造钢筋，其主要作用有三方面：一是固定受力钢筋的位置，形成钢筋网；二是将板上荷载有效地传到受力钢筋上去；三是防止温度或混凝土收缩等原因沿跨度方向的裂缝。

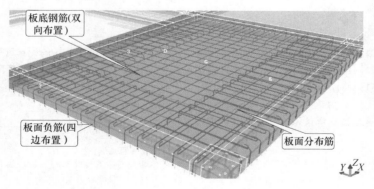

图 7.1.6 板内钢筋

2. 板内钢筋一般构造

（1）板底钢筋、板面负筋（受力筋）

直径：常用直径为 6mm、8mm、10mm、12mm。

间距：当 $h \leqslant 150$mm 时，不宜大于 200mm；当 $h > 150$mm 时，不宜大于 1.5h，且不

宜大于 250mm。板的受力钢筋间距通常不宜小于 70mm。

板内受力筋的布筋形式有弯起式、分离式两种，目前通常采用分离式布筋（图 7.1.7）。

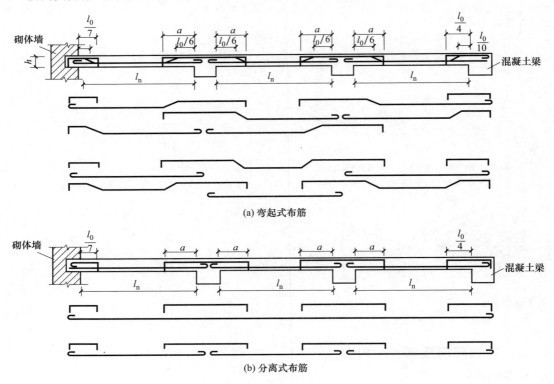

图 7.1.7　板内布筋的形式

采用分离式布筋的多跨板，板底钢筋宜全部伸入支座，伸入支座的锚固长度不应小于 5d（d 为板底钢筋的直径）且应伸过支座中线；板面负筋向跨内延伸的长度 a 应根据支座处负弯矩确定，并满足钢筋锚固的要求。

特别说明

（1）目前，很多工程中将分离式布筋的板支座负筋（板面负筋）拉通布置，形成上下两层的钢筋网片（即双层双向配筋）。

（2）图 7.1.7 中 l_n 为板的净跨；l_0 为板的计算跨度，一般可根据板端支承条件按表 7.1.2 的要求计算得到。

表 7.1.2　**板的计算跨度 l_0**

板端支承条件	计算跨度 l_0
板两端简支	$l_0 = l_n + b \leqslant 1.1 l_n$
板一端简支、一端固接	$l_0 = l_n + b/2 + h/2$
板两端固接	$l_0 = l_n + b$

注：1. 表中 l_n 为板的净跨；h 为板厚；b 为板端支承长度或支座宽度。

2. 板端与梁整体浇筑时一般按固接考虑；板端搁置于墙上时，一般按简支考虑。

（2）分布筋

分布筋属于构造钢筋。当按单向板设计时，应在垂直于受力筋的方向布置分布筋；采用分离式布筋时，垂直于板面负筋的方向应布置分布筋。单位宽度上的分布筋不宜小于单位宽度上的受力钢筋的 15%，且配筋率不宜小于 0.15%；分布筋直径不宜小于 6mm，间距不宜大于 250mm；当集中荷载较大时，分布筋的配筋面积尚应增加，且间距不宜大于 200mm。

特别说明

　　按简支或非受力边设计的板，当受到实际约束时应设置板面负筋（此时属于构造钢筋），并应符合下列要求。

　　① 钢筋直径不宜小于 8mm，间距不宜大于 200mm，且单位宽度内的配筋面积不宜小于跨中相应方向板底钢筋截面面积的 1/3。与混凝梁、墙整体浇筑的单向板的非受力方向，钢筋截面面积尚不宜小于受力方向跨中板底钢筋截面面积的 1/3。

　　② 钢筋从梁边、柱边、墙边伸入板内的长度不宜小于 $l_0/4$，砌体墙支座处钢筋伸入板内的长度不宜小于 $l_0/7$（图 7.1.7），其中计算跨度 l_0 对单向板按受力方向考虑，对双向板按短边方向考虑。

　　③ 在楼板板角，宜沿两个方向正交、斜向平行或放射状布置附加钢筋。

　　④ 钢筋应在梁内、墙内或柱内可靠锚固。

3. 板内钢筋排布构造

　　板底短跨方向的钢筋应排布于长跨方向钢筋的下部；板面负筋应排布于板面分布筋的上部；板、主梁、次梁交接处钢筋的排布构造如图 7.1.8 所示。

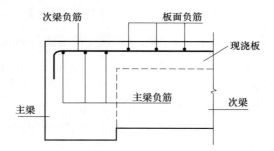

图 7.1.8　板与主、次梁交接处钢筋的排布构造

第二节　现浇板配筋设计

一、单向板配筋

　　首先来介绍最简单的单块单向板的配筋设计方法。图 7.2.1 所示的楼梯平台板为单向板。

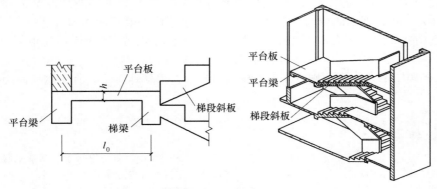

图 7.2.1　楼梯平台板

1. 单块单向板的配筋

（1）计算简图　平台板板厚可取 $l_0/35$（l_0 为平台板计算跨度），常取 60～80mm。平

台板承受均布荷载，可取1m宽板带作为计算单元，如图7.2.2所示。

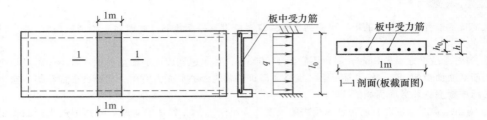

图7.2.2 平台板计算单元

由图7.2.2可以看出，平台板的计算单元类似于宽1m、高为h、计算跨度为l_0的"扁梁"，其配筋计算与梁的纵向钢筋配筋计算基本相同（所以，一般将梁、板归类于同一类构件——受弯构件）。

平台板计算单元的内力可根据板端支承情况进行分析（通过计算软件分析或手算）得到。当平台板的两端均与梁整体浇筑时，考虑梁的弹性约束作用，跨中弯矩设计值可近似按$M=\dfrac{1}{10}(g+q)l_0^2$计算（式中，$g$、$q$分别为恒荷载设计值与活荷载设计值）。

（2）计算方法 得到了板的控制截面的弯矩设计值M，即可按照梁的纵向受力筋配筋计算公式进行板的配筋计算。

板内受拉钢筋配筋设计步骤如下。

已知：弯矩设计值M，混凝土强度等级，钢筋级别，构件截面高度h，宽度$b=1000\text{mm}$。

① 查取相关参数：f_c，f_t，f_y，α_1，ξ_b。

② 求ρ_{min}、h_0：$\rho_{min}=\max\{0.2\%,0.45\,f_t/f_y\}$

$h_0=h-a_s$（当混凝土强度等级$\leqslant$C25时，$a_s=25\text{mm}$；当混凝土强度等级$\geqslant$C30时，$a_s=20\text{mm}$）。

③ 计算混凝土受压区高度x，并判断是否属超筋。

由$M=\alpha_1 f_c bx(h_0-x/2)$可得：$x=h_0-\sqrt{h_0^2-\dfrac{2M}{\alpha_1 f_c b}}$

若$x\leqslant\xi_b h_0$，则不超筋。否则超筋，应加大截面尺寸或提高混凝土强度等级。

④ 由式$\alpha_1 f_c bx=f_y A_s$计算1m宽板带钢筋截面面积A_s，并判断是否少筋。

若$A_s\geqslant\rho_{min}bh$，则不属少筋。否则为少筋，按最小配筋面积配筋即可。

⑤ 根据构造要求，选取钢筋直径d，得到钢筋截面面积A_{s1}，则钢筋间距s'为：

$$s'=1000/(A_s/A_{s1}) \tag{7.2.1}$$

若钢筋间距不满足要求，则重新选取钢筋直径d，重新计算s'，直至钢筋间距满足要求为止。

特别说明

（1）一般情况下，板中剪力相对板的受剪截面（宽度较大）较小，故通常情况下仅靠混凝土自身的抗剪能力就能够满足板的斜截面抗剪承载力要求，所以板中不再配置抗剪箍筋。

（2）考虑到平台梁（梯梁或墙体）对平台板边的嵌固约束作用（板边实际存在负弯矩，只是内力分析时忽略了），应在此板边配置板面构造负筋。板面构造负筋一般为$\Phi 8@200$，当采用分离式布筋时，自平台梁（或梯梁）边缘起伸入板内不小于$l_0/4$，自砌体墙边缘起伸入板内不小于$l_0/7$（图7.2.3）。

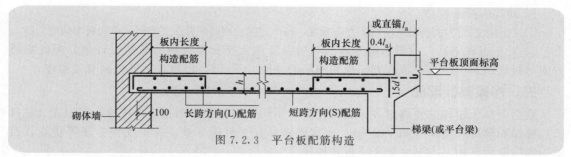

图 7.2.3 平台板配筋构造

2. 单向连续板的配筋

钢筋混凝土单向板肋形楼盖的板可视为多跨连续板（图 7.2.4），其配筋计算要点如下。

（1）计算单元及内力分析 取 1m 宽板带，统计其上荷载，按连续板分析其控制截面的弯矩设计值。一般取板跨中弯矩及支座负弯矩（可以通过计算软件分析或手算得到）。

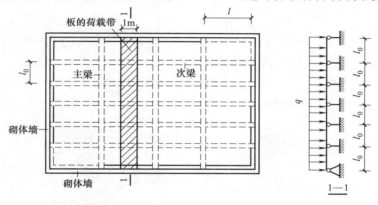

图 7.2.4 单向连续板计算简图

（2）配筋计算 得到了板控制截面的弯矩设计值 M 后，即可按照梁的纵向钢筋配筋计算方法，分别对跨中板底受力筋及支座板面负筋进行配筋计算，其配筋计算步骤参照单块单向板的配筋计算。

（3）构造措施 单向连续板构造钢筋应满足图 7.2.5 的要求。

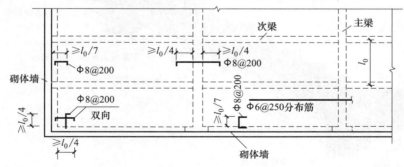

图 7.2.5 单向连续板构造钢筋

二、双向板配筋

1. 双向板配筋设计

双向板配筋设计与单向板配筋设计的不同之处仅在于要确定板两个方向的控制截面的弯矩设计值 M_x、M_y（可通过计算软件分析或手算得到），并在两个方向上分别进行配筋设计即可。每个方向的板内钢筋可参照单向板配筋设计的方法进行配筋。

2. 双向板配筋构造

① 双向板的受力钢筋沿纵横两个方向配置，每个方向的钢筋配置形式类似于单向板中的受力筋。

② 对于板底钢筋，一般短跨方向的弯矩设计值大于长跨方向的弯矩设计值，因此短跨方向的板底钢筋应排布于长跨方向板底钢筋的外侧（下部），以增大板的截面有效高度。

三、梯段斜板配筋

钢筋混凝土楼梯的种类很多，按构件受力不同分为板式楼梯、梁式楼梯、剪刀式（悬挑式）楼梯和螺旋式楼梯（图 7.2.6）。板式楼梯具有下表面平整、施工支模方便等优点，目前工程中最为常用，本书主要介绍板式楼梯。

板式楼梯由梯段斜板（踏步板）、平台梁和平台板组成。梯段斜板是一块带有踏步的斜板，板的两端支承在平台梁上（最下端的梯段可支承在地梁或单独基础上）。梯段斜板内的配筋情况如图 7.2.7 所示。

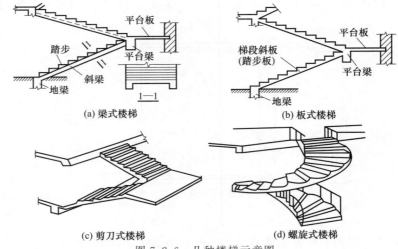

图 7.2.6 几种楼梯示意图

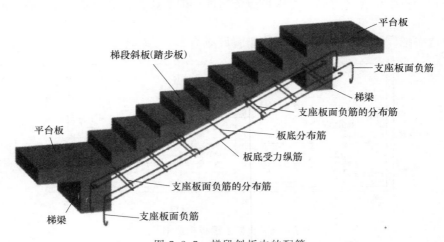

图 7.2.7 梯段斜板内的配筋

1. 内力计算简图

为保证梯段斜板有一定的刚度，梯段斜板厚度可取 $l_0/35\sim l_0/25$（l_0 为梯段斜板水平方向的跨度），常取 $80\sim120\mathrm{mm}$。取 1m 宽板带或整个梯段板作为计算单元，支座近似按简支考虑，计算简图如图 7.2.8（a）所示。

恒荷载：取一个踏步，根据几何尺寸和混凝土的自重计算出竖向恒荷载设计值 g（线荷载），如图 7.2.8（b）所示。

活荷载：按《荷载规范》取用竖向活荷载设计值 q（线荷载）。

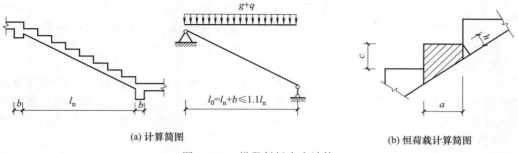

(a) 计算简图　　　　　　　　　　　　　　(b) 恒荷载计算简图

图 7.2.8　梯段斜板内力计算

2. 内力计算

梯段斜板跨中最大弯矩，当按简支板计算时，考虑到梯段斜板与平台梁整体浇筑，平台梁对梯段斜板有弹性约束作用这一有利因素，故可以减小梯段斜板的跨中弯矩，计算时跨中最大弯矩设计值取：$M = \dfrac{1}{10}(g+q)l_0^2$，轴力忽略不计。

3. 配筋设计

参见单块单向板的配筋设计方法。

当梯段斜板配筋采用分离式布筋时，其构造配筋应符合以下要求：在垂直板底受力纵筋方向应按构造配置分布筋不低于 Φ 6@250，并要求每一个踏步下至少放置一根分布筋（图 7.2.9）；梯段斜板两端支座可按构造配置不低于 Φ 8@200 的板面负筋及 Φ 6@250 的板面分布筋。

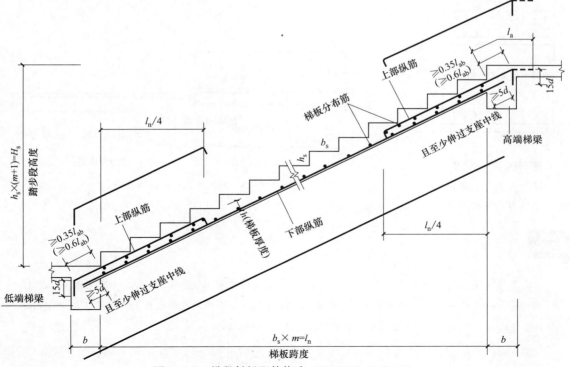

图 7.2.9　梯段斜板配筋构造（《16G101-2》P.24）

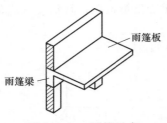

图 7.2.10 雨篷组成

四、悬挑板配筋

钢筋混凝土阳台板、雨篷板是房屋结构中最常见的悬挑构件。以雨篷为例介绍钢筋混凝土悬挑板配筋设计方法。

雨篷一般由雨篷板和雨篷梁组成（图 7.2.10）。根据雨篷板的受力特点，其板厚可做成变厚度的，板端厚度一般不小于 50mm，根部厚度不小于 70mm。

1. 内力计算

雨篷板通常取 1m 宽板带进行配筋计算。作用在雨篷板上的荷载有恒荷载（包括自重、面层、抹灰等构造层自重）、雪荷载和活荷载等。活荷载可分为均布活荷载（标准值为 $0.75kN/m^2$）或施工与检修集中荷载（标准值为 1kN）。在进行内力分析时，雨篷板上的荷载可按两种情况考虑。

第一种情况：恒荷载＋均布活荷载（标准值为 $0.75kN/m^2$）或雪荷载（取较大值），如图 7.2.11（a）所示。

第二种情况：恒荷载＋施工或检修集中荷载（标准值为 1kN，作用在最不利位置），如图 7.2.11（b）所示。

按两种情况分别计算雨篷板根部的弯矩设计值，并取两者的较大值进行悬挑板配筋设计。

2. 配筋设计

利用内力计算得到的根部最大弯矩设计值，即可进行板面受力筋的配筋设计（参见单块单向板的配筋设计方法）。

悬挑板的板面受力钢筋除应满足计算配筋外，其最少配筋量不应少于 $\phi 6@200$，板面受力筋必须伸入支座中，其伸入支座中的长度不得小于基本锚固长度。此外，还须按构造配置分布筋（垂直于受力钢筋方向），分布筋一般不少于 $\phi 6@250$。悬挑板配筋构造如图 7.2.12 所示。

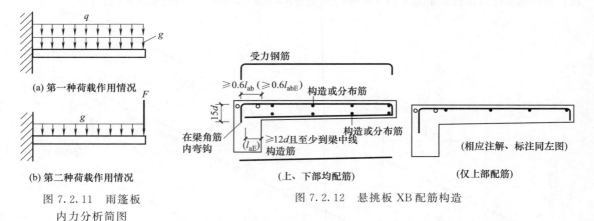

(a) 第一种荷载作用情况

(b) 第二种荷载作用情况

图 7.2.11　雨篷板
内力分析简图

图 7.2.12　悬挑板 XB 配筋构造

案例

某单向板楼盖，平面布置如图 7.2.13 所示，梁截面尺寸为 KL1：$b \times h = 250mm \times 650mm$，L1：$b \times h = 200mm \times 450mm$。板厚 80mm，楼面用 20mm 厚水泥砂浆抹面，板底用 12mm 厚石灰砂浆粉刷，楼面活荷载为 $5kN/m^2$，混凝土采用 C25 级，钢筋采用 HPB300 级。

沿①～③轴、从Ⓐ～Ⓑ轴中部取1m宽板带作为计算单元，按五跨连续板分析其控制截面的弯矩设计值，分析结果见表7.2.1。试对该楼盖的现浇板进行配筋设计。

表7.2.1　连续单向板控制截面的弯矩设计值

截　面	端支座	边跨跨中	第一内支座	中间跨中	中间支座
弯矩设计值/(kN·m)	−2.41	2.75	−3.49	2.41	−2.75

【分析】

1. 计算配筋

以第一内支座处板面负筋的配筋计算为例来介绍板的配筋计算方法。

① 第一内支座处弯矩设计值 $M = 3.49\text{kN·m}$。查表 5.1.1、表 5.1.3、表 6.2.1、表 6.2.2 可得：

$f_y = 270\text{N/mm}^2, f_c = 11.9\text{N/mm}^2,$

$f_t = 1.27\text{N/mm}^2, \alpha_1 = 1.0, \xi_b = 0.576$

② 确定截面有效高度 h_0、最小配筋率 $\rho_{\min}$。

$h_0 = h - a_s = 80 - 25 = 55(\text{mm})$

$\rho_{\min} = \max\{0.2\%, 0.45f_t/f_y = 0.45 \times 1.27/270 \approx 0.21\%\} = 0.21\%$

③ 计算 x，并判断是否超筋。

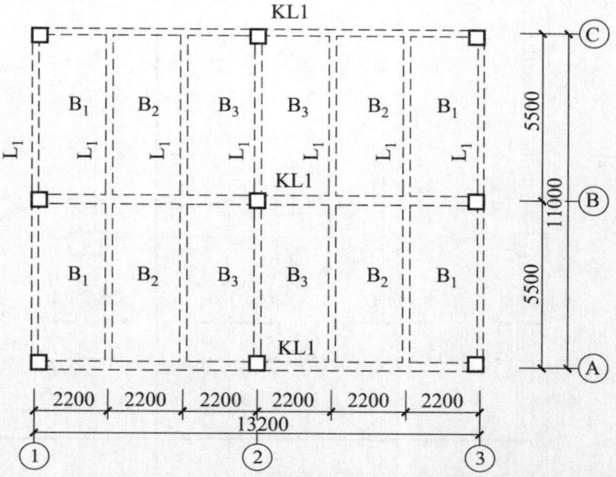

图 7.2.13　某单向板楼盖平面布置图

$$x = h_0 - \sqrt{h_0^2 - \frac{2M}{\alpha_1 f_c b}} = 55 - \sqrt{55^2 - \frac{2 \times 3.49 \times 10^6}{1.0 \times 11.9 \times 1000}}$$

$$\approx 5.62\ (\text{mm}) < \xi_b h_0 = 31.68\text{mm}，不超筋$$

④ 计算 A_s，并判断是否少筋。

$$A_s = \frac{\alpha_1 f_c b x}{f_y} = 1.0 \times 11.9 \times 1000 \times 5.62/270$$

$$\approx 248\ (\text{mm}^2) > A_{s,\min} = 0.21\% \times 1000 \times 80 = 168\ (\text{mm}^2)，不少筋$$

⑤ 钢筋选配。

初选钢筋为Φ8，$A_{s1} = 50.3\text{mm}^2$，则每米板宽内配置钢筋根数 $n = 248/50.3 \approx 5$ 根，钢筋间距 $s = 1000/5 = 200\text{mm}$，满足构造要求，故第一内支座处钢筋配置为：Φ8@200。

连续板其他控制截面的配筋计算结果见表7.2.2（请自行计算复核）。

表7.2.2　连续单向板按塑性法计算的弯矩及配筋计算表

截　面	端支座	边跨跨中	第一内支座	中间跨中	中间支座
弯矩设计值/(kN·m)	−2.41	2.75	−3.49	2.41	−2.75
A_s 计算值/(mm²)	168	193	248	168	193
计算配筋	—	Φ6@140	Φ8@200	Φ6@150	—
构造配筋	Φ8@200				Φ8@200
实配 A_s/(mm²)	252	198	252	189	252

注：为了便于施工，将板底受力筋进行归并，取边跨跨中与中间跨中板底受力筋中较大的配筋量Φ6@140作为最终的板底配筋。

2. 构造配筋

按构造要求，支座板面负筋伸入板内长度不小于 2200/4＝550mm，取 600mm；板块短边板面构造负筋取 $\phi8@200$，伸入板内长度取 600mm。板底分布钢筋按构造取 $\phi6@250$。板角部位按构造配置双向 $5\phi8$ 的附加板面负筋。

该楼盖现浇板的配筋图如图 7.2.14 所示。

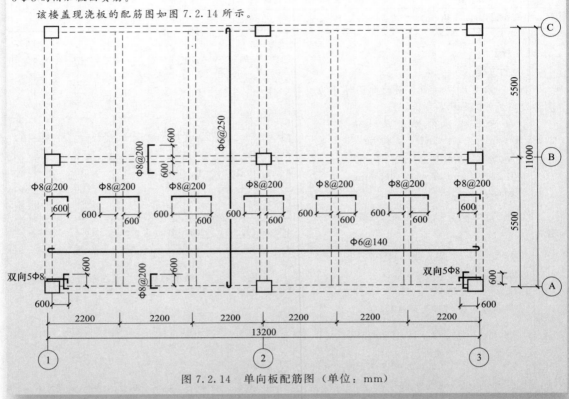

图 7.2.14 单向板配筋图（单位：mm）

实训 1　现浇板配筋设计

1. 实训目标

了解单向板与双向板的区别，熟悉现浇板配筋构造，掌握单向板的配筋计算方法。

2. 实训要点

明确现浇板上的荷载确定方法，能够将面荷载转化为线荷载，计算确定单向板中受力钢筋的配置，并按现浇板构造配筋要求配置构造钢筋。

3. 实训内容及深度

根据××别墅建筑施工图中楼梯平台板的做法与尺寸（见配套"建筑结构施工图集"工程实例一），确定板上荷载（将面荷载转化为线荷载，具体方法参见第二章相关内容），然后进行现浇板配筋设计（按单向板设计，配置受力筋与构造钢筋）。并将设计结果与××别墅楼梯结构施工图中平台板的配筋相比较。

4. 预习要求

（1）恒荷载统计与活荷载选取方法、荷载组合方法。

（2）面荷载与线荷载的转化方法。

（3）单向板的配筋设计方法（含构造钢筋配置）。

5. 实训过程

（1）确定楼梯平台板的设计荷载（将面荷载转化为线荷载）。

（2）按单向板的配筋计算方法进行受力钢筋的配置。

（3）按现浇板构造配筋要求配置构造钢筋（绘制板的配筋图）。

（4）将设计结果与××别墅楼梯结构施工图（结施第 7 张）中平台板的配筋相比较。

二维码 7.1

6. 实训小结

本实训主要掌握单向板的配筋设计方法，熟悉现浇板的配筋构造。

第三节　现浇板结构施工图平法表达

现浇板结构施工图可采用传统表示方法或平法表示方法，前面所讲的均为现浇板传统表示方法，下面主要介绍现浇板的平法施工图表示方法。

如前所述，楼盖分有梁楼盖与无梁楼盖两种。这里主要介绍有梁楼盖中板的平法施工图表达（无梁楼盖平法施工图表达的相关知识请查阅《16G101-1》）。有梁楼盖中的板以梁为支座。

板平法施工图，是在楼面板或屋面板布置图上采用平面注写的方式表达楼板尺寸及配筋，如图 7.3.1 所示。下面对板平法施工图表达进行介绍。

板平面注写主要包括板块集中标注和板支座原位标注。

在设计中，为了方便设计表达和施工图识图，规定结构平面的坐标方向如下。

① 当轴网正交布置时，图面从左至右为 X 向，从下至上为 Y 向。

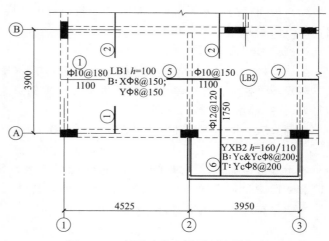

图 7.3.1　板平法施工图平面注写方式

② 当轴网转折时，局部坐标方向顺轴网转折角度做相应转折。

③ 当轴网向心布置时，切向为 X 向，径向为 Y 向。

另外，对于平面布置比较复杂的区域，例如轴网转折交界区域、向心布置的核心区域等，其平面坐标方向一般会在图纸上明确表示出来。

一、板块集中标注

板块集中标注的内容主要包括板块编号、板厚、贯通纵筋及当板面标高不同时的标高高差。

对于普通楼面板，两向均以一跨作为一个板块；对于密肋楼屋面，两向主梁（框架梁）均以一跨作为一个板块（非主梁密肋不计）。所有板块应逐一编号，相同编号的板块可择其一做集中标注，其他仅注写置于圆圈内的板编号，以及当板面标高不同时的标高高差。

（1）板块编号　板块的编号规定见表 7.3.1。

（2）板块厚度　板厚的注写为 $h = \times \times \times$（为垂直于板面的厚度）；当悬挑板的端部改变截面厚度时，用斜线分隔根部与端部的高度值，注写为 $h = \times \times \times / \times \times \times$；当设计已在图注中统一注明板厚时，此项可不注。

板类型	代号	序号
楼面板	LB	$\times \times$
屋面板	WB	$\times \times$
悬挑板	XB	$\times \times$

表 7.3.1　板块编号

（3）纵筋　纵筋按板块的下部纵筋和上部贯通纵筋分别注写（当板块上部不设贯通纵筋时则不注），并以 B 代表下部纵筋，以 T 代表上部贯通纵筋，B&T 代表下部与上部；X 向纵筋以 X 打头，Y 向纵筋以 Y 打头，两向纵筋配置相同时以 X&Y 打头。

当为单向板，分布筋可不必注写，而在图中统一注明。

当在某些板内（例如在悬挑板 XB 的下部）配置构造钢筋时，则 X 向以 Xc，Y 向以 Yc 打头注写。

当 Y 向采用放射配筋时（切向为 X 向，径向为 Y 向），图中应注明配筋间距的定位尺寸。

当纵筋采用两种规格钢筋"隔一布一"方式时，表达为 $\Phi xx/yy@\times \times \times$，表示直径为 xx 的钢筋和直径为 yy 的钢筋二者之间间距为 $\times \times \times$，直径 xx 的钢筋的间距为 $\times \times \times$ 的 2 倍，直径 yy 的钢筋的间距为 $\times \times \times$ 的 2 倍。

（4）板面标高高差　板面标高高差是指相对于结构层楼面标高的高差，应将其写在括号内，且有高差则注，无高差不注。

例：有一楼面板块注写为：LB5　$h = 110$

　　　　　　　　　　B：XΦ12@120；YΦ10@110

表示 5 号楼面板，板厚 110mm，板下部配置的贯通纵筋 X 向为 Φ12@120，Y 向为 Φ10@110；板上部未设置贯通纵筋。

例：有一楼面板块注写为：LB5　$h = 110$

　　　　　　　　　　B：XΦ10/12@100；YΦ10@110

表示 5 号楼面板，板厚 110mm，板下部配置的贯通纵筋 X 向为 Φ10、Φ12 隔一布一，Φ10 与 Φ12 之间间距为 100mm；Y 向为 Φ10@110；板上部未设置贯通纵筋。

例：有一悬挑板注写为：XB2　$h = 150/100$

　　　　　　　　　　B：Xc&YcΦ8@200

表示 2 号悬挑板，板根部厚度为 150mm，端部厚度为 100mm，板下部配置构造钢筋双向均为 Φ8@200（上部受力钢筋见板支座原位标注）。

特别说明

（1）同一编号板块的类型、板厚和贯通钢筋均应相同，但板面标高、跨度、平面形状及板支座上部非贯通纵筋可以不同，如同一编号板块的平面形状可以为矩形、多边形以及其他不规则形状等。

（2）单向板或双向连续板的中间支座上部同向贯通钢筋不应在支座位置连接或分别锚固。当相邻两跨的板上部贯通纵筋配置相同，且跨中部位有足够空间连接时，可在两跨中任意一跨中连接部位连接；当相邻两跨的上部贯通纵筋配置不同时，应将配置较大者越过其标注的跨数终点或起点伸至相邻的跨中连接区域连接。

二、板支座原位标注

板支座原位标注的内容主要包括板支座上部非贯通纵筋和悬挑板上部受力钢筋。

板支座原位标注的钢筋，应在配置相同跨的第一跨表达（当在梁悬挑部位单独配置时则在原位表达）。在配置相同跨的第一跨（或梁悬挑部位）垂直于板支座（梁或墙）绘制一段适宜长度的中粗实线（当该钢筋通长设置在悬挑板或短跨板上部时，实线段应画至对边或贯通短跨），以该线段代表支座上部非贯通纵筋，并在线段上方注写钢筋编号（例如①、②等）、配筋值、横向连续布置的跨数（注写在括号内，且当为一跨时可不注），以及是否横向布置到梁的悬挑端。

　　例：（××）为横向布置的跨数，（××A）为横向布置的跨数及一端的悬挑梁部位，（××B）为横向布置的跨数及两端的悬挑梁部位。

　　板支座上部非贯通筋自支座中线向跨内的伸出长度，注写在线段的下方位置。

　　当中间支座上部非贯通纵筋向支座两侧对称伸出时，可仅在支座一侧线段下方标注伸出长度，另一侧不注［图 7.3.2（a）］；当向支座两侧非对称伸出时，应分别在支座两侧线段下方注写伸出长度［图 7.3.2（b）］。

　　对线段画至对边贯通全跨或贯通全悬挑长度的上部通长纵筋，贯通全跨或伸出至全悬挑一侧的长度值不注，只注明非贯通筋另一侧的伸出长度值［图 7.3.2（c）］。

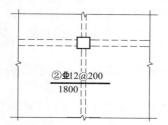

(a) 板支座上部非贯通筋对称伸出

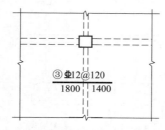

(b) 板支座上部非贯通筋非对称伸出

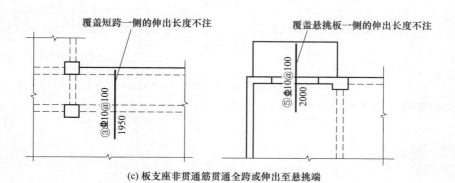

(c) 板支座非贯通筋贯通全跨或伸出至悬挑端

图 7.3.2　支座上部非贯通筋（板面支座负筋）平法表达

关于悬挑板的注写方式如图 7.3.3 所示。

在板平面布置图中，不同部位的板支座上部非贯通纵筋及悬挑板上部受力钢筋，可在一个部位注写，对其他相同者则仅需在代表钢筋的线段上注写编号及横向连续布置的跨数即可。

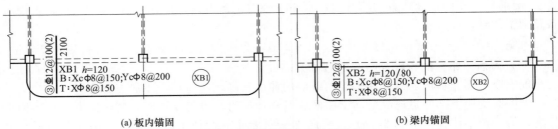

(a) 板内锚固   (b) 梁内锚固

图 7.3.3 悬挑板支座非贯通筋

例：在板平面布置图某部位，横跨支承梁绘制的对称线段上注有⑦ Φ 12@100（5A）和 1500，表示支座上部⑦号非贯通纵筋为 Φ 12@100，从该跨起沿支承梁连续布置 5 跨加梁一端的悬挑端，该筋自支座中线向两侧跨内的伸出长度均为 1500mm。在同一板平面布置图的另一部位横跨梁支座绘制的对称线段上注有⑦（2）者，系表示该筋同⑦纵筋，沿支承梁连续布置 2 跨，且无梁悬挑端布置。

此外，与板支座上部非贯通筋垂直，且绑扎在一起的构造钢筋或分布钢筋，在施工图中应有注明。

完整的板平法施工图表示方法见有梁楼盖平法施工图示例（图 7.3.4）。

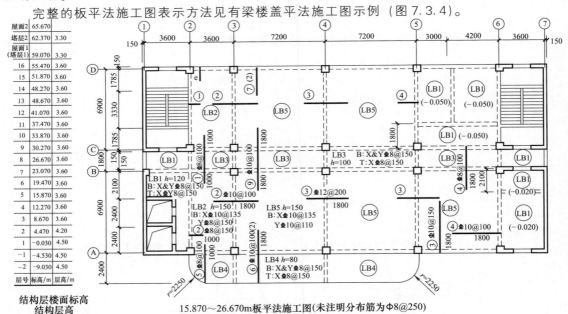

屋面2	65.670	
塔层2	62.370	3.30
屋面1 (塔层1)	59.070	3.30
16	55.470	3.60
15	51.870	3.60
14	48.270	3.60
13	48.670	3.60
12	41.070	3.60
11	37.470	3.60
10	33.870	3.60
9	30.270	3.60
8	26.670	3.60
7	23.070	3.60
6	19.470	3.60
5	15.870	3.60
4	12.270	3.60
3	8.670	3.60
2	4.470	4.20
1	-0.030	4.50
-1	-4.530	4.50
-2	-9.030	4.50
层号	标高/m	层高/m

结构层楼面标高
结构层高

15.870～26.670m板平法施工图(未注明分布筋为Φ8@250)

注：可在结构层楼面标高、结构层高表中加设混凝土强度等级等栏目。

图 7.3.4 有梁楼盖平法施工图示例（《16G101-1》P.44）

特别说明

结构施工时，需要根据现浇板结构施工图，结合《16G101-1》图集，明确板内钢筋的排布构造［如第一道板面（底）钢筋应自梁边 1/2 板筋间距开始布筋等］及锚固构造（如钢筋在端支座的锚固要求、钢筋的连接构造、悬挑板 XB 钢筋构造、无支撑板端部封边构造及折板配筋构造等），请查阅《16G101-1》图集自行学习。

实训2 ◎ 识读现浇板结构施工图

1. 实训目标

熟悉钢筋混凝土现浇板的平法施工图表达方式与传统表达方式，熟悉钢筋混凝土现浇板钢筋的锚固构造，能够读懂实际工程的现浇板结构施工图。

2. 实训要点

根据钢筋混凝土现浇板结构施工图，结合《16G101-1》图集，读懂××别墅二层现浇板的配筋信息，明确现浇板钢筋的锚固构造要求。

3. 实训内容及深度

阅读××别墅的二层现浇板结构施工图（见配套"建筑结构施工图集"工程实例一），结合《16G101-1》图集，获取二层左下角那块现浇板的配筋信息，并按照现浇板的配筋构造，绘制该板的配筋平面图和剖面图；将该板的结构施工图传统表示方式［抄绘于图7.3.5（a）中］转化成平法表达方式［绘制在图7.3.5（b）中］。

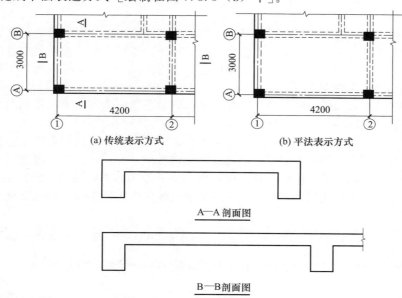

图 7.3.5　板配筋及构造信息

4. 预习要求

（1）阅读工程实例一的结构施工图获取现浇板的配筋信息。

（2）阅读《16G101-1》图集中现浇板的平法表示方法及其配筋锚固构造要求。

5. 实训过程

（1）阅读工程实例一的结构施工图，重点阅读二层现浇板结构施工图。

（2）根据二层现浇板结构施工图给出的配筋信息，结合《16G101-1》图集中现浇板的配筋构造要求，绘制板的A—A、B—B配筋剖面图。

（3）查阅《16G101-1》图集中现浇板的平法表示原则，根据现浇板传统表示方法中的信息绘制板平法施工图。

6. 实训小结

本实训主要是熟悉现浇板的结构施工图传统表达方式和平法表达方式，能够将现浇板结构施工图和《16G101-1》图集相结合确定现浇板内钢筋的锚

二维码 7.2

固构造。

现浇板的截面形式一般为矩形，板的截面尺寸必须满足承载力、刚度和裂缝宽度控制要求，同时还应满足模数要求。

现浇板按支承条件一般可分为悬挑板、单向板、双向板。单边支承的板为悬挑板；两对边支承的板为单向板；对于四边支承的板，按其长短边的比值 $n = l_2/l_1$ 可分为单向板和双向板。当 $n \geqslant 3$ 时，按单向板设计；当 $n \leqslant 2$ 时，按双向板设计，见下图。当长边与短边长度之比大于2，但小于3时，宜按双向板设计。

现浇板 ——
- 悬挑板(单边支承)：注意受力钢筋排布于上部，施工时防止压下
- 单向板(两对边支承的板)：注意受力筋与分布筋的排布位置关系
- 四边支承板：注意短向钢筋布于长向钢筋的外侧 —— 单向板($n\geqslant3$) / 双向板($n\leqslant2$)

现浇板内一般配有板底钢筋、板面负筋及分布筋。板内构造钢筋包含分布筋及按构造配置的板面负筋。板底短跨方向的钢筋应排布于长跨方向钢筋的下部；板面负筋应排布于板面分布筋的上部。

板的配筋设计与梁的纵向受力筋配筋设计方法基本相同。对于连续板，只要通过力学分析得到了板控制截面（一般为跨中与支座处）的弯矩设计值 M，即可按照梁的纵向受力筋配筋计算方法，分别对跨中板底受力筋及支座板面负筋进行配筋计算。板内构造钢筋的配置非常重要，配筋设计时应特别注意。

现浇板的布筋形式目前一般采用分离式布筋，但很多工程中将分离式布筋的板支座负筋（板面负筋）拉通布置，形成上下两层的钢筋网片（即双层双向配筋）。

现浇板的结构施工图有传统表达方式和平法表达方式两种。有梁楼盖板平法施工图是在楼面板和屋面板布置图上采用平面注写的方式表达楼板尺寸及配筋。板平面注写主要有两种方式：板块集中标注和板支座原位标注。板块集中标注的内容主要包括板块编号、板厚、贯通纵筋及当板面标高不同时的标高高差；板支座原位标注的内容主要包括板支座上部非贯通纵筋和悬挑板上部受力钢筋。

结构施工时，需要根据现浇板结构施工图，结合平法《16G101-1》图集，明确板内钢筋的排布与锚固构造。

思考与练习

1. 何谓单向板、双向板、悬挑板？其厚度一般取多少？
2. 板内一般配有哪几种钢筋？分别起哪些作用？其一般构造要求有哪些？
3. 板内受力钢筋的布筋方式有几种？分离式布筋的钢筋锚固应满足哪些要求？
4. 板内构造钢筋有哪几种？分别排布于哪些部位？
5. 在主次梁节点处，板面负筋、主梁负筋、次梁负筋的位置应满足什么排布要求？
6. 板的受力钢筋配筋计算与梁的受力纵筋配筋计算有何异同之处？
7. 在什么情况下需要配置板面构造负筋？其配筋应满足什么要求？
8. 板式楼梯梯段斜板需要配置哪些构造钢筋？其配筋应满足什么要求？

二维码 7.3

9. 某教学楼现浇板式楼梯，其结构布置如题9图所示，活载标准值 2.0kN/m^2，混凝土采用C25，钢筋采用HPB300，面层为20mm厚水泥砂浆，板底为15mm厚混合砂浆抹面，试进行楼梯平台板 TB2 的配筋设计（按单向板考虑）。

10. 悬挑板的受力筋排布于板面还是板底？其锚固构造应满足什么要求？

11. 何谓板平法施工图？板平面注写内容主要包括哪些？

12. 板块集中标注和板支座原位标注主要标注哪些内容？

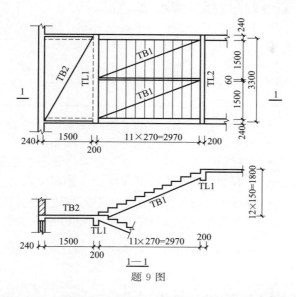

题 9 图

13. LB2 平面注写的集中标注与原位标注如题 13 图所示，试说明 LB2 集中标注与原位标注信息的含义。

14. 某楼板配筋图中标注为 B：X Φ 10@150；Y Φ 8@150，板区格为沿 X 向尺寸为 3600mm，沿 Y 向尺寸为 4800mm。试解释该配筋信息，并说明 X 向钢筋与 Y 向钢筋的排布位置关系如何？

题 13 图

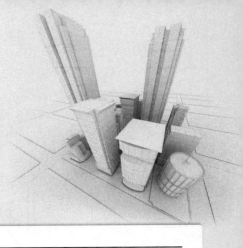

第八章 钢筋混凝土柱

知识目标	· 了解钢筋混凝土柱的受力特性及其分类
	· 熟悉矩形截面柱的配筋及其一般构造
	· 理解轴心受压柱、对称配筋偏心受压柱的配筋设计方法
	· 掌握钢筋混凝土柱的平法施工图表示方法
能力目标	· 能够根据设计条件对矩形截面柱进行配筋设计
	· 能够读懂实际工程的柱平法施工图

第一节 柱的类型及柱内配筋

结构中的柱是以承受轴向压力为主，其截面上一般作用有轴力、弯矩和剪力。

一、柱的受力特性

柱的截面形式通常有矩形（正方形）、圆形、I 形、T 形、L 形 、十字形等截面形式的柱（本书仅讨论矩形截面柱）。一般框架柱截面尺寸不应小于 $300\text{mm} \times 300\text{mm}$。

当柱中仅有轴力且轴力作用线与构件截面重心轴重合时，称为轴心受压柱。当柱中同时作用有轴力和弯矩或轴力作用线与构件截面重心轴不重合时，称为偏心受压柱。当轴力作用线与截面重心轴平行且沿某一主轴偏离重心时，称为单向偏心受压柱；当轴力作用线与截面重心轴平行且偏离两个主轴时，称为双向偏心受压柱，如图 8.1.1 所示。

实际工程（如框架结构）中常见的中柱可视为轴心受压柱，边柱可视为单向偏心受压柱，角柱可视为双向偏心受压柱。

对于偏心受压柱，根据偏心距 e_0 的大小，可以将其划分为大偏心受压柱和小偏心受压柱，如图 8.1.2 所示。

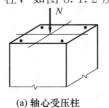
(a) 轴心受压柱

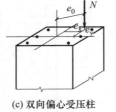
(b) 单向偏心受压柱

(c) 双向偏心受压柱

图 8.1.1 轴心受压与偏心受压

(a) 大偏心受压柱

(b) 小偏心受压柱

图 8.1.2 大偏心受压柱
与小偏心受压柱

二、柱内配筋及其一般构造

柱内主要配置有纵向钢筋和箍筋两种，如图 8.1.3 所示。

1. 纵向钢筋

作用：设置纵向受力钢筋的目的主要是承受柱截面上拉应力（有时也考虑其受压），防止构件发生脆性破坏。

配筋构造：柱中纵向钢筋的配置应符合下列规定。

① 纵向受力钢筋的直径不宜小于 12mm；全部纵向钢筋的配筋率不宜大于 5%，且全部纵向钢筋的最小配筋率对于 HRB400 不得小于 0.55%，对于 HRB500 不得小于 0.50%；一侧纵向钢筋的最小配筋率不得小于 0.20%。常用配筋率范围在 0.8%～2% 的范围内。

② 柱中纵向钢筋的净间距不应小于 50mm，且不宜大于 300mm；偏心受压柱的截面高度不小于 600mm 时，在柱的侧面上应设置直径不小于 10mm 的纵向构造钢筋，并相应设置拉筋（图 8.1.4）。

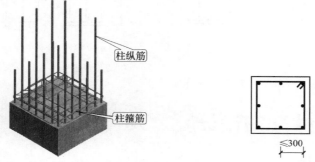

图 8.1.3　柱内配筋

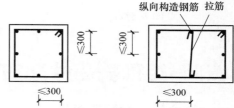

图 8.1.4　纵向钢筋的布置

按照柱内纵向钢筋的截面配置形式，钢筋混凝土柱可分为对称配筋柱和非对称配筋柱（图 8.1.5）。轴心受压柱应沿柱截面周边、均匀、对称布置 [图 8.1.5（a）]。圆柱中纵向受力钢筋宜沿周边均匀布置。偏心受压构柱则在与弯矩作用方向垂直的两个侧边布置。当对边布置钢筋数量相同时，称为对称配筋柱 [图 8.1.5（b）]，当对边布置钢筋数量不同时，称为非对称配筋柱 [图 8.1.5（c）]。由于非对称配筋柱在实际工程中并不多见，故本书不再介绍。

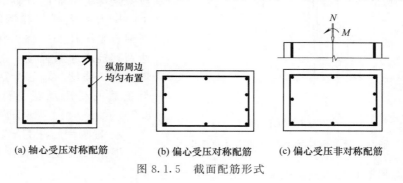

(a) 轴心受压对称配筋　　　　(b) 偏心受压对称配筋　　　　(c) 偏心受压非对称配筋

图 8.1.5　截面配筋形式

2. 箍筋

箍筋的作用是与纵筋一起形成骨架，固定纵筋并防止其压屈，从而提高柱的承载能力，对于偏心受压柱，箍筋又用于承受柱截面上的剪力。

配筋构造：柱中箍筋的配置应符合下列规定。

① 箍筋直径不应小于 $d/4$，且不应小于 6mm，d 为纵向钢筋的最大直径；箍筋间距不应大于 400mm 及构件截面的短边尺寸，且不应大于 15d，d 为纵向受力钢筋的最小直径。

② 柱中全部纵向受力钢筋的配筋率大于 3% 时，箍筋直径不应小于 8mm，间距不应大

于 $10d$，且不应大于 200mm。箍筋末端应做成 135°弯钩，且弯钩末端平直段长度不应小于 $10d$，d 为纵向受力钢筋的最小直径。

③ 柱中的周边箍筋应做成封闭式。当柱截面尺寸不大于 400mm 时可采用普通箍筋（双肢箍），如图 8.1.6（a）所示；当柱截面短边尺寸大于 400mm 且各边纵向钢筋多于 3 根，或当柱截面短边尺寸不大于 400mm 但各边纵向钢筋多于 4 根时，应设置复合箍筋［在柱同一截面内配置两种或两种以上形式的箍筋共同组成的箍筋组称为复合箍筋，如图 8.1.6（b）所示］。

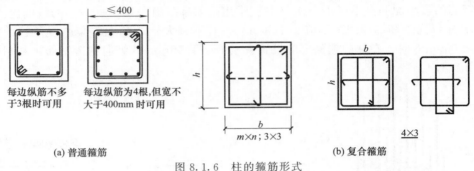

图 8.1.6　柱的箍筋形式

第二节　矩形截面柱配筋设计

一、轴心受压柱配筋设计

1. 轴心受压柱的破坏特征

大量试验研究表明，钢筋混凝土轴心受压柱破坏时，一般是纵筋先达到抗压屈服强度，然后混凝土达到极限压应变，此时混凝土达到了其轴心抗压强度设计值。轴心受压柱在荷载作用下整个截面压应变是均匀分布的，轴向力在截面产生的压力由混凝土和钢筋共同承担。当轴心受压柱处于临界状态时，钢筋达到其抗压屈服强度，混凝土达到其轴心抗压强度。轴心受压柱破坏形态与正截面受压承载力计算简图如图 8.2.1 所示。

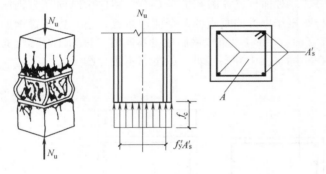

(a) 破坏形态　　　(b) 承载力计算简图

图 8.2.1　轴心受压柱破坏形态与承载力计算简图

2. 轴心受压柱的配筋设计

根据截面受压承载力计算简图，由 $\sum Y=0$ 可得到轴心受压柱正截面受压承载力计算公式：

$$N \leqslant N_u = 0.9\varphi(f_c A + f_y' A_s') \tag{8.2.1}$$

式中　N——轴向压力设计值；

N_u——轴向压力承载力设计值；

0.9——可靠度调整系数，保证与偏压构件可靠度相近；

φ——钢筋混凝土轴心受压构件稳定系数，见表 8.2.1；

f_c——混凝土的轴心抗压强度设计值；

f_y'——纵向钢筋的抗压强度设计值；

A_s'——全部纵向钢筋的截面面积；

A——构件截面面积，当轴心受压柱配筋率 $\rho' > 3\%$ 时，式中 A 改用 $(A - A_s')$。

 特别说明

（1）根据学过的力学知识可知，对长细比较大的长柱，由于纵向弯曲的影响，其承载力低于相同条件的短柱。当柱的长细比过大时还会发生失稳破坏。为了反映长柱承载力的降低，《混凝土规范》采用稳定系数 φ 来折减，见表 8.2.1。

表 8.2.1　钢筋混凝土轴心受压构件的稳定系数 φ

l_0/b	l_0/d	l_0/i	φ	l_0/b	l_0/d	l_0/i	φ
≤8	≤7	≤28	≤1.0	30	26	104	0.52
10	8.5	35	0.98	32	28	111	0.48
12	10.5	42	0.95	34	29.5	118	0.44
14	12	48	0.92	36	31	125	0.40
16	14	55	0.87	38	33	132	0.36
18	15.5	62	0.81	40	34.5	139	0.32
20	17	69	0.75	42	36.5	146	0.29
22	19	76	0.70	44	38	153	0.26
24	21	83	0.65	46	40	160	0.23
26	22.5	90	0.60	48	41.5	167	0.21
28	24	97	0.56	50	43	174	0.19

注：表中 l_0 为构件的计算长度；b 为矩形截面的短边尺寸；d 为圆形截面的直径；i 为截面最小回转半径。

关于柱的计算长度 l_0，与柱的两端支承情况及有无侧移等因素有关。《混凝土规范》规定，对一般多层现浇钢筋混凝土框架结构，其底层柱 $l_0 = 1.0H$；其余各层柱 $l_0 = 1.25H$。其中的 H，对于底层框架柱，为基础顶面到一层楼盖顶面之间的距离；对于其余各层框架柱，为上下两层楼盖顶面之间的距离。

（2）分析表 8.2.1 可知，对于矩形截面柱，当长细比 $l_0/b \leqslant 8$ 时，稳定系数 φ 可取 1.0，即可不考虑柱承载力的降低。

轴心受压柱的配筋设计步骤如下。

已知：$b \times h$，f_c，f_y'，l_0，N。求：A_s' 并选配钢筋。

解　（1）确定稳定系数 φ。

（2）计算纵向钢筋的截面面积 A_s'。

令 $N = N_u$，可得：

$$A_s' = \frac{\left(\dfrac{N}{\varphi} - f_c A\right)}{f_y'} \qquad (8.2.2)$$

（3）选配钢筋并验算配筋率。

$$\rho' > \rho'_{\min} \text{ 且 } \rho' < \rho'_{\max} = 5\%$$

当轴 $\rho' > 3\%$ 时，将式（8.2.2）中的 A 改用 $(A - A_s')$，重新计算。

（4）按构造配置箍筋。

（5）绘制截面配筋图。

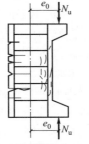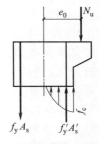

(a) 破坏状态　　(b) 破坏截面的应力状态

图 8.2.2　大偏心受压柱破坏

二、单向偏心受压柱配筋设计

（一）纵向钢筋配筋设计

1. 偏心受压柱的破坏特征

如前所述，偏心受压柱可分为大偏心受压柱和小偏心受压柱两种类型，不同类型柱的破坏特征不同，其配筋计算公式也不相同，因此必须对二者加以明确界定。

（1）大偏心受压柱的破坏特征　试验研究表明，当轴向力 N 的偏心距 e_0 较大，且距 N 较远一侧的柱内纵筋 A_s 配置适量时，在 N 作用下，柱截面靠近 N 的一侧受压，另一侧受拉。随着 N 的增加，受拉一侧的混凝土首先产生横向裂缝。继续增加 N，裂缝不断开展延伸，受拉一侧纵筋 A_s 达到屈服强度，混凝土受压区高度迅速减小，应变急剧增加。当受压区边缘混凝土的压应变达到其极限值时，受压区混凝土压碎而构件破坏，此时受压纵筋 A'_s 也达到受压屈服强度（此时的轴向力为 N_u）。这种破坏具有明显预兆，变形能力较大，属于延性破坏，承载力主要取决于受拉侧纵筋的配置情况（所以有时候将大偏心受压破坏称为受拉破坏）。大偏心受压柱破坏时的状态及破坏截面的应力状态如图 8.2.2 所示。

总之，大偏心受压柱破坏时，可以认为破坏截面内受拉一侧的纵筋达到抗拉强度设计值 f_y，受压一侧的混凝土达到混凝土抗压强度设计值 f_c 且受压纵筋达到抗压强度设计值 f'_y。

　　（1）实际结构分析时，对偏心受压柱得到的内力分析结果为截面弯矩 M、轴心力 N 及剪力 V（图 8.2.3，图中 V 未表示出）。根据力的平移法则可知，$e_0 = M/N$。

<table>
<tr><td>

　　（2）柱在受压时会发生挠曲变形，计算截面的偏心距会增加（图 8.2.4，偏心距增加了 f），从而引起附加弯矩 $N \cdot f$（即所谓的二阶效应 P-δ），使截面的弯矩设计值 M 增大。《混凝土规范》采用弯矩增大系数 η_{ns} 及柱端截面偏心距调节系数 C_m 来考虑这一影响。为简明起见，本教材设定配筋设计所采用的弯矩设计值 M 已经考虑了二阶效应的影响。

</td><td>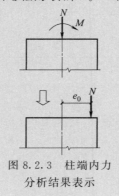

图 8.2.3　柱端内力分析结果表示</td><td>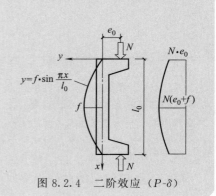

图 8.2.4　二阶效应（P-δ）</td></tr>
</table>

　　（2）小偏心受压柱的破坏特征　试验研究表明，当轴向力 N 的偏心距 e_0 较小，或偏心距虽大，但距 N 较远一侧的纵筋配置过多时，在 N 作用下，柱截面大部分或全部受压。随着 N 的增加，靠近 N 一侧的受压区边缘混凝土压应变首先达到极限值，混凝土压碎，同时该侧的受压钢筋 A'_s 也达到屈服强度，构件破坏。破坏时，远离 N 一侧的钢筋可能受拉，也可能受压，但无论受拉还是受压，其强度均未达到钢筋的屈服强度。当截面大部分受压时，其受拉区可能出现细微的横向裂缝，而当截面全部受压时，截面无横向裂缝出现。小偏心受压柱破坏时的状态及破坏截面的应力状态如图 8.2.5 所示。

　　总之，小偏心受压柱破坏时，破坏截面上的应力分布较为复杂，可能大部分截面受压，也可能全截面受压，这取决于偏心距的大小、截面纵筋的配筋率等。小偏心受压柱内靠近偏心轴向力 N 一侧的受压纵筋达到抗压强度设计值 f'_y 且混凝土达到混凝土抗压强度设计值 f_c，而远离偏心轴向力 N 一侧的钢筋可能受拉，也可能受压，其强度均未达到钢筋的屈服强度。

　　（3）大、小偏心受压柱的界定　偏心受压柱在大偏心受压破坏状态和小偏心受压破坏状态之间一定存在一种界限破坏状态，此界限破坏状态的定义为：当受拉钢筋刚好屈服时，受压区混凝土边缘同时达到极限压应变时的状态。界限破坏时的受压区高度称为界限受压区高度，与钢筋混凝土适筋梁和超筋梁的界限情况类似，仍采用相对受压区高度 $\xi_b = x_b/h_0$ 来表述（ξ_b 值见第六章表 6.2.2）。当 $\xi \leqslant \xi_b$ 时，该偏心受压柱为大偏心受压柱；当 $\xi > \xi_b$ 时，该偏心受压柱为小偏心受压柱。

　　2. 大偏心受压柱纵向钢筋配筋设计

　　（1）计算公式　参照钢筋混凝土梁纵向受力筋配筋计算的思路与处理方法，把受压区混

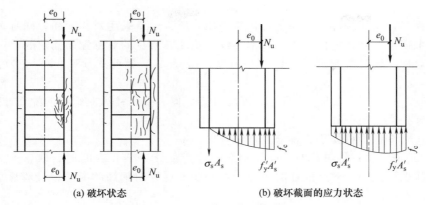

(a) 破坏状态　　　　　　　　(b) 破坏截面的应力状态

图 8.2.5　小偏心受压柱破坏

凝土曲线压应力图用等效矩形图形来替代，其应力值取为 $\alpha_1 f_c$，受压区高度取为 x，如图 8.2.6 所示。

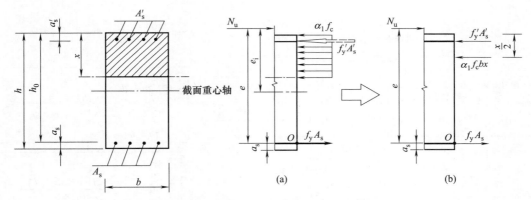

图 8.2.6　大偏心受压破坏正截面承载力计算等效应力图

由图 8.2.6（b），根据力的平衡条件及力矩平衡条件可得到大偏心受压柱纵向钢筋配筋计算公式：

$$\sum Y = 0 : N \leqslant N_u = \alpha_1 f_c b x + f'_y A'_s - f_y A_s \qquad (8.2.3)$$

$$\sum M_O = 0 : N \cdot e \leqslant N_u \cdot e = \alpha_1 f_c b x (h_0 - x/2) + f'_y A'_s (h_0 - a'_s) \qquad (8.2.4)$$

式中　N——轴向压力设计值；

N_u——受压承载力设计值；

x——受压区计算高度；

a_s——纵向受拉钢筋合力点至受拉区边缘的距离；

a'_s——纵向受压钢筋合力点至受压区边缘的距离；

e——轴向压力作用点至受拉钢筋 A_s 合力点之间的距离，按下式计算：

$$e = e_i + h/2 - a_s \qquad (8.2.5)$$

e_i——初始偏心距，按下式计算：

$$e_i = e_0 + e_a \qquad (8.2.6)$$

e_0——轴向压力对截面重心轴的偏心距，取 $e_0 = M/N$；

e_a——附加偏心距，是考虑施工误差及材料的不均匀性等因素产生的事实上存在的偏心距。

e_a 取 20mm 与 $h/30$ 两者中的较大值（h 为偏心方向截面尺寸），即：

$$e_a = \max\{20\text{mm}, h/30\} \qquad (8.2.7)$$

实际工程中，受压构件常承受变号弯矩作用，所以通常采用对称配筋。同时，对称配筋不会在施工中产生差错，方便施工。故本书仅讨论比较常见的对称配筋的情况。

当采用对称配筋时，有 $A_s = A'_s$，$f_y = f'_y$，$a_s = a'_s$，因此式（8.2.3）变为：

$$N \leqslant N_u = \alpha_1 f_c b x \qquad (8.2.8)$$

将式（8.2.4）、式（8.2.8）联立，即可进行大偏心受压柱纵向钢筋的配筋计算。

（2）计算公式适用条件

① $x \leqslant \xi_b h_0 \rightarrow$ 保证柱属于大偏心受压破坏；

② $x \geqslant 2a'_s \rightarrow$ 保证构件破坏时，受压钢筋能达到屈服。若 $x < 2a'_s$ 时，取 $x = 2a'_s$。

（3）配筋设计流程　对称配筋的矩形大偏心受压柱纵向钢筋的配筋设计程序如图 8.2.7 所示。

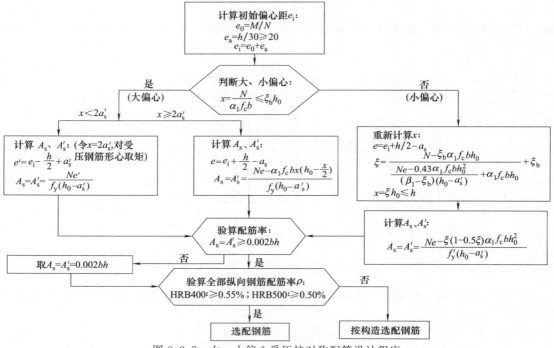

图 8.2.7　大、小偏心受压柱对称配筋设计程序

3. 小偏心受压柱纵向钢筋配筋设计

（1）基本计算公式　如前所述，小偏心受压柱破坏时破坏截面上的应力分布较为复杂，远离偏心轴向力 N 一侧的钢筋可能受拉，也可能受压，其强度均未达到钢筋的屈服强度。为了简化计算，《混凝土规范》给出了矩形截面对称配筋（$A_s = A'_s$）的钢筋混凝土小偏心受压柱纵向钢筋的近似计算公式：

$$A'_s = \frac{Ne - \xi(1 - 0.5\xi)\alpha_1 f_c b h_0^2}{f'_y(h_0 - a'_s)} \qquad (8.2.9)$$

$$\xi = \frac{N - \xi_b \alpha_1 f_c b h_0}{\dfrac{Ne - 0.43\alpha_1 f_c b h_0^2}{(\beta_1 - \xi_b)(h_0 - a'_s)} + \alpha_1 f_c b h_0} + \xi_b \qquad (8.2.10)$$

（2）计算公式适用条件

① $x > \xi_b h_0 \rightarrow$ 保证柱属于小偏心受压破坏；

② $x \leqslant h$→若 $x > h$ 时，取 $x = h$。

（3）配筋设计流程　对称配筋的矩形小偏心受压柱纵向钢筋的配筋设计流程如图 8.2.7 所示。

 特别说明

对截面具有两个互相垂直的对称轴的钢筋混凝土双向偏心受压构件，其正截面受压承载力计算比较复杂，《混凝土规范》给出了以下两种计算方法。

① 按规范附录"任意截面、圆形及环形构件正截面承载力计算"方法进行计算。

② 按规范规定的近似公式进行计算。

利用上述方法可对双向偏心受压构件进行配筋计算，本书不再详细介绍。

（二）箍筋配筋设计

偏心受压柱截面受剪，故其斜截面承载力应满足抗剪承载力要求，一般通过配置箍筋来实现。《混凝土规范》规定偏心受压柱抗剪箍筋的配筋计算公式为：

$$V \leqslant \frac{1.75}{\lambda+1} f_t b h_0 + f_{yv} \frac{A_{sv}}{s} h_0 + 0.07N \tag{8.2.11}$$

式中　V——偏心受压柱中计算截面的剪力设计值；

N——与剪力设计值 V 相应的轴向压力设计值，当 N 大于 $0.3 f_c A$ 时，取为 $0.3 f_c A$，此处 A 为构件的截面面积；

λ——偏心受压柱计算截面的剪跨比，取为 $\lambda = M/(V h_0)$，M、V 分别为计算截面上的弯矩与剪力设计值。

计算截面的剪跨比 λ 应按下列规定取用。

① 对框架结构中框架柱，当其反弯点在层高范围内时，可取为 $H_n/(2h_0)$，此处 H_n 为柱的净高。当 $\lambda < 1$ 时取 $\lambda = 1$；当 $\lambda > 3$ 时取 $\lambda = 3$。

② 其他偏心受压柱，当承受均布荷载时取 $\lambda = 1.5$；当承受集中荷载时（包括作用有多种荷载，其中集中荷载对截面所产生的剪力值占总剪力值的 75% 以上的情况），取为 $\lambda = a/h_0$，且当 $\lambda < 1.5$ 时取 $\lambda = 1.5$，当 $\lambda > 3$ 时取 $\lambda = 3$。

 重点说明

(1) 当 $V \leqslant \frac{1.75}{\lambda+1} f_t b h_0 + 0.07N$ 时，偏心受压柱可不进行斜截面受剪承载力计算，其箍筋按构造要求配置即可。

(2) 利用式 (8.2.11) 进行偏心受压柱配箍计算时，应考虑公式的适用范围，即式 (8.2.11) 仅适用于剪压破坏，不适用于斜压破坏与斜拉破坏，故在配箍计算时应进行柱的截面尺寸和最小配箍率验算，验算方法与矩形截面梁配箍计算中的验算方法相同，此处不再展开介绍，请对照学习。

案例

某框架结构中的框架边柱 KZ1，截面尺寸 $b \times h = 300\text{mm} \times 400\text{mm}$，采用 C30 混凝土，HRB400 级钢筋。控制截面上的弯矩设计值 $M = 150\text{kN} \cdot \text{m}$（已考虑二阶效应），轴向压力设计值 $N = 390\text{kN}$，剪力 $V = 185\text{kN}$。取 $a_s = a_s' = 40\text{mm}$，采用对称配筋，试对该偏心受压柱进行配筋设计（纵向配筋及箍筋）。

【解析】

查取相关参数：$f_c = 14.3\text{N/mm}^2$，$f_t = 1.43\text{N/mm}^2$；$f_y = f_y' = 360\text{N/mm}^2$，$f_{yv} = 270\text{N/mm}^2$；$\beta_c = 1.0$，$\xi_b = 0.518$；$h_0 = 400 - 40 = 360$（mm）

1. 配置纵向钢筋

（1）求初始偏心距 e_i。

$$e_0 = M/N = 150 \times 10^6/(260 \times 10^3) = 577(\text{mm}), e_a = \max\{20, h/30\} = \max\{20, 400/30\} = 20(\text{mm})$$

$$e_i = e_0 + e_a = 577 + 20 = 597 \text{ (mm)}$$

（2）判断大小偏心受压。

$$x = \frac{N}{\alpha_1 f_c b} = \frac{390 \times 10^3}{1.0 \times 14.3 \times 300} \approx 90.9(\text{mm}) < \xi_b h_0 = 0.518 \times (400-40) \approx 186(\text{mm})$$

为大偏心受压。

（3）求 $A_s = A_s'$。

$$e = e_i + \frac{h}{2} - a_s = 597 + \frac{400}{2} - 40 = 757 \text{ (mm)}$$

$$x \approx 90.9\text{mm} > 2a_s' = 80\text{mm}$$

则有

$$A_s' = A_s = \frac{Ne - \alpha_1 f_c bx\left(h_0 - \dfrac{x}{2}\right)}{f_y(h_0 - a_s')} = \frac{390 \times 10^3 \times 757 - 1.0 \times 14.3 \times 300 \times 90.9 \times \left(360 - \dfrac{90.9}{2}\right)}{360 \times (360-40)}$$

$$\approx 1498 \text{ (mm}^2\text{)}$$

（4）验算单侧纵向钢筋配筋率。

单侧配筋率：$A_s = A_s' = 1498\text{mm}^2 > 0.2\% bh = 0.2\% \times 300 \times 400 = 240 \text{ (mm}^2\text{)}$，满足要求。

（5）选配钢筋及全部纵筋配筋率验算。

每侧选配 4 根 Φ 22（$A_s = 1520\text{mm}^2$）的纵向钢筋。考虑构造要求（纵筋间距），在长边中部每侧各配置 1 Φ 12，则全部纵筋为：

$$\sum A_{si} = 1520 + 1520 + 226 = 3266 \text{ (mm}^2\text{)} > 0.55\% bh = 0.55\% \times 300 \times 400 = 660 \text{ (mm}^2\text{)}$$

$$且 < 5\% bh = 5\% \times 300 \times 400 = 6000 \text{ (mm}^2\text{)}$$

故全部纵筋配筋率满足要求。

2. 配置箍筋

（1）复核截面尺寸。

$$h_w/b = h_0/b = 360/300 = 1.2 < 4.0$$

应按下式复核截面尺寸：

$$V = 185\text{kN} \leq 0.25\beta_c f_c bh_0 = 0.25 \times 1.0 \times 14.3 \times 300 \times 360 = 386100 \text{ (N)}$$

故截面尺寸满足要求。

（2）确定是否需按计算配置箍筋。

$$\lambda = M/(Vh_0) = 150/(185 \times 360/1000) \approx 2.25 > 1 \text{ 且} < 3$$

$$N = 390\text{kN} < 0.3 f_c A = 0.3 \times 14.3 \times 300 \times 400 = 514800 \text{ (N)}$$

$$V = 185\text{kN} \geq \frac{1.75}{\lambda+1} f_t bh_0 + 0.07N = \frac{1.75}{2.25+1} \times 1.43 \times 300 \times 360/1000 + 0.07 \times 390 \approx 110.5 \text{ (kN)}$$

需按计算配置箍筋。

（3）确定箍筋数量。

$$V - \left[\left(\frac{1.75}{\lambda+1} f_t bh_0 + 0.07N\right)\right]/(f_{yv} h_0) = \frac{(185-110.5) \times 1000}{270 \times 360} \approx 0.766$$

选用 ϕ 8 双肢箍筋（$A_{sv1} = 50.3\text{mm}^2$），则箍筋间距为：

$$s \leq \frac{A_{sv}}{0.766} = \frac{nA_{sv1}}{0.766} = \frac{2 \times 50.3}{0.766} \approx 131 \text{ (mm)}$$

查表得 $s_{max} = 200\text{mm}$，可取 $s = 120\text{mm}$。实际设计时，一般柱两端箍筋加密区可取 ϕ 8@100，柱中段箍筋非加密区可取 ϕ 8@200。本例控制截面箍筋按实际取为 ϕ 8@100。

（4）验算配箍率。

$$\rho_{sv} = \frac{nA_{sv1}}{b \cdot s} = \frac{2 \times 50.3}{300 \times 100} = 0.34\%$$

$$\rho_{sv,min} = 0.24 f_t / f_{yv} = 0.24 \times 1.27 / 270 = 0.11\% <$$

$$\rho_{sv} = 0.34\%$$

配箍率满足要求。

所以箍筋选用为：柱端箍筋加密区取φ8@100，柱中段（剪力较小）箍筋非加密区取φ8@200。

经过配筋设计，该偏心受压框架边柱 KZ1 内的配筋情况如图8.2.8 所示。

图 8.2.8　KZ1 配筋截面图

实训 1 ▷ 矩形截面柱配筋设计

1. 实训目标

熟悉轴心受压柱与单向偏心受压柱配筋的区别，掌握偏心受压柱纵向受力钢筋的配筋计算方法。

2. 实训要点

根据柱的轴向压力设计值与弯矩设计值，计算确定框架柱纵向受力钢筋的配置。

3. 实训内容及深度

已知Ⓑ轴与①轴交点处柱底的轴向压力设计值为 400kN，弯矩设计值为 98kN·m（已考虑二阶效应），按照单向偏心受压柱的配筋设计方法确定框架柱纵向受力钢筋配置（对称配筋）。并将计算结果与××别墅结构施工图（见配套"建筑结构施工图集"附录工程实例一）中 KZ1 的配筋相比较。

4. 预习要求

①钢筋及混凝土的力学指标。②单向偏心受压柱的配筋设计方法。

5. 实训过程

（1）获取设计所需基本参数。

（2）判别大、小偏心受压。

二维码 8.1

（3）按照单向偏心受压柱配筋设计方法进行 KZ1 纵向钢筋配筋设计。

（4）将设计结果与××别墅结构施工图中 KZ1 的配筋相比较。

6. 实训小结

本实训主要理解柱中纵向受力钢筋配筋的计算理论，掌握大、小偏心受压柱的判别及大偏心受压柱配筋设计的方法。

第三节 柱结构施工图平法表达

柱平法施工图系在柱平面布置图上采用列表注写方式或截面注写方式表达。本节重点介绍比较常见的截面注写方式，列表注写方式请查阅《16G101-1》。

截面注写方式，系在柱平面布置图的柱截面上，分别在同一编号的柱中选择一个截面，以直接注写截面尺寸和配筋的具体数值的方式来表达柱平法施工图，如图 8.3.1 所示。

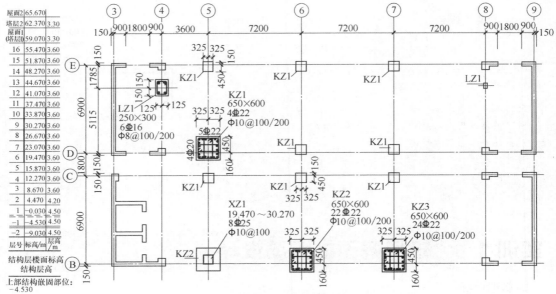

图 8.3.1　柱平法施工图截面注写方式示例（《16G101-1》P.12）

下面对柱平法施工图截面注写方式中的注写内容做如下说明。

1. 柱编号注写

柱编号由类型代号和序号组成，应符合表 8.3.1 的规定。

2. 截面配筋注写

对所有柱截面按表 8.3.1 的规定进行编号，从相同编号的柱中选择一个截面，按另一种比例原位放大绘制柱截面配筋图，并在各配筋图上继其编号后再注写截面尺寸 $b \times h$、角筋或全部纵筋（当纵筋采用一种直径且能够图示清楚时）、箍筋的具体数值，以及在柱截面配筋图上标注柱截面与轴线关系 b_1、b_2、h_1、h_2 的具体数值。

当纵筋采用两种直径时，须再注写截面各边中部筋的具体数值（对于采用对称配筋的矩形截面柱，可仅在一侧注写中部筋，对称边省略不注）。

表 8.3.1　柱编号

柱　类　型	代　号	序　号
框架柱	KZ	××
框支柱	KZZ	××
梁上柱	LZ	××
剪力墙上柱	QZ	××

注：编号时，当柱的总高、分段截面尺寸和配筋均对应相同，仅分段截面与轴线的关系不同时，仍可将其编为同一柱号，但此时应在未画配筋的柱截面上注写该柱截面与轴线关系的具体尺寸。

特别说明

注写柱箍筋时，应包括钢筋级别、直径与间距。

当为抗震设计时，用斜线"/"区分柱端箍筋加密区与柱身非加密区长度范围内箍筋的不同间距。施工人员须根据标准构造详图的规定，在规定的几种长度值中取其最大者作为加密区长度。例如：Φ10@100/250，表示箍筋为Ⅰ级钢筋，直径为 10mm，加密区间距为 100mm，非加密区间距为 250mm。

当箍筋沿柱全高为一种间距时，则不使用"/"线。例如：Φ10@100，表示箍筋为Ⅰ级钢筋，直径为 10mm，间距为 100mm，沿柱全高加密。

当圆柱采用螺旋箍筋时，需在箍筋前加"L"。例如：LΦ10@100/200，表示采用螺旋箍筋，Ⅰ级钢筋，直径为 10mm，加密区间距为 100mm，非加密区间距为 200mm。

当柱纵筋采用搭接连接，且为抗震设计时，在柱纵筋搭接长度范围内（应避开柱端的箍筋加密区）的箍筋均应按≤5d（d 为柱纵筋较小直径）及≤100mm 的间距加密。

当为非抗震设计时，在柱纵筋搭接长度范围内的加密箍筋，应由设计者另行注明。

实训 2 **识读柱平法施工图**

1. 实训目标

熟悉钢筋混凝土柱的平法施工图表示方法，能够读懂实际工程的柱平法施工图。

2. 实训要点

根据钢筋混凝土结构柱平法施工图，结合《16G101-1》图集，读懂××别墅框架柱 KZ1 及楼梯柱 TZ 的配筋信息。

3. 实训内容及深度

阅读××别墅的柱平法施工图及楼梯结构图（见配套"建筑结构施工图集"工程实例一），结合《16G101-1》图集，获取钢筋混凝土 KZ1 及 TZ 的配筋信息，填写表 8.3.2。

表 8.3.2　混凝土柱配筋及构造

柱编号	平法标注及注解	配筋截面图		箍筋构造
		柱底截面	柱中截面	
KZ1				
TZ				

4. 预习要求

（1）阅读《16G101-1》图集中柱施工图平法表示方法。

（2）阅读工程实例一的结构施工图获取 KZ1 及 TZ 的相关配筋信息。

5. 实训过程

（1）阅读《16G101-1》图集中柱平法施工图的截面表示方法。

二维码 8.2

（2）阅读工程实例一中的柱结构施工图，并对其中的标注信息做出详细说明。

（3）重点阅读 KZ1 及 TZ 平法结构施工图，并根据 KZ1 及 TZ 平法结构施工图给出的配筋信息，绘制其配筋截面图。

6. 实训小结

本实训主要是熟悉钢筋混凝土柱的平法施工图表示方法，能够将柱结构施工图与《16G101-1》图集相结合，读懂实际工程的柱平法施工图。

本章 小结

钢筋混凝土柱是钢筋混凝土结构中常见的构件之一，其截面上一般作用有轴力、弯矩和剪力。按照轴向压力作用的位置不同分为轴心受压柱和偏心受压柱，偏心受压柱又可分为单向偏心受压柱和双向偏心受压柱。单向偏心受压柱随配筋特征值（即受压区高度）和偏心距大小的不同，可分为大偏心受压和小偏心受压两种状态，见下图。

钢筋混凝土柱内主要配置有纵向钢筋和箍筋两种。设置纵向受力钢筋的目的是承受柱截面上拉应力（有时也考虑其受压），防止构件发生脆性破坏。箍筋的作用是与纵筋一起形成骨架，固定纵筋并防止其压屈，从而提高柱的承载能力，对偏心受压柱，箍筋又用于承受柱中剪力。

不同受压状态下柱的配筋计算方法不相同，所以，应首先加以判断，然后采用相应的计算公式计算。偏心受压柱的斜截面抗剪承载力一般通过配置箍筋来实现，配筋设计与矩形截面梁配箍设计方法类似，只是压力的存在一般可使抗剪承载力有所提高。

柱平法施工图系在柱平面布置图上采用列表注写方式或截面注写方式表达。截面注写方式，系在柱平面布置图的柱截面上，分别在同一编号的柱中选择一个截面，以直接注写截面尺寸和配筋的具体数值的方式来表达柱平法施工图。

思考与练习

1. 钢筋混凝土柱中配置有哪些钢筋？其作用分别是什么？

2. 柱内纵筋直径一般取多少？纵筋排布有何要求？何谓对称配筋？

3. 何谓复合箍筋？何时应设置复合箍筋？

4. 为什么轴心受压长柱的受压承载力低于短柱？如何考虑长细比对轴心受压柱承载力的影响？

5. 偏心受压构件正截面的破坏形态有哪几种？破坏特征各是什么？大、小偏心受压破坏的界限是什么？

6. 偏心受压构件正截面承载力计算时，为何要引入附加偏心距？

7. 对于小偏心受压柱，配筋计算时，为何应保证 $x \geqslant 2a'_s$？

8. 《混凝土规范》中，对柱中全部纵向钢筋与单侧纵筋的配筋率是如何规定的？

9. 比较偏心受压柱抗剪箍筋的配筋计算公式：$V \leqslant \dfrac{1.75}{\lambda+1} f_t bh_0 + f_{yv} \dfrac{A_{sv}}{s} h_0 + 0.07N$ 与独立梁抗剪箍筋的配筋计算公式：$V \leqslant \dfrac{1.75}{\lambda+1} f_t bh_0 + f_{yv} \dfrac{A_{sv}}{s} h_0$，试分析二者的区别与联系。

10. 某钢筋混凝土正方形截面轴心受压构件，截面边长 350mm，计算长度 6m，承受轴向力设计值 $N=1500$kN，采用 C30 级混凝土，HRB400 级钢筋。试计算所需纵向受压钢筋截面面积，并绘出配筋图。

11. 某多层现浇钢筋混凝土框架房屋的底层中柱，截面尺寸为 $b \times h=500$mm$\times$550mm，配有纵筋 4 Φ 20+4 Φ 25，混凝土强度等级为 C25，房屋底层层高 3.9m，基础顶面标高 -0.3m，柱底面承受的轴向压力设计值 $N=3160$kN，验算此柱是否安全？

12. 某钢筋混凝土矩形柱，截面尺寸 $b \times h=400$mm$\times$500mm，混凝土强度等级为 C30，钢筋为 HRB400 级，承受弯矩设计值 190kN·m（已考虑二阶效应），轴向压力设计值 510kN。试确定对称配筋时纵筋截面面积，并绘出配筋截面图。

13. 某钢筋混凝土矩形柱，截面尺寸 $b \times h=500$mm$\times$650mm，混凝土强度等级为 C30，钢筋为 HRB400 级，承受弯矩设计值 350kN·m（已考虑二阶效应），轴向压力设计值 2500kN。试确定对称配筋时钢筋的截面面积，并绘出配筋截面图。

14. 试说明题 14 图柱平法施工图截面注写方式中各参数的含义，并绘制该柱的配筋截面图（对称配筋）。

15. 试说明题 15 图所示柱平法施工图中（局部）所表达的与 KZ1 相关的施工信息。

二维码 8.3

KZ2
500×600
18 Φ 20
Φ 10@100/200（6×4）

屋面2	65.670	
塔层2	62.370	3.30
屋面1 (塔层1)	59.070	3.30
16	55.470	3.60
15	51.870	3.60
14	48.270	3.60
13	44.670	3.60
12	41.070	3.60
11	37.470	3.60
10	33.870	3.60
9	30.270	3.60
8	26.670	3.60
7	23.070	3.60
6	19.470	3.60
5	15.870	3.60

题 14 图

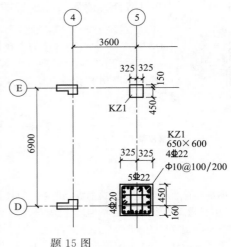

题 15 图

16. 某工程结构施工图中，框架柱采用列表注写方式表示，其中 KZ1 已知某柱列表注写如下，试绘出 KZ1 的配筋截面图。

编号	标　高	$b \times h$	b_1	b_2	h_1	h_2	角筋	b 边一侧中部筋	h 边一侧中部筋	箍筋类型	箍　筋
KZ1	$-0.030 \sim$ 19.470m	650mm× 600mm	325mm	325mm	150mm	450mm	4 Φ 22	5 Φ 20	4 Φ 20	1(4×3)	Φ 10@100

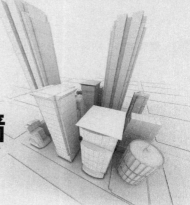

第九章 钢筋混凝土剪力墙

知识目标
- 了解剪力墙的组成及一般配筋构造
- 熟悉剪力墙的破坏形态、剪力墙配筋设计思路
- 理解剪力墙墙肢的配筋设计原理
- 熟悉洞口连梁的受力特性与配筋构造
- 掌握剪力墙的平法施工图表示方法

能力目标
- 能够读懂实际工程的剪力墙平法施工图

第一节 剪力墙的类型及剪力墙配筋

剪力墙具有较大的侧向刚度，在结构中往往承受大部分的水平作用，成为一种有效的抗侧力结构构件。在抗震结构中剪力墙也称为抗震墙。

一、剪力墙的类型与组成

按照剪力墙的几何形状及有无洞口，剪力墙可分为如图 9.1.1 所示的几种类型。它们的破坏形态和配筋构造既有共性，又各有特殊性。

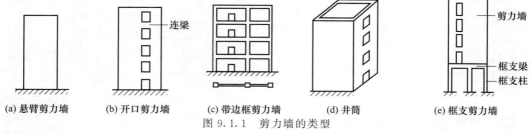

(a) 悬臂剪力墙　(b) 开口剪力墙　(c) 带边框剪力墙　(d) 井筒　(e) 框支剪力墙

图 9.1.1　剪力墙的类型

悬臂剪力墙是不开洞的实体墙，只有墙肢构件 [图 9.1.1 (a)]；开口剪力墙也称联肢剪力墙，是开有洞口的剪力墙，由墙肢和连梁（两墙肢间的梁）组成 [图 9.1.1 (b)]；带边框剪力墙是在框剪结构中，剪力墙往往和梁柱结合在一起，类似于剪力墙四周加上了"边框" [图 9.1.1 (c)]；井筒由四面剪力墙围成 [图 9.1.1 (d)]；框支剪力墙是指由框架支承的剪力墙 [图 9.1.1 (e)]。

重点说明

当钢筋混凝土墙主要用来抵抗水平作用（侧力）时，就可以称为剪力墙，当不是主要用来抵抗侧力时，如主要用来承受竖向荷载时通常称为钢筋混凝土墙。

剪力墙墙肢两端应设置边缘构件，以提高墙肢端部混凝土极限压应变、改善剪力墙延性。剪力墙端部边缘构件的形式通常有暗柱、端柱、翼墙、转角墙等（图9.1.2）。

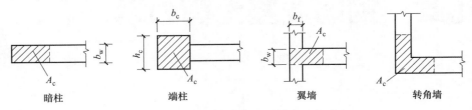

图 9.1.2　剪力墙端部边缘构件的形式

为便于简便、清楚地表达剪力墙构件，可视其为由剪力墙柱、剪力墙身和剪力墙梁（简称为墙柱、墙身、墙梁）三类构件构成（图9.1.3）。墙柱是剪力墙端部或转角处的边缘构件；墙身是指剪力墙墙柱之间的直段部位；墙梁是指剪力墙的楼层暗梁或边框梁及门窗洞口上部连梁。

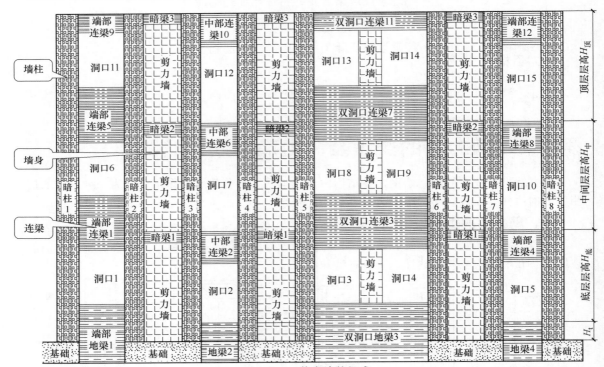

图 9.1.3　剪力墙的组成

二、剪力墙截面与配筋构造

（一）剪力墙墙肢厚度与材料

剪力墙墙肢最小厚度见表9.1.1。

二维码9.1

表 9.1.1　剪力墙墙肢最小厚度

部　位	抗　震　等　级		非抗震
	一、二级	三、四级	
底部加强部位	$200mm,h/16$	$160mm,h/20$	$140mm,h/25$
其他部位	$160mm,h/20$	$140mm,h/25$	

注：h 取层高或剪力墙无支长度二者的较小值。

剪力墙底部加强部位的范围，请扫码查看。

　　剪力墙的混凝土强度等级不应低于 C20，且不宜超过 C60；受力钢筋宜采用热轧带肋钢筋。

（二）剪力墙配筋与一般构造

剪力墙内主要配筋情况如图 9.1.4 所示。

1. 墙身配筋与构造

剪力墙墙身内主要配置有墙身竖向分布筋、水平分布筋及拉筋。分布筋的作用有截面抗剪、抗弯、减少收缩裂缝等。竖向分布筋过少，墙肢端的纵向受力钢筋屈服时，裂缝宽度增大；水平分布筋过少时，斜裂缝一旦出现，就会发展成一条主斜裂缝，使墙肢沿斜裂缝劈裂成两半；竖向分布筋也起到限制斜裂缝开展的作用。

竖向分布筋与水平分布筋有双排配筋形式和多排配筋形式（图 9.1.5）。一般情况下，当剪力墙厚度大于 400mm 时，应配置双排；当剪力墙厚度大于 400mm，但不大于 700mm 时，宜配置三排；当剪力墙厚度大于 700mm 时，宜配置四排。

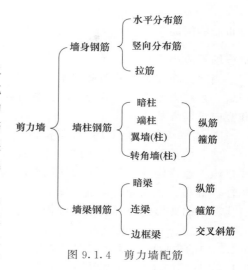

图 9.1.4　剪力墙配筋

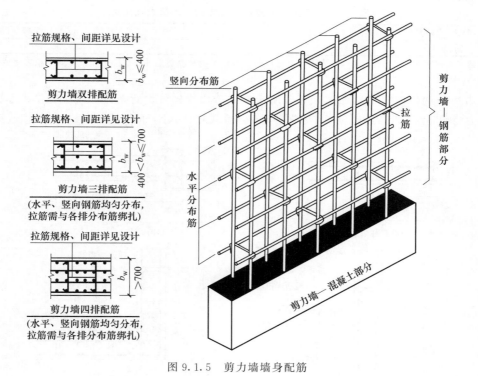

图 9.1.5　剪力墙墙身配筋

分布筋的基本构造要求如下。

① 剪力墙水平和竖向分布筋的间距不宜大于 300mm，直径不宜大于墙厚的 1/10，且不应小于 8mm；竖向分布筋的直径不宜小于 10mm。

② 双排分布筋网应沿墙的两个侧面布置，且应采用拉筋连系；拉筋直径不宜小于 6mm，间距不宜大于 600mm。

③ 墙身水平分布筋的配筋率 ρ_{sh} $\left(\rho_{sh}=\dfrac{A_{sh}}{b_w s_v},b_w\ 为墙厚，s_v\ 为水平分布筋的间距\right)$ 和竖向

分布筋的配筋率 ρ_{sv} $\left(\rho_{sv}=\dfrac{A_{sv}}{b_w s_h}，s_h\ 为竖向分布筋的间距\right)$ 不宜小于 0.20%（一、二、三级

抗震墙不应小于 0.25%）。

当剪力墙配置的分布筋多于两排时，各排水平分布筋和竖向分布筋的直径与间距应保持一致，且剪力墙拉筋两端应同时钩住外排水平纵筋和竖向纵筋，还应与剪力墙内排水平纵筋和竖向纵筋绑扎在一起。

2. 边缘构件（墙柱）配筋与构造

剪力墙截面两端设置边缘构件是提高墙肢端部混凝土极限压应变、改善剪力墙延性的重要措施。边缘构件分为约束边缘构件和构造边缘构件两类。约束边缘构件是指用箍筋约束的暗柱、端柱、翼墙和转角墙（图9.1.6），其箍筋较多，对混凝土的约束较强，因而混凝土有比较大的变形能力；构造边缘构件的箍筋较少，对混凝土约束程度较差。

一、二、三级抗震等级剪力墙，在重力荷载代表值作用下，当墙肢底截面轴压比大于表9.1.2中的数值时，其底部加强部位及以上一层应设置约束边缘构件；当轴压比不大于表9.1.2中的数值时，可设置构造边缘构件。一、二、三级抗震等级剪力墙的一般部位及四级抗震等级剪力墙，应设置构造边缘构件。

表 9.1.2　剪力墙设置构造边缘构件的最大轴压比

抗震等级（设防烈度）	一级（9度）	一级（7、8度）	二级、三级
轴 压 比	0.1	0.2	0.3

注：轴压比指地震作用组合的轴向压力设计值与柱的全截面面积和混凝土轴心抗压强度设计值乘积之比值，即 $N/(f_cA)$。

约束边缘构件设置范围如图 9.1.6 所示，构造边缘构件设置范围如图 9.1.7 所示。

剪力墙端部设置的构造边缘构件的配筋应符合承载力的要求，同时满足表 9.1.4 的构造要求。

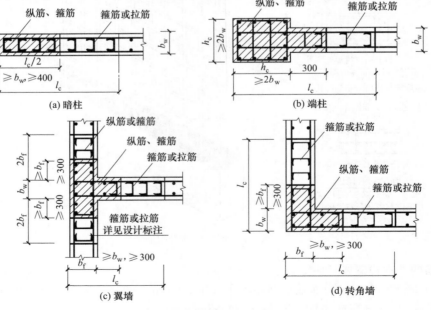

(a) 暗柱　　(b) 端柱　　(c) 翼墙　　(d) 转角墙

图 9.1.6　剪力墙墙肢的约束边缘构件

注：图中 l_c 为约束边缘构件沿墙肢的长度。

重点说明

约束边缘构件沿墙肢的长度 l_c 应符合表 9.1.3 的规定。

表 9.1.3　约束边缘构件沿墙肢的长度 l_c　　　　单位：mm

抗震等级（设防烈度）	一级（9 度）		一级（7、8 度）		二级、三级	
轴压比	≤0.2	>0.2	≤0.3	>0.3	≤0.4	>0.4
暗柱	$0.20h_w$	$0.25h_w$	$0.15h_w$	$0.20h_w$	$0.15h_w$	$0.20h_w$
端柱、翼墙或转角墙	$0.15h_w$	$0.20h_w$	$0.10h_w$	$0.15h_w$	$0.10h_w$	$0.15h_w$

注：1. 两侧翼墙长度小于其厚度 3 倍时，视为无翼墙剪力墙；端柱截面边长小于墙厚 2 倍时，视为无端柱剪力墙。

2. 约束边缘构件沿墙肢的长度 l_c 除满足上表要求外，还应不小于墙厚和 400mm；当有端柱、翼墙或转角墙时，尚不应小于翼墙厚度或端柱沿墙肢方向截面高度加 300mm。

3. h_w 剪力墙的墙肢截面高度。

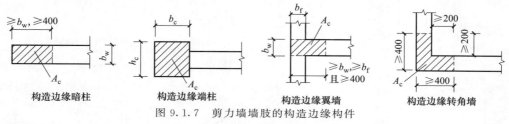

构造边缘暗柱　　构造边缘端柱　　构造边缘翼墙　　构造边缘转角墙

图 9.1.7　剪力墙墙肢的构造边缘构件

表 9.1.4　剪力墙构造边缘构件的配筋要求

抗震等级	底部加强部位			其他部位		
	纵向钢筋最小配筋量（取较大值）	箍筋、拉筋		纵向钢筋最小配筋量（取较大值）	箍筋、拉筋	
		最小直径/mm	最大间距/mm		最小直径/mm	最大间距/mm
一	$0.01A_c$；6 Φ 16	8	100	$0.008A_c$；6 Φ 14	8	150
二	$0.008A_c$；6 Φ 14	8	150	$0.006A_c$；6 Φ 12	8	200
三	$0.006A_c$；6 Φ 12	6	150	$0.005A_c$；4 Φ 12	6	200
四	$0.005A_c$；4 Φ 12	6	200	$0.004A_c$；4 Φ 12	6	250

注：1. A_c 为图 9.1.7 中所示的阴影面积。

2. 对其他部位，拉筋的水平间距不应大于纵向钢筋间距的 2 倍，转角处宜设置箍筋。

3. 当端柱承受集中荷载时，应满足框架柱的配筋要求。

重点说明

剪力墙墙肢两端应配置竖向受力钢筋，并与墙内的竖向分布筋共同参与墙的正截面受弯承载力计算。每端的竖向受力钢筋不宜少于 4 根直径为 12mm 或 2 根直径为 16mm 的钢筋，并宜沿该竖向钢筋方向配置直径不小于 6mm、间距为 250mm 的箍筋或拉筋。

3. 墙梁配筋与构造

墙梁的种类有连梁、暗梁、边框梁三种（图 9.1.8）。墙梁中连梁最为常见，连梁的主要功能是将两片剪力墙连接在一起，当地震作用时使两片剪力墙协同工作。一般情况下，连梁配筋与一般的梁配筋形式相同，但受力特征差别较大。特殊情况下，连梁除配置普通箍筋外宜配置交叉斜筋配筋 [图 9.1.9（a）]、集中对角斜筋配筋 [图 9.1.9（b）] 或对角暗撑配筋 [图 9.1.9（c）]。

重点说明

剪力墙的楼层暗梁或边框梁是由纵筋和箍筋构成，与一般梁相同，但与一般梁不同的是其与墙身混凝土和钢筋完整地结合在一起，不能脱离整片剪力墙而独立存在，也不可能独立受弯变形，故暗梁或边框梁不属于受弯构件。暗梁或边框梁实质上是剪力墙在楼层位置的水平加强带。

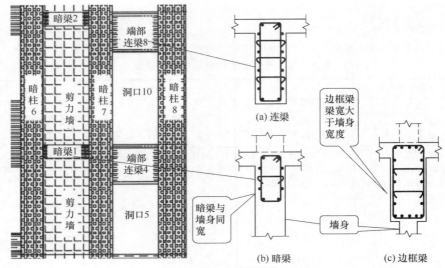

图 9.1.8 墙梁种类

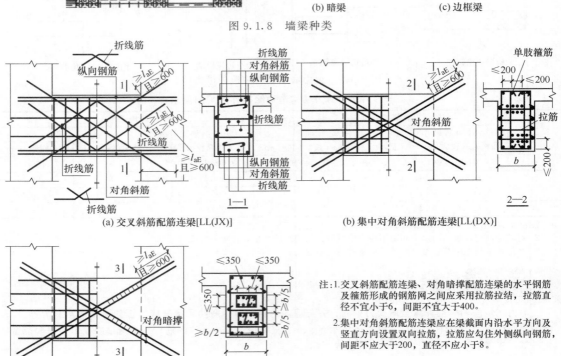

(a) 交叉斜筋配筋连梁[LL(JX)]

(b) 集中对角斜筋配筋连梁[LL(DX)]

(c) 对角暗撑配筋连梁[LL(JC)]

注:1.交叉斜筋配筋连梁、对角暗撑配筋连梁的水平钢筋及箍筋形成的钢筋网之间应采用拉筋拉结,拉筋直径不宜小于6,间距不宜大于400。

2.集中对角斜筋配筋连梁应在梁截面内沿水平方向及竖直方向设置双向拉筋,拉筋应勾住外侧纵向钢筋,间距不应大于200,直径不应小于8。

图 9.1.9 连梁配筋构造

第二节 剪力墙墙肢配筋设计

剪力墙配筋设计内容通常可包括墙肢（由墙身与墙柱组成）及洞口连梁设计。本节主要介绍墙肢截面配筋设计。首先按照不同的计算方法分别计算剪力墙在水平作用及竖向荷载作用下的内力，然后进行荷载效应组合，求得控制截面的最不利组合内力设计值（有抗震要求的，应根据不同抗震等级对其调整）后进行截面配筋设计。墙肢的控制截面一般取墙底截面以及墙厚改变、混凝土强度等级改变、配筋量改变处的截面。

一、剪力墙破坏形态与配筋设计思路

1. 剪力墙破坏形态

（1）墙体截面承受轴力、弯矩和剪力的共同作用，与钢筋混凝土偏心受压柱的受力基本相同。但与柱相比，它的截面往往薄而长（受力方向的高宽比大于 4 时，按剪力墙截面设计），沿截面高度方向需配置较多的分布筋。

（2）剪力墙截面上的剪力一般比柱截面上的剪力大，故抗剪要求较高。

（3）剪力墙必须依赖各层楼板作为支撑，保持平面外的稳定，在楼层之间也要保持局部稳定，必要时应验算平面外的承载力。

2. 剪力墙配筋设计思路

对于竖向受力钢筋，一般位于墙肢截面的端部，可通过正截面承载力确定其配筋；对于竖向分布筋，一般位于墙肢截面的中部，可通过正截面承载力计算或构造配筋确定；对于水平分布筋，一般沿墙身高度分布，可通过斜截面抗剪承载力计算确定。

墙肢在弯矩 M 和轴向拉力 N 的作用下，当 M/N 较大时，墙肢截面大部分受拉、小部分受压。因此还需要对墙肢进行偏心受拉承载力计算，同时还要进行抗裂度（裂缝宽度）验算和平面外抗压承载力验算，其相关的计算理论请参阅其他书籍，本书不做介绍。

二、墙肢竖向钢筋配筋计算

剪力墙墙肢一般属于偏心受压构件（有时会偏心受拉，本书不作介绍），其竖向钢筋配筋计算方法与偏心受压柱纵向受力筋计算方法基本相同。在剪力墙墙肢截面内，除端部集中配置竖向钢筋外，通常还在中部布置有竖向分布筋。考虑到竖向分布筋直径一般较细，因此在设计时一般仅考虑其受拉屈服部分的作用，而忽略受压区的竖向分布筋及靠近中性轴的受拉竖向分布筋的作用。

1. 大偏心受压承载力的计算

在极限状态下，墙肢截面相对受压区高度不大于其相对界限受压区高度时，为大偏心受压破坏。

采用以下假定建立墙肢截面大偏心受压承载力计算公式。

① 截面变形符合平截面假定；

② 不考虑受拉混凝土的作用；

③ 受压区混凝土的应力图用等效矩形应力图替换，应力达到 $\alpha_1 f_c$（f_c 为混凝土轴心抗压强度，α_1 为与混凝土等级有关的等效矩形应力图系数）；

④ 墙肢端部的纵向受拉、受压钢筋屈服；

⑤ 从受压区边缘算起 $1.5x$（x 为等效矩形应力图受压区高度）范围以外的受拉竖向分布筋全部屈服并参与受力计算，$1.5x$ 范围以内的竖向分布筋未受拉屈服或为受压，不参与受力计算。

由上述假定，极限状态下矩形墙肢截面的应力图形如图 9.2.1 所示，根据 $\sum Y=0$ 和 $\sum M=0$ 两个平衡条件，建立方程。

图 9.2.1 中，$a=a'$，取端部暗柱的一半。

对称配筋时，$A_s=A'_s$，由 $\sum Y=0$ 计算等效矩形应力图受压区高度 x：

$$N=\alpha_1 f_c b_w x - f_{yw}\frac{A_{sw}}{h_{w0}}(h_{w0}-1.5x) \tag{9.2.1}$$

式中，系数 α_1，当混凝土强度等级不超过 C50 时，取 1.0，当混凝土强度等级为 C80

时，取 0.94，当混凝土强度等级在 C50 和 C80 之间时，按线性内插值取。

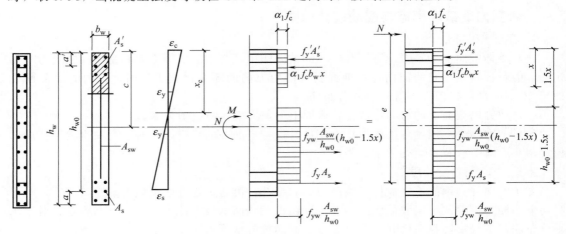

图 9.2.1 墙肢大偏心受压截面应变和应力分布

对受拉区纵筋中心取矩，由 $\sum M = 0$ 可得：

$$Ne = \alpha_1 f_c b_w x \left(h_{w0} - \frac{x}{2}\right) + f'_y A'_s (h_{w0} - a') - f_{yw} A_{sw} \frac{(h_{w0} - 1.5x)^2}{2h_{w0}} \qquad (9.2.2)$$

式中，$e = e_0 + \dfrac{h_w}{2} - a$；$e_0 = \dfrac{M}{N}$。

考虑到在实际工程中，h_{w0} 较大，故近似地取附加偏心距 $e_a = 0$。在工程设计中，一般是按构造要求等因素先确定墙肢内竖向分布筋 A_{sw}。设墙肢内竖向分布筋的配筋率为 ρ_{sw}。

$$\rho_{sw} = \frac{A_{sw}}{b_w h_{w0}} \qquad (9.2.3)$$

则墙肢截面受压区有效高度 x 及端部配筋量 A'_s 可由式（9.2.1）、式（9.2.2）导得：

$$\left.\begin{array}{l} x = \dfrac{N + f_{yw} A_{sw}}{\alpha_1 f_c b_w + 1.5 f_{yw} A_{sw}/h_{w0}} \\[4mm] A_s = A'_s = \dfrac{Ne - \alpha_1 f_c b_w x \left(h_{w0} - \dfrac{x}{2}\right) + 0.5 f_{yw} \rho_{sw} b_w (h_{w0} - 1.5x)^2}{f'_y (h_{w0} - a')} \end{array}\right\} \qquad (9.2.4)$$

2. 小偏心受压承载力的计算

墙肢截面混凝土的受压区高度大于其界限受压区高度时为小偏心受压。墙肢小偏心受压破坏时，截面上大部分受压或全部受压。在压应力较大的一侧混凝土达到极限抗压强度，端部钢筋及竖向分布筋均达到抗压屈服强度；在离轴向力较远的一侧，端部钢筋及竖向分布筋或受拉、或受压，但均未屈服。因此，小偏心受压时墙肢内竖向分布筋的作用均不予考虑。这样，墙肢截面极限状态的应力分布与小偏心受压柱完全相同（图 9.2.2），配筋计算方法也相同，其计算公式为：

$$N = \alpha_1 f_c b_w x + f'_y A'_s - \sigma_s A_s$$

$$Ne = \alpha_1 f_c b_w x \left(h_{w0} - \frac{x}{2} \right) + f'_y A'_s (h_{w0} - a')$$

$$e = e_0 + \frac{h_w}{2} - a \qquad\qquad (9.2.5)$$

$$\sigma_s = \frac{\xi - \beta_1}{\xi_b - \beta_1} f_y$$

由基本方程式（9.2.5）可求得墙肢端部配筋量 A_s、A'_s，计算方法与小偏心受压柱相同，墙肢内竖向分布筋则按构造要求设置。

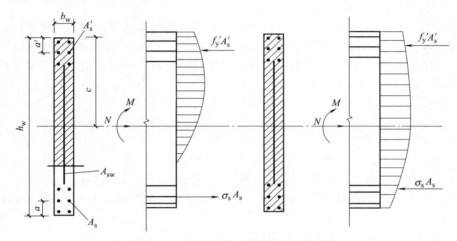

图 9.2.2　墙肢小偏心受压截面应力分布

剪力墙非对称配筋及偏心受拉配筋的计算请参阅其他书籍，本书不做介绍。

三、墙肢水平分布筋配筋计算

1. 墙肢斜截面剪切破坏形态

墙肢（实体墙）的斜截面剪切破坏大致可以归纳为三种破坏形态。

（1）剪拉破坏　当无腹部钢筋或腹部钢筋过少时，斜裂缝一旦出现，很快会形成一条主裂缝，使构件劈裂而丧失承载能力。剪拉破坏属脆性破坏，应避免。避免这类破坏的主要措施是配置必需的腹部钢筋。

（2）斜压破坏　当剪力墙截面过小或混凝土强度等级选择不恰当时，截面剪应力过高，腹板中会较早出现斜裂缝。尽管按照计算需要可以配置许多腹部钢筋，但过多的腹部钢筋并不能充分发挥作用，钢筋应力较小时，混凝土就被剪压破碎了。这种破坏只能用加大构件截面或提高混凝土等级来防止，《混凝土规范》规定如下。

当剪跨比大于 2.5 时，

$$V_w \leqslant \frac{1}{\gamma_{RE}} (0.2 \beta_c f_c b_w h_{w0}) \qquad\qquad (9.2.6)$$

当剪跨比不大于 2.5 时，

$$V_w \leqslant \frac{1}{\gamma_{RE}} (0.15 \beta_c f_c b_w h_{w0}) \qquad\qquad (9.2.7)$$

式中　V_w——考虑地震组合的剪力墙的剪力设计值；

γ_{RE}——承载力抗震调整系数，按表 9.2.1 选取。

表 9.2.1　承载力抗震调整系数

结构构件类别	正截面承载力计算					斜截面承载力计算	受冲切承载力计算	局部受压承载力计算
	受弯构件	偏心受压柱		偏心受拉构件	剪力墙	各类构件及框架节点		
		轴压比小于 0.15	轴压比不小于 0.15					
γ_{RE}	0.75	0.75	0.8	0.85	0.85	0.85	0.85	1.0

（3）剪压破坏　当配置足够的腹部钢筋时，腹部钢筋可抵抗斜裂缝的开展。随着裂缝逐步扩大，混凝土受剪的区域减小，最后在压应力及剪应力的共同作用下混凝土破碎而丧失承载能力。剪力墙抗剪腹筋计算主要是建立在这种破坏形态的基础上的。

2. 墙肢斜截面受剪承载力的计算

墙肢斜截面受剪承载力的计算基于剪压破坏形态，其受剪承载力由两部分组成：水平向钢筋的受剪承载力和混凝土的受剪承载力。作用在墙肢上的轴向压力加大了截面的受压区，提高了受剪承载力；轴向拉力对抗剪不利，会降低受剪承载力。计算墙肢斜截面受剪承载力时，应计入轴力的有利或不利影响。

（1）偏心受压墙肢的斜截面受剪承载力应符合下式：

$$V_w \leqslant \frac{1}{\gamma_{RE}}\left[\frac{1}{\lambda-0.5}\left(0.4f_t b_w h_{w0}+0.1N\frac{A_w}{A}\right)+0.8f_{yv}\frac{A_{sh}}{s}h_{w0}\right] \qquad (9.2.8)$$

式中　b_w，h_{w0}——分别为墙肢截面腹板厚度和有效高度；

A，A_w——分别为墙肢全截面面积和墙肢的腹板面积，矩形截面 $A_w=A$；

N——墙肢的轴向压力设计值，抗震设计时，应考虑地震作用效应组合，当 N 大于 $0.2f_c b_w h$ 时，取 $0.2f_c b_w h$；

f_{yv}——水平分布筋抗拉强度设计值；

s，A_{sh}——分别为水平分布筋间距及配置在同一截面内的水平分布筋面积之和；

λ——计算截面的剪跨比，$\lambda=M/(Vh_{w0})$，当 λ 小于 1.5 时取 1.5，当 λ 大于 2.2 时取 2.2，当计算截面与墙肢底截面之间的距离小于 $0.5h_{w0}$ 时，λ 取距墙肢底截面 $0.5h_{w0}$ 处的值。

（2）偏心受拉墙肢的斜截面受剪承载力应符合下式：

$$V_w \leqslant \frac{1}{\gamma_{RE}}\left[\frac{1}{\lambda-0.5}\left(0.4f_t b_w h_{w0}-0.1N\frac{A_w}{A}\right)+0.8f_{yv}\frac{A_{sh}}{s}h_{w0}\right] \qquad (9.2.9)$$

当上式右边方括号内的计算值小于 $0.8f_{yv}\dfrac{A_{sh}}{s}h_{w0}$ 时，取 $0.8f_{yv}\dfrac{A_{sh}}{s}h_{w0}$。

案例

某 16 层剪力墙结构，层高 3m，墙厚 180mm，每层开三个门洞，洞口高均为 2.1m，如图 9.2.3 所示。

此建筑位于 7 度设防烈度区，C30 混凝土，已知墙肢①的内力设计值为 $M=979.09\text{kN}\cdot\text{m}$，$N=-1145.60\text{kN}$（压），$V=148.79\text{kN}$。

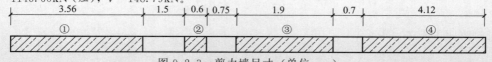

图 9.2.3　剪力墙尺寸（单位：m）

试对墙肢①进行截面配筋设计。

【分析】

此建筑位于 7 度设防烈度区，且 $H = 3 \times 16 = 48$（m）< 80m，属于三级抗震。

（1）墙肢①内力：

$M = 979.09$kN·m，$N = -1145.60$kN（压），$V = 148.79$kN

（2）墙肢①截面尺寸及材料：

$h_w = 3.7$m，$h_{w0} = 3.5$m，$b_w = 0.18$m，C30 混凝土

（3）竖向分布筋用 HPB300（$f_{yw} = 270$N/mm^2），端部暗柱钢筋用 HRB335（$f_y = 300$N/mm^2）。

（4）墙肢竖向钢筋配筋计算：加强部位取下部两层和 1/8 墙高中的大值，应该取 6m，即底下二层 6m，竖向分布钢筋为双层配筋，Φ8@200 双层，可满足构造配筋率要求（三级抗震墙分布钢筋最小配筋率不应小于 0.25%）。

$$\rho_{sv} = \frac{2 \times 0.503}{18 \times 20} = 0.28\% > 0.25\%$$

因是三级抗震等级的底部加强部位，所以按构造边缘构件计算，配筋范围取（400mm，$b_w = 180$mm）两者中较大值 400mm。按暗柱纵向钢筋配筋要求 0.005A_c 或 4Φ12（取较大值），端部配筋如下（取暗柱宽 180mm）：

$$A_s = 0.005A_c = 0.005 \times 400 \times 180 = 360 \text{（mm}^2\text{）}$$

4Φ12 为 452mm^2，故选 4Φ12 为 452mm^2，满足要求。

构造边缘暗柱箍筋按表 9.1.4 选配，取 Φ8@100。

（5）墙肢水平分布筋配筋计算。

初选水平分布筋 Φ10@200（双排）

三级抗震时，设计剪力取（$V = \eta_{vw} V_w$，$\eta_{vw} = 1.2$）

$$V_w = 1.2V_1 = 1.2 \times 148.79 = 178.55 \text{（kN）}$$

截面尺寸校核：

$V_w \leqslant 0.15 f_c b_w h_{w0} / \gamma_{RE} = 0.15 \times 14.3 \times 180 \times 3500 / 0.85 = 1589.82$（kN），满足要求。

剪跨比计算：

$$\lambda \leqslant \frac{M}{V h_{w0}} = \frac{979.31}{148.79 \times 3.5} = 1.88 < 2.2$$

抗剪承载力校核：

$$[V_w] = \frac{1}{\gamma_{RE}} \left[\frac{1}{\lambda - 0.5} \left(0.4 f_t b_w h_{w0} + 0.1 N \frac{A_w}{A} \right) + 0.8 f_{yh} \frac{A_{sh}}{s} h_{w0} \right]$$

$$= \frac{1}{0.85} \times \left[\frac{1}{1.88 - 0.5} \times (0.4 \times 1.43 \times 180 \times 3500 + 0.1 \times 1145.60 \times 10^3) + 0.8 \times 210 \times 2 \times \frac{78.5}{200} \times 3500 \right]$$

$$= 947.91 \text{（kN）}$$

$V_w = 178.55$kN $< [V_w]$，满足要求。

故水平分布筋选用 Φ10@200 合适。

第三节　连梁及其配筋

连梁是指两端与剪力墙相连且跨高比小于 5 的梁。连梁的特点是跨高比小，住宅、旅馆剪力墙结构的连梁的跨高比往往小于 2.0，甚至不大于 1.0，在侧向力作用下，连梁比较容易出现剪切斜裂缝，如图 9.3.1 所示。

按照延性剪力墙的强墙弱梁要求，连梁屈服应先于墙肢屈服，即连梁首先形成塑性铰耗散地震能量；连梁应当具有强剪弱弯的特性，避免剪切破坏。

一般剪力墙中，可采用降低连梁的弯矩设计值的方法，使连梁先于墙肢屈服和实现弯曲

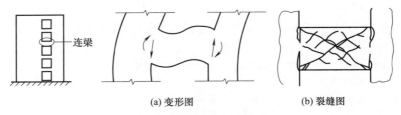

(a) 变形图　　　　　　　　　(b) 裂缝图

图 9.3.1　连梁的变形和裂缝

屈服。由于连梁跨高比小，很难避免斜裂缝及剪切破坏，必须采取限制连梁名义剪应力等措施推迟连梁的剪切破坏。对于延性要求高的核心筒连梁和框筒裙梁，可采用特殊措施，如配置交叉斜筋或交叉暗撑，改善连梁的受力性能。

连梁的承载力计算包括连梁正截面抗弯承载力（确定连梁纵筋）、连梁斜截面抗剪承载力（确定连梁箍筋）。关于连梁的承载力计算本书不做介绍，仅对连梁的构造加以说明。

非抗震设计时，墙洞口连梁应沿全长配置箍筋，箍筋直径不应小于 6mm，间距不应大于 150mm。在顶层洞口连梁纵向钢筋伸入墙内的锚固长度范围内，应设置间距不大于 150mm 的箍筋，箍筋直径宜与跨内箍筋直径相同。同时，墙洞口上、下两边的水平钢筋不应少于 2 根直径不小于 12mm 的钢筋。

对于一、二级抗震等级的连梁，当跨高比大于 2.5 时，且洞口连梁截面宽度不小于 250mm 时，除普通箍筋外宜配置斜向交叉钢筋；当连梁截面宽度不小于 400mm 时，可采用集中对角斜筋配筋或对角暗撑配筋。

连梁的详细配筋构造请参阅《16G101-1》图集自行学习。

第四节　剪力墙结构施工图平法表达

目前剪力墙结构施工图采用平法表达，剪力墙平法施工图系在剪力墙平面布置图上采用列表注写方式或截面注写方式表示。本节重点介绍比较常见的列表注写方式，截面注写方式请查阅《16G101-1》。

在剪力墙平法施工图中，应注明各结构层的楼面标高、结构层高及相应的结构层号。对于轴线未居中的剪力墙（包括端柱），应标注其偏心定位尺寸。

为表达清楚、简便，剪力墙可视为由剪力墙柱、剪力墙身和剪力墙梁三类构件组成。列表注写方式，系分别在剪力墙柱表、剪力墙身表和剪力墙梁表中，对应剪力墙平面布置图上的编号，用绘制截面配筋图并注写几何尺寸与配筋具体数值的方式，来表达剪力墙平法施工图。

一、编号规定

将剪力墙按剪力墙柱、剪力墙身和剪力墙梁（简称为墙柱、墙身、墙梁）三类构件分别编号。

1. 墙柱编号

剪力墙柱的种类有边缘构件、非边缘暗柱、扶壁柱三种（图 9.4.1），而边缘构件最为常见，它是剪力墙端部或转角处的加强部位。边缘构件分为约束边缘构件和构造边缘构件两种。约束边缘构件主要有约束边缘暗柱、约束边缘端柱、约束边缘翼墙（柱）、约束边缘转角墙（柱）（图 9.1.6），构造边缘构件主要有构造边缘暗柱、构造边缘端柱、构造边缘翼墙（柱）、构造边缘转角墙（柱）（图 9.1.7）。

墙柱编号由墙柱类型代号和序号组成，表达形式应符合表 9.4.1 的规定。

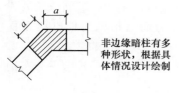
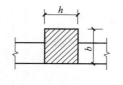

非边缘暗柱有多种形状,根据具体情况设计绘制

(a) 非边缘暗柱AZ　　　(b) 扶壁柱FBZ

图 9.4.1　非边缘暗柱和扶壁柱

表 9.4.1　墙柱编号

墙 柱 类 别	代 号	序 号
约束边缘构件	YBZ	××
构造边缘构件	GBZ	××
非边缘暗柱	AZ	××
扶壁柱	FBZ	××

2. 墙身编号

由墙身代号、序号以及墙身所配置的水平与竖向分布钢筋的排数组成,其中,排数注写在括号内,表达形式为 Q××(×排)。

重点说明

① 在编号中:如若干墙柱的截面尺寸与配筋均相同,仅截面与轴线的关系不同时,可将其编为同一墙柱号;又如若干墙身的厚度尺寸和配筋均相同,仅墙厚与轴线的关系不同或墙身长度不同时,也可将其编为同一墙柱号,但应在图中注明与轴线的几何关系。

② 当墙身所设置的水平与竖向分布钢筋的排数为 2 时可不注。

3. 墙梁编号

剪力墙中墙梁的种类有连梁、暗梁、边框梁三种,其编号由墙梁类型代号和序号组成,表达形式应符合表 9.4.2 的规定。

表 9.4.2　墙梁编号

墙 梁 类 别	代 号	序 号
连梁	LL	××
连梁(对角暗撑配筋)	LL(JC)	××
连梁(交叉斜筋配筋)	LL(JX)	××
连梁(集中对角斜筋配筋)	LL(DX)	××
暗梁	AL	××
边框梁	BKL	××

二、墙柱表中表达的内容

(1) 注写墙柱编号(表 9.4.1),绘制该墙柱的截面配筋图,标注墙柱的几何尺寸。

① 约束边缘构件需注明阴影部分尺寸。

重点说明

剪力墙平面布置图中应注明约束边缘构件沿墙肢长度 l_c(约束边缘翼墙中沿墙肢长度尺寸为 $2b_f$ 时可不注)。

② 构造边缘构件需注明阴影部分尺寸。

③ 扶壁柱及非边缘暗柱需标注几何尺寸。

(2) 注写各段墙柱的起止标高,自墙柱根部往上,以变截面位置或截面未变但配筋改变处为界分段注写。墙柱根部标高一般指基础顶面标高(部分框支剪力墙结构则为框支梁顶面标高)。

(3) 注写各段墙柱的纵向钢筋和箍筋,注写值应与在表中绘制的截面配筋图对应一致。纵向钢筋注写总配筋值;墙柱箍筋的注写方式与柱箍筋相同。

约束边缘构件除注写阴影部位的箍筋外,尚需在剪力墙平面布置图中注写非阴影区内布置的拉筋(或箍筋)。施工时,箍筋应包住阴影区内第二列竖向纵筋。

三、墙身表中表达的内容

(1) 注写墙身编号(含水平与竖向分布钢筋的排数)。

（2）注写各段墙身起止标高，自墙身根部往上以变截面位置或截面未变但配筋改变处为界分段注写。墙身根部标高一般指基础顶面标高（部分框支剪力墙结构则为框支梁顶面标高）。

（3）注写水平分布钢筋、竖向分布钢筋和拉筋的具体数值。注写数值为一排水平分布钢筋和竖向分布钢筋的规格与间距，具体设置几排在墙身编号后面表达。

拉筋应注明布置方式"双向"或"梅花双向"（图9.4.2）。

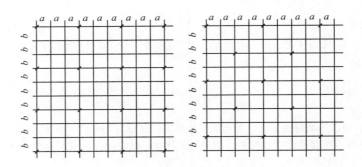

注：图中a为竖向分布钢筋间距，b为水平分布钢筋间距。

(a) 拉筋@$3a3b$双向　　　　　(b) 拉筋@$4a4b$梅花双向

（$a \leqslant 200mm$、$b \leqslant 200mm$）　　（$a \leqslant 150mm$、$b \leqslant 150mm$）

图9.4.2　双向拉筋与梅花双向拉筋示意

四、墙梁表中表达的内容

（1）注写墙梁编号，见表9.4.2。

（2）注写墙梁所在楼层号。

（3）注写墙梁顶面标高高差，此高差系指相对于墙梁所在结构层楼面标高的高差值。高者为正值，低者为负值，当无高差时不注。

（4）注写墙梁截面尺寸$b \times h$、上部纵筋、下部纵筋和箍筋的具体数值。

（5）当连梁设有对角暗撑时［代号为LL(JC)××］，注写暗撑的截面尺寸（箍筋外皮尺寸）；注写一根暗撑的全部纵筋，并标注×2表明有两根暗撑相互交叉；注写暗撑箍筋的具体数值。

（6）当连梁设有交叉斜筋时［代号为LL(JX)××］，注写连梁一侧对角斜筋的配筋值，并标注×2表明对称设置；注写对角斜筋在连梁端部设置的拉筋根数、规格及直径，并标注×4表示四个角都设置；注写连梁一侧折线筋配筋值，并标注×2表明对称设置。

（7）当连梁设有集中对角斜筋时［代号为LL(DX)××］，注写一条对角线上的对角斜筋，并标注×2表明对称设置。

当墙身水平分布钢筋满足连梁、暗梁及边框梁的梁侧面纵向构造钢筋的要求时，墙梁侧面纵筋的配置同墙身水平分布钢筋，表中不注，施工按标准构造详图的要求即可；当不满足时，应在表中补充注明梁侧面纵筋的具体数值（其在支座内的锚固要求同连梁中的受力钢筋）。

图9.4.3为采用列表注写方式表达剪力墙墙梁、墙身和墙柱的平法施工图示例。

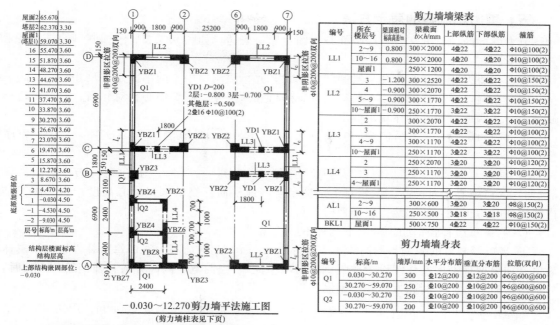

剪力墙墙梁表

编号	所在楼层号	梁顶相对标高高差/m	梁截面 b×h/mm	上部纵筋	下部纵筋	箍筋
LL1	2～9	0.800	300×2000	4Φ22	4Φ22	Φ10@100(2)
	10～16	0.800	250×2000	4Φ20	4Φ20	Φ10@100(2)
	屋面1		250×1200	4Φ20	4Φ20	Φ10@100(2)
LL2	3	−1.200	300×2520	4Φ22	4Φ22	Φ10@150(2)
	4	−0.900	300×2070	4Φ22	4Φ22	Φ10@150(2)
	5～9	−0.900	300×1770	4Φ22	4Φ22	Φ10@150(2)
	10～屋面1	−0.900	250×1770	4Φ22	3Φ22	Φ10@150(2)
LL3	2		300×2070	4Φ22	4Φ22	Φ10@100(2)
	3		300×1770	4Φ22	4Φ22	Φ10@100(2)
	4～9		300×1170	4Φ22	4Φ22	Φ10@100(2)
	10～屋面1		250×1170	4Φ22	3Φ22	Φ10@120(2)
LL4	2		250×2070	4Φ22	4Φ22	Φ10@120(2)
	3		250×1170	4Φ22	3Φ22	Φ10@120(2)
	4～屋面1		250×1170	3Φ22	3Φ20	Φ10@120(2)
AL1	2～9		300×600	3Φ20	3Φ20	Φ8@150(2)
	10～16		250×500	3Φ18	3Φ18	Φ8@150(2)
BKL1	屋面1		500×750	4Φ22	4Φ22	Φ10@150(2)

剪力墙墙身表

编号	标高/m	墙厚/mm	水平分布筋	垂直分布筋	拉筋(双向)
Q1	0.030～30.270	300	Φ12@200	Φ12@200	Φ6@600@600
	30.270～59.070	250	Φ10@200	Φ10@200	Φ6@600@600
Q2	−0.030～30.270	250	Φ10@200	Φ10@200	Φ6@600@600
	30.270～59.070	200	Φ10@200	Φ10@200	Φ6@600@600

−0.030～12.270剪力墙平法施工图
(剪力墙柱表见下页)

注：1. 可在结构层楼面标高、结构层高表中加设混凝土强度等级等栏目。
　　2. 本示例中 l_c 为约束边缘构件沿墙肢的伸出长度(实际工程中应注明具体值)，约束边缘构件非阴影区拉筋(除图中有标注外)：竖向与水平钢筋交点处均设置，直径为8mm。

剪力墙柱表

截面				
编号	YBZ1	YBZ2	YBZ3	YBZ4
标高	−0.030～12.270	−0.030～12.270	−0.030～12.270	−0.030～12.270
纵筋	24Φ20	22Φ20	18Φ22	20Φ20
箍筋	Φ10@100	Φ10@100	Φ10@100	Φ10@100
截面				
编号	YBZ5	YBZ6		YBZ7
标高	−0.030～12.270	−0.030～12.270		−0.030～12.270
纵筋	20Φ20	23Φ20		16Φ20
箍筋	Φ10@100	Φ10@100		Φ10@100

−0.030～12.270剪力墙平法施工图(部分剪力墙柱表)

图 9.4.3　剪力墙平法施工图列表注写方式示例

特别说明

（1）在抗震设计中，应注写底部加强区在剪力墙平法施工图中的所在部位及其高度范围，以便使施工人员明确在该范围内应按照加强部位的构造要求进行施工。

（2）当剪力墙中有偏心受拉墙肢时，无论采用何种直径的竖向钢筋，均应采用机械连接或焊接接长，设计者应在剪力墙平法施工图中加以注明。

五、剪力墙洞口的表示方法

剪力墙上的洞口可在剪力墙平面布置图上原位表达，如图9.4.3所示。洞口的具体表示方法如下。

（1）在剪力墙平面布置图上绘制洞口示意，并标注洞口中心的平面定位尺寸。

（2）在洞口中心位置引注：洞口编号、洞口几何尺寸、洞口中心相对标高、洞口每边补强钢筋，共四项内容。具体规定如下。

1）洞口编号：矩形洞口为 JD××（××为序号），圆形洞口为 YD ××（××为序号）。

2）洞口几何尺寸：矩形洞口为洞宽×洞高（$b \times h$），圆形洞口为洞口直径 D。

3）洞口中心相对标高，系相对于结构层楼（地）面标高的洞口中心高度。当其高于结构层楼面时为正值，低于结构层楼面时为负值。

4）洞口每边补强钢筋，分以下几种不同情况。

① 当矩形洞口的洞宽、洞高均不大于800mm时，此项注写为洞口每边补强钢筋的具体数值（如果按标准构造详图设置补强钢筋时可不注）。当洞宽、洞高方向补强钢筋不一致时，分别注写洞宽方向、洞高方向补强钢筋，以"/"分隔。

例：JD 2400×300 + 3.100 3Φ14，表示2号矩形洞口，洞宽400mm，洞高300mm，洞口中心距本结构层楼面3100mm，洞口每边补强钢筋为3Φ14。

例：JD 3400×300 + 3.100，表示3号矩形洞口，洞宽400mm，洞高300mm，洞口中心距本结构层楼面3100mm，洞口每边补强钢筋按构造配置。

例：JD 4800×300 + 3.100 3Φ18/3Φ14，表示4号矩形洞口，洞宽800mm，洞高300mm，洞口中心距本结构层楼面3100mm，洞宽方向补强钢筋为3Φ18，洞高方向补强钢筋为3Φ14。

② 当矩形或圆形洞口的洞宽或直径大于800mm时，在洞口的上、下需设置补强暗梁，此项注写为洞口上、下每边暗梁的纵筋与箍筋的具体数值（在标准构造详图中，补强暗梁梁高一律定为400 mm，施工时按标准构造详图取值，设计不注。当设计注明时按设计施工），圆形洞口时，尚需注明环向加强钢筋的具体数值；当洞口上、下为剪力墙连梁时，此项免注；洞口竖向两侧设置边缘构件时，亦不在此项表达（当洞口两侧不设置边缘构件时，设计者应给出具体做法）。

例：JD 51800×2100 + 1.800 6Φ20 Φ8@150，表示5号矩形洞口，洞宽1800mm，洞高2100mm，洞口中心距本结构层楼面1800mm，洞口上下设补强暗梁，每边暗梁纵筋为6Φ20，箍筋为Φ8@150。

例：YD 51000 + 1.800 6Φ20 Φ8@150 2Φ16，表示5号圆形洞口，直径1000mm，洞口中心距本结构层楼面1800mm，洞口上下设补强暗梁，每边暗梁纵筋为6Φ20，箍筋为Φ8@150，环向加强钢筋2Φ16。

③ 当圆形洞口设置在连梁中部1/3范围（且圆洞直径不应大于1/3梁高）时，需注写在圆洞上、下水平设置的每边补强纵筋与箍筋。

④ 当圆形洞口设置在墙身或暗梁、边框梁位置，且洞口直径不大于300mm时，此项注写洞口上下左右每边布置的补强纵筋的数值。

⑤ 当圆形洞口直径大于300mm，但不大于800mm时，其加强钢筋在标准构造详图中系按照圆外切正六边形的边长方向布置（请参考《16G101-1》图集中相应的标准构造详图），设计仅注写六边形中一边补强钢筋的具体数值。

六、地下室外墙的表示方法

地下室外墙一般为起挡土作用的地下室外围护墙。地下室外墙中墙柱、连梁及洞口等的表示方法与地上剪力墙相同。但墙身编号、注写方式等有所不同，此处不再介绍，请查阅《16G101-1》图集自行学习。

案例

请按剪力墙施工图阅读的方法和步骤，识读××居住小区2#楼剪力墙施工图中的结施05～结施11（见本书配套"建筑结构施工图集"工程实例二），分析这几张图纸中表达出的关于剪力墙的主要施工信息。

【分析】

（1）略读各层剪力墙布置图及注释。剪力墙从下到上分5段表示，采用列表注写的表示方法，标高5.490m以下为加强区。各层剪力墙图纸中的墙身和墙柱用粗实线加斜线填充表示，连梁用细实线表示，图中虚线表示框架梁。边缘构件和连梁编号均标注在构件原位。剪力墙标高和配筋在各张图纸的注释中进行了交代。例如，①轴剪力墙在地下室层墙厚为250mm，水平和竖向分布筋均为Φ12@200；在地上一、二层墙厚为200mm，水平分布筋为Φ10@150，竖向分布筋为Φ12@200；在地上三层～屋面层墙厚为200mm，水平分布筋为Φ8@200，竖向分布筋为Φ10@200。

（2）阅读剪力墙边缘构件详图。边缘构件详图在结施10、结施11中表示，从图中可以看出边缘构件为构造边缘构件，详图与平面图一一对应。例如，①轴剪力墙构造边缘构件在地下室层有AZ1a、JZ1a、JZ2b、JZ3a几种形式，在地下室以上各层分别为AZ1、JZ1、JZ2、JZ3，对应的详图在结施10中，边缘构件的尺寸和配筋在加强区和非加强区有所不同。

（3）阅读剪力墙连梁表。连梁表在结施04中表示，连梁按照其编号共有17种，每一编号的连梁都注明了跨度、截面尺寸、上部筋、下部筋、箍筋、标高等信息。例如，LL1位于各层剪力墙①轴和㉑轴上Ⓓ～Ⓔ轴之间的洞口处，跨度为2200mm，截面尺寸为200mm×400mm，上、下均配置2根直径16mm的三级钢筋，箍筋直径为8mm，间距100mm，梁顶面标高与各层建筑标高相同。

（4）阅读剪力墙构造详图。例如，剪力墙竖向分布筋连接构造、剪力墙水平分布筋的连接构造、剪力墙拉筋、剪力墙洞口内隔墙与混凝土墙连接、剪力墙连梁构造等详图在结施02和结施04中进行了详细表示。

实训 识读剪力墙平法施工图

1. 教学目标

熟悉钢筋混凝土剪力墙平法施工图的平法表示方法。了解钢筋混凝土剪力墙墙柱、墙身、墙梁钢筋的排布形式。

2. 实训要点

根据钢筋混凝土剪力墙平法施工图，结合《16G101-1》图集，读懂实际工程中剪力墙的配筋信息，了解剪力墙钢筋的构造要求。

3. 实训内容及深度

阅读工程实例二中各层剪力墙结构施工图（见配套"建筑结构施工图集"工程实例二），结合《16G101-1》图集，获取一层①轴上剪力墙墙柱、墙身、墙梁钢筋的配筋信息（填写表9.4.3）。

4. 预习要求

（1）熟悉《16G101-1》图集中剪力墙平法表示方法。

表 9.4.3　剪力墙配筋

构件 信息	墙　柱	墙　身	墙　梁
平法标注			
配筋截面图			
其他信息			

（2）阅读工程实例二中各层剪力墙结构施工图。

5. 实训过程

（1）阅读工程实例二中①轴上剪力墙施工图，获取墙柱、墙身、墙梁相关配筋信息。

（2）根据剪力墙平法施工图给出的配筋信息，绘制其配筋截面图。

二维码 9.2

6. 实训小结

本实训主要训练将实际工程的剪力墙结构施工图与《16G101-1》图集相结合，初步读懂实际工程的剪力墙平法施工图。

本章小结

　　剪力墙具有较大的侧向刚度，是一种有效的抗侧力结构构件。剪力墙一般由墙肢及墙梁组成，其中墙肢包括墙身及其边缘构件。

　　本章主要介绍了剪力墙配筋一般构造与墙肢截面配筋设计，帮助理解剪力墙中钢筋的配置数量、配置位置及注意事项。重点是剪力墙平法施工图的识读，掌握剪力墙中的钢筋如何在平法结构施工图中表达，初步读懂剪力墙平法施工图。

　　剪力墙墙肢中一般配置有竖向和水平分布筋，在墙肢两端的边缘应设置边缘构件，这是提高墙肢端部混凝土极限压应变、改善剪力墙延性的重要措施。边缘构件分为约束边缘构件和构造边缘构件两类。约束边缘构件是指用箍筋约束的暗柱、端柱和翼墙等，其对混凝土的约束较强；构造边缘构件的箍筋较少，则对混凝土约束程度较差。

　　对于边缘竖向受力钢筋，可通过正截面承载力计算确定其配筋（其计算原理可参考钢筋混凝土偏心受压柱的配筋设计思路来理解）；对于墙身竖向分布钢筋，可通过正截面承载力计算或构造配筋确定；对于墙身水平分布钢筋，可通过斜截面抗剪承载力计算确定（其计算原理可参考钢筋混凝土箍筋面配筋设计的思路来理解）。

　　墙梁的种类有连梁、暗梁、边框梁三种，而连梁最为常见。连梁的特点是跨高比小，比较容易出现剪切斜裂缝。连梁屈服应先于墙肢屈服，即连梁首先形成塑性铰耗散地震能量。

　　剪力墙结构施工图目前采用平法表示，剪力墙平法施工图系在剪力墙平面布置图上采用列表注写方式或截面注写方式表示。为表达清楚、简便，剪力墙可视为由剪力墙柱、剪力墙身和剪力墙梁三类构件组成。列表注写方式，是分别在剪力墙柱表、剪力墙身表和剪力墙梁表中，对应剪力墙平面布置图上的编号，用绘制截面配筋图并注写几何尺寸与配筋具体数值的方式，来表达剪力墙平法施工图。

思考与练习

　　1. 剪力墙有哪几种类型？剪力墙组成构件一般有哪几种？其中一般配置哪些钢筋？

　　2. 剪力墙边缘构件的作用是什么？边缘构件通常有哪几种类型？什么情况下设置约束边缘构件？什么情况下设置构造边缘构件？

3. 剪力墙底部加强部位的范围是如何规定的？

4. 剪力墙墙身中竖向与水平分布筋的配置有哪些构造要求？

5. 二级、三级抗震的约束边缘构件暗柱沿墙肢的长度 l_c 应如何确定？

6. 四级抗震剪力墙底部加强部位的构造边缘构件的最小配筋应满足哪些要求？

7. 剪力墙配筋一般应遵循怎样的设计思路？

8. 剪力墙墙肢偏心受压承载力的计算公式与偏心受压柱的承载力计算公式有何异同之处？

9. 剪力墙斜截面受剪破坏主要有哪几种破坏形态？设计中分别采用什么措施预防这几种破坏形态的发生？

10. 剪力墙墙肢斜截面受剪承载力的计算公式与钢筋混凝土梁的斜截面受剪承载力的计算公式有何异同之处？

11. 连梁的跨高比一般为多少？连梁的破坏特征是什么？连梁设计应遵循什么原则？什么情况下连梁内宜配置斜向交叉钢筋？

12. 剪力墙墙柱的编号 YBZ1、GBZ2、剪力墙墙身的编号 Q3（2 排）、剪力墙墙梁编号 LL4（JC），分别表示什么意思？

13. 阅读图 9.4.3 所示的剪力墙平法施工图，回答以下问题。

（1）该结构的上部结构嵌固部位位于何处？底部加强部位位于何处？

（2）YBZ1 属于哪类边缘构件？起止标高分别为多少？阴影区截面尺寸为多少？阴影区纵筋与箍筋的配筋数量与排布情况如何？非阴影区截面尺寸为多少（按三级抗震、轴压比 0.4 确定）？非阴影区的竖向与水平向钢筋如何配置？非阴影区拉筋配置数量与排布情况如何？

（3）YBZ3 属于哪类边缘构件？起止标高分别为多少？阴影区截面尺寸为多少？阴影区纵筋与箍筋的配筋数量与排布情况如何？非阴影区截面尺寸为多少？非阴影区的竖向与水平向钢筋如何配置？非阴影区拉筋配置数量与排布情况如何？

（4）第三层的 LL1 梁顶标高为多少？LL1 截面尺寸及配筋情况如何？

（5）第三层的 Q1 墙厚为多少？水平、垂直分布筋及拉筋的配筋情况如何？

14. 某剪力墙连梁的平法集中标注如下所示，试述标注中各项字符的含义。

> LL1
> 2 层：250×2400（−1.200）
> 其他：250×1500（+0.900）
> Φ8@150（2）
> 4Φ22；4Φ20

15. 某剪力墙截面注写方式中，洞口标有 JD 3400×300＋3.100，表示什么含义？

第十章 钢筋混凝土结构配筋构造

知识目标
- 了解结构施工图的组成
- 熟悉《16G101-1》及《18G901-1》标准图集
- 掌握柱纵筋接头位置、柱顶钢筋锚固构造及柱箍筋加密区设置
- 掌握梁端纵筋锚固构造、支座负筋锚固构造及梁箍筋加密区设置
- 掌握现浇板板底钢筋锚固构造、支座负筋锚固构造
- 掌握剪力墙墙身分布筋及拉筋、墙柱、墙梁纵筋的连接接头设置及锚固构造

能力目标
- 能够把平法施工图纸与标准配筋构造相结合，正确合理地进行结构施工

第一节 钢筋混凝土结构施工图的组成与表达

一、结构施工图组成

一般情况下，一套完整的建筑工程设计图纸是由建筑专业、结构专业、设备专业（给排水、电气、供暖通风等）等专业的图纸构成的。结构施工图是建筑工程图的重要组成部分，是在建筑专业施工图给出的框架之内，对建筑的结构体系、结构构件进行详细规划和设计的专业图纸，结构施工图用"结施"或"JS"进行分类。结构施工图是主体结构施工放线、基槽开挖、绑扎钢筋、支设模板、浇筑混凝土以及编制工程造价、编制施工组织设计的依据。

结构施工图的基本内容包括文字资料和图纸两个部分。第一部分是文字资料，包括结构设计总说明和结构计算书（设计单位内部审核资料）；第二部分是图纸，包括结构平面布置图和构件详图。

1. 结构设计总说明

结构设计总说明是结构施工图的综合性文件，它是结合现行规范的要求，针对工程结构的通用性与特殊性，将结构设计的依据、选用的结构材料、选用的标准图和对施工的要求等，用文字及表格的表述方式形成的设计文件。它一般包括以下的内容。

（1）工程概况 如建设地点、抗震设防烈度、结构抗震等级、荷载取值、结构形式等。

（2）材料的情况 如混凝土的强度等级、钢筋的级别以及砌体结构中块材和砌筑砂浆的强度等级等。

（3）结构的构造要求　如混凝土保护层厚度、钢筋的锚固、钢筋的接头要求等。

（4）地基基础的情况　如地质（包括土质类别、地下水位、土壤冻深等）情况、不良地基的处理方法和要求、对地基持力层的要求、基础的形式、地基承载力特征值或桩基的单桩承载力特征值、试桩要求、沉降观测要求以及地基基础的施工要求等。

（5）施工要求　如对施工顺序、方法、质量标准的要求及与其他工种配合施工方面的要求等。

（6）选用的标准图集。

2. 结构平面布置图

结构平面布置图主要包括以下内容。

（1）基础平面图　主要表示基础平面布置及定位关系。如果采用桩基础，还应标明桩位；当建筑内部设有大型设备时，还应有设备基础布置图。

（2）楼层结构平面布置图　主要表示各楼层的结构平面布置情况，包括柱、梁、板、墙、楼梯、雨篷等构件的尺寸和编号等。

（3）屋面结构平面布置图　主要表示屋盖系统的结构平面布置情况。

3. 结构详图

结构详图包括：梁、板、柱及基础详图，楼梯详图以及其他构件及节点详图等。

二、结构施工图的表达

目前，通常采用平面整体表示方法表达钢筋混凝土结构施工图（简称平法施工图）。平法施工图一般是由各类构件（梁、柱、墙、板等）的平法施工图和标准构造详图两大部分组成。各类构件的平法施工图是按照平法制图规则，在按结构（标准层）绘制的平面布置图上直接表示各构件的尺寸、配筋等信息。出图时，一般按基础、柱、剪力墙、梁、板、楼梯及其他构件的顺序排列。标准构造详图表明结构构件及节点处钢筋的施工构造做法。

 特别说明

　　各类构件的平法施工图主要表示构件的截面尺寸、配筋等信息，而有关钢筋的构造做法，如钢筋锚固、截断位置、连接位置等，则要按配筋构造详图的规定进行施工。因此，要全面、正确地理解结构施工图并付诸实施，必须把图纸和配筋构造很好地结合。数字看图纸，施工按构造，两者缺一不可。

目前已出版发行的常用平法制图及构造详图标准设计系列图集较多，对于现浇钢筋混凝土结构而言，主要涉及如下几个（图10.1.1）。

① 国家建筑标准设计图集16G101-1：《混凝土结构施工图平面整体表示方法制图规则和构造详图（现浇混凝土框架、剪力墙、梁、板）》（本书简称《16G101-1》）；

② 国家建筑标准设计图集16G101-2：《混凝土结构施工图平面整体表示方法制图规则和构造详图（现浇混凝土板式楼梯）》（本书简称《16G101-2》）；

③ 国家建筑标准设计图集16G101-3：《混凝土结构施工图平面整体表示方法制图规则和构造详图（独立基础、条形基础、筏形基础、桩基础）》（本书简称《16G101-3》）。

另外，还出版了与平法图集配套使用的钢筋排布规则与构造详图系列图集，为施工人员进行钢筋排布和下料提供技术依据。主要涉及如下几个（图10.1.1）。

① 国家建筑标准设计图集18G901-1：《混凝土结构施工钢筋排布规则与构造详图（现浇混凝土框架、剪力墙、梁、板）》（本书简称《18G901-1》）。此图集是对16G101-1钢筋排

图 10.1.1　16G101 与 18G901 系列图集

布的细化和延伸，可配合 16G101-1 解决施工中现浇混凝土框架、剪力墙、梁、板的钢筋翻样计算和现场安装绑扎。

②国家建筑标准设计图集 18G901-2：《混凝土结构施工钢筋排布规则与构造详图（现浇混凝土板式楼梯）》（本书简称《18G901-2》）。此图集是对 16G101-2 钢筋排布的细化和延伸，可配合 16G101-2 解决施工中现浇混凝土板式楼梯的钢筋翻样计算和现场安装绑扎。

③国家建筑标准设计图集 18G901-3：《混凝土结构施工钢筋排布规则与构造详图（独立基础、条形基础、筏形基础、桩基础）》（本书简称《18G901-3》）。此图集是对《16G101-

3）钢筋排布的细化和延伸，配合《16G101-3》解决施工中独立基础、条形基础、筏形基础及桩基承台的钢筋翻样计算和现场安装绑扎。

第二节　柱配筋构造

为便于说明钢筋混凝土柱中钢筋的标准施工构造（以下简称配筋构造或构造），可将柱划分为框架柱 KZ、剪力墙上柱 QZ、梁上柱 LZ 等类型。

一、柱身钢筋构造

1. KZ 纵向钢筋连接构造

KZ 纵向钢筋连接构造如图 10.2.1 所示。钢筋的连接可分为三类：绑扎搭接、机械连接和焊接连接。具体采用何种连接方式，需要综合考虑连接质量、施工方便和经济效益。一般柱纵筋采用电渣压力焊，梁纵筋采用闪光对焊，在现场施工不方便进行机械连接的地方采用搭接焊。一般大直径（大于 22mm）钢筋均采用直螺纹连接。关于钢筋连接方式及其基本要求请扫码进行进一步学习。

二维码 10.1

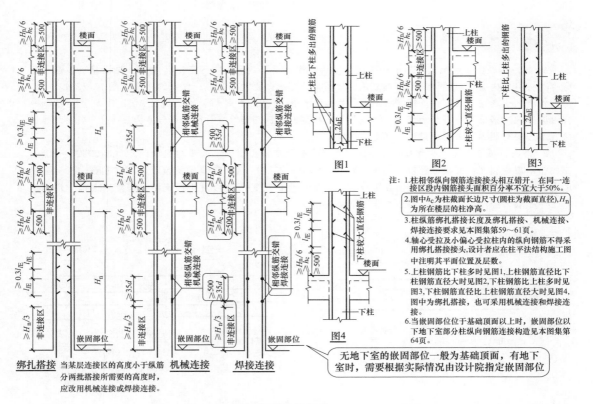

注：1. 柱相邻纵向钢筋连接接头相互错开。在同一连接区段内钢筋接头面积百分率不宜大于50%。
2. 图中 h_c 为柱截面长边尺寸（圆柱为截面直径），H_n 为所在楼层的柱净高。
3. 柱纵筋绑扎搭接长度及绑扎搭接、机械连接、焊接连接要求见本图集第59～61页。
4. 轴心受拉及小偏心受拉柱内的纵向钢筋不得采用绑扎搭接接头，设计者应在柱平法结构施工图中注明其平面位置及层数。
5. 上柱钢筋比下柱多时见图1，上柱钢筋直径比下柱钢筋直径大时见图2，下柱钢筋比上柱多时见图3，下柱钢筋直径比上柱钢筋直径大时见图4，图中为绑扎搭接，也可采用机械连接和焊接连接。
6. 当嵌固部位位于基础顶面以上时，嵌固部位以下地下室部分柱纵向钢筋连接构造见本图集第64页。

无地下室的嵌固部位一般为基础顶面，有地下室时，需要根据实际情况由设计院指定嵌固部位

图 10.2.1　KZ 纵向钢筋连接构造（《16G101-1》P.63）

对于有地下室的结构，当嵌固部位位于基础顶面以上时，地下室部分柱钢筋连接构造请查阅《16G101-1》自行学习。

目前，柱纵筋采用电渣压力焊及机械接头的方式比较常见，其纵筋接头构造 3D 视图如图 10.2.2 所示。

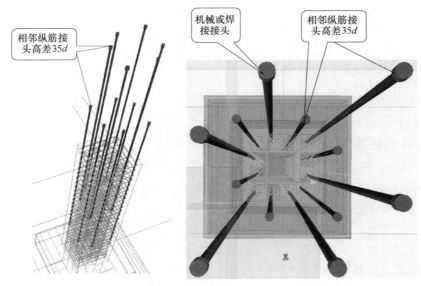

图 10.2.2　柱纵筋接头构造 3D 视图

重点说明

　　1. 同一构件中相邻纵向受力钢筋的连接接头位置宜相互错开。同一连接区段内纵向钢筋接头面积百分率为该区段内有接头的纵向受力钢筋截面面积与全部纵向受力钢筋截面面积的比值（图 10.2.3）。

　　位于同一连接区段内钢筋搭接接头面积百分率一般情况下不宜大于 50%［图 10.2.3（b）所示同一连接区段内的搭接接头钢筋为两根，当钢筋直径相同时，钢筋搭接接头面积百分率为 50%］，当设计或相关标准图集有明确要求时应按设计或标准图集施工。

　　2. 钢筋机械连接接头和焊接连接接头应按《混凝土结构工程施工质量验收规范》（GB 50204—2015）中的基本规定和《钢筋机械连接技术规程》（JGJ 107—2016）、《钢筋焊接及验收规程》（JGJ 18—2012）的有关规定进行质量检验与验收。在工程开工或者每批钢筋正式连接（机械连接、焊接）之前，均需进行工艺试验，经试验合格后，再进行正式连接施工。

(a) 机械连接、焊接接头　　　　　　　　(b) 绑扎搭接接头

图 10.2.3　同一连接区段内纵向受拉钢筋连接接头

　　注：1. 图中 d 为相互连接两根钢筋中的较小直径，l_l（或 l_{lE}）为纵向受拉钢筋搭接长度。

　　　　2. 在同一跨度或同一层高内的受力钢筋上宜少设连接接头，不宜设置两个或两个以上接头。

　　2. 柱变截面处纵向钢筋构造

　　柱变截面处纵向钢筋构造如图 10.2.4 所示。

　　3. KZ 箍筋加密区范围及 QZ、LZ 纵向钢筋连接构造

　　KZ 箍筋加密区范围及 QZ、LZ 纵向钢筋连接构造如图 10.2.5 所示。

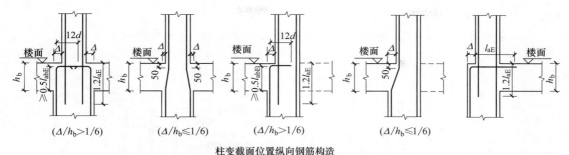

柱变截面位置纵向钢筋构造
(楼层以上柱纵筋连接构造见本图集第63、64页)
图 10.2.4　柱钢筋构造（《16G101-1》P.68）

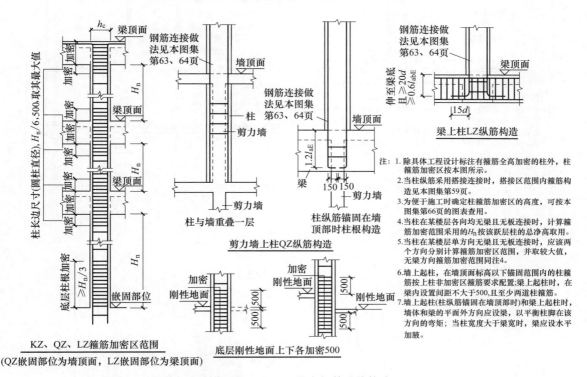

图 10.2.5　柱箍筋加密区范围及 QZ、LZ 纵向钢筋连接构造（《16G101-1》P.65）

二、柱底插筋及柱顶纵筋构造

框架柱中的钢筋骨架一般有如下称谓（表 10.2.1）。

1. 柱插筋构造

表 10.2.1　框架柱的钢筋骨架名称

钢筋种类	钢筋位置	钢筋名称
纵筋	基础层	柱插筋
	中间层	柱身纵筋
	顶层	柱顶纵筋
箍筋	基础层	插筋范围箍筋
	柱根以上加密区	加密区箍筋
	柱根以上非加密区	非加密区箍筋

柱插筋构造如图 10.2.6 所示。柱插筋应伸至基础底部并支在基础底部钢筋网片上，并在基础高度范围内设置间距不大于 500mm 的两道箍筋。基础高度为柱插筋处的基础顶面至基础底面的距离。

当筏形或平板基础中部设置构造钢筋网片时，柱插筋可仅将柱的四角钢筋伸至中间层的钢筋网片上，其余钢筋在板内满足锚固

129

长度 l_{aE}（l_a）（图 10.2.7）。

其他情况下柱插筋的配筋构造请查阅标准图集《18G901-3》自行学习。

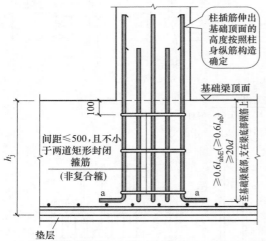

注：1.图中基础可以是独立基础、条形基础、基础梁、筏板基础和桩基承台。
　　2.柱插筋的保护层厚度大于最大钢筋直径的5倍。
　　3.a为锚固钢筋的弯折段长度，当基础插筋在基础内的直段长度≥$l_{aE}(l_a)$时，图中$a=6d$且≥150mm，其他情况$a=15d$。

图 10.2.6　柱插筋在基础中的排布构造（《18G901-3》P.1-10）

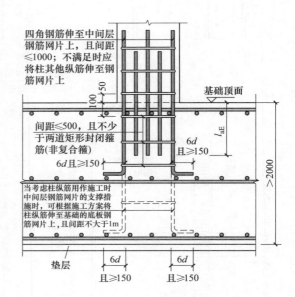

图 10.2.7　筏形基础有中间钢筋网时柱插筋排布构造（《18G901-3》P.1-11）

独立基础柱插筋构造示例 3D 视图如图 10.2.8 所示。

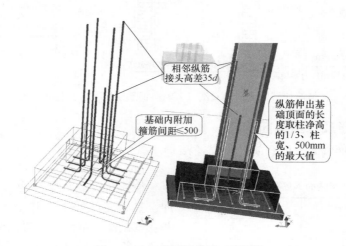

图 10.2.8　柱插筋构造 3D 视图

2. KZ 柱顶纵筋构造

（1）KZ 边柱、角柱柱顶纵筋构造如图 10.2.9 所示。其中⑤节点施工较为方便，其纵筋构造如图 10.2.10 所示。

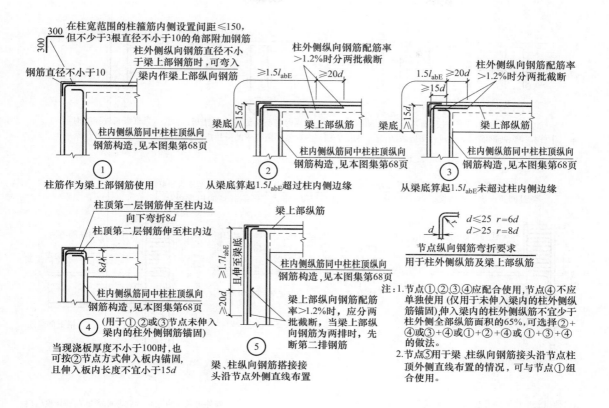

图 10.2.9 KZ 边柱和角柱柱顶纵向钢筋构造 (《16G101-1》P.67)

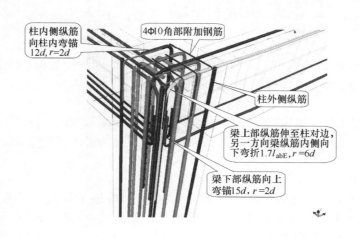

图 10.2.10 ⑤节点纵筋构造 3D 视图

（2）KZ 中柱柱顶纵筋构造如图 10.2.11 所示。

（3）KZ 等截面伸出时纵向钢筋构造如图 10.2.12 所示。

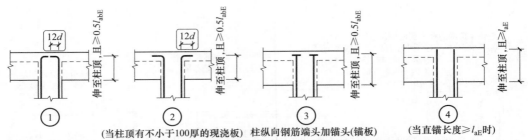

（当柱顶有不小于100厚的现浇板） 柱纵向钢筋端头加锚头(锚板)

（中柱柱顶纵向钢筋构造分四种构造做法，施工人员应根据各种做法所要求的条件正确选用）

图 10.2.11　KZ 中柱柱顶纵向钢筋构造（《16G101-1》P.68）

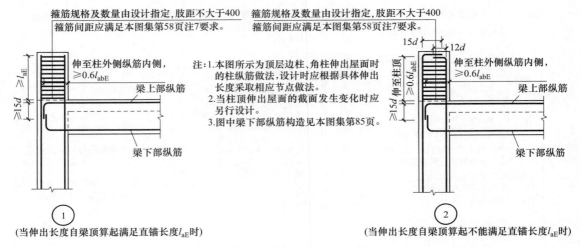

注：1.本图所示为顶层边柱、角柱伸出屋面时的柱纵筋做法，设计时应根据具体伸出长度采取相应节点做法。

2.当柱顶伸出屋面的截面发生变化时应另行设计。

3.图中梁下部纵筋构造见本图集第85页。

图 10.2.12　KZ 等截面伸出时纵向钢筋构造（《16G101-1》P.69）

实训 1 ▶ 确定柱配筋构造

1. 教学目标

正确识读柱平法施工图，结合《16G101-1》图集中的标准配筋构造，能够将柱平法施工图与标准配筋构造相结合，进行正确合理的施工。

2. 实训要点

熟悉钢筋混凝土柱中纵向钢筋连接与锚固构造、箍筋配筋构造，将柱平法施工图与标准配筋构造相结合，绘制柱纵筋接头位置、锚固构造及箍筋加密区与非加密区长度示意图（图10.2.13）。

3. 实训内容及深度

阅读××别墅中柱平法施工图（见配套"建筑结构施工图集"工程实例一），结合《16G101-1》图集中柱标准配筋构造，绘制①轴与Ⓐ轴交点处 KZ1 的纵筋接头位置、插筋、柱顶纵筋锚固构造及箍筋加密区与非加密区示意图。

提示：① 插筋弯锚长度按标准构造计算。

② 柱顶纵筋构造可按⑤节点进行或自行选定节点。

（1）插筋弯锚长度及插筋接头位置计算；

（2）首层柱身纵筋上部接头位置计算；

（3）柱顶角部附加钢筋个数及柱顶纵筋弯锚长度计算（内侧）；

（4）箍筋加密区长度及箍筋个数计算。

4. 预习要求

（1）熟悉柱平法施工图表示方法，阅读工程实例一中 KZ1 的平法施工图。

（2）熟悉《16G101-1》图集中柱标准配筋构造做法。

5. 实训过程

（1）阅读工程实例一中 KZ1 的平法施工图，获取 KZ1 的相关配筋信息。

（2）根据 KZ1 配筋信息，按照

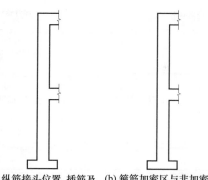

(a) 纵筋接头位置、插筋及　(b) 箍筋加密区与非加密区示意图
柱顶纵筋锚固构造示意图

图 10.2.13　柱纵筋接头位置、锚固构造及箍筋加密区与非加密区长度示意图

二维码 10.2

柱标准配筋构造，绘制①轴与Ⓐ轴交点处 KZ1 的纵筋接头位置、插筋及柱顶纵筋锚固构造及箍筋加密区与非加密区长度示意图。

6. 实训小结

本实训主要训练将实际工程的柱平法施工图与柱标准配筋构造相结合，对柱钢筋进行正确合理的施工。

第三节　梁配筋构造

为便于说明钢筋混凝土梁中钢筋的配筋构造，可将梁划分为楼层框架梁 KL、屋面框架梁 WKL、非框架梁 L、悬挑梁 XL、框支梁 KZL、托柱转换梁 TZL、井字梁 JZL、加腋梁、折梁、框架扁梁等类型。这里重点说明比较常见的楼层框架梁 KL、屋面框架梁 WKL、非框架梁 L、悬挑梁 XL 及折梁的钢筋施工构造，其他梁钢筋的施工构造请参阅《16G101-1》及《18G901-1》相关内容自行学习。

一、框架梁 KL（WKL）配筋构造

1. 框架梁纵向钢筋构造

楼层框架梁 KL 纵筋构造如图 10.3.1 所示。屋面框架梁 WKL 的纵筋一般配筋构造与楼层框架梁 KL 基本相同，仅端支座处不同。WKL 端支座处纵筋构造与柱顶纵筋构造密切相关，请结合柱顶纵筋配筋构造对照学习。

KL、WKL 中间支座纵向钢筋构造如图 10.3.2 所示。

2. 框架梁箍筋构造

框架梁的箍筋加密区范围及箍筋、拉筋排布构造应满足图 10.3.3 所示的要求。

二、非框架梁 L 配筋构造

非框架梁 L 纵筋构造如图 10.3.4 所示。非框架梁 L 中间支座纵向钢筋构造如图 10.3.5 所示。

三、附加箍筋、附加吊筋构造

主、次交接处主梁将承担次梁传来的集中力，因此在主梁中产生剪力，这部分剪力可通过配置附加箍筋或附加吊筋（弯起钢筋）来承担。附加箍筋及附加吊筋的构造如图 10.3.6 所示。

四、梁侧面纵筋构造

梁侧面纵筋分为构造纵筋与抗扭纵筋两种，其配筋构造如图 10.3.7 所示。

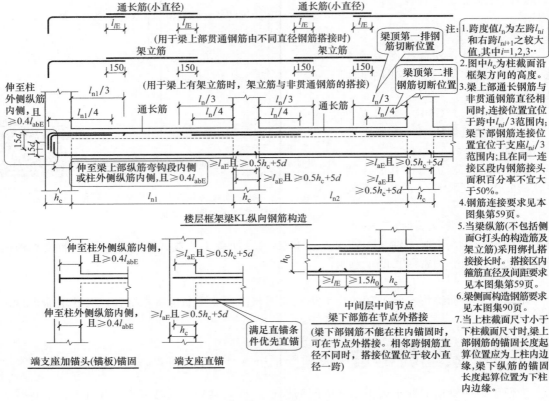

图 10.3.1　楼层框架梁 KL 纵向钢筋构造（《16G101-1》P.84）

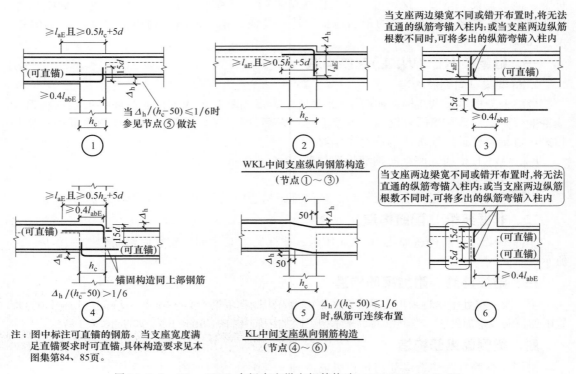

注：图中标注可直锚的钢筋。当支座宽度满
　　足直锚要求时可直锚，具体构造要求见本
　　图集第84、85页。

图 10.3.2　KL、WKL 中间支座纵向钢筋构造（《16G101-1》P.87）

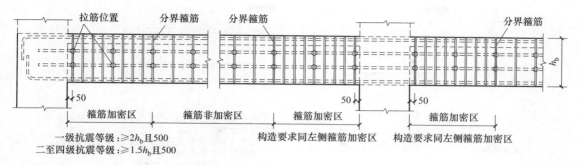

图 10.3.3　框架梁箍筋加密区范围及箍筋、拉筋排布构造（《18G901-1》P. 2-3）

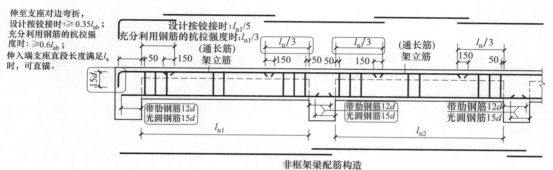

非框架梁配筋构造
（梁上部通长筋连接要求见注2）

端支座非框架梁下部纵筋弯锚构造
用于下部纵筋伸入边支座长度不满足直锚12d(15d)要求时

注:1.跨度值 l_n 为左跨 l_{ni} 和右跨 l_{ni+1} 之较大值,其中 $i=1,2,3\cdots$
2.当梁上部有通长钢筋时,连接位置宜位于跨中 $l_{ni}/3$ 范围内;梁下部钢筋连接位置宜位于支座 $l_{ni}/4$ 范围内;且在同一连接区段内钢筋接头面积百分率不宜大于50%。
3.钢筋连接要求见本图集第59页。
4.当梁纵筋(不包括侧面G打头的构造筋及架立筋)采用绑扎搭接接长时,搭接区内箍筋直径及间距要求见本图集第59页。
5.当梁纵筋兼做温度应力筋时,梁下部钢筋锚入支座长度由设计确定。
6.梁侧面构造钢筋要求见本图集第90页。
7.图中"设计按铰接时"用于代号为L的非框架梁,"充分利用钢筋的抗拉强度时"用于代号为Lg的非框架梁。
8.弧形非框架梁的箍筋间距沿梁凸面线度量。
9.图中"受扭非框架梁纵筋构造"用于梁侧配有受扭钢筋时,当梁侧未配受扭钢筋的非框架梁需采用此构造时,设计应明确指定。

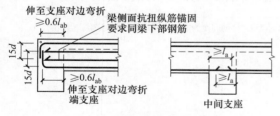

受扭非框架梁纵筋构造
纵筋伸入端支座直段长度满足 l_a 时可直锚

图 10.3.4　非框架梁 L 配筋构造（《16G101-1》P.89）

五、折梁配筋构造

折梁分为水平折梁与竖向折梁两种，其配筋构造如图 10.3.8 所示。

六、悬挑梁配筋构造

纯悬挑梁 XL 及各类梁的悬挑端配筋构造如图 10.3.9 所示。

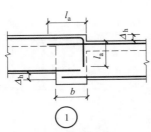

① 支座两边纵筋互锚
梁下部纵向钢筋锚固要求见本图集第89页

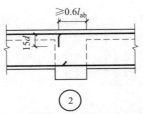

② 当支座两边梁宽不同或错开布置时,将无法直通的纵筋弯锚入梁内。或当支座两边纵筋根数不同时,可将多出的纵筋弯锚入梁内梁下部纵向钢筋锚固要求见本图集第89页

图 10.3.5　非框架梁 L 中间支座纵向钢筋构造（《16G101-1》P.91）

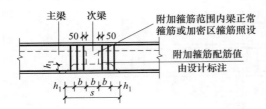

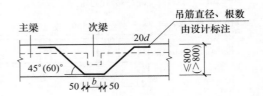

图 10.3.6　附加箍筋及附加吊筋的配筋构造（《16G101-1》P.88）

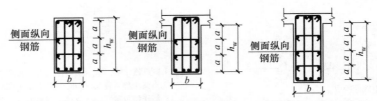

注:1.当$h_w \geq 450$时,在梁的两个侧面应沿高度配置纵向构造钢筋;纵向构造钢筋间距$a \leq 200$。
　　2.当梁侧面配有直径不小于构造纵筋的受扭纵筋时,受扭钢筋可以代替构造钢筋。
　　3.梁侧面构造纵筋的搭接与锚固长度可取15d,梁侧面受扭纵筋的搭接长度为l_{lE}或l_l,其锚固长度为l_{aE}或l_a,锚固方式同框架梁下部纵筋。
　　4.当梁宽≤350时,拉筋直径为6;梁宽>350时,拉筋直径为8。拉筋间距为非加密区箍筋间距的2倍。当设有多排拉筋时,上下两排拉筋竖向错开设置。

图 10.3.7　梁侧面纵向钢筋构造（《16G101-1》P.90）

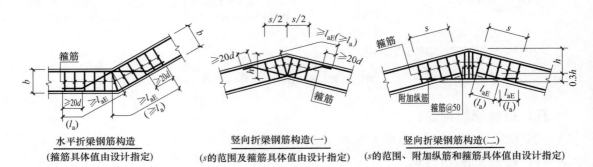

水平折梁钢筋构造
（箍筋具体值由设计指定）

竖向折梁钢筋构造(一)
（s的范围及箍筋具体值由设计指定）

竖向折梁钢筋构造(二)
（s的范围、附加纵筋和箍筋具体值由设计指定）

图 10.3.8　折梁钢筋构造（《16G101-1》P.91）

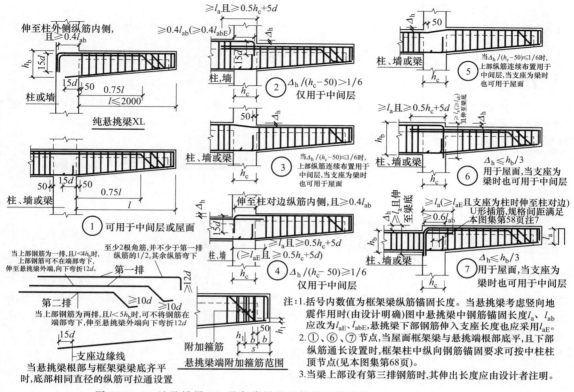

图 10.3.9　纯悬挑梁 XL 及各类梁的悬挑端配筋构造 (《16G101-1》 P.91)

实训2 ◎ 确定梁配筋构造

1. 教学目标

正确识读梁平法施工图，结合《16G101-1》图集中的标准配筋构造，能够将梁平法施工图与配筋构造相结合，进行正确合理的施工。

2. 实训要点

熟悉钢筋混凝土梁中纵向钢筋连接与锚固构造、箍筋配筋构造，将梁平法施工图与标准配筋构造相结合，绘制梁纵筋的锚固构造及箍筋加密区与非加密区示意图。

3. 实训内容及深度

阅读××别墅中二层梁平法施工图（见配套"建筑结构施工图集"工程实例一），结合《16G101-1》图集中梁标准配筋构造，绘制①轴处 KL1 的纵筋锚固构造及箍筋加密区与非加密区示意图（图 10.3.10）。

（1）KL1 贯通纵筋端支座锚固方式及锚固长度计算；

（2）KL1 中间支座负筋锚固长度计算；

（3）KL1 箍筋加密区长度及箍筋个数计算；

（4）绘制 1-1 剖面图、2-2 剖面图、3-3 剖面图。

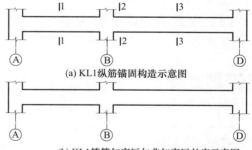

(a) KL1 纵筋锚固构造示意图

(b) KL1 箍筋加密区与非加密区长度示意图

图 10.3.10　KL1 纵筋的锚固构造及箍筋加密区与非加密区示意图

二维码 10.3

4. 预习要求

（1）熟悉梁平法结构施工图表达方法，阅读工程实例一中二层梁平法施工图。

（2）熟悉《16G101-1》图集中梁标准配筋构造做法。

5. 实训过程

（1）阅读工程实例一中二层梁平法施工图，获取 KL1 的相关配筋信息。

（2）根据 KL1 配筋信息，按照梁标准配筋构造，绘制①轴处 KL1 的纵筋锚固构造及箍筋加密区与非加密区示意图。

6. 实训小结

本实训主要训练将实际工程的梁平法结构施工图与梁标准配筋构造相结合，对梁钢筋进行正确合理的施工。

第四节 现浇板配筋构造

按楼盖类型不同可分为有梁楼盖现浇板与无梁楼盖现浇板，本节主要学习有梁楼盖现浇板。为便于说明现浇板中钢筋的配筋构造，可将板划分为楼面板 LB、屋面板 WB、悬挑板 XB、折板、局部升降板 SJB、加腋板 JY 等类型。这里主要学习比较常见的楼面板 LB、屋面板 WB、悬挑板 XB、折板的配筋构造。关于现浇板其他未尽的配筋构造要求请查阅《16G101-1》或《18G901-1》相关内容进行学习。

一、楼面板 LB 和屋面板 WB 配筋构造

楼面板 LB 和屋面板 WB 配筋构造如图 10.4.1 所示。板中钢筋排布构造如图 10.4.2 所示。板面分布钢筋构造如图 10.4.3 所示。

二、悬挑板 XB 配筋构造

悬挑板 XB 配筋构造如图 10.4.4 所示；悬挑板阳角放射筋 Ces 构造如图 10.4.5 所示。

三、折板配筋构造

折板配筋构造如图 10.4.6 所示。

四、板翻边 FB 配筋构造

板翻边 FB 配筋构造如图 10.4.7 所示。

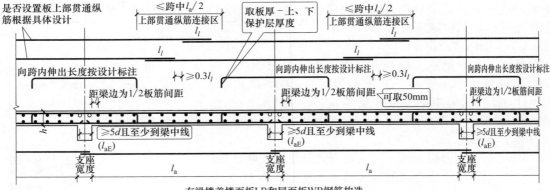

有梁楼盖楼面板LB和屋面板WB钢筋构造
（括号内的锚固长度l_{aE}用于梁板式转换层的板）

设计按铰接时：≥0.35l_{ab}；充分利用
钢筋的抗拉强度时：≥0.6l_{ab}

外侧梁角筋
15d
≥5d且至少到梁中线
在梁角筋内侧弯钩

(a) 普通楼屋面板

外侧梁角筋 ≥0.6l_{aE}
15d
15d
在梁角筋内侧弯钩 ≥0.6l_{aE}

(b) 用于梁板式转换层的楼面板

板在端部支座的锚固构造(一)

注：1. 当相邻等跨或不等跨的上部贯通纵筋配置不同时，应将配置较大者越过其标注的跨数终点或起点伸出至相邻跨的跨中连接区域连接。
2. 除本图所示搭接连接外，板纵筋可采用机械连接或焊接连接。接头位置：上部钢筋见本图所示连接区，下部钢筋宜在距支座1/4净跨内。
3. 板贯通纵筋的连接要求见本图集第59页，且同一连接区段内钢筋接头百分率不宜大于50%。不等跨板上部贯通纵筋连接构造详见本图集第101页。
4. 当采用非接触方式的绑扎搭接连接时 要求见本图集第102页。
5. 板位于同一层面的两向交叉纵筋何向在下何向在上，应按具体设计说明。

6. 图中板的中间支座均按梁绘制，当支座为混凝土剪力墙时，其构造相同。
7. 图(a)、(b)中纵筋在端支座应伸至梁支座外侧纵筋内侧后弯折15d，当平直段长度分别≥l_a、≥l_{aE}时可不弯折。
8. 图中"设计按铰接时"，"充分利用钢筋的抗拉强度时"由设计指定。
9. 梁板式转换层的板中l_{abE}、l_{aE}按抗震等级四级取值，设计也可根据实际工程情况另行指定。

注：当受力钢筋采用HPB300级光圆钢筋时，端部应做180°弯钩，并满足构造要求，但当其作为板中分布筋（不作为抗温度收缩钢筋使用），或者按构造详图已经设有≤15d的直钩时，可不再设180°弯钩。

图 10.4.1 楼面板 LB 和屋面板 WB 配筋构造 (《16G101-1》P.99)

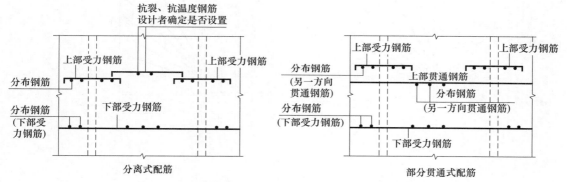

图 10.4.2 单（双）向板配筋示意 (《16G101-1》P.102)

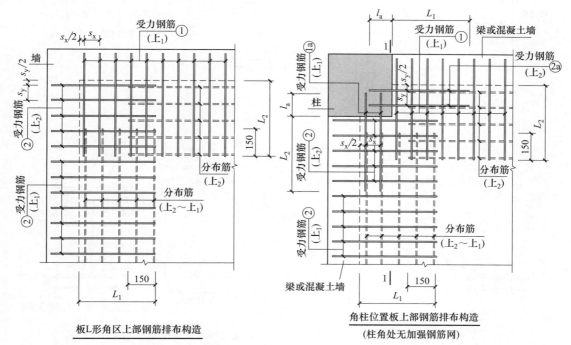

图 10.4.3 板面分布钢筋构造 (《18G901-1》P.4-9、P.4-11)

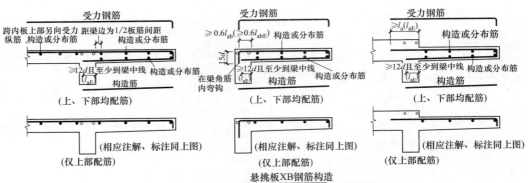

注：括号中数值用于需考虑竖向地震作用时（由设计明确）

图 10.4.4　悬挑板 XB 配筋构造（《16G101-1》P.103）

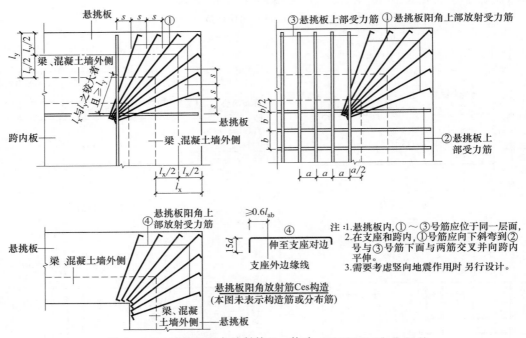

图 10.4.5　悬挑板阳角放射筋 Ces 构造（《16G101-1》P.112）

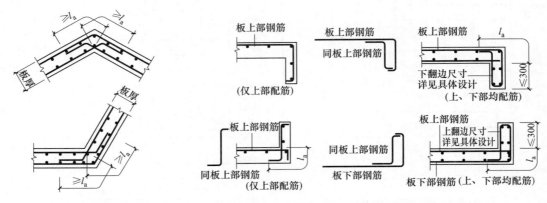

图 10.4.6　折板配筋构造
（《16G101-1》P.103）

图 10.4.7　板翻边 FB 配筋构造（《16G101-1》P.100）

五、板开洞 BD 与洞边加强钢筋构造示例（洞边无集中荷载）

当矩形洞边长和圆形洞直径不大于 300mm，且受力钢筋绕过孔洞时，可不另设补强钢筋。当矩形洞边长和圆形洞直径大于 300mm 但不大于 1000mm 时，补强钢筋构造如图 10.4.8 所示。

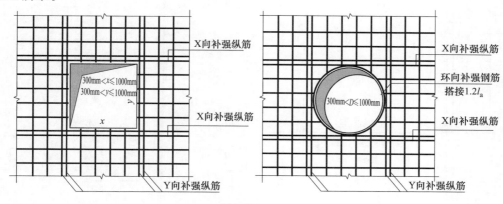

板中开洞

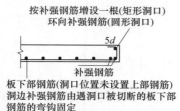

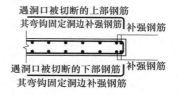

洞边被切断钢筋端部构造

注：1. 当设计注写补强钢筋时，应按注写的规格，数量与长度值补强。当设计未注写时，X向、Y向分别按每边配置两根直径不小于12且不小于同向被切断纵向钢筋总面积的50%补强，补强钢筋与被切断钢筋布置在同一层面，两根补强钢筋之间的净距为30；环向上下各配置一根直径不小于10的钢筋补强。
2. 补强钢筋的强度等级与被切断钢筋相同。
3. X向、Y向补强纵筋伸入支座的锚固方式同板中钢筋，当不伸入支座时，设计应标注。

图 10.4.8　板开洞 BD 与洞边加强钢筋构造示例（洞边无集中荷载）（《16G101-1》P.111）

实训 3　确定现浇板配筋构造

1. 教学目标

正确识读现浇板结构施工图，结合《16G101-1》图集中的标准配筋构造，能够将现浇板结构施工图与配筋构造相结合，进行正确合理的施工。

2. 实训要点

熟悉钢筋混凝土现浇板中板面与板底钢筋锚固构造，将现浇板结构施工图与标准配筋构造相结合，绘制现浇板钢筋的排布及锚固构造示意图。

3. 实训内容及深度

阅读××别墅中二层现浇板结构平面图（见配套"建筑结构施工图集"工程实例一），结合《16G101-1》图集中板标准配筋构造，绘制①～②轴与Ⓐ～Ⓑ轴处板块的板面与板底钢筋锚固构造示意图（图10.4.9）。

（1）板面支座负筋分布钢筋长度计算；

（2）板面支座负筋在梁中及板内的锚固长度计算；

（3）板底钢筋在梁中锚固长度及板底钢筋长度计算。

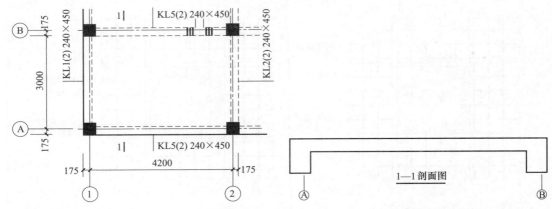

（a）绘制板面支座负筋及其分布筋示意图　　　（b）板面及板底钢筋排布及锚固构造示意图

图10.4.9　绘制板块的板面与板底钢筋锚固构造示意图

4. 预习要求

（1）阅读工程实例一中二层现浇板结构平面图。

（2）熟悉《16G101-1》图集中板标准配筋构造做法。

5. 实训过程

（1）阅读工程实例一中二层现浇板结构平面图，获取①～②轴与Ⓐ～Ⓑ
轴处板块的相关配筋信息。

二维码10.4

（2）根据①～②轴与Ⓐ～Ⓑ轴处板块配筋信息，按照现浇板标准配筋构造，绘制①～②轴与Ⓐ～Ⓑ轴处板块板面支座负筋及其分布筋、板面及板底钢筋排布及锚固构造示意图。

6. 实训小结

本实训主要训练将实际工程的现浇板结构施工图与现浇板标准配筋构造相结合，对现浇板钢筋进行正确合理的施工。

第五节　剪力墙配筋构造

如前所述，剪力墙由墙身、墙柱（边缘构件）、墙梁三类构件组成。

一、墙身钢筋构造

剪力墙墙身配置有水平分布筋、竖向分布筋及拉筋。

1. 水平分布钢筋构造

水平分布钢筋配筋构造如图10.5.1所示。

2. 竖向分布钢筋构造

竖向分布钢筋配筋构造如图10.5.2所示。

3. 拉筋构造

拉筋配筋构造如图10.5.3所示。

二、墙柱（边缘构件）钢筋构造

边缘构件分为约束边缘构件YBZ、构造边缘构件GBZ、扶壁柱及非边缘暗柱。这里主要学习约束边缘构件YBZ、构造边缘构件GBZ的配筋构造。

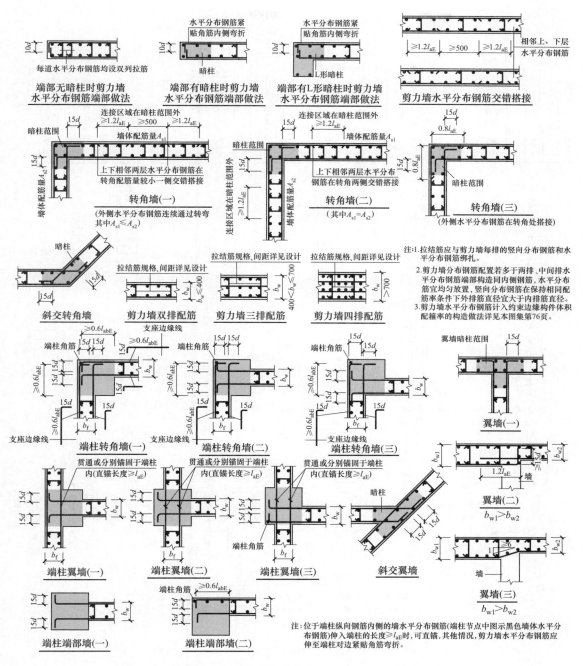

图 10.5.1　剪力墙水平分布钢筋构造（《16G101-1》P.71、P.72）

1. 约束边缘构件 YBZ 配筋构造

约束边缘构件 YBZ 配筋构造如图 10.5.4 所示。

2. 构造边缘构件 GBZ 配筋构造

构造边缘构件 GBZ 配筋构造如图 10.5.5 所示。

3. 边缘构件纵向钢筋连接构造

边缘构件纵向钢筋连接构造如图 10.5.6 所示。

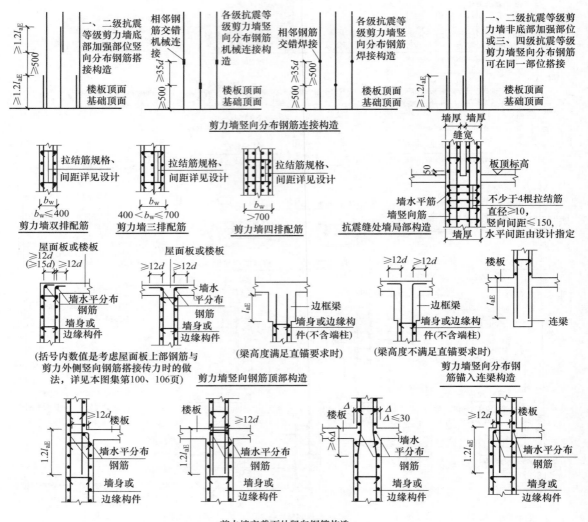

图 10.5.2　剪力墙竖向钢筋构造（《16G101-1》P.73）

三、墙梁钢筋构造

墙梁分为连梁 LL、边框梁 BKL 及暗梁 AL。其中比较常见的连梁 LL 配筋构造如图 10.5.7 所示；连梁交叉斜筋 LL（JX）、集中对角斜筋 LL（DX）、对角暗撑 LL（JC）配筋构造如图 10.5.8 所示。

四、剪力墙洞口补强钢筋构造

剪力墙洞口补强钢筋构造如图 10.5.9 所示。

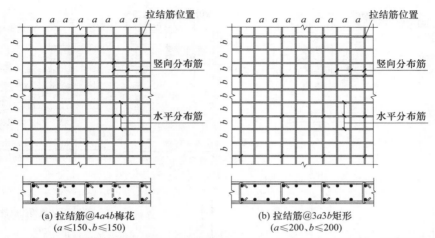

(a) 拉结筋@4a4b梅花
(a≤150、b≤150)

(b) 拉结筋@3a3b矩形
(a≤200、b≤200)

注:1.剪力墙拉结筋特指用于剪力墙分布钢筋(约束边缘构件沿墙肢长度l_c范围以外、构造边缘构件范围以外)的拉结,宜同时勾住外侧水平及竖向分布钢筋。

2.位于边缘构件范围的水平分布筋也应设置拉结筋,此范围拉结筋间距不大于墙身拉结筋间距。

3.剪力墙拉结筋的排布设置有梅花、矩形两种形式。

4.拉结筋可采用两端均为90°弯钩,也可采用一端135°另一端90°弯钩。当采用一端135°另一端90°弯钩的构造做法时,拉结筋需交错布置,详见18G901-1图集第1-10、1-11页。

5.拉结筋排布:竖直方向上层高范围由底部板顶向上第二排水平分布筋处开始设置,至顶部板底向下第一排水平分布筋处终止;水平方向上由距边缘构件边第一排墙身竖向分布筋处开始设置。

6.当剪力墙配置的分布钢筋多于两排时,剪力墙拉结筋两端应同时勾住外排水平分布筋和竖向分布筋,还应与剪力墙内排水平纵筋和竖向纵筋绑扎在一起。

图 10.5.3　剪力墙拉结筋构造　(《18G901-1》P.3-30)

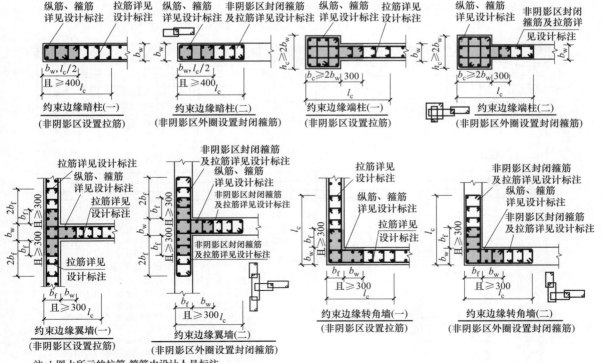

注:1.图上所示的拉筋、箍筋由设计人员标注。

2.几何尺寸l_c见具体工程设计,非阴影区箍筋、拉筋竖向间距同阴影注。

3.当约束边缘构件内箍筋、拉筋位置(标高)与墙体水平分布筋相同时可采用详图(一)或详图(二),不同时应采用详图(二)。

图 10.5.4　约束边缘构件 YBZ 配筋构造　(《16G101-1》P.75)

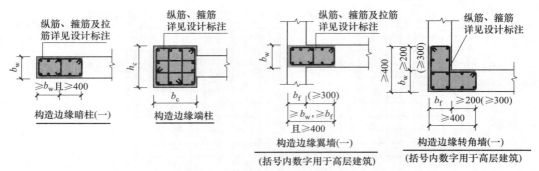

图 10.5.5 构造边缘构件 GBZ 配筋构造（《16G101-1》P.77）

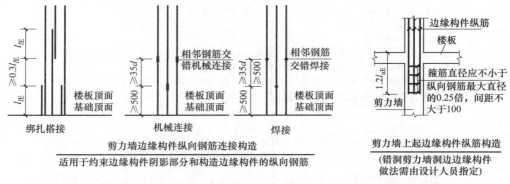

注：1.端柱竖向钢筋和箍筋的构造与框架柱相同。矩形截面独立墙肢，当截面高度不大于截面厚度的4倍时，其竖向钢筋和箍筋的构造要求与框架柱相同或按设计要求设置。
2.约束边缘构件阴影部分。构造边缘构件。扶壁柱及非边缘暗柱的纵筋搭接长度范围内，箍筋直径应不小于纵向搭接钢筋最大直径的0.25倍，箍筋间距不大于100。

图 10.5.6 边缘构件纵向钢筋连接构造（《16G101-1》P.73、P.74）

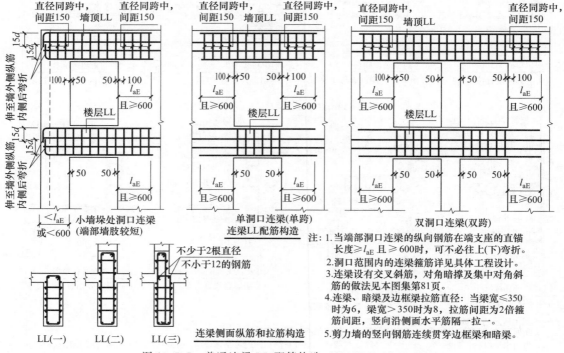

注：1.当端部洞口连梁的纵向钢筋在端支座的直锚长度≥l_{aE}且≥600时，可不必往上(下)弯折。
2.洞口范围内的连梁箍筋详见具体工程设计。
3.连梁设有交叉斜筋，对角暗撑及集中对角斜筋的做法见本图集第81页。
4.连梁、暗梁及边框梁拉筋直径：当梁宽≤350时为6，梁宽>350时为8，拉筋间距为2倍箍筋间距，竖向沿侧面水平隔一拉一。
5.剪力墙的竖向钢筋连续贯穿边框梁和暗梁。

图 10.5.7 普通连梁 LL 配筋构造（《16G101-1》P.78）

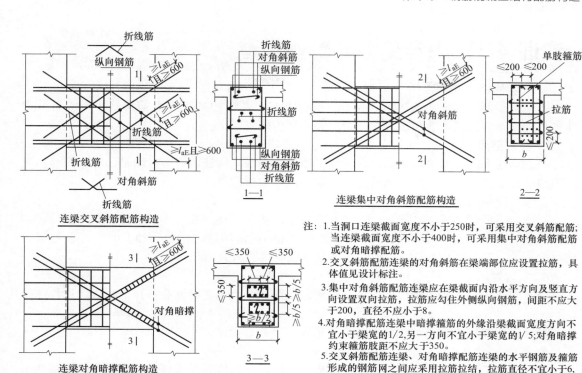

注：1. 当洞口连梁截面宽度不小于250时，可采用交叉斜筋配筋；当连梁截面宽度不小于400时，可采用集中对角斜筋配筋或对角暗撑配筋。

2. 交叉斜筋配筋连梁的对角斜筋在梁端部位应设置拉筋，具体值见设计标注。

3. 集中对角斜筋配筋连梁应在梁截面内沿水平方向及竖直方向设置双向拉筋，拉筋应勾住外侧纵向钢筋，间距不应大于200，直径不应小于8。

4. 对角暗撑配筋连梁中暗撑箍筋的外缘沿梁截面宽度方向不宜小于梁宽的1/2，另一方向不宜小于梁宽的1/5；对角暗撑约束箍筋肢距不应大于350。

5. 交叉斜筋配筋连梁、对角暗撑配筋连梁的水平钢筋及箍筋形成的钢筋网之间应采用拉筋拉结，拉筋直径不宜小于6，间距不宜大于400。

图 10.5.8 特殊连梁 LL 配筋构造 （《16G101-1》P.81）

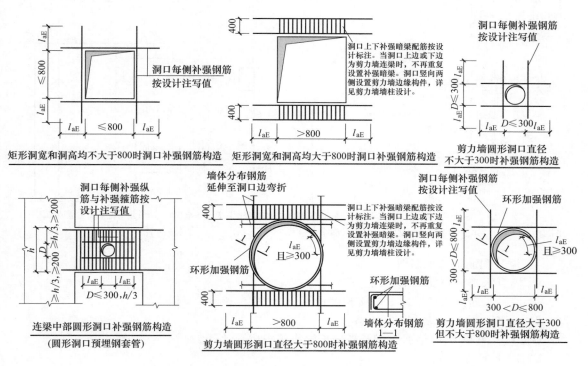

图 10.5.9 剪力墙洞口补强钢筋构造 （《16G101-1》P.83）

实训 4 ◎ 确定剪力墙配筋构造

1. 教学目标

正确识读剪力墙平法施工图，结合《16G101-1》图集中的标准配筋构造，能够将剪力墙平法施工图与配筋构造相结合，进行正确合理的施工。

2. 实训要点

熟悉钢筋混凝土剪力墙中墙身、墙柱、墙梁钢筋锚固构造，将剪力墙平法施工图与标准配筋构造相结合，绘制剪力墙钢筋的排布及锚固构造示意图。

3. 实训内容及深度

阅读××居住小区 2♯楼中二层剪力墙平法结构施工图（见配套"建筑结构施工图集"工程实例二），结合《16G101-1》图集中剪力墙标准配筋构造，绘制①轴上Ⓓ～Ⓔ轴处剪力墙（LL1、GJZ1、GAZ1 及墙身）钢筋排布及锚固构造示意图。

4. 预习要求

（1）阅读工程实例二中二层剪力墙结构施工图、剪力墙连梁配筋一览表、边缘构件详图（一）。

（2）熟悉《16G101-1》图集中剪力墙标准配筋构造做法。

5. 实训过程

（1）阅读工程实例二中二层剪力墙结构施工图、剪力墙连梁配筋一览表、边缘构件详图（一），获取①轴上Ⓓ～Ⓔ轴处剪力墙（LL1、GJZ1、GAZ1 及墙身）的相关配筋信息，填写①轴上Ⓓ～Ⓔ轴处剪力墙配筋信息于图 10.5.10 中。

（2）根据①轴上Ⓓ～Ⓔ轴处剪力墙（LL1、GJZ1、GAZ1 及墙身）钢筋配筋信息，按照剪力墙标准配筋构造，绘制二层墙身、GJZ1 与 GAZ1、LL1 钢筋排布及锚固构造示意图（图 10.5.11～图 10.5.13）。

图 10.5.10　LL1、GJZ1、GAZ1 及墙身配筋信息

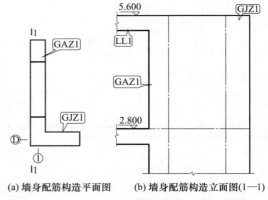

(a)墙身配筋构造平面图　　(b)墙身配筋构造立面图(1—1)

图 10.5.11　二层墙身钢筋锚固构造示意图

1）墙身配筋构造平面图。

① 墙身水平分布筋端部弯锚长度计算。

② 墙身竖向分布筋锚固及搭接长度计算。

2）GJZ1、GAZ1 纵向钢筋构造。

GJZ1、GAZ1 纵向钢筋锚固及搭接长度或接头位置计算。

3）LL1 配筋构造。

LL1 纵向钢筋锚固形式及锚固长度计算。

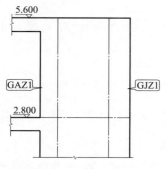

图 10.5.12　GJZ1、GAZ1 纵向
钢筋构造立面图（1—1）

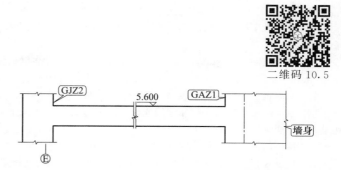

图 10.5.13　LL1 纵向钢筋锚固构造示意图

二维码 10.5

6. 实训小结

本实训主要训练将实际工程的剪力墙平法结构施工图与剪力墙标准配筋构造相结合，对剪力墙钢筋进行正确合理的施工。

我们已经学习了钢筋混凝土结构基本构件的配筋设计原理及其结构施工图平法表达，能够读懂平法施工图中表达的构件截面尺寸、配筋等数字信息，而有关钢筋的构造做法，如钢筋锚固、截断位置、连接位置等，则要按配筋构造详图的规定进行施工。因此，要全面、正确地理解结构施工图并付诸实践，必须把图纸和配筋构造很好地结合，才能确保结构施工质量。总之，数字看图纸，施工按构造，两者缺一不可。

对于钢筋混凝土柱，可划分为框架柱 KZ、剪力墙上柱 QZ、梁上柱 LZ 等类型，施工时可依据《16G101-1》及《18G901-1》标准图集中的相关配筋构造进行施工。柱钢筋施工的关键是柱纵筋接头位置、柱顶钢筋锚固构造及柱箍筋加密区设置。

对于钢筋混凝土梁，可划分为楼层框架梁 KL、屋面框架梁 WKL、非框架梁 L、悬挑梁 XL、框支梁 KZL、托柱转换梁 TZL、井字梁 JZL、加腋梁、折梁、框架扁梁等类型，施工时可依据《16G101-1》及《18G901-1》标准图集中的相关配筋构造进行施工。梁钢筋施工的关键是梁端纵筋锚固构造、支座负筋锚固构造及梁箍筋加密区设置。

对于现浇板，可划分为楼面板 LB、屋面板 WB、悬挑板 XB、折板、局部升降板 SJB、加腋板 JY 等类型，施工时可依据《16G101-1》及《18G901-1》标准图集中的相关配筋构造进行施工。现浇板钢筋施工的关键是板底钢筋锚固构造、支座负筋锚固构造及板面、板底钢筋排布问题。

对于钢筋混凝土剪力墙，可划分为墙身、墙柱（边缘构件）、墙梁三类构件，施工时可依据《16G101-1》及《18G901-1》标准图集中的相关配筋构造进行施工。墙身钢筋施工的关键是水平分布筋在边缘构件中的锚固构造及其连接接头设置、竖向分布筋纵筋接头位置、拉筋的排布构造；墙柱（边缘构件）钢筋施工的关键是纵筋接头位置设置；墙梁钢筋施工的关键是纵筋端部锚固构造。

思考与练习

1. 一般情况下，一套完整的建筑工程设计图纸由哪些专业图纸构成？结构施工图由哪两部分组成？

2. 常用的平法制图及构造详图标准设计系列图集有哪些？如何理解"数字看图纸，施工按构造"？

3. 常见的钢筋连接接头有哪几类？如何选用？

4. 何谓钢筋接头面积百分率？为什么要限定钢筋接头面积百分率？

5. 对于常用电渣压力焊的 KZ 纵筋，其接头位置一般应设置在哪些部位？相邻纵筋的接头高差应为多少？

6. 当上柱纵筋直径较大时，下柱纵筋接头应设置在何处？

7. KZ 箍筋加密区一般应设置在哪些部位？

8. 何谓"插筋"？基础内设置插筋的箍筋应符合哪些要求？

9. 16G101-1 中给出的 KZ 边柱和角柱柱顶纵筋构造形式有几种？如何选用？

10. 楼层框架梁 KL 纵向钢筋在端支座中应如何锚固？中间支座非贯通负筋的锚固长度应符合哪些要求？

11. KL 箍筋加密区一般应设置在哪些部位？当 KL 设置侧面纵筋时，拉筋应如何排布？

12. 框架梁 KL 与非框架梁 L 纵筋锚固要求有何不同？

13. 侧面抗扭纵筋与构造纵筋的锚固要求有何不同？

14. 主、次梁铰接处，附加箍筋或附加吊筋应设置在主梁上还是次梁上？附加箍筋应如何排布？附加吊筋的构造与锚固应满足哪些要求？

15. 折梁纵筋在转折处的锚固构造应满足哪些要求？

16. 现浇板板底受力筋在支座中的锚固构造要求是什么？现浇板支座负筋在支座中及板内的锚固构造应满足哪些要求？板面分布筋与同向非贯通支座负筋的搭接长度为多少？

17. 折板板底钢筋在转折处的锚固构造应满足哪些要求？

18. 剪力墙墙身水平分布筋在暗柱中的锚固构造应符合哪些要求？在转角墙中墙身外侧与内侧水平分布筋的锚固构造应符合哪些要求？在端柱、翼墙中水平分布筋的锚固构造应符合哪些要求？

19. 剪力墙竖向分布筋的连接接头应如何设置？剪力墙边缘构件纵向钢筋的连接接头应如何设置？

20. 剪力墙拉筋排布构造应符合哪些要求？

21. 剪力墙 LL 纵筋在边缘构件或墙肢中的锚固构造应符合哪些要求？楼层 LL 与墙顶 LL 的箍筋排布有何不同？

第三篇
砌体结构

砌体结构是指由块体和砂浆砌筑而成的墙、柱及基础作为建筑物主要受力构件的结构。实际工程中，砌体结构一般与混凝土结构结合使用，采用砌体作墙体，钢筋混凝土作楼盖、屋盖、楼梯等，即通常所说的砖混结构。本篇主要介绍砌体结构构件的受力特点、施工图表达及施工构造做法，目的是读懂砌体结构施工图，为砌体结构施工或工程预算的打下基础。

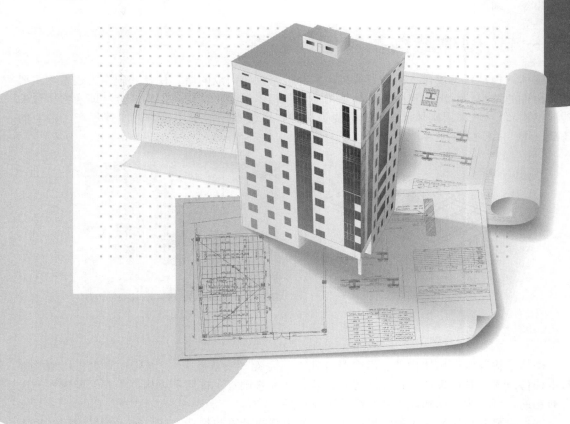

第十一章　初识砌体结构施工图

- **知识目标**
  - 了解砌体结构的基本组成构件及受力特性
  - 熟悉砌体结构施工图的组成与表达方式

- **能力目标**
  - 能够初步识读砌体结构施工图

在学习砌体结构之前，首先来熟悉一下砌体结构的组成构件及其施工图表达，目的是先从结构整体出发，建立一个整体的砌体结构概念，然后再具体学习结构构件的计算方法，即整体出发，细部入手。

第一节　砌体结构基本组成构件

砌体结构是指由块体（砖、石或砌块）和砂浆砌筑而成的墙、柱及基础作为建筑物主要受力构件的结构。实际工程中，砌体结构一般与钢筋混凝土结构构件相结合（即通常所说的砖混结构），一般采用砌体墙作为竖向受力构件，承受钢筋混凝土楼盖、屋盖等产生的竖向荷载（图 11.1.1）。

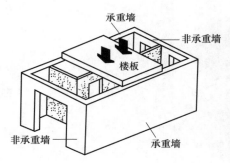

图 11.1.1　砌体结构

砌体结构通常由砌体构件、门窗洞口过梁、挑梁（或悬挑板）、墙梁、圈梁与构造柱等基本构件组成。其中砌体构件主要有砌体墙、柱及基础等。按照砌体构件中是否配置参与受力的钢筋，可分为无筋砌体构件与配筋砌体构件。

本书主要介绍比较常见的无筋砌体构件的承载力计算与构造措施，如无特别说明，以下所说砌体结构构件均指无筋砌体构件。关于配筋砌体构件的承载力计算与构造措施，本书不再展开介绍，可参阅《砌体结构设计规范》（GB 50003—2011）（以下简称《砌体规范》）

进行学习，或扫码进一步了解。

1. 砌体构件

（1）砌体墙（以下简称墙体） 墙体按受力特性可分为承重墙、非承重墙。承重墙是指承受屋顶、楼板等构件传下来的竖向荷载和本身自重的墙体，是砌体结构的主受力构件；非承重墙是指不承受外来荷载的墙体，有时也称为自承重墙，其主要作用是围护或分隔房间。在钢筋混凝土框架结构中，为结构围护或分隔房间而砌筑的墙体称为框架填充墙。

按位置关系墙体可分为外墙、内墙或纵墙、横墙、女儿墙。外墙起着抵御自然界各种因素对室内侵袭的作用，要求其具有保温隔热、挡雨等方面的能力；内墙把房屋内部划分为若干房间和使用空间，起着分隔的作用。有时将外横墙称作山墙，突出屋面的外墙称为女儿墙。

为保证墙体平面外强度与稳定性，沿墙长方向隔一定距离将墙体局部加厚而形成的带垛的墙体称为带壁柱墙（图 11.1.2）。

为适应国家节能减排、墙体材料革新工作推进，出现了一种新型墙体——夹心墙。夹心墙墙体中预留有连续空腔，并在空腔内填充保温或隔热材料，在墙内叶和外叶之间用防锈的金属拉结件连接形成墙体（图 11.1.3）。

图 11.1.2 带壁柱墙

图 11.1.3 夹心墙

（2）砖（或石）基础 砖（或石）基础主要指由实心砖或毛石砌筑而成的基础。为了满足地基承载力的要求，基础底面一般应比墙身宽。加宽基础时应呈阶梯形逐级加宽，以防止基础的冲切破坏（图 11.1.4）。砌体结构的基础也可以采用钢筋混凝土基础。

2. 过梁

过梁是指门窗洞口上支撑洞口上砌体的重量及搁置在洞口砌体上的梁、板传来的荷载，并将这些荷载传递给墙体。过梁的类型一般有钢筋混凝土过梁、砖砌过梁两类，其中砖砌过梁包括钢筋砖过梁、砖砌平拱、砖砌弧拱等几种形式（图 11.1.5）。目前工程中一般采用钢筋混凝土过梁。

3. 挑梁、悬挑板

在混合结构房屋中，由于使用和建筑艺术上的要求，往往将钢筋混凝土梁或板一端悬挑在墙

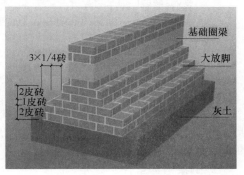

图 11.1.4 砖基础

(a) 钢筋混凝土过梁

2～3根直径6mm 钢筋端部比洞口长出300mm，
向上弯直钩折入上层砖缝内，用M7.5砂浆砌筑

(b) 钢筋砖过梁

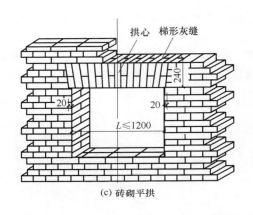

(c) 砖砌平拱

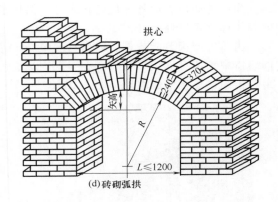

(d) 砖砌弧拱

图 11.1.5　过梁的类型

体外面，一端嵌入墙内，形成挑梁、悬挑板构件。挑梁一般有外廊挑梁或阳台挑梁，悬挑板一般有雨篷、挑檐、空调板等（图 11.1.6）。

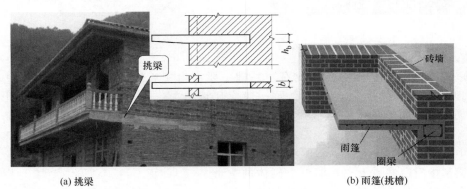

(a) 挑梁　　　　　　　　　　　　　　　　(b) 雨篷(挑檐)

图 11.1.6　挑梁与雨篷

4. 墙梁与托梁

由钢筋混凝土托梁及托梁上计算高度范围内的砌体墙组成的组合构件称为墙梁。托梁是指墙梁中用于承托砌体墙和楼（屋）盖的钢筋混凝土简支梁、连续梁或框支梁，与之相对应的墙梁分别称为简支墙梁、连续墙梁、框支墙梁（图 11.1.7）。

5. 圈梁与构造柱

在多层砖房结构中，墙身由于承受集中荷载、开洞或地震的影响，使房屋整体性、稳定

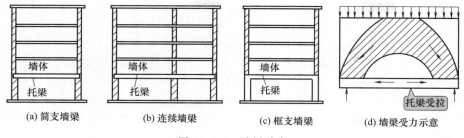

图 11.1.7　墙梁种类

性降低，一般应设置构造柱和圈梁（图 11.1.8）来加强砌体结构的整体性。圈梁与构造柱通常采用钢筋混凝土材料。

构造柱指在砌体房屋墙体的规定部位，按照构造配筋，并按先砌墙后浇灌混凝土柱的施工顺序制成的混凝土柱。通常称为混凝土构造柱，简称构造柱。圈梁指在房屋的檐口、窗顶、楼层或基础顶面标高处，沿砌体墙水平方向设置封闭状的按构造配筋的混凝土梁式构件。

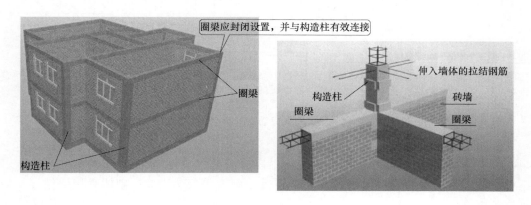

图 11.1.8　圈梁与构造柱

第二节　砌体结构施工图识读示例

请阅读××电力供电所结构施工图（见配套"建筑结构施工图集"工程实例三），进一步了解砌体结构及其基本构件。

 特别说明

目前常见的砌体结构施工图通常为砖混结构施工图，因此识读施工图时必须将砌体构件与钢筋混凝土构件相结合才能真正读懂砌体结构施工图。

一、阅读结构设计总说明

（1）[2. ××电力供电所为砖混结构，砌体施工质量控制等级为 B 级。]

（2）[9. 混凝土强度等级±0.000 以下为 C25（仅基础），梁、板、柱为 C20。砌体采用烧结砖，地面以下采用 M10 水泥砂浆砌筑，地面以上采用 M5.0 混合砂浆砌筑。]

（3）[13.（2）结构平面布置图中构造柱均为本楼面下层构造柱；构造柱应随墙体伸至女儿墙顶。]

（4）［13.（4）构造柱在门、窗、洞口边，墙宽小于 300mm 时，改用混凝土与构造柱整体浇筑。］

（5）［13.（5）沿各层楼、屋面板处，沿墙均设置圈梁，圈梁应拉通封闭。］

（6）［14. 建筑的门、窗、洞口处，除注明外，均采用钢筋混凝土过梁。］

（7）由圈梁配筋图可知，各楼层顶面处的圈梁高度为 200mm，宽度随墙厚（墙厚有 370mm 与 240mm 之分）；由挑梁 TL 详图可知，结构中有挑梁，其中楼面挑梁伸入墙体中的长度为 1.5 倍的悬挑长度，屋面挑梁伸入墙体中的长度为 2 倍的悬挑长度（见图 11.2.1 或结构设计总说明）。

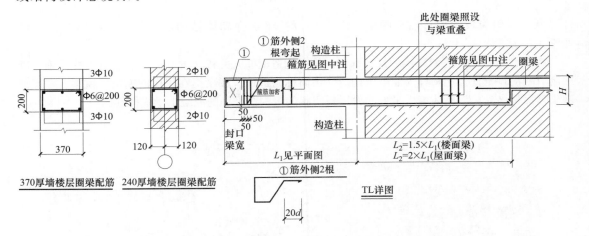

图 11.2.1　圈梁配筋图、挑梁 TL 详图

二、阅读基础平面布置图

（1）基础采用钢筋混凝土结构材料，混凝土强度等级为 C25；砌体采用烧结砖、M10 水泥砂浆砌筑。

（2）在 −0.050m 下设置钢筋混凝土基础圈梁，其截面高度为 300mm，宽度随墙厚。

（3）外墙厚 370mm，内墙厚 240mm，隔墙厚 120mm。

（4）构造柱设置于纵横墙交接处、钢筋混凝土大梁下端及入户门洞口两侧（参见建筑施工图）。构造柱截面尺寸有 240mm×240mm、370mm×370mm、240mm×370mm 之分。

三、阅读二层、三层梁平法施工图

1. 二层结构施工图

（1）二层结构中有挑梁（①、③轴处）、大梁（其中②、④、⑤轴处一端有悬挑）、过梁、圈梁、构造柱、雨篷及压梁等钢筋混凝土构件，混凝土强度等级为 C20。其中挑梁、大梁、圈梁、雨篷顶标高为 3.850m，过梁顶标高为 3.300m，压梁标高为 4.500m。

挑梁截面尺寸为 240mm×550mm，大梁截面尺寸有 240mm×300mm、240mm×350mm、240mm×400mm、240mm×500mm，过梁截面尺寸为 370mm×300mm，圈梁截面高度为 200mm，宽度随墙厚，墙体构造柱截面尺寸有 240mm×240mm、370mm×370mm、240mm×370mm 之分（构造柱在门洞边，门垛墙长小于 300mm 时，门垛与构造柱整体浇筑，故构造柱截面尺寸有变化），压梁截面尺寸为 120mm×120mm，上部外侧挑出 30mm。

（2）二层外墙厚 370mm（其中⑧、⑩轴上Ⓐ～Ⓑ间墙厚 240mm），内墙厚 240mm，雨篷端部女儿墙厚 120mm。砌体采用 MU10 烧结砖、M5.0 混合砂浆砌筑（其中 L1、L4 上内墙墙体采用加气混凝土砌块砌筑)。

(3) 二层挑梁及大梁悬挑端设置构造柱(截面尺寸为 240mm×120mm),与雨篷端部女儿墙相连接。

2. 三层结构施工图

三层结构标高为 7.150m,其中无挑梁、女儿墙,但设有上翻挑檐。其他构件与二层结构施工图识读方法基本相同。

四、阅读顶层梁平法施工图

(1) 顶层结构标高为 10.500m,其中有大梁、过梁、圈梁、构造柱、上翻挑檐等钢筋混凝土构件。大梁截面尺寸为 240mm×500mm,过梁截面尺寸为 370mm×600mm,构造柱截面尺寸有 240mm×240mm、240mm×370mm 之分(构造柱在门、窗洞边,门、窗垛墙长小于 300mm 时,应与构造柱整体浇筑,故构造柱截面尺寸有变化)。

(2) 顶层墙体,除Ⓐ、Ⓔ轴处外墙厚为 370mm 外,其他部位内、外墙厚均为 240mm。砌体采用 MU10 烧结砖、M5.0 混合砂浆砌筑。

(3) Ⓒ轴与⑦轴交点处(外墙交点)设置构造柱,该构造柱于下层圈梁中生根。

五、阅读二层、三层、屋面板配筋平面图及楼梯详图

二层、三层、屋面板及楼梯均采用钢筋混凝土结构材料。其中二层局部设有钢筋混凝土空调板。

由屋面板及局部三层板配筋平面图可知,屋面 370mm 厚外墙处圈梁截面尺寸为 420mm×250mm,截面宽度超出外墙外表面 50mm。

砌体结构是指由块体(砖、石或砌块)和砂浆砌筑而成的墙、柱作为建筑物主要受力构件的结构。实际工程中,砌体结构一般与钢筋混凝土构件相结合,即通常所说的砖混结构(通常墙体采用砌体材料,而过梁、挑梁、托梁、圈梁、构造柱及大梁、现浇板、雨篷、楼梯等构件一般采用钢筋混凝土材料。)

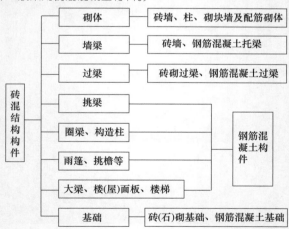

砌体构件主要有砌体墙、柱等。按照砌体构件中是否配置参与受力的钢筋,可分为无筋砌体构件与配筋砌体构件,其中无筋砌体构件比较常见。

目前常见的砌体结构施工图通常为砖混结构房屋施工图,因此识读施工图时必须将砌体构件与钢筋混凝土构件相结合才能真正读懂砌体结构施工图。

阅读砌体结构施工图前要首先熟悉其建筑施工图,在脑海中形成一个整体的空间立体形象,然后再阅读结构施工图。砌体结构施工图识读时,应重点了解砌体结构所采用的墙体材料、承重墙体和非承重墙体的布置、圈梁与构造柱的设置、砌体施工质量控制等级与技术要求等。同时了解墙体的厚度、高

度、门窗洞口的大小及布置，是否布置挑梁、挑檐等构件；洞口上是否有过梁、过梁的类型及施工方法等。

对于砌体结构中的钢筋混凝土构件（如大梁、现浇板、楼梯等）施工图，可参考钢筋混凝土结构施工图的相关知识进行识读。

思考与练习

1. 何谓砌体结构？如何理解砖混结构？
2. 砌体结构通常由哪些基本构件组成？其组成材料分别是什么？
3. 砌体构件主要有哪几类？配筋砌体构件主要有哪几类？
4. 何谓承重墙、非承重墙？框架填充墙属于承重墙还是非承重墙？
5. 何谓过梁？过梁有哪几种类型？目前工程中通常采用哪种过梁？
6. 砌体结构中的挑梁、雨篷与钢筋混凝土结构中的悬挑梁、悬挑板有何异同之处？
7. 何谓墙梁与托梁？墙梁与钢筋混凝土框架梁有何区别？
8. 设置圈梁与构造柱的目的是什么？圈梁与钢筋混凝土框架梁有何区别？构造柱与钢筋混凝土框架梁有何区别？
9. 阅读砌体结构设计总说明时，应重点了解哪些信息？
10. 阅读砌体结构平面布置图时，应重点了解哪些信息？

第十二章　砌体结构材料与砌体强度

知识目标	• 熟悉砌体结构中常用材料的种类 • 了解砌体结构材料的选用原则 • 熟悉砌体的抗压强度指标及影响砌体抗压强度的因素
能力目标	• 能够根据砌体的组成材料查取砌体的抗压强度设计值

砌体是由砌筑砂浆将砖、石或砌块等块体材料粘接成的整体，学习砌体结构前必然要先熟悉这些组成材料的特性以及由这些材料砌筑而成的砌体的力学性能。

第一节　砌体结构材料与选用

一、砌体结构材料

砌体结构所用的材料主要是砖、石或砌块以及将这些块体材料黏结成整体的砌筑砂浆。比较常用的块体材料是砖和砌块。关于砌体结构材料的种类及其技术指标，请结合前导课程"建筑材料与检测"中相关内容进行学习。

1. 砖

按照组成成分及生产工艺不同将砖分为烧结砖和非烧结砖。目前我国用于砌体结构的烧结砖有烧结普通砖、烧结多孔砖、烧结空心砖（图 12.1.1）。非烧结砖主要有蒸压灰砂普通砖、蒸压粉煤灰普通砖、混凝土普通砖、混凝土多孔砖等。随着墙体改革的深入，目前烧结普通砖的应用越来越少。

烧结多孔砖是由煤矸石、页岩、粉煤灰或黏土为主要原料，经焙烧而成，孔洞率不大于35%，孔的尺寸小而数量多，主要用于承重部位，简称多孔砖。多孔砖的采用，可减轻结构自重，节省砌筑砂浆，减少砌筑工时。使用时，洞应垂直于受压面。多孔砖分为 P 型和 M 型砖，其规格尺寸分别为 240mm×115mm×90mm 和 190 mm×190mm×90mm ［图12.1.1（b）］；强度等级有 MU30、MU25、MU20、MU15、MU10（MU 后数字表示块体的强度大小，单位为 MPa，下同）。

烧结空心砖是用黏土、煤矸石、页岩为主要原料，经焙烧而成，孔洞率大于 35%，且孔洞较大，常用于非承重墙 ［图 12.1.1（c）］。烧结空心砖的外形尺寸，长度为 290mm、240mm、190mm，宽度为 240mm、190mm、180mm、175mm、140mm、115mm，高度为90mm；强度等级有 MU10、MU7.5、MU5、MU3.5。

蒸压灰砂普通砖是以石灰等钙质材料和砂等硅质材料为主要原料，经坯料制备、压制排气成型、高压蒸汽养护而成的实心砖 ［图 12.1.2（a）］，俗称灰砂砖。蒸压灰砂普通砖的规

(a) 烧结普通砖　　　　　　(b) 烧结多孔砖　　　　　　(c) 烧结空心砖

图 12.1.1　常见的烧结砖

格尺寸分别为 240mm×115mm×53mm、240mm×115mm×103mm、240mm×180mm×103mm、400mm×115mm×53mm 等几种；强度等级有 MU25、MU20、MU15。

蒸压粉煤灰普通砖是以石灰、消石灰（如电石渣）或水泥等钙质材料与粉煤灰等硅质材料及集料（砂等）为主要原料，掺入适量石膏，经坯料制备、压制排气成型、高压蒸汽养护而成的实心砖，简称粉煤灰砖［图 12.1.2（b）］。蒸压粉煤灰普通砖的规格尺寸分别为 240mm×115mm×53mm、400mm×115mm×53mm；强度等级有 MU25、MU20、MU15。

混凝土砖是以水泥为胶结材料，以砂、石等为主要集料，经加水搅拌、成型、养护制成的一种多孔的混凝土半盲孔砖或实心砖［图 12.1.2（c）、（d）］。多孔砖的主要规格尺寸为 240mm×115mm×90mm、240mm×190mm×90mm、190mm×190mm×90mm 等；实心砖的主要规格尺寸为 240mm×115mm×53mm、240mm×115mm×90mm 等；强度等级有 MU30、MU25、MU20、MU15。

(a) 蒸压灰砂普通砖　　　(b) 蒸压粉煤灰普通砖　　　(c) 混凝土普通砖　　　(d) 混凝土多孔砖

图 12.1.2　常见的非烧结砖

2. 砌块

砌块的尺寸较砖大，用砌块代替砖砌筑砌体，可以节省砂浆，减轻劳动量，加快施工进度，是墙体材料改革的一个重要方向。

砌块的种类规格较多，目前砌筑工程中常用砌块有混凝土砌块、轻集料混凝土砌块（图12.1.3），按形状分有实心砌块和空心砌块两种；按尺寸大小可分为小型砌块和大、中型砌块，其中小型砌块应用比较广泛。

常见的混凝土小型空心砌块是由普通混凝土或轻集料混凝土制成、空心率为 25%～50% 的砌块。其中轻集料混凝土小型空心砌块包括煤矸石混凝土砌块和孔洞率不大于 35% 的火山渣、浮石和陶粒混凝土砌块。轻集料混凝土小型空心砌块常以集料名称冠名，例如陶粒混凝土小型空心砌块、浮石混凝土小型空心砌块等。

混凝土小型空心砌块按孔的排数可分为单排孔、双排孔、三排孔、四排孔四类，目前以单排孔为主，多用于承重结构。小型砌块主要规格尺寸有 390mm×190mm×190mm；强度等级有 MU20、MU15MU、MU10、MU7.5、MU5、MU3.5。

(a)普通混凝土小型空心砌块

(b)轻集料混凝土小型空心砌块

图 12.1.3　常见小型空心砌块

常见的实心砌块（指空洞率小于 25％或无孔洞的砌块）有蒸压加气混凝土砌块、浮石混凝土砌块（图 12.1.4），多用于地面（±0.000）以上的室内填充墙。实心砌块常用规格尺寸为，长度：600mm；宽度：100mm、120mm、125mm、150mm、180mm、200mm、240mm、250mm、300mm；高度：200mm、240mm、250mm、300mm。

(a)蒸压加气混凝土砌块

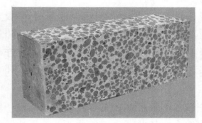
(b)浮石混凝土砌块

图 12.1.4　轻集料混凝土砌块

3. 砌筑砂浆

砌筑砂浆的作用是在砌体中把块体材料粘连成一个整体，并在块体之间起分散压力的作用。砌筑砂浆可分为普通砂浆与专用砂浆。

（1）普通砂浆　常用的普通砂浆有水泥砂浆、水泥混合砂浆（通常简称混合砂浆），主要用于烧结砖（或石）的砌筑。

用水泥和砂拌和而成的砂浆称为水泥砂浆。这类砂浆具有硬化快、强度高、耐久性好，但可塑性（流动性）和保水性差的特点，多用于高强度和潮湿环境砌体的砌筑。

用水泥、砂和塑性掺合料（如石灰膏）拌和而成的砂浆称水泥混合砂浆。这类砂浆具有一定的强度和耐久性，且和易性好，便于施工，容易保证质量等，常广泛用于地面以上砌体的砌筑。

普通砂浆强度用 M 表示，强度等级有 M15、M10、M7.5、M5、M2.5（M 后的数字表示砂浆的强度大小，单位为 MPa）。

（2）专用砂浆　随着国家节能减排、墙体材料革新工作的大力推进，传统的黏土砖砌体正在被蒸压灰砂（粉煤灰）普通砖、混凝土普通砖、混凝土及轻集料混凝土空心砌块砌体所取代。由于这些新型墙体材料有着诸多的不同于普通烧结砖的特殊性，作为砌体结构也必须要采用与其自身性能相适应的砂浆进行砌筑，才能保证新型材料砌体的强度、质量与烧结普通砖砌体的强度、质量相适应。

混凝土砌块（砖）专用砌筑砂浆，是由水泥、砂、水以及根据需要掺入的掺合料和外加剂等组分，按一定比例，采用机械拌和制成，专门用于砌筑混凝土砌块（砖）的砌筑砂浆。混凝土砌块（砖）专用砌筑砂浆强度用 Mb 表示，强度等级有 Mb20、Mb15、Mb10、Mb7.5、Mb5（Mb 后的数字表示砂浆的强度大小，单位为 MPa）。

蒸压灰砂普通砖、蒸压粉煤灰普通砖专用砂浆，是由水泥、砂、水以及根据需要掺入的掺合料和外加剂等组分，按一定比例，采用机械拌和制成，专门用于砌筑蒸压灰砂砖、蒸压粉煤灰砖砌体，且砌体抗剪强度不低于烧结普通砖砌体的砂浆。蒸压灰砂砖、蒸压粉煤灰砖专用砂浆强度用 Ms 表示，强度等级有 Ms15、Ms10、Ms7.5、Ms5（Ms 后的数字表示砂浆的强度大小，单位为 MPa）。

二、砌体结构材料的选用

砌体结构材料的选用，除了考虑强度因素外还应考虑砌体材料的耐久性。选用时，应本着因地制宜、就地取材、经济可靠的原则，按照房屋的使用要求、重要性、使用年限、房屋层数与层高、砌体构件的受力特点、砌体的使用环境（如是否在潮湿环境中、有无侵蚀性介质等）和施工条件等方面综合考虑选用。一般情况下，砌体结构材料的选用应遵循如下原则。

1. 承重结构的块体

承重结构的块体强度等级，应按下列规定采用。

（1）烧结普通砖、烧结多孔砖的强度等级：MU30、MU25、MU20、MU15 和 MU10。

（2）蒸压灰砂普通砖、蒸压粉煤灰普通砖的强度等级：MU25、MU20 和 MU15。

（3）混凝土普通砖、混凝土多孔砖的强度等级：MU30、MU25、MU20 和 MU15。

（4）混凝土砌块、轻集料混凝土砌块的强度等级：MU20、MU15、MU10、MU7.5 和 MU5。

注：1. 用于承重的双排孔或多排孔轻集料混凝土砌块的孔洞率不应大于 35%。

2. 用于承重的多孔砖及蒸压硅酸盐砖的折压比限值和用于承重的非烧结材料多孔砖的孔洞率、壁及肋尺寸限值及碳化、软化性能要求应符合现行国家标准《墙体材料应用统一技术规范》（GB 50574—2010）的有关规定。

2. 自承重墙的块体

自承重墙的空心砖、轻集料混凝土砌块，其强度等级应采用 MU10、MU7.5、MU5 和 MU3.5。

3. 砌筑砂浆

砌筑砂浆的强度等级应按下列规定采用。

（1）烧结普通砖、烧结多孔砖、蒸压灰砂普通砖、蒸压粉煤灰普通砖砌体采用的普通砂浆强度等级：M15、M10、M7.5、M5 和 M2.5；蒸压灰砂普通砖和蒸压粉煤灰普通砖砌体采用的专用砌筑砂浆强度等级：Ms15、Ms10、Ms7.5 和 Ms5.0。

（2）混凝土普通砖、混凝土多孔砖、单排孔混凝土砌块和煤矸石混凝土砌块砌体采用的专用砂浆强度等级：Mb20、Mb15、Mb10、Mb7.5 和 Mb5。

（3）双排孔或多排孔轻集料混凝土砌块采用的专用砂浆强度等级：Mb10、Mb7.5 和 Mb5。

注：确定砂浆强度等级时应采用同类砌体作为砂浆强度试块底模。

4. 砌体材料的耐久性规定

设计使用年限为 50 年时，砌体材料的耐久性应符合下列规定。

（1）地面以下或防潮层以下的砌体、潮湿房间的墙或环境类别为 2 的砌体，所用材料的最低强度等级应符合表 12.1.1 的规定。

（2）处于环境类别 3～5 类的有侵害性介质的砌体材料应符合下列规定（砌体结构的环境类别定义请扫码获取）。

二维码 12.1

① 不应采用蒸压灰砂普通砖、蒸压粉煤灰普通砖；

② 应采用实心砖，砖的强度等级不应低于 MU20，水泥砂浆的强度等级不应低于 M10；

③ 混凝土砌块的强度等级不应低于 MU15，灌孔混凝土的强度等级不应低于 Cb30，砂浆的强度等级不应低于 Mb10；

④ 应根据环境条件对砌体材料的抗冻指标、耐酸、碱性提出要求，或符合有关规范的规定。

表 12.1.1　地面以下或防潮层以下的砌体、潮湿房间的墙所用材料的最低强度等级

潮湿程度	烧结普通砖	混凝土普通砖、蒸压普通砖	混凝土砌块	石材	水泥砂浆
稍潮湿的	MU15	MU20	MU7.5	MU30	M5
很潮湿的	MU20	MU20	MU10	MU30	M7.5
含水饱和的	MU20	MU25	MU15	MU40	M10

注：1. 在冻胀地区，地面以下或防潮层以下的砌体，不宜采用多孔砖，如采用时，其孔洞应用不低于 M10 的水泥砂浆预先灌实。当采用混凝土空心砖砌块时，其孔洞应采用强度等级不低于 Cb20 的混凝土预先灌实。

2. 对安全等级为一级或设计使用年限大于 50 年的房屋，表中材料强度等级应至少提高一级。

第二节　砌体的力学性能

一、砌体的组砌方式

无筋砌体是由块体和砂浆砌筑而成，目前常见的是砖砌体与砌块砌体。砖砌体一般为实心砌体，通常采用一顺一丁、梅花丁、三顺一丁等砌筑方式（图 12.2.1）。对于标准砖砌体，墙的厚度一般为 240mm（一砖）、370mm（一砖半）、490mm（两砖）、620mm（两砖半）、740mm（三砖）等，承重的独立砖柱截面尺寸不应小于 240mm×370mm；砌块砌体的砌块排列不仅要求有规律性、砌块类型最少，而且应排列整齐，尽量减少通缝，并砌筑牢固（图 12.2.2）。砌块砌体应分皮错缝搭砌，小型砌块上、下皮搭砌的长度不得小于 90mm。

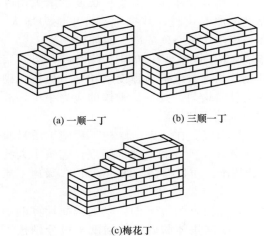

(a) 一顺一丁　　(b) 三顺一丁

(c) 梅花丁

图 12.2.1　砖砌体砌筑方式示例（240 砖墙）

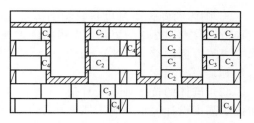

图 12.2.2　砌块砌体砌筑方式示例

二、砌体的强度指标

砌体的强度包括抗压强度、轴心抗拉强度、弯曲抗拉强度与抗剪强度。砌体在建筑物中主要用作承压构件，这里重点了解砌体的抗压强度。

1. 砌体的抗压强度

（1）砌体的抗压强度的概念　砌体是由两种性质不同的材料（块体和砂浆）粘接而成，它的受压破坏特征不同于单一材料。图 12.2.3 是砖砌体受压破坏试验过程，通过试验可知砌体抗压强度远低于砖自身的抗压强度。现对影响砌体抗压强度的主要因素说明如下。

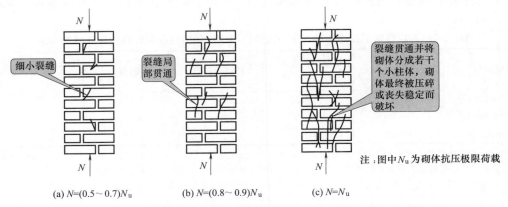

注：图中 N_u 为砌体抗压极限荷载

（a）$N=(0.5\sim0.7)N_u$　　（b）$N=(0.8\sim0.9)N_u$　　（c）$N=N_u$

图 12.2.3　砖砌体受压破坏试验过程

① 块体材料和砂浆的强度是影响砌体强度的重要因素。一般来说，强度等级高的块材的抗弯、抗拉强度也较高，因而相应砌体的抗压强度也高；而砂浆的强度等级越高，砂浆与块体之间的横向变形差会相对减少，因而改善了块体的受力状态，砌体的抗压强度也有所提高。

② 块体的表面形状和尺寸对砌体的抗压强度的影响较大。

当块体表面不平整时，铺设砂浆的厚度会不均匀，导致块体同时受压、受弯、受剪甚至受扭的复合受力状态（图 12.2.4）。由于块体的抗拉强度很低，一旦拉应力超过块体的抗拉强度，就会引起块体开裂。而表面平整的块体，砂浆易于铺平，块体内应力分布均匀，故砌体强度相对较高。

块体长度较大时，块材在砌体中引起的弯、剪应力也较大，所以砌体强度随块材长度的增大而降低；而厚度增加的块材，其抗弯、抗拉能力增大，所以砌体强度随块材厚度的增大而加大。

③ 砌筑砂浆的和易性和保水性越好，则砂浆越容易铺砌均匀，灰缝饱满程度就越好，块体在砌体内的受力就越均匀，减少了砌体的应力集中，故砌体的抗压强度得到提高。

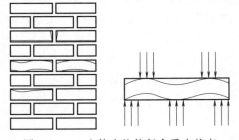

图 12.2.4　砌体内块体复合受力状态

④ 砌体的砌筑质量也是影响砌体抗压强度的重要因素。在《砌体结构工程施工质量验收规范》（GB 50203—2011）中根据施工现场的质保体系、砂浆和块体的强度、砌筑个人技术等级等方面的综合水平，划分了 A、B、C 三个砌体施工质量控制等级（其中 A 级施工质量最好）。

（2）砌体的抗压强度设计值　《砌体规范》规定，以龄期为 28d 的，以毛截面计算的砌体抗压强度设计值，当施工质量控制等级为 B 级时，根据块体和砂浆的强度等级分别按下列规定采用。

① 烧结普通砖和烧结多孔砖砌体的抗压强度设计值，应按表12.2.1采用。

表 12.2.1　烧结普通砖和烧结多孔砖砌体的抗压强度设计值　　　单位：MPa

砖强度等级	砂浆强度等级					砂浆强度
	M15	M10	M7.5	M5	M2.5	0
MU30	3.94	3.27	2.93	2.59	2.26	1.15
MU25	3.60	2.98	2.68	2.37	2.06	1.05
MU20	3.22	2.67	2.39	2.12	1.84	0.94
MU15	2.79	2.31	2.07	1.83	1.60	0.82
MU10	—	1.89	1.69	1.50	1.30	0.67

注：当烧结多孔砖的孔洞率大于30%时，表中数值应乘以0.9。

② 蒸压灰砂普通砖和蒸压粉煤灰普通砖砌体的抗压强度设计值，应按表12.2.2采用。

表 12.2.2　蒸压灰砂普通砖和蒸压粉煤灰普通砖砌体的抗压强度设计值　单位：MPa

砖强度等级	砂浆强度等级				砂浆强度
	M15	M10	M7.5	M5	0
MU25	3.60	2.98	2.68	2.37	1.05
MU20	3.22	2.67	2.39	2.12	0.94
MU15	2.79	2.31	2.07	1.83	0.82

注：当采用专用砂浆砌筑时，其抗压强度设计值按表中数值采用。

其他种类砌体的抗压强度设计值请查阅《砌体规范》，本书不再列出。

2. 砌体的抗拉、抗剪强度设计值

在砌体房屋建筑中，砌体以承受压力为主，但有时也会遇到承受轴心拉力、弯曲拉力和剪力的情况，与砌体抗压强度相比，砌体的抗拉、抗弯、抗剪强度很低。

《砌体规范》规定，龄期为28d的以毛截面计算的各类砌体的轴心抗拉强度设计值、弯曲抗拉强度设计值和抗剪强度设计值，当施工质量控制等级为B级时，应按表12.2.3采用。

表 12.2.3　沿砌体灰缝截面破坏时砌体的轴心抗拉强度设计值、弯曲抗拉强度设计值和抗剪强度设计值

单位：MPa

强度类别	破坏特征及砌体种类		砂浆强度等级			
			≥M10	M7.5	M5	M2.5
轴心抗拉	沿齿缝	烧结普通砖、烧结多孔砖	0.19	0.16	0.13	0.09
		混凝土普通砖、混凝土多孔砖	0.19	0.16	0.13	—
		蒸压灰砂普通砖、蒸压粉煤灰普通砖	0.12	0.10	0.08	—
		混凝土和轻集料混凝土砌块	0.09	0.08	0.07	—
		毛石	—	0.07	0.06	0.04
弯曲抗拉	沿齿缝	烧结普通砖、烧结多孔砖	0.33	0.29	0.23	0.17
		混凝土普通砖、混凝土多孔砖	0.33	0.29	0.23	—
		蒸压灰砂普通砖、蒸压粉煤灰普通砖	0.24	0.20	0.16	—
		混凝土和轻集料混凝土砌块	0.11	0.09	0.08	—
		毛石	—	0.11	0.09	0.07
	沿通缝	烧结普通砖、烧结多孔砖	0.17	0.14	0.11	0.08
		混凝土普通砖、混凝土多孔砖	0.17	0.14	0.11	—
		蒸压灰砂普通砖、蒸压粉煤灰普通砖	0.12	0.10	0.08	—
		混凝土和轻集料混凝土砌块	0.08	0.06	0.05	—

续表

强度类别	破坏特征及砌体种类	砂浆强度等级			
		≥M10	M7.5	M5	M2.5
抗剪	烧结普通砖、烧结多孔砖	0.17	0.14	0.11	0.08
	混凝土普通砖、混凝土多孔砖	0.17	0.14	0.11	—
	蒸压灰砂普通砖、蒸压粉煤灰普通砖	0.12	0.10	0.08	—
	混凝土和轻集料混凝土砌块	0.09	0.08	0.06	—
	毛石	—	0.19	0.16	0.11

注：1. 对于用形状规则的块体砌筑的砌体，当搭接长度与块体高度的比值小于 1 时，其轴心抗拉强度设计值 f_t 和弯曲抗拉强度设计值 f_{tm} 应按表中数值乘以搭接长度与块体高度比值后采用。

2. 表中数值是依据普通砂浆砌筑的砌体确定，采用经研究性试验且通过技术鉴定的专用砂浆砌筑的蒸压灰砂普通砖、蒸压粉煤灰普通砖砌体，其抗剪强度设计值按相应普通砂浆强度等级的烧结普通砖砌体采用。

3. 对混凝土普通砖、混凝土空心砖、混凝土和轻集料混凝土砌块砌体，表中的砂浆强度等级分别为：≥Mb10、Mb7.5 及 Mb5。

3. 砌体强度设计值调整

对存在下列情况的各类砌体，其砌体强度设计值应乘以调整系数 γ_a。

① 对无筋砌体构件，其截面面积小于 $0.3m^2$ 时，γ_a 为其截面面积加 0.7；对配筋砌体构件，当其中砌体截面面积小于 $0.2m^2$ 时，γ_a 为其截面面积加 0.8；构件截面面积以 "m^2" 计。

② 当砌体用强度等级小于 M5.0 的水泥砂浆砌筑时，对各类砌体的抗压强度设计值，γ_a 为 0.9；对各类砌体的抗拉、抗剪强度设计值，γ_a 为 0.8。

③ 当验算施工中房屋的构件时，γ_a 为 1.1。

砌体结构所用材料主要是砖、石或砌块以及将这些块体材料粘接成整体的砌筑砂浆。对于砖混结构，还会涉及钢筋混凝土材料。本章主要介绍砌体结构常用材料及相关力学指标。

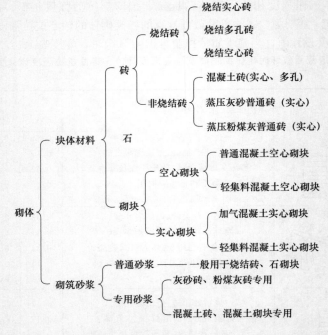

　　对于砖，有烧结砖和非烧结砖之分。目前常用的烧结砖主要有烧结多孔砖、烧结空心砖。烧结多孔砖强度较高，常用于承重墙或非承重墙；烧结空心砖强度较低，常用于非承重墙。非烧结砖主要有混凝土砖、蒸压灰砂普通砖、蒸压粉煤灰普通砖。混凝土砖有实心和多孔砖两类，其强度较高，常用于承重墙；蒸压灰砂普通砖、蒸压粉煤灰普通砖为实心砖，可用于承重墙或非承重墙，但不应用于严寒、滨海或有侵蚀介质的环境。

　　目前砌筑工程中常用的砌块有混凝土砌块、轻集料混凝土小型砌块，按形状分有实心砌块和空心砌块两种。对于空心砌块砌体，一般在局部孔洞中插筋并用灌孔混凝土进行灌孔，以增强砌体的整体工作性能。轻型实心砌块一般用于非承重墙。

　　砌筑砂浆有普通砂浆与专用砂浆两类。普通砂浆一般用于烧结砖的砌筑，而混凝土砖、蒸压灰砂普通砖、蒸压粉煤灰普通砖及砌块，一般采用专用砂浆砌筑。

　　砌体的强度包括抗压强度、轴心抗拉强度、弯曲抗拉强度与抗剪强度。砌体在建筑物中主要用作承压构件，其抗压强度是最为重要的强度指标。砌体的强度主要取决于组成砌体的块体材料的强度、表面形状和尺寸、砌筑砂浆的和易性及砌筑质量。对于砌体的强度设计值，可按《砌体规范》的规定查用。

思考与练习

　　1. 常见的砌墙砖有哪些种类？其尺寸大小与强度等级有哪些？

　　2. 常见砌块有哪些种类？其尺寸大小与强度等级有哪些？

　　3. 常用的普通砌筑砂浆有哪几种？其强度有哪几个等级？如何表示？

　　4. 专用砌筑砂浆的种类有哪几种？其强度有哪几个等级？如何表示？

　　5. 用于承重墙的烧结普通砖、烧结多孔砖的强度等级有何规定？

　　6. 非承重墙常用的块体材料有哪些？其强度等级有何规定？

　　7. 用于砌筑烧结砖与混凝土砖的砂浆种类及强度等级有何规定？

　　8. 地面以下或防潮层以下的砌体、潮湿房间的墙的砌体，所用材料最低强度等级有何规定？

　　9. 处于有侵害性介质环境的砌体材料应符合哪些规定？

　　10. 常见的墙体组砌方式有哪几种？

　　11. 影响砌体抗压强度的主要因素有哪些？

　　12. 《砌体规范》中，对砌体的抗压强度设计值是如何规定的？查取砌体抗压强度设计值时应考虑哪些因素？

　　13. 在哪些情况下砌体强度设计值应乘以调整系数 γ_a 进行强度折减？

第十三章　砌体结构基本构件

- **知识目标**
  - 了解砌体结构设计的思路、流程及内容
  - 了解砌体结构房屋静力计算方案分类及确定方法
  - 理解砌体受压构件（墙、柱）高厚比的概念与验算方法
  - 熟悉砌体受压构件（墙、柱）的受力特点与承载力计算方法
  - 了解过梁、挑梁及悬挑板、墙梁的受力特点及验算内容与方法
  - 熟悉墙（柱）、过梁、挑梁及悬挑板、墙梁的一般构造要求

- **能力目标**
  - 能够校核实际工程中的墙、柱的高厚比及其受压承载力
  - 能够对实际工程中的雨篷、挑梁进行抗倾覆验算

本章主要介绍砌体结构中常见的无筋砌体构件，如墙、柱的高厚比验算、截面受压承载力验算及局部受压承载力验算，过梁、墙梁、挑梁及悬挑板的计算及其构造等方面的知识。

第一节　砌体结构设计概述

砌体结构采用以概率论为基础的极限状态设计方法，其极限状态设计表达式与混凝土结构类似。砌体结构除应按承载能力极限状态设计外，还应满足正常使用极限状态的要求。在一般情况下，砌体结构正常使用极限状态的要求可以由相应的构造措施予以保证。

砌体结构设计的思路、流程与钢筋混凝土结构设计相类似，即首先确定结构计算模型，然后施加荷载进行结构内力分析，其次进行结构构件设计。砌体结构设计的一般流程参见本书"第二章 第一节结构设计的一般流程"。

一、内力分析

砌体结构房屋是由屋盖、楼盖、墙、柱、基础等构件组成的一个空间受力体系。它一方面承受着作用在房屋上的各种竖向荷载；另一方面还承受着墙面传来的水平荷载。由于各种构件之间是相互联系的，不仅直接承受荷载的构件起着抵抗荷载的作用，而且与其相连接的其他构件也不同程度地参与工作，因此整个结构体系处于空间工作状态。砌体结构内力分析时，应明确砌体房屋的承重体系（参见第一章第二节）并确定合理的静力计算方案，其中房屋静力计算方案对内力分析结果影响较大。通过试验分析发现，房屋空间工作性能的主要影响因素为楼盖（屋盖）的水平刚度、横墙间距的大小和墙体本身刚度。《砌体规范》根据房屋的空间工作性能将房屋静力计算方案划分为刚性方案、弹性方案和刚弹性方案三种。

（1）刚性方案　房屋横墙间距较小，屋（楼）盖水平刚度较大，则房屋的空间刚度也较大，在水平荷载作用下房屋的水平侧移较小，可将屋盖或楼盖视为纵墙或柱的不动铰支座，即忽略房屋的水平位移［图 13.1.1（a）］，这种房屋称为刚性方案房屋。

（2）弹性方案　房屋横墙间距较大，屋（楼）盖水平刚度较小，则房屋的空间刚度也较小，在水平荷载作用下房屋的水平侧移较大，不可忽略［图 13.1.1（b）］，这种房屋称为弹性方案房屋。

（3）刚弹性方案　房屋的空间刚度介于刚性方案和弹性方案之间的房屋称为刚弹性方案房屋［图 13.1.1（c）］。

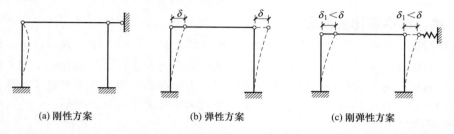

| (a) 刚性方案 | (b) 弹性方案 | (c) 刚弹性方案 |

图 13.1.1　砌体结构房屋的静力计算方案

砌体结构设计时，可按房屋的横墙间距 s 及屋（楼）盖类别查表 13.1.1 确定其静力计算方案。

表 13.1.1　房屋的静力计算方案　　　　　　　　　　单位：m

	屋盖或楼盖类别	刚性方案	刚弹性方案	弹性方案
1	整体式、装配整体式和装配式无檩体系钢筋混凝土屋盖或钢筋混凝土楼盖	$s<32$	$32\leqslant s\leqslant72$	$s>72$
2	装配式有檩体系钢筋混凝土屋盖、轻钢屋盖和有密铺望板的木屋盖或木楼盖	$s<20$	$20\leqslant s\leqslant48$	$s>48$
3	瓦材屋面的木屋盖和轻钢屋盖	$s<16$	$16\leqslant s\leqslant36$	$s>36$

注：1. 表中 s 为房屋横墙间距，其长度单位为"m"；

2. 当屋盖、楼盖的类别不同或横墙间距不同时，对于上柔下刚的多层房屋，顶层可按单层房屋计算；

3. 对无山墙或伸缩缝处无横墙的房屋，应按弹性方案考虑。

房屋承重体系及静力计算方案确定后，即可确定结构内力分析模型，将荷载施加在该模型上，采用一定的内力分析方法，即可得到结构内力设计值（目前多采用计算机进行结构内力分析）。

二、砌体结构设计内容

对于承载能力极限状态，应采用 $\gamma_0 S_d\leqslant R_d$ 表达式进行设计。其中荷载组合的效应设计值 S_d（主要包括轴力、弯矩和剪力设计值等），可以通过结构内力分析的方法得到。结构构件抗力设计值 R_d，一般与砌体构件的强度设计值及构件的截面几何参数等因素有关，可以依据试验结果，并结合理论分析来得到。

一般而言，砌体结构的设计步骤与内容如下。

① 结构内力分析与内力组合，获取结构构件控制截面的内力设计值；

② 对所有砌体构件，包括承重和非承重砌体构件进行高厚比验算（稳定性验算）；

③ 对承重墙、柱进行承载力计算；

④ 对承受集中荷载作用的墙、柱进行局部受压承载力验算；

⑤ 采取相应的构造措施。

特别说明

抗震设防地区的砌体结构房屋，尚应进行抗震设计。砌体结构房屋的抗震承载力计算方法本书不再展开介绍，可参照《砌体规范》进行学习。

第二节 砌体墙、柱高厚比验算

一、墙、柱高厚比的概念

高厚比指墙、柱的计算高度 H_0 与墙厚（或柱的边长）比值，用 β 表示。墙、柱的高厚比 β 越大，它的刚度愈小，稳定性愈差，即使承载力没有问题，也可能在施工砌筑阶段因过大的偏差倾斜以及施工和使用过程中出现的偶然撞击、振动等因素造成失稳。正常使用阶段在荷载作用下墙、柱应具有足够的刚度，不产生影响正常使用的过大变形。

特别说明

高厚比是保证墙、柱等受压砌体构件具备必要的稳定性和刚度的一项重要的构造措施，《砌体规范》规定了允许高厚比限值 $[\beta]$，要求计算高厚比 β 不超过允许高厚比 $[\beta]$，这与承载能力极限状态验算不同，属于正常使用极限状态验算的范畴。

墙、柱的计算高度 H_0 应根据房屋类别和构件支撑条件等按表13.2.1采用。表中构件高度 H 应按下列规定采用。

① 在房屋底层，为楼板顶面到构件下端支点的距离。下端支点的位置，可取基础顶面。当埋置较深且有刚性地坪时，可取室外地面下 500mm 处。

② 在房屋其他层次，为楼板或其他水平支点间的距离。

③ 对于无壁柱的山墙，取层高加山墙尖高度 1/2；对于带壁柱的山墙可取壁柱处的山墙高度。

墙、柱的允许高厚比 $[\beta]$ 按表13.2.2采用。

表 13.2.1 受压构件的计算高度 H_0

房 屋 类 别			柱		带壁柱墙或周边拉结的墙		
			排架方向	垂直排架方向	$s>2H$	$2H \geqslant s>H$	$s \leqslant H$
有吊车的单层房屋	变截面柱上段	弹性方案	$2.5H_u$	$1.25H_u$	$2.5H_u$		
		刚性、刚弹性方案	$2.0H_u$	$1.25H_u$	$2.0H_u$		
	变截面柱下段		$1.0H_l$	$0.8H_l$	$1.0H_l$		
无吊车的单层和多层房屋	单跨	弹性方案	$1.5H$	$1.0H$	$1.5H$		
		刚弹性方案	$1.2H$	$1.0H$	$1.2H$		
	多跨	弹性方案	$1.25H$	$1.0H$	$1.25H$		
		刚弹性方案	$1.10H$	$1.0H$	$1.1H$		
	刚性方案		$1.0H$	$1.0H$	$1.0H$	$0.4s+0.2H$	$0.6s$

注：1. 表中 H_u 为变截面柱的上段高度；H_l 为变截面柱的下段高度。

2. 对于上端为自由端的构件，$H_0 = 2H$。

3. 独立砖柱，当无柱间支撑时，柱在垂直排架方向的 H_0 应按表中数值乘以 1.25 后采用。

4. s 为房屋横墙间距。

5. 自承重墙的计算高度应根据周边支撑或拉接条件确定。

表 13.2.2　墙、柱的允许高厚比 $[\beta]$ 值

砌体类型	砂浆强度等级	墙	柱
无筋砌体	M2.5	22	15
	M5.0 或 Mb5.0、Ms5.0	24	16
	≥M7.5 或 Mb7.5、Ms7.5	26	17
配筋砌块砌体	—	30	21

注：1. 毛石墙、柱允许高厚比应按表中数值降低 20%。

2. 带有混凝土或砂浆面层的组合砖砌体构件的允许高厚比，可按表中数值提高 20%，但不得大于 28。

3. 验算施工阶段砂浆尚未硬化的新砌体构件高厚比时，允许高厚比对墙取 14，对柱取 11。

二、矩形截面墙、柱的高厚比验算

对于矩形截面墙、柱的高厚比按下式验算：

$$\beta = \frac{H_0}{h} \leqslant \mu_1 \mu_2 [\beta] \tag{13.2.1}$$

式中　H_0——墙、柱的计算高度，按表 13.2.1 取用；

　　　h——墙厚或矩形柱与 H_0 的相对应的边长；

　　　μ_1——自承重墙允许高厚比的修正系数；

　　　μ_2——有门窗洞口墙允许高厚比修正系数；

　　　$[\beta]$——墙、柱允许高厚比，按表 13.2.2 取用。

注：当与墙连接的相邻两横墙间的距离 $s \leqslant \mu_1 \mu_2 [\beta] h$ 时，墙的高度可不受高厚比条件的限制。

（1）厚度 ≤240mm 的自承重墙，允许高厚比修正系数 μ_1 应按下列规定采用。

当 h=240mm 时，μ_1=1.2；当 h=90mm 时，μ_1=1.5；当 240mm>h>90mm 时，μ_1 可按插入法取值；上端为自由端墙的允许高厚比，除按上述规定提高外，尚可提高 30%；对厚度小于 90mm 的墙，当双面用不低于 M10 的水泥砂浆抹面，包括抹面层的墙厚不小于 90mm 时，可按墙厚等于 90mm 验算高厚比。

（2）对于有门窗洞口的墙，允许高厚比修正系数 μ_2 应按式（13.2.2）计算：

$$\mu_2 = 1 - 0.4 \frac{b_s}{s} \tag{13.2.2}$$

式中　b_s——在宽度 s 范围内的门窗洞口总宽度；

　　　s——相邻横墙或壁柱之间的距离。

当按式（13.2.2）算得 μ_2 的值小于 0.7 时，μ_2 取 0.7；当洞口高度等于或小于墙高的 1/5 时，μ_2 取 1.0。当洞口高度大于或等于墙高的 4/5 时，可按独立墙段验算高厚比。

三、带壁柱墙和带构造柱墙的高厚比验算

（1）带壁柱墙的整片墙高厚比按下式验算：

$$\beta = \frac{H_0}{h_T} \leqslant \mu_1 \mu_2 [\beta] \tag{13.2.3}$$

式中　h_T——带壁柱截面的折算厚度，h_T 可近似按 $3.5i$ 计算；

　　　i——T 形截面回转半径，$i = \sqrt{\dfrac{I}{A}}$；

　　　I——截面惯性矩；

　　　A——截面面积。

计算截面面积 A 时，其翼缘计算宽度 b_f 可按下列规定取用。

① 多层房屋，当有门窗洞口时，可取窗间墙宽度；当无门窗洞口时，每侧翼墙宽度可取壁柱高度（层高）的 1/3，但不应大于相邻壁柱间的距离；

② 单层房屋，可取壁柱宽加 2/3 墙高，但不大于窗间墙宽度和相邻壁柱间的距离；

③ 当确定带壁柱墙的计算高度 H_0 时，s 应取与之相邻墙之间的距离。

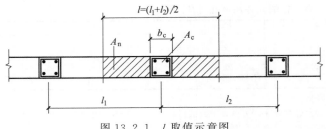

图 13.2.1　l 取值示意图

（2）带构造柱墙的高厚比验算：当构造柱截面宽度不小于墙厚时，仍按式（13.2.1）验算，此时式中 h 取墙厚；当确定墙的计算高度 H_0 时，s 应取相邻横墙间的距离；墙的允许高厚比 $[\beta]$ 可乘以提高系数 μ_c（考虑构造柱有利作用的高厚比验算不适用于施工阶段）：

$$\mu_c = 1 + \gamma \frac{b_c}{l} \tag{13.2.4}$$

式中　γ——系数；对细料石、半细料石砌体，$\gamma=0$；对于砌块、粗料石、毛料石或毛石砌体，$\gamma=1.0$；其他砌体，$\gamma=1.5$；

　　b_c——构造柱沿墙长方向的截面宽度；

　　l——构造柱间距，按图 13.2.1 确定。

当 $b_c/l > 0.25$ 时，取 $b_c/l = 0.25$；当 $b_c/l < 0.05$ 时，取 $b_c/l = 0$。

特别说明

　　验算壁柱间墙或构造柱间墙的高厚比时，s 应取相邻壁柱间或相邻构造柱间的距离。设有钢筋混凝土圈梁的带壁柱墙或带构造柱墙，当 $b/s \geqslant 1/30$ 时，圈梁可视作壁柱间墙或构造柱间墙的不动铰支点（b 为圈梁宽度）。

案例

　　某单层砖混结构餐厅，现浇钢筋混凝土屋盖，墙体采用 MU10 烧结多孔砖、M5.0 混合砂浆砌筑，墙厚 240mm。横墙间距 $s=30$m，外纵墙承重且每隔 6m 设置与墙体同厚的正方形截面构造柱，相邻构造柱间均设置一个 2400mm×3600mm 的窗洞。屋面板顶面到基础顶面的高度 $H=5.5$m。试验算该餐厅外纵墙的高厚比是否满足要求。

【分析】

（1）确定外纵墙计算高度 H_0

查表 13.1.1，现浇钢筋混凝土屋盖，$s=30$m<32m，属刚性方案。

查表 13.2.1，单层房屋、刚性方案，故 $H=5.5$m$<s=6$m$<2H=11$m，故 $H_0=0.4s+0.2H=3.5$（m）。（验算构造柱间墙的高厚比时，s 应取相邻构造柱间的距离）

查表 13.2.2，外纵墙的允许高厚比 $[\beta]=24$

（2）高厚比验算

洞口高度与墙高之比：$1/5=0.2 < 3.6/5.5 \approx 0.65 < 4/5=0.8$

外纵墙为承重墙，故 $\mu_1=1.0$；$\mu_2=1-0.4\dfrac{b_s}{s}=1-0.4\times(2.4/5.5)\approx0.825 > 0.7$；

$s=6$m$>\mu_1\mu_2[\beta]h=1.0\times0.825\times24\times240/1000\approx4.75$（m），故需验算墙体高厚比。

允许高厚比 $[\beta]$ 提高系数 μ_c 计算：

$b_c/l=0.24/6\approx0.04 < 0.05$，故取 $b_c/l=0$

$\mu_c=1+\gamma\dfrac{b_c}{l}=1+1.5\times0=1$

$\beta=\dfrac{H_0}{h}=3.5/0.24\approx14.58 < \mu_1\mu_2\mu_c[\beta]=1.0\times0.825\times1\times24\approx19.8$

故该餐厅外纵墙高厚比满足要求。

第三节　砌体墙、柱受压承载力计算

特别说明

　　砌体墙、柱在砌体结构中以承受压力为主，本书主要介绍砌体墙、柱受压承载力计算方面的内容。因砌体结构的抗拉、抗弯、抗剪强度很低，在房屋工程中很少将砌体用作受拉、受弯和受剪构件，本书对这部分内容不再展开介绍。

一、截面受压承载力计算

1. 墙、柱的受力特点

　　砌体墙、柱一般为受压构件，计算截面为偏心受压或轴心受压。对于既定的墙、柱，其受压承载力的影响因素主要有轴向力偏心距 e 与高厚比 β。

　　（1）偏心距的影响　对于矮墙、短柱（高厚比 $\beta \leqslant 3$）时，墙柱承受轴心压力时，截面中应力分布均匀，构件达到极限承载力 N_u，截面中的应力达到砌体抗压强度设计值 f，若截面面积为 A，则 $N_u = Af$。当墙、柱承受偏心压力时，截面压力呈曲线分布，偏心距 e 较小时，墙、柱全截面受压，随着偏心距 e 的增大，远离纵向力一侧边缘的压应力减小，并逐步过渡到受拉，当拉应力超过砌体的通缝弯曲抗拉强度时，将出现水平裂缝，随着裂缝的开展，受压区面积不断减少，应力分布愈加不均匀。各种偏心距下的极限承载力 N_u 将随偏心距的增大而明显降低。

　　（2）高厚比的影响　若高厚比 $\beta > 3$ 时，墙、柱在轴向力的作用下往往由于纵向弯曲产生侧向变形，侧向变形成为一个附加偏心距，使得荷载的偏心距进一步加大，受压承载力将进一步降低。

　　《砌体规范》规定通过承载力影响系数 φ 来考虑上述两种因素对承载力的降低。

2. 墙、柱受压承载力计算

　　《砌体规范》规定墙、柱的受压承载力按下式计算：

$$N \leqslant \varphi f A \tag{13.3.1}$$

式中　N——荷载产生的轴向力设计值；

　　　φ——高厚比 β 和轴向力的偏心距 e 对受压构件承载力的影响系数，当砂浆强度等级不小于 M5 时，可按表 13.3.1 取用，其余情况可由《砌体规范》查得；

　　　f——砌体抗压强度设计值；

　　　A——截面面积，对各类砌体均按毛截面计算。

　　应特别注意如下两个问题。

　　（1）确定影响系数 φ 时，墙、柱高厚比 β 应按下列公式计算：

对矩形截面
$$\beta = \gamma_\beta \frac{H_0}{h} \tag{13.3.2}$$

对 T 形截面
$$\beta = \gamma_\beta \frac{H_0}{h_T} \tag{13.3.3}$$

式中　γ_β——不同材料砌体构件的高厚比修正系数，按表 13.3.2 采用；

　　　H_0——受压构件的计算高度，按表 13.2.1 确定；

　　　h——矩形截面轴向力偏心方向的边长，当轴心受压时为截面的短边；

　　　h_T——T 形截面的折算厚度，h_T 可近似按 $3.5i$ 计算；

i——T 形截面回转半径，$i = \sqrt{\dfrac{I}{A}}$；

I——截面惯性矩；

A——T 形截面面积。

T 形截面的翼缘宽度 b_f 可按下列规定取用。

① 多层房屋，当有门窗洞口时，可取窗间墙宽度；当无门窗洞口时，每侧翼墙宽度可取壁柱高度（层高）的 1/3，但不应大于相邻壁柱的距离。

② 单层房屋，可取壁柱宽加 2/3 墙高，但不大于窗间墙宽度和相邻壁柱间的距离。

（2）轴向力的偏心距 e 按内力设计值计算，即 $e = M/N$，且不应超过 $0.6y$，y 为截面重心到轴向力所在偏心方向截面边缘的距离。

由式（13.3.1）可知，提高砌体受压承载力，可以通过加大墙厚或柱的截面尺寸以增加截面积 A；提高块材和砂浆强度以加大砌体抗压强度设计值 f；减少高厚比 β 和轴向力的偏心距 e 以加大影响系数 φ 等措施来实现。

表 13.3.1　影响系数 φ（砂浆强度等级 ≥M5）（部分）（完整表格请扫码获取）

β	e/h 或 e/h_T						
	0.15	0.175	0.2	0.225	0.25	0.275	0.3
12	0.51	0.47	0.43	0.39	0.36	0.33	0.31
14	0.47	0.43	0.40	0.36	0.34	0.31	0.29
16	0.44	0.40	0.37	0.34	0.31	0.29	0.27
18	0.40	0.37	0.34	0.31	0.29	0.27	0.25
20	0.37	0.34	0.32	0.29	0.27	0.25	0.23
22	0.35	0.32	0.30	0.27	0.25	0.24	0.22
24	0.32	0.30	0.28	0.26	0.24	0.22	0.21
26	0.30	0.28	0.26	0.24	0.22	0.21	0.19
28	0.28	0.26	0.24	0.22	0.21	0.19	0.18
30	0.26	0.24	0.22	0.21	0.20	0.18	0.17

表 13.3.2　高厚比修正系数 γ_β

砌体材料类别	γ_β
烧结普通砖、烧结多孔砖	1.0
混凝土普通砖、混凝土多孔砖、混凝土及轻集料混凝土砌块	1.1
蒸压灰砂普通砖、蒸压粉煤灰普通砖、细料石	1.2
粗料石、毛石	1.5

二维码 13.1

二、局部受压承载力计算

压力仅作用在砌体的部分面积上的受力状态称为局部受压。实验和理论都证明，在局部压力作用下，局部受压区砌体在产生纵向变形时还会发生横向变形，而周围未直接受压的砌体像套箍一样阻止其横向变形，局部受压砌体处于双向或三向受压状态，因此局部抗压能力得到提高。但由于作用于局部面积上的压力很大，有可能造成局部压溃而破坏。因此设计时，除按构件全截面进行受压承载力计算外，还要验算梁支撑处砌体局部受压承载力。

根据实际工程中可能出现的情况，砌体的局部受压可分为局部均匀受压与局部不均匀受压两种情况。其中局部不均匀受压又有梁端支撑处砌体局部受压、垫块下砌体局部受压及垫梁下砌体局部受压等几种情况。

1. 局部均匀受压

当砌体截面中承受局部均匀压力时，其承载力应按下列公式计算：

$$N_l \leqslant \gamma f A_l \tag{13.3.4}$$

$$\gamma = 1 + 0.35\sqrt{\frac{A_0}{A_l} - 1}\qquad(13.3.5)$$

式中　N_l——局部受压面积上的轴向力设计值，N；

　　　　γ——砌体局部抗压强度提高系数；

　　　　f——砌体的抗压强度设计值，N/mm^2，当局部受压面积不小于 $0.3m^2$ 时，可不考
　　　　　　虑强度调整系数 γ_a 影响；

　　　　A_l——局部受压面积，mm^2；

　　　　A_0——影响砌体局部抗压强度的计算面积，mm^2，按图 13.3.1 确定。

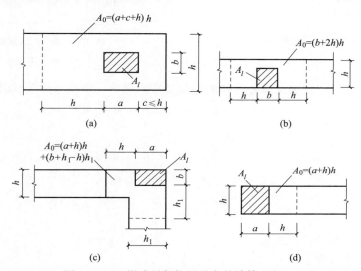

图 13.3.1　影响局部抗压强度的计算面积 A_0

　　应特别注意，按式（13.3.5）计算所得的 γ 值，在图 13.3.1（a）的情况下，$\gamma \leqslant 2.5$；
在图 13.3.1（b）的情况下，$\gamma \leqslant 2.0$；在图 13.3.1（c）的情况下，$\gamma \leqslant 1.5$；在图 13.3.1
（d）的情况下，$\gamma \leqslant 1.25$。

　　由式（13.3.4）不难看出，砌体的
局部受压强度主要取决于砌体原有的轴
心抗压强度和周围砌体对局部受压区的
约束程度。当 A_0/A_l 不大时，随着压力
的增大，砌体会由于纵向裂缝的发展而
破坏［图 13.3.2（a）］；当 A_0/A_l 较大
并且压力增大到一定数值时，砌体沿竖
向突然发生劈裂破坏，这种破坏工程中
应避免［图 13.3.2（b）］。当块体强度

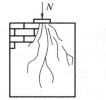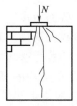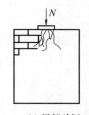

(a) 因纵向裂缝的发展而破坏　(b) 劈裂破坏　(c) 局部破坏

图 13.3.2　砌体局部受压破坏形态

较低时，还会出现局部受压面积下砌体表面的压碎破坏，这种破坏一般很少发生［图
13.3.2（c）］。

　　2. 局部不均匀受压

　　（1）梁端支撑处砌体局部受压

　　如图 13.3.3 所示，梁的弯曲变形及梁端下砌体的压缩变形，使梁端产生转动，造成砌
体承受的局部压应力为曲线分布，其最大压应力大于平均压应力，即局部受压面积上的应力
分布是不均匀的。同时梁端下面传递压力的长度 a_0 可能小于梁伸入墙内实际支承长度 a。

梁端支撑处砌体局部受压迫使支座下面的砌体产生压缩，而使梁端顶面与上部砌体脱开。此时上部砌体传给梁端支撑面的压力 N_0 将传给梁端周围砌体，形成所谓"内拱泄荷作用"，如图 13.3.4 所示。因此，局部受压计算时要对上部传下的荷载作适当的折减。

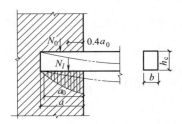

图 13.3.3　梁端支承处砌体局部受压

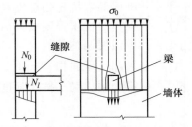

图 13.3.4　上部荷载对砌体
局部受压的影响

《砌体规范》规定，梁端支撑处砌体的局部受压承载力，应按下列公式计算：

$$\psi N_0 + N_l \leqslant \eta \gamma f A_l \tag{13.3.6}$$

$$\psi = 1.5 - 0.5 \frac{A_0}{A_l} \tag{13.3.7}$$

$$N_0 = \sigma_0 A_l \tag{13.3.8}$$

$$A_l = a_0 b \tag{13.3.9}$$

$$a_0 = 10 \sqrt{\frac{h_c}{f}} \tag{13.3.10}$$

式中　ψ——上部荷载的折减系数，当 $A_0/A_l \geqslant 3$ 时，ψ 应取 0；

N_0——局部受压面积内上部轴向力设计值，N；

N_l——梁端支撑压力设计值，N；

σ_0——上部平均压应力设计值，N/mm^2；

η——梁端底面压应力图形的完整系数，应取 0.7，对于过梁和墙梁应取 1.0；

a_0——梁端有效支撑长度，mm，当 $a_0 > a$ 时，应取 $a_0 = a$；

a——梁端实际支撑长度，mm；

b——梁的截面宽度，mm；

h_c——梁的截面高度，mm；

f——砌体的抗压强度设计值，N/mm^2。

（2）梁端下设有垫块的砌体局部受压

梁端下设置垫块不但可增大局部受压面积，还能使梁端压力较好地传至砌体截面上，是解决局部受压承载力不足的一个有效措施。通常采用预制刚性混凝土垫块，有时还将垫块与梁端现浇成整体。刚性垫块的构造，应符合如下规定。

① 刚性垫块的高度 $t_b \geqslant 180\text{mm}$，自梁边算起的垫块挑出长度不应大于垫块高度 t_b。

② 在带壁柱墙的壁柱内设刚性垫块时，其计算面积 A_0 应取壁柱范围内的面积，而不应计算翼缘部分（由于翼墙多数位于压应力较小边，翼缘参加工作程度有限，因此在计算中不计翼墙面积），同时壁柱上垫块伸入翼墙内的长度不应小于 120mm，如图 13.3.5 所示。

《砌体规范》规定刚性垫块下的砌体局部受压承载力，应按下列公式计算：

$$N_0 + N_l \leqslant \varphi \gamma_1 f A_b \tag{13.3.11}$$

$$N_0 = \sigma_0 A_b \tag{13.3.12}$$

$$A_b = a_b b_b \tag{13.3.13}$$

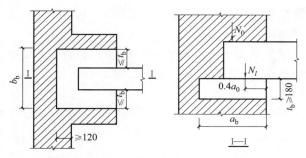

图 13.3.5 壁柱上设有垫块时梁端局部受压

式中 N_0——垫块面积 A_b 内上部轴向力设计值，N；

    φ——垫块上 N_0 及与 N_l 合力的影响系数，应按 β 小于或等于 3 取值；

    γ_1——垫块外砌体面积的有利影响系数，$\gamma_1 = 0.8\gamma$，但不小于 1.0，γ 为砌体局部抗压强度提高系数，按式（13.3.5）计算，以 A_b 代替 A_l 计算得出；

    A_b——垫块面积，mm^2；

    a_b——垫块伸入墙内的长度，mm；

    b_b——垫块的宽度，mm。

梁端设有刚性垫块时，垫块上 N_l 作用点的位置可取梁端有效支撑长度 a_0 的 0.4 倍。a_0 应按下式确定：

$$a_0 = \delta_1 \sqrt{\frac{h_c}{f}} \qquad (13.3.14)$$

式中 δ_1——刚性垫块的影响系数，按表 13.3.3 采用。

表 13.3.3 系数 δ_1 值表

σ_0/f	0	0.2	0.4	0.6	0.8
δ_1	5.4	5.7	6.0	6.9	7.8

注：表中其间的数值可采用内插法求得。

（3）梁端下设有垫梁的砌体局部受压

当梁支撑在承重墙上，而梁下正好设置钢筋混凝土梁（如圈梁）时，可利用此梁把梁端支座压力（集中荷载）传到下面一定宽度的墙上，这一支撑梁端的钢筋混凝土梁称为垫梁。垫梁的受力情况不同于垫块，可以把垫梁看作是一根承受集中荷载的弹性地基梁。实验结果表明，当垫梁在大于 πh_0（h_0 为垫梁的折算高度）长度的中部受有集中局部荷载时，垫梁下砌体竖向压应力的分布范围为 πh_0，如图 13.3.6 所示。

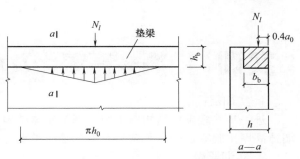

图 13.3.6 垫梁局部受压

《砌体规范》规定，垫梁下的砌体局部受压承载力，应按下列公式计算。

$$N_0 + N_l \leqslant 2.4\delta_2 f b_b h_0 \qquad (13.3.15)$$

$$N_0 = \pi b_b h_0 \sigma_0 / 2 \qquad (13.3.16)$$

$$h_0 = 2\sqrt[3]{\frac{E_c I_c}{Eh}} \qquad (13.3.17)$$

式中 N_0——垫梁上部轴向力设计值，N；

    b_b——垫梁在墙厚方向的宽度，mm；

δ_2——当荷载沿墙厚方向均匀分布时 δ_2 取 1.0，不均匀时 δ_2 取 0.8；

h_0——垫梁折算高度，mm；

E_c，I_c——分别为垫梁的混凝土弹性模量（N/mm²）和截面惯性矩（mm⁴）；

E——砌体的弹性模量，N/mm²；

h——墙厚，mm。

案例

截面尺寸为 $1000mm \times 240mm$ 的窗间墙，采用蒸压粉煤灰普通砖砌筑，砖的强度等级为 MU15，砌筑砂浆为 M5 级混合砂浆，墙体计算高度为 $H_0 = 4.5m$，承受的轴向力设计值为 70kN，其偏心距为 60mm。试验算该窗间墙的抗压承载力是否满足要求。

【分析】

（1）确定承载力影响系数 φ

查表 13.3.2，蒸压粉煤灰普通砖的高厚比修正系数 $\gamma_\beta = 1.2$

$$\beta = \gamma_\beta \frac{H_0}{h} = 1.2 \times (4500/240) = 22.5$$

$$e/h = 60/240 = 0.25，e/y = 60/120 = 0.5 < 0.6$$

查表 13.3.1，内插法得到 $\varphi = 0.248$

（2）抗压强度验算

$$A = 1000 \times 240 = 240000(\text{mm}^2) = 0.24\text{m}^2 < 0.3\text{m}^2$$

$$\gamma_a = 0.7 + A = 0.7 + 0.24 = 0.94$$

查表 12.2.2，并考虑强度调整系数，$f = 0.94 \times 1.83 \approx 1.72$（N/mm²），则

$$\varphi f A = 0.248 \times 1.72 \times 0.24 \times 10^6 \approx 102.4 \times 10^3 (\text{N}) = 102.4\text{kN} > 70\text{kN}$$

故该窗间墙的抗压承载力满足要求。

实训 ⊚ 墙体高厚比及承载力验算

1. 实训目标

进一步熟悉砌体结构施工图，理解砌体结构中常用墙体构件的稳定性及受力特性，掌握墙体高厚比验算、受压承载力及局部受压承载力验算方法。

2. 实训要点

根据实际砌体结构的建筑设计条件及结构布置方案，验算墙体的高厚比、受压承载力及局部受压承载力是否满足规范要求。

3. 实训内容及深度

根据工程实例三（参见"建筑结构施工图集"）给定的建筑设计条件、结构布置方案及砌体所采用的材料，验算顶层⑩轴上Ⓐ～Ⓓ轴间墙体（图 13.3.7）的高厚比及墙体受压承载力、局部受压承载力是否满足规范要求。

4. 预习要求

（1）砌体结构组成及其施工图表达方法。

（2）砌体结构材料及砌体强度设计值选用。

（3）房屋静力计算方案的确定及墙、柱高厚比验算方法。

（4）荷载统计及内力分析方法。

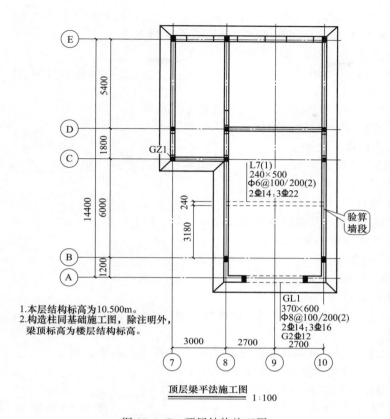

图 13.3.7 顶层结构施工图

（5）墙、柱受压承载力及局部受压承载力验算方法。

5. 实训过程

（1）阅读"建筑结构施工图集"中工程实例三，重点阅读结构设计总说明、顶层梁平法施工图、屋面板配筋平面图及建筑施工图中的三层平面图。

① 顶层结构标高为_____，墙体高度为_____，其中Ⓐ～Ⓓ轴间墙体厚度为_____，墙体采用的烧结砖强度等级为_____，砌筑砂浆种类及强度等级为_____。

② 顶层屋面梁 L7 截面尺寸为_____；⑩轴与Ⓑ轴交点处的构造柱截面尺寸为_____，⑩轴与Ⓒ轴交点处的构造柱截面尺寸为_____（构造柱上侧窗洞边有窗垛墙长 120mm）；⑩轴上 240 厚外墙顶部圈梁截面尺寸为_____。

（2）屋面荷载统计及 L7 支撑端墙体压力设计值计算、顶层⑩轴上Ⓐ～Ⓓ轴间墙体底部内力设计值计算。

荷载统计及内力分析方法参见第二章第三节中的"实训 荷载统计及内力设计值计算"。

① L7 支撑端墙体压力设计值计 N_l 算可取 L7 支座剪力设计值（L7 受荷区域取梁两侧屋面板的各一半面积，可近似认为考虑了屋面挑檐的作用）。

② 顶层⑩轴上Ⓐ～Ⓒ轴间墙体底部压力设计值，可取 L7 两侧各 0.5m 长墙段计算（即取 1m 长墙段计算）。混凝土挑檐板部分荷载采用 600mm×300mm 截面尺寸近似计算，不再考虑面层荷载；大梁板底部分混凝土折算成 1m 宽屋面板厚度计入屋面板计算厚度，墙体受屋面板（含 L7）作用的受荷面积取开间的一半（即长度取 2700mm）。

挑檐部分作用在墙体上的压力设计值为_____，弯矩设计值为_____；

屋面板（含 L7）部分作用在墙体上的压力设计值为_____；

1m 长墙体自重在墙体底部产生压力设计值为_____；

则 1m 长墙体底部作用的压力设计值 N 为_____，弯矩设计值 M 为_____；偏心距 e 为_____。

注：为简化计算，设计值均按可变荷载效应控制进行组合。

（3）顶层⑩轴上Ⓐ～Ⓓ轴间墙体高厚比验算。

1）确定墙体计算高度 H_0。

房屋顶层静力计算方案为_____，墙体计算高度 H_0 为_____；

墙体允许高厚比 $[\beta]$ 为_____。

2）高厚比验算。

（4）顶层⑩轴上Ⓐ～Ⓓ轴间墙体底部受压承载力验算。

1）确定承载力影响系数 φ。

高厚比修正系数为_____，高厚比 β 为_____；

则承载力影响系数 φ 为_____。

2）抗压强度验算。

强度调整系数 γ_a 为_____，砌体抗压强度设计值 f 为_____；

则 $\varphi f A$ 为_____。

顶层⑩轴上Ⓐ～Ⓓ轴间墙体底部受压承载力验算是否满足要求？

（5）顶层 L7 支撑端墙体局部受压承载力验算。

局部受压面积内上部轴向力设计值 $N_0 = 0$，$N_l =$_____ N。

梁端底面压应力图形的完整系数 $\eta =$_____，砌体局部抗压强度提高系数 $\gamma =$_____；

梁端有效支承长度 $a_0 =$_____（梁端实际支承长度 a 为 240mm）；

局部受压面积 $A_l =$_____，

则 $\eta \gamma f A_l =$_____。

顶层 L7 支撑端墙体局部受压承载力验算是否满足要求？

如 L7 支撑端墙体局部受压承载力验算不满足，可采取哪些措施？

6. 实训小结

本实训主要是熟悉砌体结构中常见的墙、柱体构件的受力特性。通过实训，掌握实际工程中常见砌体墙、柱的高厚比验算、受压承载力及局部受压承载力验算方法，达到进一步深入了解砌体结构及砌体结构施工图的目的。

二维码 13.2

第四节 过梁、挑梁、墙梁的构造与计算

一、过梁的构造与计算

如前所述，常用的过梁分为砖砌过梁和钢筋混凝土过梁两大类。砖砌过梁又可根据构造的不同，分为钢筋砖过梁、砖砌平拱过梁和砖砌弧拱过梁等形式。对有较大振动荷载或可能产生不均匀沉降的房屋，应采用钢筋混凝土过梁。当过梁的跨度不大于 1.5m 时，可采用钢筋砖过梁；不大于 1.2m 时，可采用砖砌平拱过梁。目前比较常用的过梁有钢筋混凝土过梁和钢筋砖过梁。

钢筋混凝土过梁截面形式有矩形和 L 形等，一般内墙均为矩形，北方寒冷地区外墙由于保温需要可做成 L 形，过梁的截面高度应为砖厚的整数倍，如 120mm、180mm、240mm

等，过梁在墙上的支撑长度一般为 240mm；钢筋砖过梁底面砂浆层处的钢筋，其直径不应小于 5mm，间距不宜大于 120mm，钢筋伸入支座砌体内的长度不宜小于 240mm，砂浆层的厚度不宜小于 30mm。

1. 过梁上荷载计算

作用在过梁上的荷载有墙体荷载和梁、板荷载两部分。试验表明，当过梁上墙体达到一定高度后，形成"内拱"，产生卸荷效应，将过梁上的部分荷载传递给过梁两侧的墙体，所以计算过梁内力所采用的荷载应考虑墙体分担荷载的影响。《砌体规范》规定，过梁上的荷载应按如下规定采用。

① 对于砖和砌块砌体，当梁、板下的墙体高度 h_w 小于过梁的净跨 l_n 时，过梁应计入梁、板传来的荷载，否则可不考虑梁、板荷载；

② 对砖砌体，当过梁上的墙体高度 h_w 小于 $l_n/3$ 时，墙体荷载应按墙体的均布自重采用，否则应按高度为 $l_n/3$ 墙体的均布自重采用；

③ 对砌块砌体，当过梁上的墙体高度 h_w 小于 $l_n/2$ 时，墙体荷载应按墙体的均布自重采用，否则应按高度为 $l_n/2$ 墙体的均布自重采用。

2. 钢筋混凝土过梁

钢筋混凝土过梁的承载力按受弯构件计算，其计算方法和配筋构造与一般的钢筋混凝土梁相同。验算过梁下砌体局部受压承载力，可不考虑上部荷载的影响；梁端底面压应力图形完整性系数 η 可取 1.0，梁端有效支撑长度可取实际支撑长度，但不应大于墙厚。

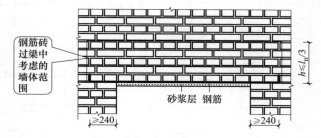

图 13.4.1　钢筋砖过梁示意图

3. 钢筋砖过梁

钢筋砖过梁可以认为是由钢筋及其上部分墙体组成（图 13.4.1）的受弯构件，承受弯矩和剪力。

钢筋砖过梁的受弯承载力可按式（13.4.1）计算：

$$M \leqslant 0.85 h_0 f_y A_s \qquad (13.4.1)$$

式中　M——按简支梁计算的跨中弯矩设计值；

　　　h_0——过梁截面的有效高度，$h_0 = h - a_s$；

　　　a_s——受拉钢筋重心至截面下边缘的距离；

　　　h——过梁截面计算高度，取过梁底面以上的墙体高度，但不大于 $l_n/3$；当考虑梁、板传来的荷载时，则按梁、板下的高度采用；

　　　f_y——钢筋的抗拉强度设计值；

　　　A_s——受拉钢筋的截面面积。

钢筋砖过梁的受剪承载力可按式（13.4.2）计算：

$$V \leqslant f_v b z \qquad (13.4.2)$$

式中　V——剪力设计值；

　　　f_v——砌体的抗剪强度设计值，应按表 12.2.3 采用；

　　　b——截面宽度；

　　　z——内力臂，$z = I/S$，当截面为矩形时取 z 等于 $2h/3$（h 为截面高度）；

　　　I——截面惯性矩；

S——截面面积矩。

二、挑梁及悬挑板的构造与计算

如前所述，挑梁一般有外廊挑梁或阳台挑梁，悬挑板一般有雨篷、挑檐、空调板等，均属钢筋混凝土悬挑构件。下面以挑梁为例说明砌体结构中悬挑构件的构造与计算方法。

挑梁设计除应符合现行国家标准《混凝土规范》的有关规定外，尚应满足以下要求。

① 纵向受力钢筋至少应有 1/2 的钢筋面积深入梁尾端，且不少于 2Φ12。其余钢筋伸入支座的长度不应少于 $2l_1/3$。

② 挑梁埋入砌体内的长度 l_1 与挑出长度 l 之比宜大于 1.2；当挑梁上无砌体时，l_1 与 l 之比宜大于 2。

1. 挑梁的计算内容

在荷载作用下，挑梁将与砌体共同工作。试验研究结果表明，挑梁在悬挑端集中力 F、墙体自重及上部均布荷载作用下，共经历了弹性工作、带裂缝工作和破坏三个受力阶段（图 13.4.2）。

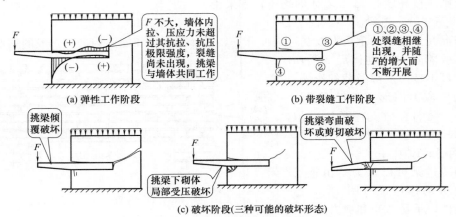

图 13.4.2　挑梁的受力阶段与破坏形态

根据挑梁受力分析结果，挑梁设计时，应根据挑梁破坏阶段可能出现的三种破坏形态分别进行抗倾覆验算、挑梁下砌体的局部受压承载力验算及挑梁正截面、斜截面承载力计算。

2. 挑梁的抗倾覆验算

砌体墙中钢筋混凝土挑梁的抗倾覆，应按式（13.4.3）进行验算：

$$M_{0v} \leqslant M_r \tag{13.4.3}$$

式中　M_{0v}——挑梁的荷载设计值对计算倾覆点产生的倾覆力矩；

M_r——挑梁的抗倾覆力矩设计值，$M_r = 0.8G_r(l_2 - x_0)$；其中系数 0.8 是为考虑实际抗倾覆荷载值小于其标准值对抗倾覆不利而采用的降低系数；

G_r——挑梁的抗倾覆荷载，为挑梁尾端上部 45° 扩展角的阴影范围（其水平长度为 l_3）内本层的砌体与楼面恒荷载标准值之和（见图 13.4.3）；当上部楼层无挑梁时，抗倾覆荷载中可计及上部楼层的楼面永久荷载；

l_2——G_r 作用点至墙外边缘的距离；

x_0——挑梁计算倾覆点至墙外边缘的距离，可下列规定采用：

当 $l_1 \geqslant 2.2h_b$ 时，$x_0 = 0.3h_b$ 且 $x_0 \leqslant 0.13l_1$；当 $l_1 < 2.2h_b$ 时，$x_0 = 0.13l_1$；当挑梁下有构造柱时，计算倾覆点至墙外边缘的距离可取 $0.5x_0$；

l_1——挑梁埋入砌体墙中的长度，mm；

h_b——挑梁截面高度。

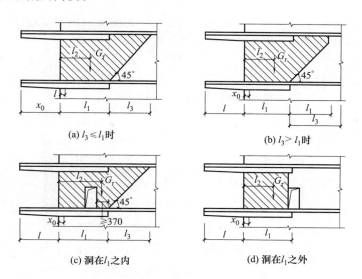

图 13.4.3 挑梁的抗倾覆荷载

下面对图 13.4.3 进行必要说明。

图 13.4.3（a）所示，若墙体无洞口，且 $l_3 \leqslant l_1$，则 G_r 取 l_3 长度范围内 45°扩散角的砌体和楼盖恒荷载标准值之和；

图 13.4.3（b）所示，若墙体无洞口，且 $l_3 > l_1$，则 G_r 取 l_1 长度范围内 45°扩散角的砌体和楼盖恒荷载标准值之和；

图 13.4.3（c）所示，若墙体有洞口，洞口在 l_1 之内，且洞口内边至挑梁尾端距离大于 370mm 时，G_r 取法同上，但应扣除洞口墙体自重；

图 13.4.3（d）所示，洞口外边在 l_1 之外，则只考虑墙外边缘至洞口外边缘范围内的砌体与楼盖恒荷载标准值。

 特别说明

对雨篷等悬挑构件，其抗倾覆验算与挑梁基本相同，但其抗倾覆荷载 G_r 可按图 13.4.4 采用（G_r 可取雨篷梁尾端上部 45°扩散角范围内的墙体与楼面恒载标准值之和）。图中 l_1 为雨篷梁上墙体厚度；l_2 为 G_r 距墙外边缘的距离，$l_2 = l_1/2$；$l_3 = l_n/2$，l_n 为门窗洞口净跨。

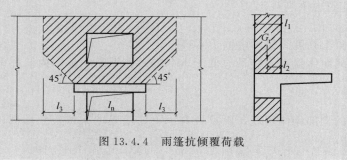

图 13.4.4 雨篷抗倾覆荷载

3. 挑梁下砌体的局部受压承载力验算

挑梁下砌体的局部受压承载力，可按式（13.4.4）验算。

《砌体规范》规定，梁端支撑处砌体的局部受压承载力，应按下式计算：

$$N_l \leqslant \eta\gamma f A_l \tag{13.4.4}$$

式中 N_l——挑梁下的支承压力，可取 $N_l = 2R$，R 为挑梁的倾覆荷载设计值；

       η——梁端底面压应力图形的完整系数，可取 0.7；

       γ——砌体局部抗压强度提高系数，对图 13.4.5（a）可取 1.25，对图 13.4.5（b）可取 1.5；

       A_l——挑梁下砌体局部受压面积，可取 $A_l = 1.2bh_b$；

       b——挑梁的截面宽度；

      h_b——挑梁的截面高度。

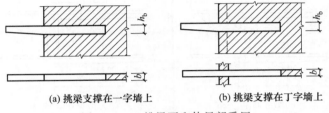

(a) 挑梁支撑在一字墙上   (b) 挑梁支撑在丁字墙上

图 13.4.5   挑梁下砌体局部受压

4. 挑梁正截面、斜截面承载力计算

钢筋混凝土挑梁所承受的最大弯矩设计值 M_{max} 与最大剪力设计值 V_{max}，可按下列公式计算：

$$M_{max} = M_0 \tag{13.4.5}$$
$$V_{max} = V_0 \tag{13.4.6}$$

式中 M_0——挑梁的荷载设计值对计算倾覆点截面产生的弯矩；

      V_0——挑梁的荷载设计值在挑梁墙外边缘处截面产生的剪力。

挑梁的正截面、斜截面承载力计算与配筋构造应按《混凝土规范》的规定进行。

三、墙梁构造与计算

如前所述，墙梁为钢筋混凝土托梁及支撑在托梁上计算高度范围内的砌体墙组成的组合构件。墙梁按托梁的不同可分为简支墙梁、连续墙梁、框支墙梁；按是否承受楼屋盖荷载可分为承重墙梁和自承重墙梁，前者除承受托梁和墙体自重外，还承受楼盖和屋盖荷载等；按墙梁中墙体计算高度范围内有无洞口可分为有洞口墙梁和无洞口墙梁两种。

1. 墙梁的构造要求

墙梁的构造应符合下列规定。

（1）材料

① 托梁的混凝土强度等级不应低于 C30；

② 承重墙梁的块体强度等级不应低于 MU10，计算高度范围内墙体的砂浆强度等级不应低于 M10（Mb10）。

（2）墙体

① 框支墙梁的上部砌体房屋，以及设有承重的简支墙梁或连续墙梁的房屋，应满足刚性方案房屋的要求；

② 墙梁的计算高度范围内的墙体厚度，对砖砌体不应小于 240mm，对混凝土砌块砌体不应小于 190mm；

③ 墙梁洞口上方应设置钢筋混凝土过梁，其支撑长度不应小于 240mm；洞口范围内不应施加集中荷载；

④ 承重墙梁的支座处应设置落地翼墙，翼墙厚度，对砖砌体不应小于 240mm，对混凝土砌块砌体不应小于 190mm，翼墙宽度不应小于墙梁墙体厚度的 3 倍，并与墙梁墙体同时砌筑；当不能设置翼墙时，应设置落地且上、下贯通的构造柱；

⑤ 当墙梁墙体在靠近支座 1/3 跨度范围内开洞时，支座处应设置落地且上、下贯通的构造柱，并应于每层圈梁连接；

⑥ 墙梁计算高度范围内的墙体，每天可砌高度不应超过 1.5m，否则，应加设临时撑。

（3）托梁

① 托梁两侧各两个开间的楼盖应采用现浇混凝土楼盖，楼板厚度不宜小于 120mm；当楼板厚度大于 150mm 时，应采用双层双向钢筋网。楼板上应少开洞，洞口尺寸大于 800mm 时应设洞口边梁。

② 托梁每跨底部的纵向受力钢筋应通长设置，不应在跨中段弯起或截断；钢筋接长应采用机械连接或焊接。

③ 托梁跨中截面纵向受力钢筋总配筋率不应小于 0.6%。

④ 托梁上部通长布置的纵向钢筋面积与跨中下部纵向钢筋面积之比值不应小于 0.4；连续墙梁或多跨框支墙梁的托梁支座上部附加纵向钢筋从支座边缘算起每边延伸长度不应小于 $l_0/4$。

⑤ 承重墙梁的托梁在砌体墙、柱上的支撑长度不应小于 350mm；纵向受力钢筋伸入支座的长度应符合受拉钢筋的锚固要求。

⑥ 当托梁截面高度 $h_b \geqslant 450mm$ 时，应沿梁高设置通长水平腰筋，其直径不应小于 12mm，间距不应大于 200mm。

⑦ 对洞口偏置的墙梁，其托梁的箍筋加密区范围应延伸到洞口外，距洞边的距离大于等于托梁截面高度 h_b（图 13.4.6），箍筋直径不宜小于 8mm，间距不应大于 100mm。

2. 墙梁的受力特点与计算要点

（1）墙梁的受力特点　试验表明，对于简支墙梁，当无洞口和跨中开洞墙梁，作用于简支墙梁顶面的荷载通过墙体拱的作用向支座传递 [图 13.4.7（a）]。此时托梁上、下部钢筋全部受拉，沿跨度方向钢筋应力分布比较均匀，处于小偏心受拉状态。托梁与计算高度范围内的墙体两者组成一拉杆拱机构。

偏开洞墙梁，由于墙梁顶部荷载通过墙体的大拱和小拱作用向两端支座及托梁传递。托梁既作为大拱的拉杆承受拉力，又作为小拱一端的弹性支座，承受小拱传来的竖向压力，产生较大的弯矩，一般处于大偏心受拉状态。托梁与计算范围内的墙体两者组成梁-拱组合受力机构 [图 13.4.7（b）]。

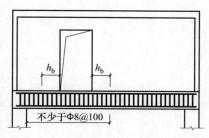

不少于Φ8@100

图 13.4.6　偏开洞时托梁箍筋加密区

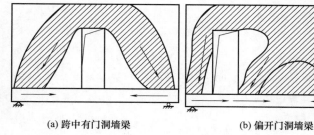

(a) 跨中有门洞墙梁　　　　(b) 偏开门洞墙梁

图 13.4.7　墙梁的受力机构

连续墙梁的托梁与计算高度范围内的墙体组成了连续组合拱受力体系。托梁大部分区段处于偏心受拉状态，而托梁中间支座附近小部分区段处于偏心受压状态。框支墙梁将形成框架组合拱结构，托梁的受力与连续墙梁类似。

（2）墙梁的承载力计算要点　墙梁的设计计算内容包括托梁使用阶段正截面承载力和斜截面受剪承载力计算、墙体受剪承载力和托梁支座上部砌体局部受压承载力计算，以及施工阶段托梁承载力验算。自承重墙梁可不验算墙体受剪承载力和砌体局部受压承载力。

使用阶段墙梁的托梁正截面承载力，应分别计算跨中及支座截面，跨中截面应按混凝土偏心受拉构件计算，支座截面应按混凝土受弯构件计算；托梁斜截面受剪承载力应按混凝土受弯构件计算；托梁施工阶段承载力应按混凝土构件进行受弯、受剪承载力验算（除荷载取值不同外，其计算方法与使用阶段托梁计算方法相同）。

墙梁的墙体受剪承载力验算及托梁支座上部砌体局部受压承载力验算的具体方法，请查阅《砌体规范》中的相关内容，本书不再展开介绍。

特别提示

1. 关于墙梁的墙体受剪承载力，当墙梁支座处墙体中设置上、下贯通的落地混凝土构造柱，且其截面不小于 24mm×240mm 时，可不验算墙梁的墙体受剪承载力。

2. 关于托梁支座上部砌体局部受压承载力，当墙梁的墙中设置上、下贯通的落地混凝土构造柱，且其截面不小于 24mm×240mm 时，或当 b_f/h 大于等于 5 时，可不验算托梁支座上部砌体局部受压剪承载力。

案例

已知过梁上墙体高度 $h_w=1.0$m，墙厚 $h=240$mm，墙面双面粉刷，墙体自重标准值为 5.24kN/m^2，过梁净跨 $l_n=2.1$m，在过梁上墙体高度为 0.5m 处传来楼板荷载设计值为 $q_1=14$kN/m（按活荷载其控制作用计算）。由上层传来的局部受压面积上的全部荷载设计值为 $N_0=150$kN。过梁下砌体采用 MU10 烧结多孔砖和 M5 的混合砂浆砌筑。试设计此钢筋混凝土过梁。

【分析】

（1）选择过梁截面尺寸

梁计算跨度：$l_0=\min\{1.05l_n, l_n+240\}=1.05l_n=1.05×2100=2205$（mm）

梁截面高度：$h=\left(\dfrac{1}{8}\sim\dfrac{1}{14}\right)l_0=\left(\dfrac{1}{8}\sim\dfrac{1}{14}\right)×2205=(273\sim168)$mm

取 $h=240$mm，取过梁宽 $b=h=240$mm

（2）选取材料

拟选用 C20 混凝土，$f_c=9.6$N/mm^2；$f_t=1.10$N/mm^2。

受拉钢筋选用 HPB300 级，$f_y=270$N/mm^2。

（3）荷载计算

楼板荷载：楼板下砌体高度 0.5m＜$l_n=2.1$m，则应考虑楼板传来的荷载设计值，

$$q_1=14\text{kN/m}$$

砌体自重：$h_w=1.0>\dfrac{l_n}{3}=\dfrac{2.1}{3}=0.7$（m），故取 $h_w=\dfrac{l_n}{3}=0.7$（m）

则

$$g_1=1.2×5.24×0.7≈4.40\text{（kN/m）}$$

过梁自重：

$$g_2=1.2×25×0.24×0.24≈1.73\text{（kN/m）}$$

$$q=q_1+g_1+g_2=20.13\text{（kN/m）}$$

（4）求弯矩设计值，剪力设计值

$$M=\dfrac{1}{8}ql_0^2=\dfrac{1}{8}×20.13×2.205^2≈12.23\text{（kN·m）}$$

$$V = \frac{1}{2} q l_n = \frac{1}{2} \times 20.13 \times 2.1 \approx 21.14 (\text{kN})$$

（5）求受拉钢筋面积（按单排筋配置）

$$h_0 = h - 40 = 240 - 40 = 200 (\text{mm})$$

$$x = h_0 - \sqrt{h_0^2 - \frac{2M}{\alpha_1 f_c b}} = 200 - \sqrt{200^2 - \frac{2 \times 12.23 \times 10^6}{1.0 \times 9.6 \times 240}}$$

$$\approx 28.6 (\text{mm}) < \xi_b h_0 = 0.576 \times 200 \approx 115.2 (\text{mm})$$

$$A_s = \frac{\alpha_1 f_c b x}{f_y} = 1.0 \times 9.6 \times 240 \times 28.6 / 270 \approx 244 (\text{mm}^2)$$

$$\rho_{min} = \max\{0.2\%, \ 0.45 f_t / f_y = 0.45 \times 1.10 / 270 \approx 0.18\%\} = 0.2\%$$

$$A_{s, min} = 0.2\% \times 240 \times 240 = 115.2 (\text{mm}^2) < A_s = 244 (\text{mm}^2)$$

选用 2Φ14（$A_s = 308 \text{mm}^2$）

（6）配箍筋

$$0.7 f_t b h_0 = 0.7 \times 1.10 \times 240 \times 200 = 36.96 (\text{kN}) > V = 21.14 \text{kN}$$

故按构造配箍，箍筋选用Φ6@200。

（7）过梁梁端下部砌体局部受压承载力验算

$$N_l = \frac{1}{2} q l_0 = \frac{1}{2} \times 20.13 \times 2.205 = 22.2 (\text{kN})$$

查表得 $f = 1.50 \text{MPa}$

$$a_0 = 10 \sqrt{\frac{h_c}{f}} = 10 \times \sqrt{\frac{240}{1.50}} = 126 (\text{mm}) < 240 \text{mm} \quad 取 \ a_0 = 240 \text{mm}$$

局部受压计算面积：

$$A_0 = h(a + h) = 0.24 \times (0.24 + 0.24) = 0.1152 (\text{m}^2)$$

$$A_l = a_0 b = 0.24 \times 0.24 = 0.0576 (\text{m}^2)$$

$$\psi = 1.5 - 0.5 \frac{A_0}{A_l} = 1.5 - 0.5 \times 2 = 0.5$$

$$\gamma = 1 + 0.35 \sqrt{\frac{A_0}{A_l} - 1} = 1 + 0.35 \times \sqrt{\frac{0.1152}{0.0576} - 1} = 1.35 > 1.25，故取 \ \gamma = 1.25$$

对于过梁，$\eta = 1.0$，则：

$$N_u = \eta \gamma f A_l = 1.0 \times 1.25 \times 1.50 \times 0.0576 \times 10^6 = 108000 (\text{N}) = 108 (\text{kN}) > N_l = 22.2 \text{kN}$$

（对于过梁，可不考虑上层荷载的影响）

故过梁梁端下砌体局部受压承载力满足要求。

（8）过梁配筋详图

如图 13.4.8 所示。

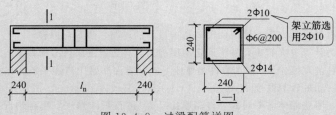

图 13.4.8　过梁配筋详图

本章介绍了砌体结构设计的基本概念，重点介绍了常见的无筋砌体构件，如墙、柱的高厚比验算、受压承载力验算及局部受压承载力验算，过梁、墙梁、挑梁及悬挑板的计算及其构造等方面的知识。通过对本章的学习，加深对砌体结构构件及砌体结构施工图的理解。

砌体结构设计的方法、思路与钢筋混凝土结构设计相类似，采用了以概率论为基础的极限状态设计方法，一般思路是首先确定结构计算模型，然后施加荷载进行结构内力分析，其次进行结构构件设计。

对于砌体墙、柱，在砌体结构中一般属于受压构件，而其高度相对于墙厚或柱宽而言要大许多，因此墙、柱的受压稳定性非常重要。《砌体规范》规定通过验算墙、柱的高厚比来确保其受压稳定性。

常见砌体结构构件的设计包括承载力计算与一般构造两部分内容，其中设计计算的主要内容如下。

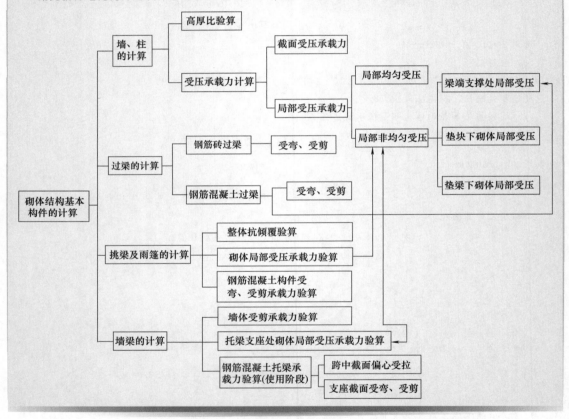

思考与练习

1. 砌体结构采用哪种设计方法？试说明砌体结构设计的思路、步骤与内容。

2. 砌体房屋的静力计算方案有哪几种？确定房屋静力计算方案的条件有哪些？

3. 何谓砌体墙、柱的高厚比 β？何谓容许高厚比 $[\beta]$？容许高厚比与哪些条件有关？

4. 如何确定砌体房屋的计算高度 H_0？

5. 高厚比验算时，哪些墙体需要对其容许高厚比 $[\beta]$ 进行折减修正？哪种情况下可以将墙的允许高厚比 $[\beta]$ 乘以提高系数 μ_c？

6. 对带壁柱墙的整片墙，其翼缘计算宽度 b_f 如何取用？

7. 对于既定的墙、柱，影响其受压承载力的主要因素有哪些？强度验算时如何考虑这些因素？

8. 确定墙、柱受压承载力影响系数 φ 时，所采用的高厚比与墙、柱高厚比验算时的高厚比是否相同？

9. 砌体的局部受压可分哪几种情况？

10. 砌体局部受压验算时，为何要考虑砌体局部抗压强度提高系数？

11. 梁端支撑处砌体局部受压验算时，梁端支撑长度如何确定？

12. 《砌体规范》对梁端刚性垫块有何构造要求？

13. 如何确定过梁上荷载？钢筋砖过梁的适用条件及其构造要求有哪些？

14. 钢筋混凝土过梁的设计计算包含哪些内容？

15. 挑梁的构造要求有哪些？挑梁的破坏形态有哪几种？挑梁的设计计算包含哪些内容？

16. 挑梁的抗倾覆力矩设计值 M_r 如何计算？雨篷的抗倾覆力矩设计值 M_r 如何计算？

17. 墙梁计算高度范围内每跨允许设置几个洞口？洞口边缘至边支座中心的距离及距中支座中心的距离有何规定？

18. 墙梁的受力有何特点？其中托梁与一般的框架梁受力状态有何不同？

19. 墙梁的承载力计算内容有哪些？

20. 某单层食堂（刚性方案 $H_0=H$），外纵墙承重且每 3.3m 开一个 1500mm×1500mm 宽窗洞，墙高 $H=5.5$m，墙厚 370mm，采用 MU10 烧结多孔砖、M5 混合砂浆砌筑。试验算外纵墙的高厚比是否满足要求。

21. 某单层带壁柱房屋（刚性方案）。山墙间距 $s=20$m，高度 $H=6.5$m，开间距离 4m，每开间有 2m×2.8m 宽的窗洞，采用 MU10 烧结多孔砖和 M5 混合砂浆砌筑。墙厚 370mm，壁柱尺寸 240mm×370mm，如题 21 图所示。试验算墙的高厚比是否满足要求。

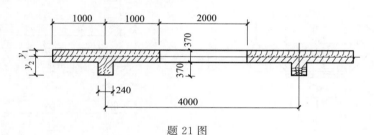

题 21 图

提示：带壁柱墙的几何特征如下。

$$A=2000×370+370×240=828800(mm^2)$$

$$y_1=[2000×370×185+370×240×(370+370/2)]/828800=224.6(mm)$$

$$y_2=370+370-224.6=515.4(mm)$$

$$I=(2000×370^3)/12+(224.6-370/2)^2×2000×370+(240×370^3)/12+$$

$$(515.4-370/2)^2×240×370=2.031×10^{10}(mm^4)$$

$$i=(I/A)^{1/2}=156.54(mm)$$

$$h_T=3.5i=3.5×156.54=548(mm)$$

22. 截面尺寸为 $b×h=240$mm×490mm 的窗间墙（内墙），计算高度 $H_0=3.2$m，采用 MU10 烧结多孔砖、M5 混合砂浆砌筑，施工质量控制等级为 B 级。窗间墙墙底承受永久荷载产生的轴向压力标准值 $N_{Gk}=60$kN，可变荷载产生的轴向压力标准值 $N_{Qk}=80$kN。试验算该窗间墙的受压承载力是否满足要求。（$e=0$，按可变荷载起控制作用进行内力组合）

23. 某砖柱截面尺寸为 490mm×740mm，采用强度等级为 MU10 的烧结多孔砖与 M5 的混合砂浆砌筑，施工质量控制等级为 B 级。柱计算高度 $H_0=5$m，柱底截面承受轴向压力设计值 $N=230$kN，偏心距 $e=100$mm（沿长边方向作用）。试验算柱底截面承载力是否满足要求。

24. 某砌体结构房屋外纵墙中的窗间墙上支撑有一钢筋混凝土大梁（题 24 图），梁的截面尺寸为 $b×h=200$mm×400mm，梁支撑长度 $a=240$mm，梁端压力设计值 $N_l=60$kN，上部墙体传来的压力设计值 $N_0=260$kN。窗间墙截面 1200mm×370mm，采用 MU10 烧结多孔砖、M5 混和砂浆砌筑，施工质量控制等级为 B 级。试验算梁底砌体局部受压承载力是否满足要求。

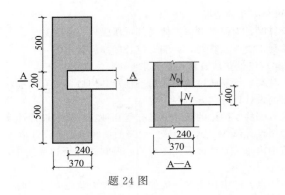

二维码 13.3

题 24 图

25. 某砌体墙中的钢筋混凝土雨篷板挑出长度 800mm，板宽 2400mm，板厚 $h_b = 70$mm，如题 25 图所示。作用在雨篷板上的恒荷载标准值为 $q_k = 1.7$kN/m²（含自重），在雨篷板的悬臂端作用有施工检修荷载标准值 $P_k = 1.0$kN/m。结构的安全等级为二级。作用在雨篷梁上的折算抗倾覆恒荷载标准值之和 $g_k = 62.5$kN/m。试对该雨篷进行抗倾覆验算。

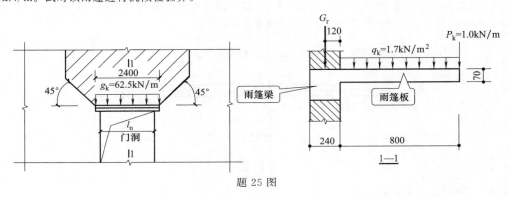

题 25 图

第十四章　砌体结构房屋的构造措施

- **知识目标**
  - 了解砌体结构房屋的一般构造措施
  - 熟悉砌体结构房屋的抗震构造要求
  - 了解砌体结构房屋产生裂缝的主要原因及预防措施
- **能力目标**
  - 能够读懂砌体结构施工图中的构造措施

砌体结构除应按承载能力极限状态进行构件承载力验算及高厚比验算外，尚应采取一般构造措施及防止或减少墙体开裂的措施，来保证砌体房屋的整体性和空间刚度，以满足砌体房屋的正常使用极限状态的要求。

第一节　一般构造措施与抗震构造措施

一、一般构造措施

（1）预制钢筋混凝土板在混凝土圈梁上的支撑长度不应小于80mm，板端伸出的钢筋应与圈梁可靠连接，且同时浇筑；预制钢筋混凝土板在墙上的支撑长度不应小于100mm，并应按下列方法进行连接。

① 板支撑于内墙时，板端钢筋伸出长度不应小于70mm，且与支座处沿墙配置的纵筋绑扎，用强度等级不低于C25的混凝土浇筑成带；

② 板支撑于外墙时，板端钢筋伸出长度不应小于100mm，且与支座处沿墙配置的纵筋绑扎，用强度等级不低于C25的混凝土浇筑成带；

③ 预制钢筋混凝土板与现浇板对接时，预制板端钢筋应伸入现浇板中进行连接，再浇筑现浇板。

（2）墙体转角处和纵横墙交接处应沿竖向每隔400~500mm设拉结钢筋，其数量为每120mm墙厚不少于1根直径6mm的钢筋；或采用焊接钢筋网片，埋入长度从墙的转角处或交接处算起，对实心砖墙每边不小于500mm，对多孔砖墙和砌块墙不小于700mm（图14.1.1）。

（3）填充墙、隔墙体应分别采取措施与周边主体结构构件可靠连接，连接构造和嵌缝材料应能满足传力、变形、耐久性和防护要求。

（4）在砌体中留槽洞及埋设管道时，应遵守下列原则。

① 不应在截面长边小于500mm的承重墙体、独立柱内埋设管线；

② 不宜在墙体中穿行暗线或预留、开凿沟槽，当无法避免时应采取必要的措施或按削弱后的截面验算墙体的承载力。

注：对受力较小或未灌孔的砌块砌体，允许在墙体的竖向孔洞中设置管线。

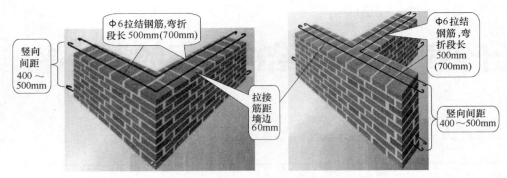

注：图中弯折段长 500mm 用于实心砖墙，弯折段长 700mm 用于多孔砖墙和砌块墙。

图 14.1.1 墙体转角处和纵横墙交接处拉结钢筋设置

（5）跨度大于 6m 的屋架和跨度大于下列数值的梁，应在支撑处砌体上设置混凝土或钢筋混凝土垫块；当墙中设有圈梁时，垫块与圈梁宜浇成整体。

① 对砖砌体为 4.8m；

② 对砌块和料石砌体为 4.2m。

（6）当梁跨度大于等于下列数值时，其支撑处宜加设壁柱，或采取其他加强措施。

① 对 240mm 厚的砖墙为 6m；对 180mm 厚的砖墙为 4.8m；

② 对砌块、料石墙为 4.8m。

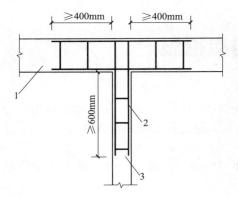

图 14.1.2 砌块墙与后砌隔墙
交接处钢筋网片

1—砌块墙；2—焊接钢筋网片；

3—后砌隔墙

（7）山墙处的壁柱或构造柱宜砌至山墙顶部，且屋面构件应与山墙可靠拉结。

（8）砌块砌体应分皮错缝搭砌，上下搭砌长度不应小于 90mm。当搭砌长度不满足上述要求时，应在水平灰缝内设置不少于 2 根直径不小于 4mm 的焊接钢筋网片（横向钢筋间距不应大于 200mm），网片每端应伸出该垂直缝不小于 300mm。

（9）砌块墙与后砌隔墙交接处，应沿墙高每 400mm 在水平灰缝内设置不少于 2 根直径不小于 4mm、横向钢筋间距不应大于 200mm 的焊接钢筋网片（图 14.1.2）。

（10）混凝土砌块房屋，宜将纵横墙交接处，距墙中心线每边不小于 300mm 范围内的孔洞，采用不低于 Cb20 混凝土沿全墙高灌实。

（11）混凝土砌块墙体的下列部位，如未设圈梁或混凝土垫块，应采用不低于 Cb20 混凝土将孔洞灌实。

① 格栅、檩条和钢筋混凝土楼板的支撑面下，高度不应小于 200mm 的砌体；

② 屋架、梁等构件的支撑面下，长度不应小于 600mm，高度不应小于 600mm 的砌体；

③ 挑梁支撑面下，距墙中心线每边不小于 300mm，高度不应小于 600mm 的砌体。

二、抗震构造措施

《砌体规范》按砌体种类不同，对砖砌体、混凝土砌块砌体、配筋砌块砌体、底部框架-抗震墙砌体房屋的抗震构造措施分别进行了规定。本书将重点介绍砖砌体房屋的抗震构造措施，其他种类砌体房屋本书不再展开介绍，可参阅《砌体规范》进行学习。

（1）各类砖砌体房屋的现浇钢筋混凝土构造柱，其设置除应符合《抗震规范》的规定外，尚应符合下列规定。

① 构造柱设置的部位应符合表 14.1.1 的规定。

② 外廊式和单面外廊式的房屋，应根据房屋增加一层的层数，按表 14.1.1 的要求设置构造柱，且单面走廊两侧的纵横墙均应按外墙处理。

③ 横墙较少的房屋，应根据房屋增加一层的层数，按表 14.1.1 的要求设置构造柱。当横墙较少的房屋为外廊式或单面走廊式时，应按②款的要求设置构造柱；但 6 度不超过四层、7 度不超过三层和 8 度不超过二层时，应按增加两层的层数对待。

④ 各层横墙很少的房屋，应按增加两层的层数设置构造柱。

⑤ 采用蒸压灰砂普通砖和蒸压粉煤灰普通砖的砌体房屋，当砌体的抗剪强度仅达到普通黏土砖砌体的 70% 时（普通砂浆砌筑），应根据增加一层的层数按上述要求设置构造柱；但 6 度不超过四层、7 度不超过三层和 8 度不超过二层时，应按增加两层的层数对待。

⑥ 有错层的多层房屋，在错层部位应设置墙，其与其他墙交接处应设构造柱；在错层部位的错层楼板位置应设置现浇钢筋混凝土圈梁；当房屋层数不低于四层时，底部 1/4 楼层处错层部位墙中部的构造柱间距不宜大于 2m。

表 14.1.1　砖砌体结构房屋构造柱设置要求

房屋层数				设置部位	
6 度	7 度	8 度	9 度		
≤五	≤四	≤三		楼、电梯间四角，楼梯斜梯段上下端对应的墙体处；外墙四角和对应转角；错层部位横墙与外纵墙交接处；大房间内外墙交接处；较大洞口两侧	隔 12m 或单元横墙与外纵墙交接处；楼梯间对应的另一侧内横墙与外纵墙交接处
六	五	四	二		隔开间横墙（轴线）与外墙交接处；山墙与内纵墙交接处
七	六、七	五、六	三、四		内墙（轴线）与外墙交接处；内墙的局部较小墙垛处；内纵墙与横墙（轴线）交接处

注：较大洞口，内墙指不小于 2.1m 的洞口；外墙在内外墙交接处已设置构造柱时允许适当放宽，但洞侧墙体应加强。

（2）多层砖砌体房屋的构造柱应符合下列构造规定。

1）构造柱的最小截面可为 180mm×240mm（墙厚 190mm 时为 180mm×190mm）；构造柱纵向钢筋宜采用 4Φ12，箍筋直径可采用 6mm，间距不宜大于 250mm，且在柱上、下端适当加密；当 6、7 度超过五层和 9 度时，构造柱纵向钢筋宜采用 4Φ14，箍筋间距不应大于 200mm；房屋四角的构造柱应适当加大截面及配筋。

2）构造柱与墙连接处应砌成马牙槎，沿墙高每隔 500mm 设 2Φ6 水平钢筋和 Φ4 分布短筋平面内点焊组成的拉结网片或 Φ4 点焊钢筋网片，每边伸入墙内不宜小于 1m（图 14.1.3）。6、7 度时，底部 1/3 楼层，8 度时底部 1/2 楼层，9 度时全楼层，上述拉结钢筋网片应沿墙体水平通长设置。

3）构造柱与圈梁连接处，构造柱的纵筋应在圈梁纵筋内侧穿过，保证构造柱纵筋上下贯通。

4）构造柱可不单独设置基础，但应伸入室外地面下 500mm，或与埋深小于 500mm 的基础圈梁相连。

5）房屋高度和层数接近规范限值时，纵、横墙内构造柱间距尚应符合下列规定。

① 横墙内的构造柱间距不宜大于层高的 2 倍；下部 1/3 楼层的构造柱间距适当减小；

② 当外纵墙开间大于 3.9m 时，应另设加强措施；内纵墙的构造柱间距不宜大于 4.2m。

（3）约束普通砖墙的构造柱，应符合下列规定。

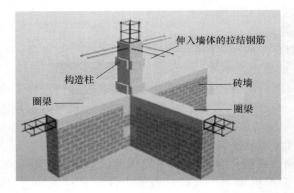

(a) 构造柱马牙槎

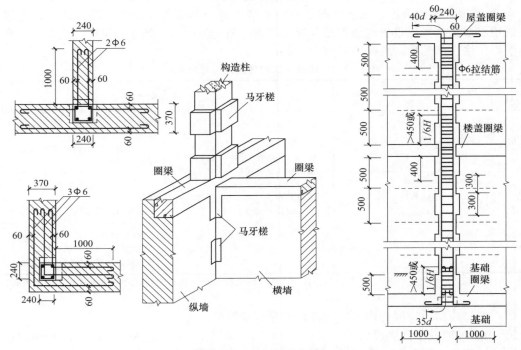

(b) 构造柱水平拉结筋、箍筋加密与纵筋锚固

图 14.1.3　构造柱的构造

① 墙段两端设有符合现行国家标准《抗震规范》要求的构造柱，且墙肢两端及中部构造柱的间距不大于层高或 3.0m，较大洞两侧应设置构造柱；构造柱最小截面尺寸不宜小于 240mm×240mm（墙厚 190mm 时为 240mm×190mm），边柱和角柱的截面宜适当加大；构造柱的纵筋和箍筋设置宜符合表 14.1.2 的要求。

表 14.1.2　构造柱的纵筋和箍筋设置要求

位置	纵向钢筋			箍筋		
	最大配筋率 /%	最小配筋率 /%	最小直径 /mm	加密区范围 /mm	加密区间距 /mm	最小直径 /mm
角柱	1.8	0.8	14	全高	100	6
边柱			14	上端700		
中柱	1.4	0.6	12	下端500		

② 墙体在楼、屋盖标高处均设置满足现行国家标准《抗震规范》要求的圈梁，上部各

楼层处圈梁截面高度不宜小于 150mm；圈梁纵向钢筋应采用强度等级不低于 HRB335 的钢筋，6、7 度时不小于 4Φ10，8 度时不小于 4Φ12；9 度时不小于 4Φ14；箍筋不小于 Φ6。

抗震规范对多层砖砌体房屋的现浇钢筋混凝土圈梁设置要求见表 14.1.3。

表 14.1.3　多层砖砌体房屋现浇钢筋混凝土圈梁设置要求

墙类	烈度		
	6 度、7 度	8 度	9 度
外墙及内纵墙	屋盖处及每层楼盖处	屋盖处及每层楼盖处	屋盖处及每层楼盖处
内横墙	同上；屋盖处间距不应大于 4.5m；楼盖处间距不应大于 7.2m；构造柱对应部位	同上；各层所有横墙，且间距不应大于 4.5m；构造柱对应部位	同上；各层所有横墙

（4）房屋的楼、屋盖与承重墙构件的连接，应符合下列规定。

① 钢筋混凝土预制楼板在梁、承重墙上必须具有足够的搁置长度。当圈梁未设在板的同一标高时，板端的搁置长度，在外墙上不应小于 120mm，在内墙上不应小于 100mm，在梁上不应小于 80mm，当采用硬架支模连接时，搁置长度允许不满足上述要求。

② 当圈梁设在板的同一标高时，钢筋混凝土预制楼板端头应伸出钢筋，与墙体的圈梁相连接。当圈梁设在板底时，房屋端部大房间的楼盖，6 度时房屋的屋盖和 7～9 度时房屋的楼、屋盖，钢筋混凝土预制板应相互拉结，并应与梁、墙或圈梁拉结。

③ 当板的跨度大于 4.8m 并与外墙平行时，靠外墙的预制板侧边应与墙或圈梁拉结。

④ 钢筋混凝土预制楼板侧边之间应留有不小于 20mm 的空隙，相邻跨预制楼板板缝宜贯通，当板缝宽度不小于 50mm 时应配置板缝钢筋。

⑤ 装配整体式钢筋混凝上楼、屋盖，应在预制板叠合层上双向配置通长的水平钢筋，预制板应与后浇的叠合层有可靠的连接。现浇板和现浇叠合层应跨越承重墙或梁，伸入外墙内长度应不小于 120mm 和 1/2 墙厚。

⑥ 现浇或装配整体式钢筋混凝土楼、屋盖与墙有可靠连接的房屋，应允许不另设圈梁，但楼板沿抗震墙体周边均应加强配筋并相应与构造柱可靠连接。

（5）地震震害表明，楼梯间由于比较空旷常常破坏严重，必须采取有效措施。《抗震规范》对砌体房屋楼梯间的相关构造要求如下。

① 顶层楼梯间墙体应沿墙高每隔 500mm 设 2Φ6 通长钢筋和 Φ4 分布短筋平面内点焊组成的拉结网片或 Φ4 点焊网片；7～9 度时其他各层楼梯间砌体内应在休息板平台或楼层半高处设置 60mm 厚、纵向钢筋不应小于 2Φ10 的钢筋混凝土带或配筋砖带，配筋砖带不少于 3 皮，每皮的配筋不少于 2Φ6，砂浆强度等级不应低于 M7.5 且不低于同层墙体的砂浆强度等级。

② 楼梯间及门厅内墙阳角处的大梁支撑长度不应小于 500mm，并应与圈梁连接。

③ 装配式楼梯段与平台板的梁应可靠连接，8、9 度时不应采用装配式楼梯；不应采用墙中悬挑式踏步或踏步竖肋插入墙体的楼梯，不应采用无筋砖砌栏板。

④ 突出屋顶的楼、电梯间，构造柱应伸入顶部，并与顶部圈梁连接，所有墙体应沿墙高每隔 500mm 设 2Φ6 通长钢筋和 Φ4 分布短筋平面内点焊组成的拉结网片或 Φ4 点焊网片。

第二节　墙体开裂的原因及其预防措施

一、墙体开裂的原因

砌体结构房屋的墙体往往由于房屋的构造处理不当而产生裂缝。产生这些裂缝的根本原因一般有两大类：第一类是由于收缩和温度变化引起的；第二类是由于地基不均匀沉降引起的。

（1）由于收缩和温度变形引起墙体开裂　结构构件由温度变化引起热胀冷缩的变形为温度变形。钢筋混凝土的线膨胀系数一般为 10×10^{-4}，砖砌体的线膨胀系数为 5×10^{-4}，可见在相同的温差下钢筋混凝土的变形要比砖砌体的变形要大一倍以上，钢筋混凝土结构还有较大的收缩值，为 $(2 \sim 4) \times 10^{-4}$，28d 龄期约完成 50%，而砖砌体在正常湿度下的收缩不明显。

由钢筋混凝土楼、屋盖与砖砌体组成的砖混结构房屋，实际上是一个空间盒形结构。由于自然界温度变化或材料发生收缩时，必然产生两种材料的彼此约束，使各自的变形不能自由地进行而引起应力。两种材料均为抗拉强度较低的脆性材料，当拉应力超过其抗拉强度时，就出现不同形式的裂缝。房屋较长时，当大气温度改变，墙体的伸缩变形受到基础的约束，也会产生裂缝。

对于砌块砌体房屋，混凝土小型砌块的线膨胀系数为 10×10^{-4}，且对湿度比较敏感。这种砌块的干缩性较大，而且即使干缩稳定后，当再次被雨水或潮气浸湿后还会产生较大的再次干缩。因此由于温度变形和砌块的干缩而引起的墙体裂缝比较普遍。通常在洞口部位、纵横墙交界处、墙体转角处等易产生应力集中的部位或较长的墙体应予以加强，抵抗裂缝的产生。

变形和收缩引起房屋裂缝的主要形态如下。

① 屋顶下边外墙的水平裂缝和包角裂缝（图 14.2.1）；

② 内外纵墙和横墙的八字形裂缝（图 14.2.2）；

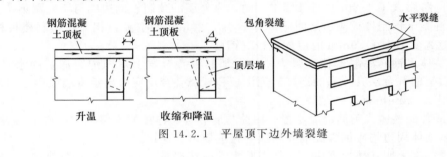

图 14.2.1　平屋顶下边外墙裂缝

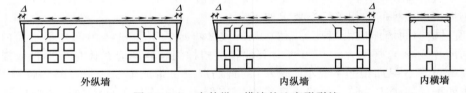

图 14.2.2　内外纵、横墙的八字形裂缝

③ 房屋错层处墙体的局部垂直裂缝（图 14.2.3）；

④ 砌块砌体房屋，由于基础的约束，使房屋的底部几层较长的实墙体的中部，即山墙、楼梯的墙中部出现竖向干缩裂缝，此裂缝愈向顶层也愈轻。

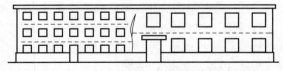

图 14.2.3　房屋错层处墙体的局部垂直裂缝

（2）地基不均匀沉降引起墙体开裂　不均匀沉降引起墙体裂缝往往为由下而上指向沉降较大处，主要有正八字形、倒正八字形裂缝和斜裂缝，底层门窗洞口较大时还会出现窗台一侧墙体的垂直裂缝等。

二、防止或减轻墙体开裂的主要措施

（1）在正常使用条件下，应在墙体中设置伸缩缝。伸缩缝应设在因温度和收缩变形引起应力集中、砌体产生裂缝可能性最大处。伸缩缝的间距可按表 14.2.1 采用。

表 14.2.1　砌体房屋伸缩缝的最大间距

屋盖或楼盖类别		间距/m
整体式或装配整体式钢筋混凝土结构	有保温层或隔热层的屋盖、楼盖	50
	无保温层或隔热层的屋盖	40
装配式无檩体系钢筋混凝土结构	有保温层或隔热层的屋盖、楼盖	60
	无保温层或隔热层的屋盖	50
装配式有檩体系钢筋混凝土结构	有保温层或隔热层的屋盖	75
	无保温层或隔热层的屋盖	60
瓦材屋盖、木屋盖或楼盖、轻钢屋盖		100

注：1. 对烧结普通砖、多孔砖、配筋砌块砌体房屋，取表中数值；对实砌体、蒸压灰砂普通砖、蒸压粉煤灰普通砖、混凝土砌块、混凝土普通砖和混凝土多孔砖房屋，取表中数值乘以 0.8 的系数。当墙体有可靠外保温措施时，其间距可取表中数值。

2. 在钢筋混凝土屋面上挂瓦的屋盖应按钢筋混凝土屋盖采用。

3. 层高大于 5m 的烧结普通砖、烧结多孔砖、配筋砌块砌体结构单层房屋，其伸缩缝间距可按表中数值乘以 1.3。

4. 温差较大且变化频繁地区和严寒地区不采暖的房屋及构筑物墙体的伸缩缝的最大间距，应按表中数值予以适当减小。

5. 墙体的伸缩缝应与结构的其他变形缝相重合，缝宽应满足各种变形缝的变形要求；在进行立面处理时，必须保证缝隙的伸缩作用。

（2）房屋顶层墙体，宜根据情况采取下列措施。

① 屋面应设置保温、隔热层。

② 屋面保温（隔热）层或屋面刚性面层及砂浆找平层应设置分隔缝，分隔缝间距不宜小于 6m，其缝宽不小于 30mm，并与女儿墙隔开。

③ 采用装配式有檩体系钢筋混凝土屋盖和瓦材屋盖。

④ 顶层屋面板下设置现浇钢筋混凝土圈梁，并沿内外墙拉通，房屋两端圈梁下的墙体内宜设置水平钢筋。

⑤ 顶层墙体有门窗等洞口时，在过梁上的水平灰缝内设置 2～3 道焊接钢筋网片或 2 根直径 6mm 钢筋，焊接钢筋网片或钢筋应伸入洞口两端墙内不小于 600mm。

⑥ 顶层及女儿墙砂浆强度等级不低于 M7.5（Mb7.5、Ms7.5）。

⑦ 女儿墙应设置构造柱，构造柱间距不宜大于 4m，构造柱应伸至女儿墙顶并与现浇钢筋混凝土压顶整浇在一起。

⑧ 对顶层墙体施加竖向预应力。

（3）房屋底层墙体，宜根据情况采取下列措施。

① 增大圈梁的刚度。

② 在底层的窗台下墙体灰缝内设置 3 道焊接钢筋网片或 2 根直径 6mm 钢筋，并应伸入两边窗间墙内不小于 600mm。

（4）在每层门、窗过梁上方水平灰缝内及窗台下第一和第二道水平灰缝内，宜设置焊接钢筋网片或 2 根直径 6mm 钢筋，焊接钢筋网片或钢筋应伸入两边墙内不小于 600mm。当墙长大于 5m 时，宜在每层墙高中部设置 2～3 道焊接钢筋网片或 3 根直径 6mm 通长水平钢筋，竖向间距为 500mm。

（5）房屋两端和底层第一、第二开间门窗洞口处，可采取下列措施。

① 在门窗洞口两边墙体的水平灰缝中，设置长度不小于 900mm、竖向间距为 400mm 的 2 根直径 4mm 的焊接钢筋网片。

② 在顶层和底层设置通长钢筋混凝土窗台梁，窗台梁高宜为块材高度的模数，梁内纵筋不少于 4 根，直径不小于 10mm，箍筋直径不小于 6mm，间距不大于 200mm，混凝土强度等级不低于 C20。

③ 在混凝土砌块房屋门窗洞口两侧不少于一个孔洞中设置直径不小于 12mm 的竖向钢筋，竖向钢筋应在楼层圈梁或基础内锚固，孔洞用不低于 Cb20 混凝土灌实。

（6）填充墙砌体与梁、柱或混凝土墙体结合的界面处（包括内、外墙），宜在粉刷前设置钢丝网片，网片宽度可取 400mm，并沿界面缝两侧各延伸 200mm，或采取其他有效的防裂、盖缝措施。

（7）当房屋刚度较大时，可在窗台下或窗台角处墙体内、在墙体高度或厚度突然变化处设置竖向控制缝。竖向控制缝宽度不宜小于 25mm，缝内填以压缩性能好的填充材料，且外部用密封材料密封，并采用不吸水的、闭孔发泡聚乙烯实心圆棒（背衬）作为密封膏的隔离物（图 14.2.4）

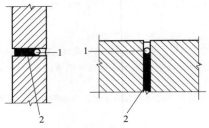

图 14.2.4　控制缝构造
1—不吸水的、闭孔发泡聚乙烯实心圆棒；
2—柔软、可压缩的填充物

本章小结

砌体结构房屋往往由于构造处理不当而产生裂缝。因此，砌体结构除应按承载能力极限状态进行构件承载力验算及高厚比验算外，尚应采取一般构造措施、抗震构造措施及防止或减少墙体开裂的措施。

砌体结构房屋采取的一般构造措施主要包括保证楼板在墙体中的支承长度；墙体转角处和纵横墙交接处、填充墙与周边主体结构构件应沿竖向设拉结钢筋；按规范要求设置构造柱与圈梁等。

由于砌体材料的脆性性质，地震水平作用下砌体结构震害严重，应采用多种抗震构造措施来避免和减轻震害发生，常见的抗震构造措施如下。

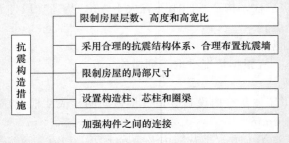

砌体结构房屋产生裂缝的主要原因是结构的收缩和温度变化以及地基不均匀沉降。防止或减轻墙体开裂的主要措施是在墙体中设置伸缩缝；屋面设置保温、隔热层；洞口采取加强措施；按规范要求设置构造柱与圈梁等。

砌体结构中应综合考虑这些构造措施，特别是构造柱与圈梁，必须按照规范要求设置，这是保证砌体结构房屋的整体性和空间刚度，满足房屋正常使用的重要保证。

思考与练习

1. 墙体转角处和纵横墙交接处应设拉结钢筋，拉结钢筋的构造要求有哪些？

2. 在砌体中留槽洞及埋设管道时，应遵守哪些原则？

3. 砌块墙与后砌隔墙交接处应如何设置构造钢筋？

4. 砖砌体房屋构造柱的设置应符合哪些规定？构造柱应符合哪些构造规定？

5. 砖砌体房屋圈梁的设置应符合哪些要求？圈梁应符合哪些构造规定？

6. 楼梯间常常破坏严重，必须采取有效措施，《抗震规范》对砌体房屋楼梯间的相关构造要求有哪些？

7. 墙体开裂的原因有几大类？防止墙体开裂的主要措施有哪些？

8. 砌体房屋门窗洞口的四角处，往往会出现裂缝，可采取哪些构造措施来预防这些裂缝的出现？

9. 填充墙砌体与梁、柱或混凝土墙体结合的界面处（包括内、外墙），往往会出现裂缝，可采取哪些构造措施来预防这些裂缝的出现？

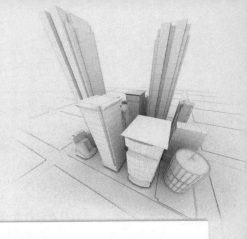

第十五章　框架填充墙

知识目标	• 了解填充墙材料选用要求 • 了解填充墙设计原则与基本要求 • 熟悉填充墙与主体结构的拉结构造要求 • 熟悉构造柱、水平系梁的设置原则及洞口加强措施做法
能力目标	• 能够根据施工图纸确定填充墙的构造柱、水平系梁设置部位 • 能够根据施工图纸正确留设填充墙拉结钢筋

对于钢筋混凝土框架结构（或框架剪力墙结构），往往需要砌筑外围护墙及内隔墙，以形成所需要的房间。震害表明，框架（或框剪）结构填充墙等非结构构件均遭到不同程度破坏，有的损害甚至超过主体结构，因此必须重视填充墙的构造措施，以防止或减轻该类墙体的损害。

第一节　填充墙基本要求

填充墙一般包含砌体墙（由块体材料与砌筑砂浆组成）以及加强墙体的构造柱与水平系梁等组成部分（图 15.1.1）。

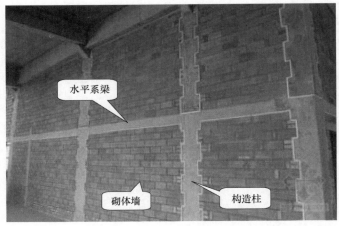

图 15.1.1　填充墙一般组成

一、填充墙材料

填充墙中材料强度等级应符合下列规定。

（1）块体材料　填充墙体中块体材料应优先采用轻质砌体材料，其强度等级应符合下列要求。

① 混凝土小型空心砌块（简称小砌块）的强度等级不低于 MU3.5，用于外墙及潮湿环境的内墙不应低于 MU5.0；全烧结陶粒保温砌块仅用于内墙（不得用于外墙），其强度等级不应低于 MU2.5、密度不应大于 800kg/m^3。

② 烧结空心砖的强度等级不低于 MU3.5，用于外墙及潮湿环境的内墙不应低于 MU5.0；烧结多孔砖的强度等级不低于 MU7.5。

③ 蒸压加气混凝土砌块的强度等级不低于 A2.5，用于外墙及潮湿环境的内墙不应低于 A3.5。

（2）砂浆　砌筑填充墙的砂浆强度，对于普通砖砌体砌筑砂浆强度等级不应低于

MU5.0；对于蒸压加气混凝土砌块砂浆强度等级不应低于 Ma5.0；对于混凝土砌块砌筑砂浆强度等级不应低于 Mb5.0；对于蒸压普通砖砌筑砂浆强度等级不应低于 Ms5.0。

需要注意的是，室内地坪以下及潮湿环境应采用水泥砂浆、预拌砂浆或专用砂浆；蒸压加气混凝土砌块应采用专用砂浆砌筑。

（3）构造柱、水平系梁等构件　构造柱、水平系梁等构件一般采用钢筋混凝土材料，其强度等级应符合下列要求。

① 构造柱、水平系梁等构件混凝土强度等级不应低于 C20，用于 2 类环境时，混凝土强度等级不应低于 C25。

② 构造柱、水平系梁主筋采用 HRB335 或 HRB400，也可采用满足伸长率要求的冷轧带肋钢筋；箍筋、拉结钢采用 HPB300、HRB335 或 HRB400。

二、填充墙设计原则

（1）框架与填充墙可采用脱开或不脱开的连接方式，目前不脱开的连接方式比较常见。本书主要介绍框架与填充墙不脱开的连接构造。

（2）填充墙厚度，对于外围护墙不应小于 120mm，对于内隔墙不应小于 90mm。

（3）填充墙体上的作用荷载包括自重和风荷载，在地震区尚应考虑地震作用。砌体填充墙应满足强度和稳定性要求。

（4）采用砌体填充墙，平面布置宜均匀对称，且竖向宜均匀连续，同时避免框架柱形成短柱。

（5）当采用框架与填充墙不脱开的连接方式时，填充墙与主体结构的拉结及填充墙之间的拉结，可采用拉结钢筋（以下简称拉结筋）、焊接钢筋网片、水平系梁和构造柱。

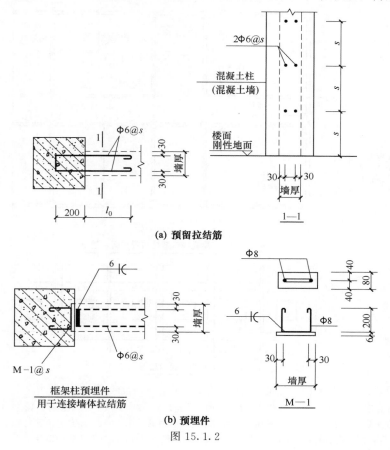

图 15.1.2

(c) 化学后植筋

图 15.1.2　填充墙与混凝土墙、柱的拉结

（6）填充墙与混凝土墙、柱之间的拉结筋可采用预留拉结筋、预埋件或化学后植筋（图 15.1.2）。目前，化学后植筋技术比较常见，当采用化学后植筋拉结时，应符合《混凝土结构后锚固技术规程》（JGJ 145—2013）的相关规定。

（7）填充墙应沿框架柱全高每隔 500mm 设 2Φ6 拉结筋（墙厚大于 240mm 时宜设 3Φ6 拉结筋），拉结筋伸入墙内的长度，6、7 度时宜沿全长贯通，8 度时应全长贯通。

（8）砌体填充墙的墙段长度大于 5m 时或墙长大于 2 倍层高时，墙顶宜与梁底或板底拉

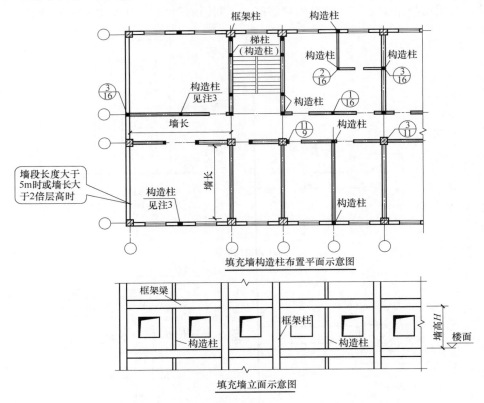

图 15.1.3　填充墙构造柱平面布置（《12G614-1》P.18）

注：1. 本图源自国家建筑标准设计图集《砌体填充墙结构构造》（12G614-1）（以下简称《12G614-1》）；

2. 本图集构造柱截面高度为 200mm，截面宽度为墙厚，纵向钢筋采用 4Φ12（4Φ12），箍筋Φ6，箍筋间距 250mm，构造柱纵筋搭接长度范围内箍筋间距 200mm，设计人可按具体工程情况自行布置和设计构造柱。

结，墙体中部应设钢筋混凝土构造柱，构造柱应留马牙槎（图 15.1.1）。关于填充墙构造柱的平面布置如图 15.1.3 所示。

（9）当填充墙尽端至门窗洞口边距离小于 240mm 时，宜采用钢筋混凝土门窗框。

（10）当砌体填充墙的墙高超过 4m 时，宜在墙体半高处设置与柱连接且沿墙全长贯通的现浇钢筋混凝土水平系梁（图 15.1.1），墙高超过 6m 时，宜沿墙高每 2m 设置与柱连接的水平系梁，梁截面高度不小于 60mm。

（11）楼梯间和人流通道处的填充墙，应采用钢丝网砂浆面层加强。

（12）构造柱、水平系梁最外层钢筋的保护层厚度不应小于 20mm；灰缝中拉结钢筋外露砂浆保护层的厚度不应小于 15mm。

（13）构造柱、水平系梁纵向钢筋采用绑扎搭接时，全部纵筋可在同一连接区段搭接，钢筋搭接长度 $50d$。

（14）墙体拉结筋的连接：采用焊接接头时，单面焊的焊接长度 $10d$；采用绑扎搭接连接时，搭接长度 $55d$ 且不小于 400mm。

（15）在厨房、卫生间、浴室等处采用轻集料混凝土小型空心砌块、蒸压加气混凝土砌块砌筑墙体时，墙底部宜现浇与填充墙同厚的混凝土坎台，其高度宜为 150～200mm。

（16）砌体填充墙砌至接近梁、板底时，应留一定空隙，待砌体变形稳定后并应至少间隔 7d 后，再将其补砌挤紧（图 15.1.4）。

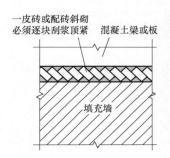

图 15.1.4　填充墙顶部一般构造

第二节　填充墙施工构造

如前所述，框架与填充墙可采用脱开或不脱开的连接方式，目前不脱开的连接方式比较常见，本书主要介绍框架与填充墙不脱开的连接构造。填充墙与混凝土墙、柱、梁、板的拉结可采用预留拉结筋、预埋件或化学后植筋。

常见的框架填充墙一般可分为烧结空心砖或多孔砖填充墙、小型空心砌块填充墙、蒸压加气混凝土砌块填充墙三类，本书以预留拉结筋的烧结空心砖或多孔砖填充墙的构造做法为例加以说明，其他类型填充墙的构造做法请参阅《12G614-1》自行学习。

一、填充墙与框架柱（或剪力墙）拉结构造

1. 框架柱（或剪力墙）中预留拉结钢筋构造（图 15.2.1）
2. 填充墙与框架柱（或剪力墙）拉结构造要求（图 15.2.2）

二、填充墙与构造柱、芯柱、水平系梁、过梁拉结构造

1. 填充墙中构造柱及水平系梁布置（图 15.2.3）

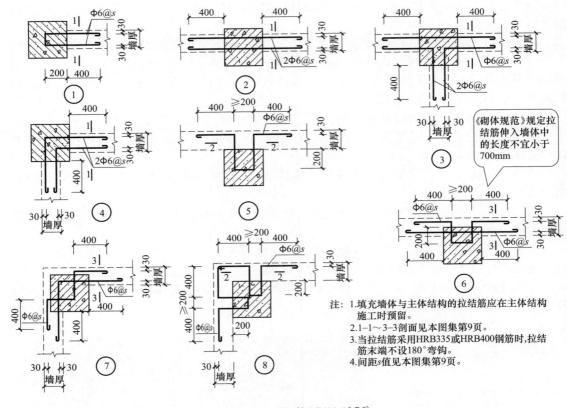

(a)（《12G614-1》P.8)

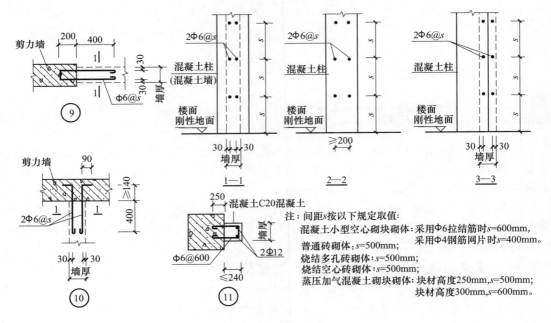

(b)（《12G614-1》P.9)

图15.2.1　框架柱（或剪力墙）中预留拉结钢筋构造

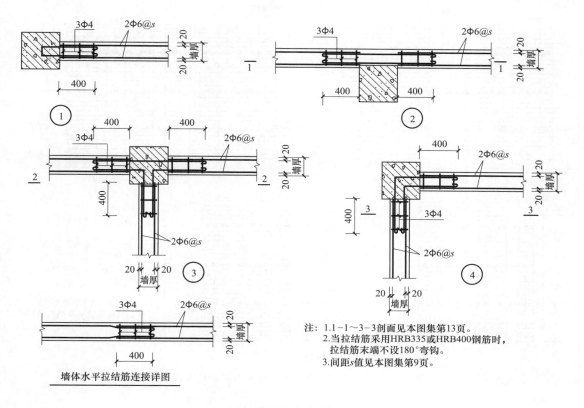

墙体水平拉结筋连接详图

注：1.1−1∼3−3剖面见本图集第13页。
　　2.当拉结筋采用HRB335或HRB400钢筋时，
　　　拉结筋末端不设180°弯钩。
　　3.间距s值见本图集第9页。

(a) (《12G614−1》P.11)

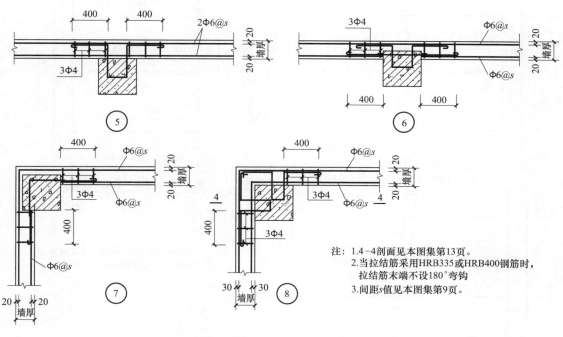

注：1.4−4剖面见本图集第13页。
　　2.当拉结筋采用HRB335或HRB400钢筋时，
　　　拉结筋末端不设180°弯钩
　　3.间距s值见本图集第9页。

(b) (《12G614−1》P.12)

图 15.2.2

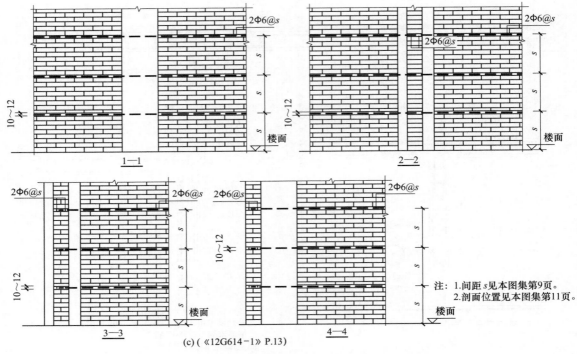

(c)（《12G614−1》P.13）

图 15.2.2　填充墙与框架柱（或剪力墙）拉结构造

注：1.间距 s 见本图集第9页。
　　2.剖面位置见本图集第11页。

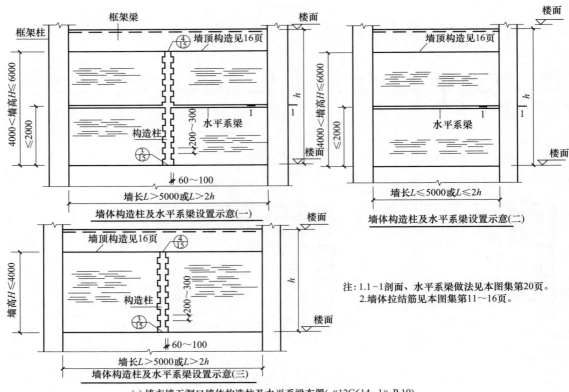

注：1.1−1剖面、水平系梁做法见本图集第20页。
　　2.墙体拉结筋见本图集第11～16页。

(a) 填充墙无洞口墙体构造柱及水平系梁布置（《12G614−1》P.19）

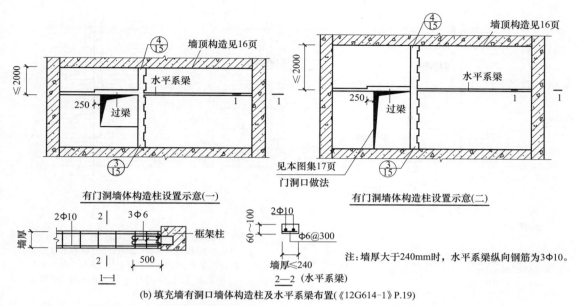

图 15.2.3　填充墙中构造柱及水平系梁布置

（b）填充墙有洞口墙体构造柱及水平系梁布置（《12G614-1》P.19）

2. 构造柱、芯柱、水平系梁、过梁中预留拉结钢筋构造（图 15.2.4）

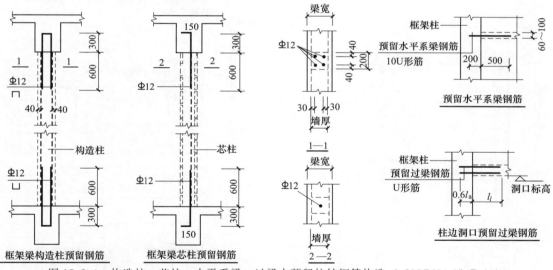

图 15.2.4　构造柱、芯柱、水平系梁、过梁中预留拉结钢筋构造（《12G614-1》P.10）

3. 填充墙与构造柱拉结构造（图 15.2.5）

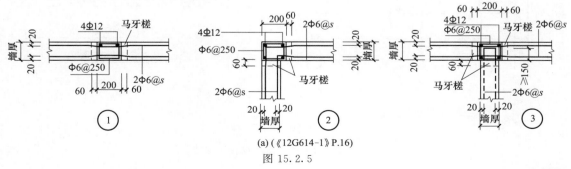

（a）（《12G614-1》P.16）

图 15.2.5

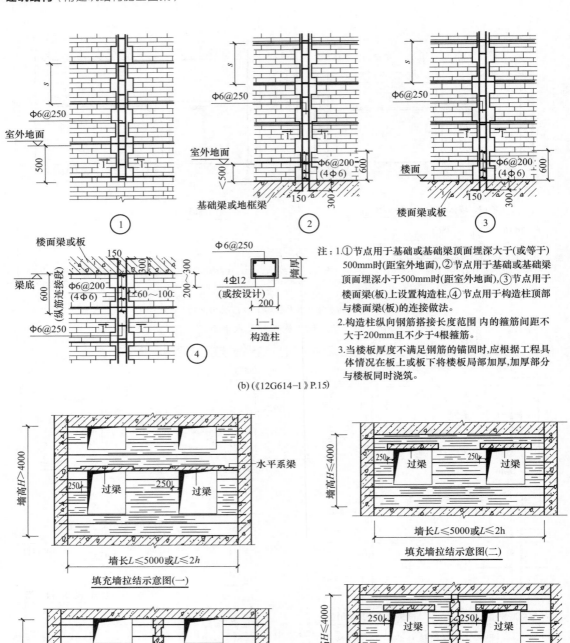

注：1.①节点用于基础或基础梁顶面埋深大于（或等于）500mm时（距室外地面），②节点用于基础或基础梁顶面埋深小于500mm时（距室外地面），③节点用于楼面梁（板）上设置构造柱，④节点用于构造柱顶部与楼面梁（板）的连接做法。

2.构造柱纵向钢筋搭接长度范围内的箍筋间距不大于200mm且不少于4根箍筋。

3.当楼板厚度不满足钢筋的锚固时，应根据工程具体情况在板上或板下将楼板局部加厚，加厚部分与楼板同时浇筑。

(b)（《12G614-1》P.15）

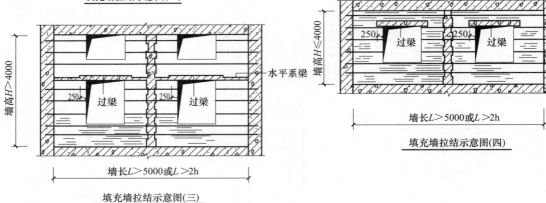

(c)（《12G614-1》P.21）

图15.2.5 填充墙与构造柱拉结构造

三、门洞口构造做法

门洞口应采取加强措施，其构造做法（图 15.2.6）。

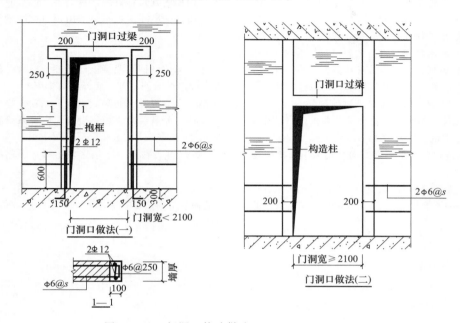

图 15.2.6　门洞口构造做法（《12G614-1》P.17）

框架填充墙的主要作用是围护或分隔建筑物内部空间，是建筑物的重要组成部分。填充墙一般包含砌体墙（由块体材料与砌筑砂浆组成）以及加强墙体的构造柱与水平系梁等组成部分。填充墙的材料选用应符合相关规范要求，特别是全烧结陶粒保温砌块仅用于内墙，不得用于外墙。填充墙厚度对于外围护墙不应小于 120mm，对于内隔墙不应小于 90mm，且应满足强度和稳定性要求。

目前，框架与填充墙常采用不脱开的连接方式，此时，填充墙与主体结构之间必须采取有效的拉结措施。这些拉结措施主要如下。

① 填充墙应沿框架柱全高每隔 500mm 设 2Φ6 拉结筋（墙厚大于 240mm 时宜设 3Φ6 拉结筋），拉结筋在混凝土构件中可采用预留拉结筋、预埋件或化学后植筋方式设置，拉结筋伸入墙内的长度应符合相关规范要求。

② 除在设计规定的部位设置构造柱外，砌体填充墙的墙段长度大于 5m 时或墙长大于 2 倍层高时，墙体中部应加设钢筋混凝土构造柱，构造柱两端应与梁、板等构件有效连接。

③ 当砌体填充墙的墙高超过 4m 时，宜在墙体半高处设置现浇钢筋混凝土水平系梁。

④ 砌体填充墙砌至接近梁、板底时，应留一定空隙，待砌体变形稳定后并应至少间隔 7d 后，再将其补砌挤紧，或墙顶与梁或板底采取有效拉结措施。

⑤ 门洞口应采取加强措施，当填充墙尽端至门窗洞口边距离小于 240mm 时，宜采用钢筋混凝土门窗框。

详细的填充墙连接构造要求请查阅 12G614-1 获取。

思考与练习

1. 室内地坪以下及潮湿环境的填充墙，应采用何种砂浆砌筑？
2. 构造柱、水平系梁中采用的混凝土和钢筋强度等级有何要求？

3. 框架与填充墙的连接方式有哪几种？何谓不脱开的连接方式？

4. 填充墙厚度有哪些要求？

5. 填充墙与主体结构的拉结及填充墙之间的拉结，可采用哪些方式？

6. 填充墙与混凝土墙、柱、梁、板之间的拉结筋，可采用哪些措施留置？当采用预留拉结钢筋时，拉结筋在混凝土柱中的锚固长度是多少？

7. 填充墙沿框架柱设置的拉结筋应符合哪些要求？

8. 当砌体填充墙的墙段长度超过何种限值时，应在墙体中部加设钢筋混凝土构造柱？通常，构造柱的截面尺寸与配筋应符合哪些要求？构造柱马牙槎如何留置？构造柱纵筋顶部、底部如何锚固？

9. 当砌体填充墙的墙高超过何种限值时，应在墙体半高处设置现浇钢筋混凝土水平系梁？通常，水平系梁的截面尺寸与配筋应符合哪些要求？当填充墙中有洞口时，水平系梁应如何设置？水平系梁纵筋端部在混凝土柱中的锚固长度为多少？

10. 构造柱、水平系梁纵向钢筋采用绑扎搭接时，全部纵筋可否在同一连接区段搭接？纵筋搭接长度是多少？

11. 填充墙墙顶与梁、板底结合处一般应如何处理？

12. 当门洞宽度小于2100mm时，门洞两侧的加强构造做法应符合哪些要求？

第四篇
钢结构

  钢结构是以钢材作为主要受力材料的结构。钢结构由轴心受力构件、受弯构件和拉弯、压弯构件等基本构件通过连接节点连接而成的一种结构形式。通过本篇内容的学习，了解钢结构用钢的材性，熟悉各类构件及其连接节点的受力特点，理解钢结构计算方法、施工图表达方式，从而能够读懂常见钢结构的施工图。

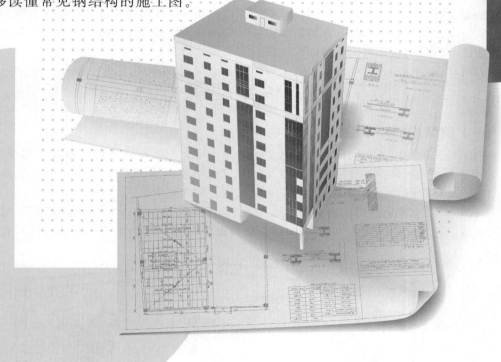

第十六章　初识钢结构施工图

　　钢结构材料强度高，塑性与韧性好，便于工厂生产和机械化施工，具有优越的抗震性能等诸多优点而被广泛应用于工程中。钢结构建筑一般有单层钢结构、多高层钢结构、大跨度钢结构等结构体系。但无论哪种结构体系，都是由基本构件通过连接节点连接而成的一种结构形式。本章通过工程实例，介绍钢结构基本构件与连接形式及其施工图表达，旨在学习具体内容之前，对钢结构有一个整体的认识。

第一节　钢结构基本构件与连接

一、钢结构的基本组成

　　钢结构一般是由基本构件通过连接节点连接而成，钢结构基本构件通常采用型钢制作，连接节点通常采用焊接或螺栓连接。以比较常见的单层钢结构厂房（如图16.1.1所示，形似门状，故通常称为门式刚架）为例，来说明钢结构的基本组成。

　　由图16.1.1可见，门式刚架由钢梁（属于受弯构件）、钢柱（属于压弯构件）通过节点连接而成。钢柱、钢梁均为H型钢，梁、柱通过节点板用螺栓连接；柱通过柱脚底板用锚

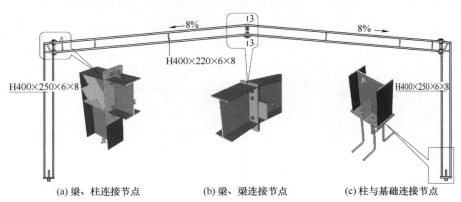

(a) 梁、柱连接节点　　　　(b) 梁、梁连接节点　　　　(c) 柱与基础连接节点

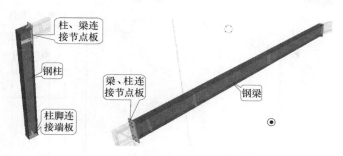

图 16.1.1 门式刚架基本构件与连接节点

栓与基础连接；节点板与梁、柱采用焊接连接。组成梁、柱等构件的小部件（如节点板）称为构件中的零件。

门式刚架结构体系［图 16.1.2（a）］由多榀钢架组合而成，为保证结构的整体性，通常需要在合适的位置设置柱间垂直支撑及屋面水平支撑［图 16.1.2（b）、（c）］。同时，门式刚架中还有屋面系统及墙面系统（图 16.1.3）。

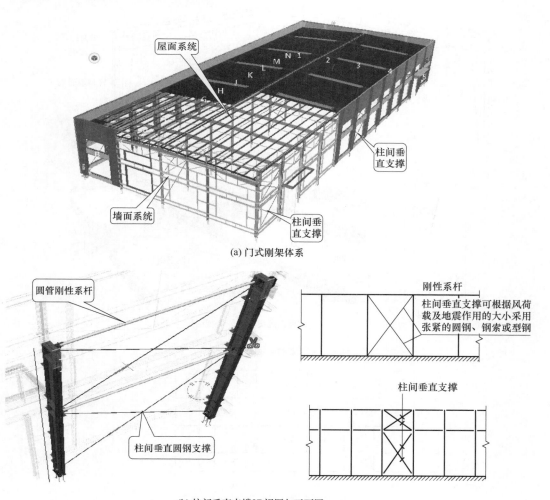

(a) 门式刚架体系

(b) 柱间垂直支撑3D视图与平面图

图 16.1.2

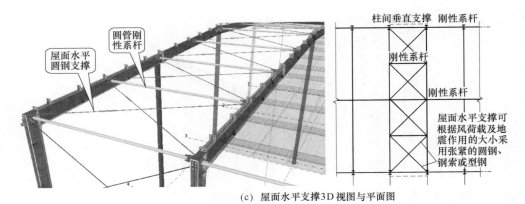

(c) 屋面水平支撑3D视图与平面图

图 16.1.2　柱间垂直支撑及屋面水平支撑

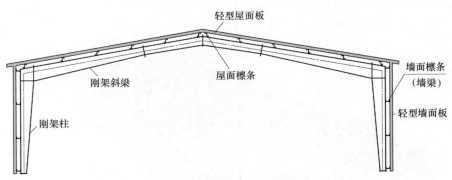

(a) 屋面系统与墙面系统示意图

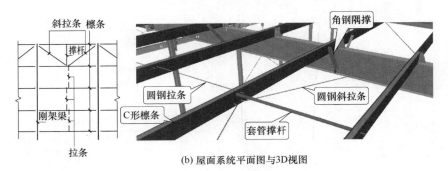

(b) 屋面系统平面图与3D视图

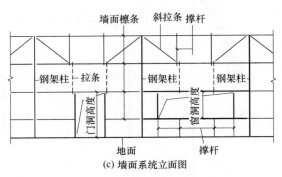

(c) 墙面系统立面图

图 16.1.3　屋面系统及墙面系统

二、钢结构用型钢的主要截面类型

钢结构中的构件通常采用型钢，型钢的材质一般采用碳素结构钢、低合金高强度结构钢，承重结构的钢材宜选用 Q235、Q345、Q390、Q420 和 Q460 钢（钢材基本知识已在"建筑材料与检测"课程中学习，本书不再展开介绍），且钢材应具有屈服强度、抗拉强度、断后伸长率和硫、磷含量的合格保证，对焊接结构尚应具有碳含量的合格保证。焊接承重结构以及重要的非焊接承重结构采用的钢材应具有冷弯试验的合格保证。常用的型钢及其标注方法见表 16.1.1。

表 16.1.1　常用的型钢及其标注方法

序号	名称	截面	标注	说　明
1	焊接 H 型钢		$H\,h \times b \times t_1 \times t_2$	h 为高度，b 为翼缘宽度，t_1 为腹板厚度，t_2 为翼板厚度。如：H 200×100×3.5×4.5 表示截面高度为 200mm，宽 100mm，腹板厚度为 3.5mm，翼板厚度为 4.5mm 的焊接 H 型钢
2	热轧 H 型钢		$HW\,h \times b$ $HM\,h \times b$ $HN\,h \times b$	HW 为宽翼缘型钢，HM 为中翼缘型钢，HN 为窄翼缘型钢；h 为高度，b 为翼缘宽度。如：HM400×300 表示截面高度为 400mm，宽 300mm 的中翼缘热轧 H 型钢
3	热轧工字钢		工 N	N 为工字钢的型号。如：I 20a 表示截面高度为 200mm 的 a 类热轧工字钢
4	热轧 T 型钢		$TW\,h \times b$ $TM\,h \times b$ $TN\,h \times b$	TW 为宽翼缘型钢，TM 为中翼缘型钢，TN 为窄翼缘型钢；h 为高度，b 为翼缘宽度。如：TW200×400 表示截面高度为 200mm，宽为 400mm 的宽翼缘热轧 T 型钢
5	热轧槽钢		⌷ N	N 为槽钢的型号。如：⌷20b 表示截面高度为 200mm 的 b 类热轧槽钢
6	等边角钢		$\llcorner\,b \times t$	b 为肢宽，t 为肢厚。如：$\llcorner$80×6 表示肢宽为 80mm，肢厚为 6mm 的等边角钢
7	不等边角钢		$\llcorner\,B \times b \times t$	B 为长肢宽，b 为短肢宽，t 为肢厚。如：$\llcorner$80×60×5 表示肢宽分别为 80mm 和 60mm，肢厚为 6mm 的不等边角钢
8	钢板	——	$\dfrac{b \times t}{L}$	b 为板宽，t 为板厚，L 为板长。如：$\dfrac{-100 \times 6}{1500}$ 表示钢板的宽度为 100mm，厚度为 6mm，长度为 1500mm
9	圆钢		ϕd	d 为圆钢直径。如：ϕ20 表示外径为 20mm 的圆钢
10	钢管		$\phi d \times t$	d 为外径，t 为壁厚。如：ϕ76×8 表示外径为 76mm，壁厚为 8mm 的钢管
11	薄壁方钢管		$B\square\,b \times t$	b 为宽度，t 为壁厚。如：B□50×2 表示边长为 50mm，壁厚为 2mm 的薄壁方钢管
12	薄壁卷边槽钢		$B\square\,h \times b \times a \times t$	h 为高度，b 为宽度，a 为卷边高度，t 为壁厚。如：B□120×60×20×2 表示截面高度为 120mm，宽为 60mm，卷边高度 20mm，壁厚为 2mm 的薄壁卷边槽钢

续表

序号	名称	截面	标注	说　明
13	薄壁卷边Z型钢		B⌐h×b×a×t	h 为高度，b 为宽度，a 为卷边高度，t 为壁厚。如：B⌐120×60×20×2 表示截面高度为120mm，宽为60mm，卷边高度20mm，壁厚为2mm的薄壁卷边Z型钢

三、钢结构连接方式及标注方法

钢结构连接的方式通常有三种：螺栓连接、焊接连接和铆钉连接，其中铆钉连接现在应用很少，本书不再介绍。

1. 螺栓的分类与标注方法

螺栓一般包括螺栓杆、垫圈、螺母等配套紧固件（总称为螺栓副）。钢结构连接用螺栓有普通螺栓与高强度螺栓两类。螺栓性能等级分 3.6、4.6、4.8、5.6、6.8、8.8、9.8、10.9、12.9 等10余个等级，其中 8.8 级及以上螺栓材质为低碳合金钢或经热处理（淬火、回火）中碳钢，通称为高强度螺栓，其余通称为普通螺栓。螺栓性能等级标号有两部分数字组成，分别表示螺栓材料的公称抗拉强度值和屈强比值。

普通螺栓分 A 级、B 级和 C 级三种。A 级和 B 级属精制螺栓，其抗剪、抗拉性能良好，但制造和安装复杂，一般很少采用；C 级属粗制螺栓，宜用在沿螺栓杆轴方向受拉的连接，或用于钢结构次要连接部位。高强度螺栓从受力特征上可分为摩擦型高强度螺栓、承压型高强度螺栓及张拉型高强度螺栓（图 16.1.4）。高强度螺栓强度高，性能良好，通常用于钢结构主要连接部位。

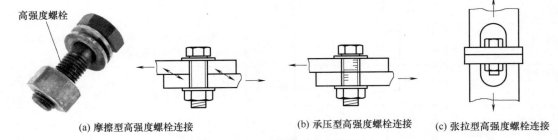

（a）摩擦型高强度螺栓连接　　（b）承压型高强度螺栓连接　　（c）张拉型高强度螺栓连接

图 16.1.4　高强度螺栓连接类型

 特别说明

摩擦型高强度螺栓连接，通过螺栓的预拉力将板件挤压到一起，单纯依靠被连接构件间的摩擦阻力来传递剪力，以连接件之间产生相对滑移作为其承载能力极限状态；对于承压型高强度螺栓连接，允许构件间发生相对滑移，螺栓杆身与孔壁产生挤压，以螺栓或连接件达到最大承载能力作为其承载能力极限状态；张拉型高强度螺栓以螺栓达到其抗拉强度设计值作为其承载能力极限状态。

常见的螺栓、螺栓孔在图纸中的标注方法见表 16.1.2。

表 16.1.2　螺栓、螺栓孔的标注方法

序号	名称	图　例		说　明
1	永久螺栓	M φ		1. 细"+"线表示定位性 2. M表示螺栓型号

序号	名称	图　例		说　明
2	高强螺栓	M ϕ		
3	安装螺栓	M ϕ		3. ϕ 表示螺栓孔直径 4. 采用引出线标注螺栓时,横线上标注螺栓规格,横线下标注螺栓孔直径
4	圆形螺栓孔	ϕ		
5	长圆形螺栓孔	ϕ b		

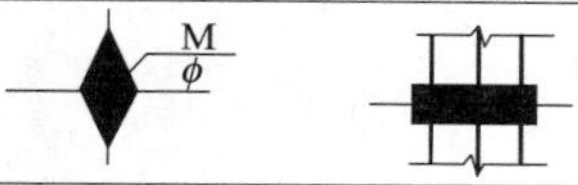

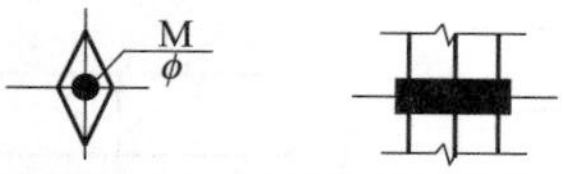

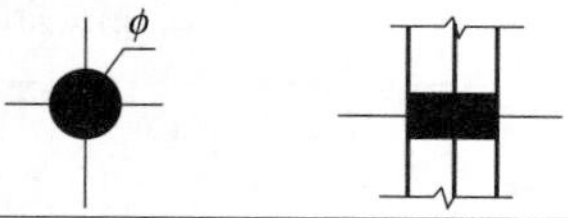

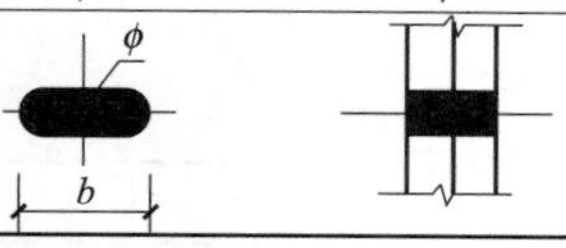

2. 常用焊缝的标注方法

零件与主构件之间通常采用焊接连接,焊接连接的主要类型有角焊缝与对接焊缝(图 16.1.5)。

钢结构常用焊缝形式及其标注方法见表 16.1.3。

在同一图形上,当焊缝形式、断面尺寸和辅助要求均相同时,可只选

(a) 角焊缝　　　　　　　　(b) 对接焊缝

图 16.1.5　角焊缝与对接焊缝

择一处标注焊缝的符号和尺寸,并加注"相同焊缝符号",相同焊缝符号为 3/4 圆弧,绘在引出线的转折处(图 16.1.6)。

表 16.1.3　钢结构常用焊缝形式及其标注方法

序号	焊缝名称	形式	标注法	符号尺寸/mm
1	I 形焊缝	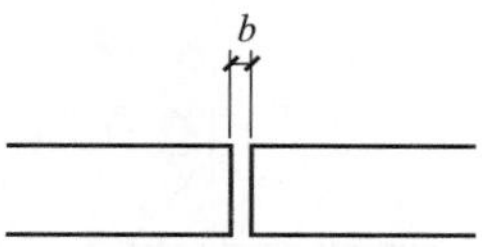 b	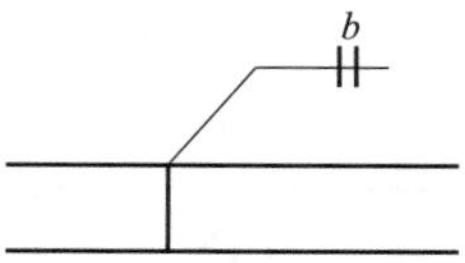 b	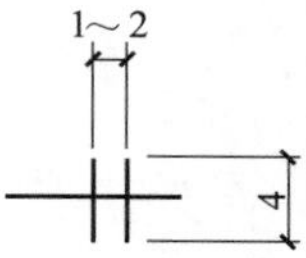 1~2 4
2	单边 V 形焊缝	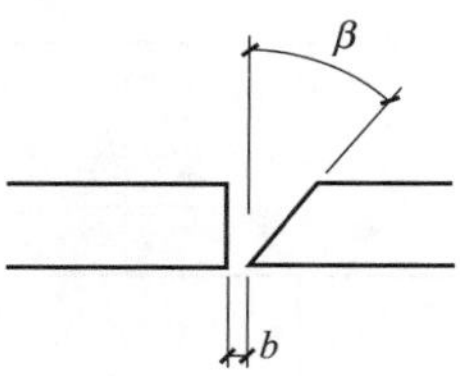 β b	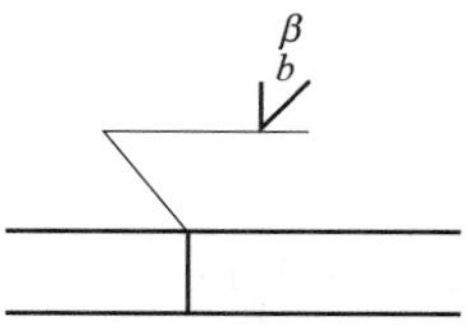 β b 注:箭头指向剖口	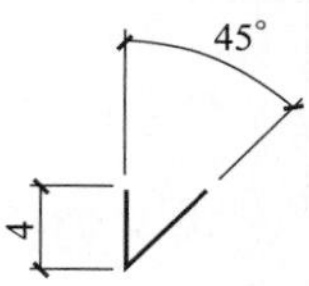 45° 4
3	带钝边单边 V 形焊缝	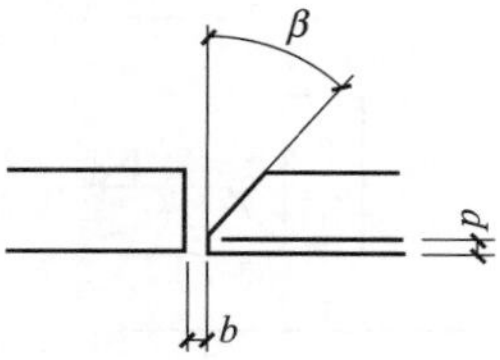 β p b	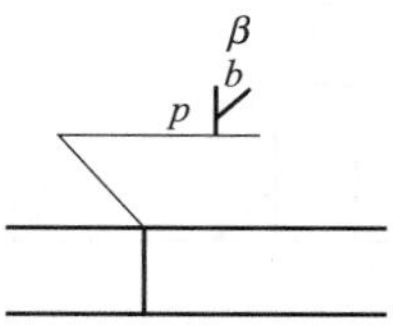 β p	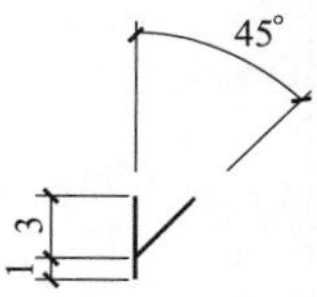 45° 3 1

续表

序号	焊缝名称	形式	标注法	符号尺寸/mm
4	带垫板带钝边单边V形焊缝		注：箭头指向剖口	
5	带垫板V形焊缝			
6	Y形焊缝			
7	带垫板Y形焊缝			—
8	双单边V形焊缝			—
9	双V形焊缝			—
10	角焊缝			

续表

序号	焊缝名称	形式	标注法	符号尺寸/mm
11	双面角焊缝	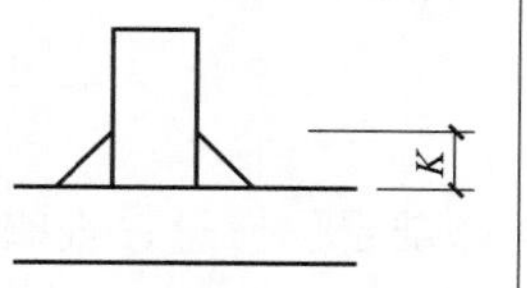	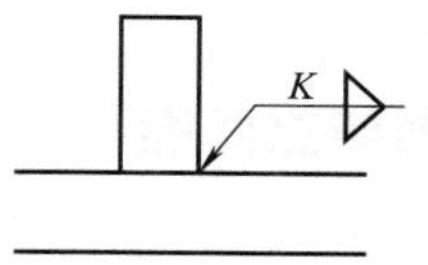	—
12	剖口角焊缝	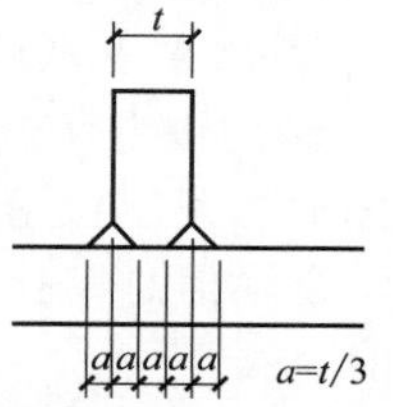	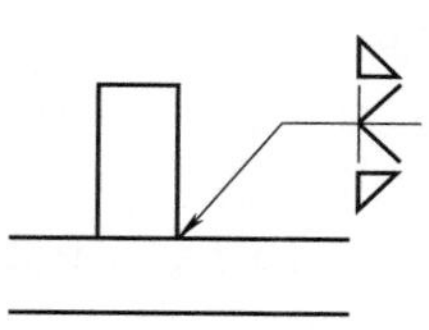	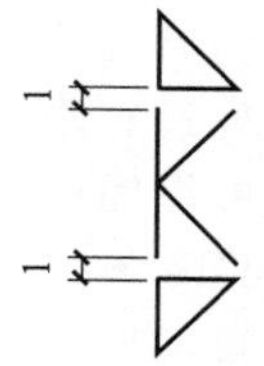

注：1. 本表源自《建筑结构制图标准》(GB/T 50105—2010)。表中 K 为角焊缝焊脚尺寸，本书中用 h_f 表示。
2. 当需要标注的焊缝能够用文字表述清楚时，也可采用文字表达的方式。

或
图 16.1.6　相同焊缝的表示方法

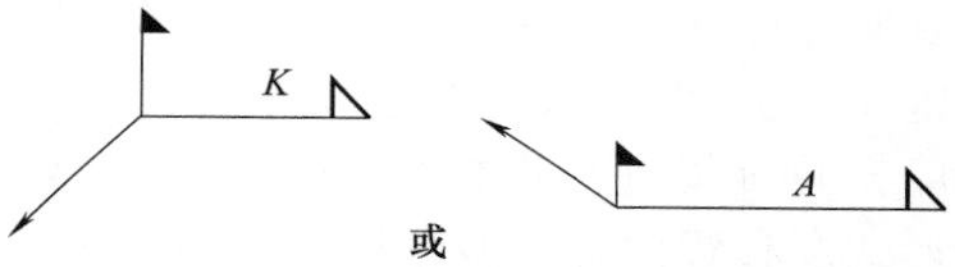

或
图 16.1.7　现场焊缝的表示方法

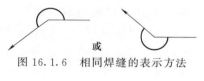

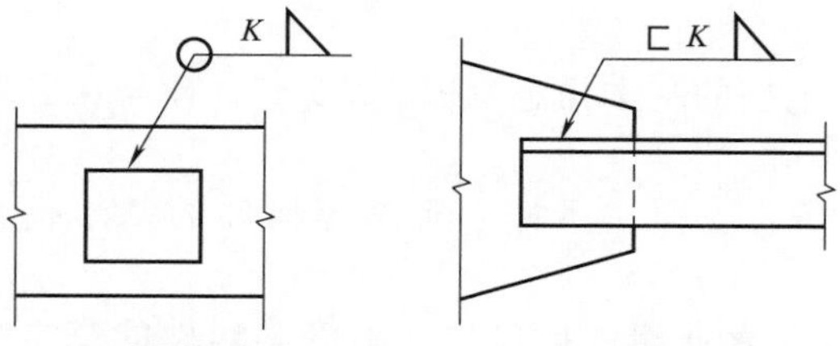

(a) 周围焊缝　　　　(b) 三面围焊缝
图 16.1.8　周围角焊缝标注

需要在施工现场进行焊接的焊件焊缝，应标注"现场焊缝"符号。现场焊缝符号为涂黑的三角形旗号，绘在引出线的转折处（图 16.1.7）。

表示环绕工作件周围的角焊缝时，应按图 16.1.8（a）的规定标注，其围焊焊缝符号为圆圈，绘在引出线的转折处，并标注焊角尺寸 K。对于三面围焊角焊缝，可按图 16.1.8（b）的形式标注。

第二节　钢结构施工图识读实例

以××制衣有限公司仓库为例（见配套"建筑结构施工图集"工程实例四），来初步识读钢结构施工图，以期对钢结构建立起一个整体的概念。

单层钢结构厂房施工图一般由下列内容组成：图纸目录、结构设计总说明、基础平面布置图及基础详图、锚栓平面布置图、屋面结构平面布置图、屋面檩条布置平面图、柱间支撑布置图、立面结构布置图、节点详图和细部大样、材料表等。

一、查阅结构设计总说明

通过阅读结构设计总说明（结施 01），可以得到如下主要信息。

① 结构类型为门式刚架钢结构，结构安全等级为二级，抗震等级四级。

② 主钢架采用焊接 H 型钢，主刚架其材质为 Q345B 钢。

③ 屋面檩条、墙梁采用冷弯薄壁型钢，其材质为 Q235 钢，屋面支撑、柱间支撑材质为

Q235 钢。

④ 高强度螺栓为 10.9 级，普通螺栓材质为 Q235B。螺栓孔径：高强度螺栓的安装孔径比螺栓直径大 1.5mm，普通螺栓的安装孔径比螺栓直径大 2.0mm（特别注明者除外）。

制作与安装等方面的施工信息。

二、查阅结构平面图与立面图

查阅基础平面布置图（结施 02），可以获得基础定位信息；查阅锚栓平面图（结施 04），可以获得锚栓及钢柱定位信息。

查阅面结构平面图（结施 05），在获得钢架定位信息的同时，可以看到：钢架共有 6 榀，均为 GJ1，边榀刚架中间设有抗风柱（KFZ，主要用来支承墙梁）；相邻钢柱之间及钢梁屋脊处设有刚性系杆（XG）；在②～③轴与⑤～⑥轴间设有两道交叉水平支撑（SC）。

查阅屋面檩条布置平面图（结施 06），在获得屋面檩条定位信息的同时，可以看到屋面檩条（LT：C 180×70×20×2.5）截面形式及平面布置信息、拉条及撑杆（φ10 直拉条带套管 φ32×2.5）布置信息、隅撑（WYC）布置信息。

查阅柱间支撑布置图（结施 07），在获得标高信息的同时，可以看到在②～③轴与⑤～⑥轴间设有两道交叉垂直支撑（ZC）。

查阅立面结构布置图（结施 08、结施 09），在获得标高信息的同时，可以看到墙面檩条（QL1：C180×70×20×2.2；QL2：C140×50×20×2）截面形式及横向与纵向布置信息，以及门窗洞口位置与窗柱（CZ：均采用 C180×70×20×2.2）、门柱（MZ）、门梁（ML）截面形式及布置信息（型号均采用 2C20a）。

三、查阅节点详图和细部大样、材料表

查阅基础详图（结施 03），可以获得钢柱基础的施工信息。

查阅 GJ1 详图（结施 10），可以获得钢梁、钢柱的基本信息（图 16.2.1）。刚架中各零件已编号，其具体尺寸可查材料表（结施 11）得到。

查阅构件详图一（结施 12），可以获得拉条、支撑、系杆、隅撑等构件的基本信息（图 16.2.2）。

同理，查阅构件详图二（结施 13），可以获得女儿墙、抗风柱、雨篷等构件的基本信息，请自行查阅。

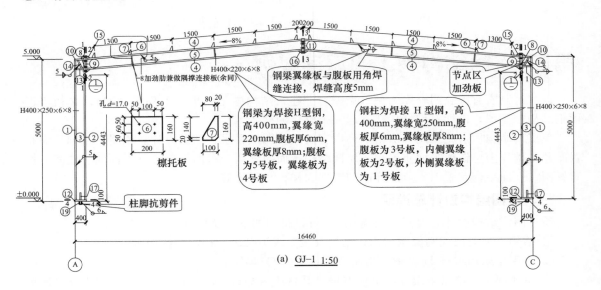

(a) GJ-1 1:50

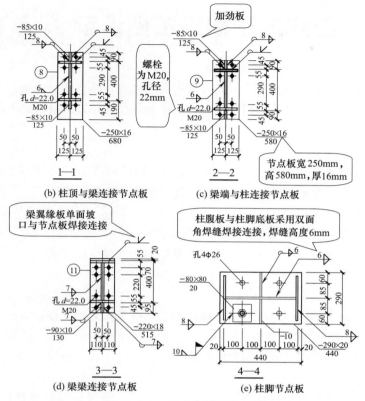

(b) 柱顶与梁连接节点板　　(c) 梁端与柱连接节点板

(d) 梁梁连接节点板　　(e) 柱脚节点板

图 16.2.1　门式主刚架施工图

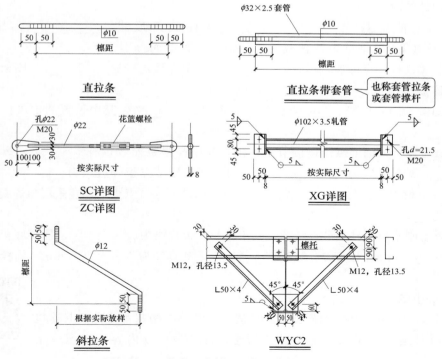

图 16.2.2　拉条、支撑、系杆、隔撑施工图

实训 ▶ 门式主刚架施工图识读

1. 实训目标

通过门式主刚架施工图识读，了解钢结构用钢的材质，熟悉常见钢结构基本构件及其截面形式与施工图表达，熟悉常见的钢结构螺栓连接与焊接连接方式及其施工图表达，能够初步识读钢结构施工图。

2. 实训要点

识读某工程刚架详图（图16.2.3），熟悉钢梁、钢柱的截面形式与施工图表达，熟悉螺栓连接与焊接连接方式的施工图表达，初步读懂门式主刚架施工图。

3. 实训内容及深度

（1）学习钢结构常用型钢截面形式及其标注方法。

（2）学习螺栓的分类与标注方法以及常见焊缝的分类与标注方法。

（3）完成相关练习。

4. 实训过程

首先学习钢结构常用型钢截面形式、标注方法，以及常见焊缝标注方法。然后识读刚架详图（图16.2.3）。最后回答下列问题。

（1）该门式刚架采用的型钢及钢板的材质为_____，焊条为_____；柱脚锚栓的钢号为_____。

（2）构件螺栓连接采用的螺栓类型为_____，为保证螺栓连接接触面的摩擦力，采用的处理措施是_____；图中未注明的角焊缝焊脚高度为_____，钢柱柱脚与柱脚底板采用的焊缝形式应为_____。

（3）GJ-1的跨数为_____，其刚架柱截面形式为_____，其含义为_____；GJ-1中钢梁由两种截面对接而成，其截面分别为_____、_____，屋脊处梁、梁连接节点的连接形式为_____，节点板规格为_____。刚架梁、柱连接节点的连接形式为_____，节点板规格为_____。

（4）GJ-2为边跨框架，其刚架柱截面形式为_____，其中设置的抗风柱截面形式为_____。

（5）查看屋脊处钢梁螺栓连接节点详图，其中高强螺栓数量有_____个，螺栓规格为_____，螺栓孔径为_____mm，外排螺栓距节点板外边缘为_____mm。在节点板上、下设置的加劲板（位于钢梁上、下翼缘外）与节点板的连接采用角焊缝连接，其焊缝符号为_____，含义为_____。

（6）查看刚架边柱柱脚节点详图，其中柱脚底板规格为_____，柱脚底板中锚栓孔径为_____mm。柱脚锚栓数量有_____个，其直径为_____mm。锚栓垫片规格为_____。

5. 实训小结

通过常见的门式刚架主刚架施工图识读，熟悉钢结构基本构件及其连接形式，从而对钢结构建立起一个整体概念，旨在为后续内容的学习打下基础。

二维码16.1

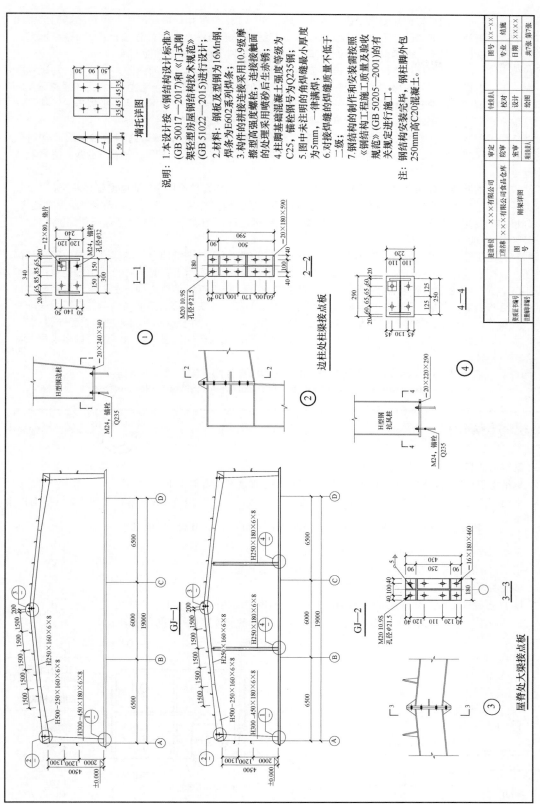

说明：1. 本设计按《钢结构设计标准》（GB 50017—2017）和《门式刚架轻型房屋钢结构技术规范》（GB 51022—2015）进行设计；

2. 材料：型钢及型钢为16Mn钢，焊条为E602系列焊条；

3. 构件的拼接连接采用10.9级摩擦型高强度螺栓，连接接触面的处理采用喷砂后生赤锈；

4. 柱脚基础混凝土强度等级为C25，锚栓钢号为Q235钢；

5. 图中未注明的角焊缝最小厚度为5mm，一律满焊；

6. 对接焊缝的焊缝质量不低于二级；

7. 钢结构的制作和安装需按照《钢结构工程施工质量及验收规范》（GB 50205—2001）的有关规定进行施工。

注：钢结构安装完毕，钢柱脚外包250mm高C20混凝土。

图16.2.3　刚架详图

本章小结

钢结构材料强度高，塑性与韧性好，便于工厂生产和机械化施工，具有优越的抗震性能等诸多优点而被广泛应用于工程中。钢结构一般是由基本构件通过连接节点连接而成，钢结构基本构件通常采用型钢制作，连接节点通常采用焊接或螺栓连接。

钢梁、钢柱通过节点连接而成的主刚架，是钢结构的主要受力部分，主刚架之间还需要设置一些次要连接构件（如柱间支撑等）及维护系统（如屋面、墙面等）。钢柱通常采用 H 型钢、钢管等型材，钢梁通常采用 H 型钢、槽钢等型材，梁、柱通过节点板用螺栓连接或焊接连接；柱通过柱脚底板用锚栓与基础连接；梁、柱等构件通常由多个零件焊接而成。

钢结构用型钢，其材质一般采用碳素结构钢、低合金高强度结构钢，承重结构通常采用 Q345 钢、Q390 钢，次要构件通常采用 Q235 钢。常见的型钢截面有 H 型钢、槽钢、角钢、钢板、圆钢、钢管及薄壁型钢等。

比较常见的钢结构连接方式通常有螺栓连接与焊接连接。螺栓有普通螺栓与高强度螺栓两类，8.8 级及以上螺栓称为高强度螺栓。普通螺栓分 A 级、B 级和 C 级三种。零件与主构件之间通常采用焊接连接，焊接连接的主要类型有角焊缝与对接焊缝，焊缝标注应符合现行国家标准《焊缝符号表示法》（GB/T 324—2008）中的规定。

钢结构施工图与其他结构施工图相似，一般也由下列内容组成：图纸目录、结构设计总说明、结构平面图、结构立面图、节点详图和细部大样、材料表等。识读钢结构施工图时，先查看图纸目录，熟悉图纸组成情况；再查阅结构设计总说明，了解结构基本情况，重点查看结构类型、主刚架及次要构件材质、焊接要求、螺栓规格，以及制作与安装等方面的施工信息；其次查阅结构平面图与立面图，获得平面轴线布置、标高信息、锚栓及钢架截面形式及平面布置信息、次构件截面形式及平面、立面布置信息；查阅节点详图和细部大样，可以获得钢梁、钢柱及其组成零件和次构件的基本信息。查阅材料表可以获得各零件的具体尺寸。

通过本章的学习，对钢结构有一个整体的认识，为后续具体内容的学习打下基础。

思考与练习

1. 钢结构的基本组成构件有哪些？

2. 钢结构用型钢的材质一般采用哪种钢材？选用钢材强度等级有何要求？

3. 型钢标注为：H 450×200×6×8，其含义是什么？型钢标注为：∟80×6，其含义是什么？型钢标注为：$\dfrac{-100\times 6}{1500}$，其含义是什么？型钢标注为：B⌷180×80×20×2.5，其含义是什么？

4. 钢结构连接的方式通常有哪几种？哪几种比较常见？

5. 钢结构连接用螺栓有哪两类？10.9 级螺栓表示什么意思？

6. 试说明题 6 图所示焊缝标注的含义。

7. 某 H 形钢柱柱脚连接节点如题 7 图所示，试说明图中标注的施工信息。

8. 钢结构施工图一般由哪几部分组成？一般应遵循怎样的阅读顺序并相互对照阅读？

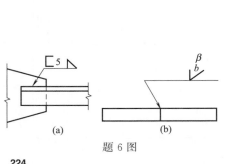

(a)　　　　(b)

题 6 图

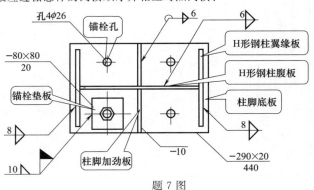

题 7 图

第十七章　钢结构基本构件设计

知识目标

- 了解钢梁的受力工作阶段
- 了解钢梁整体稳定的概念与保证措施，以及钢梁局部稳定的概念及加劲肋配置构造要求
- 熟悉钢梁的强度计算方法及整体稳定性与局部稳定性计算方法
- 了解实腹式与格构式构件的截面形式
- 了解轴心受压构件、压弯构件的失稳破坏形态
- 熟悉轴心受力构件的强度计算方法
- 熟悉轴心受压构件整体稳定性与局部稳定性计算方法
- 熟悉拉弯、压弯构件的强度计算方法
- 熟悉压弯构件的整体稳定性与局部稳定性计算方法

能力目标

- 能够读懂钢梁、钢柱等钢结构基本构件及其零件的施工图

钢结构采用以概率论为基础的极限状态设计方法，其极限状态设计表达式与混凝土结构类似。钢结构除应按承载能力极限状态设计外，还应满足正常使用极限状态的要求。需要特别注意的是，由于钢结构构件截面面积小（但截面比较扩展，如 H 型钢），相对比较细长，容易出现失稳破坏，故钢结构构件稳定性验算是钢结构计算的重要内容。同时，也因为钢结构构件相对细长，也应该对钢结构正常使用极限状态验算（如变形或长细比）进行必要计算（关于正常使用极限状态验算本书不再展开介绍）。

钢结构设计的思路、流程与钢筋混凝土结构设计相类似（参见"第二章　第一节　结构设计的一般流程"），即首先确定结构计算模型，然后施加荷载进行结构内力分析，其次进行结构构件设计及连接节点设计。对有抗震设防要求的钢结构，尚应满足抗震承载力及相应的抗震构造要求。

特别说明

目前，与钢结构设计相关的规范较多，如《钢结构设计标准》（GB 50017—2017）、《门式刚架轻型房屋钢结构技术规范》（GB 51022—2015）、《高层民用建筑钢结构技术规程》（JGJ 99—2015）、《轻型钢结构住宅技术规程》（JGJ 209—2010）、《冷弯薄壁型钢结构技术规范》（GB 50018—2002）等，本书主要依据《钢结构设计标准》（GB 50017—2017）（以下简称《钢结构标准》）编写。

第一节　受弯构件——梁的强度与稳定性计算

设计钢梁（本章讨论的梁均指钢梁）时应同时满足承载力极限状态和正常使用极限状

态。梁的承载力极限状态计算包括截面的强度和稳定两方面，其中梁的强度计算，包括梁的抗弯强度、抗剪强度、抗扭强度、局部承压强度和在复杂应力作用下的强度；梁的稳定包括梁的整体稳定和局部稳定；梁的正常使用极限状态主要是对梁进行刚度验算。本书主要介绍梁的抗弯强度、抗剪强度与稳定性计算方面的内容。

一、梁的截面形式与分类

梁是主要的受弯构件，也是组成钢结构的基本构件之一，在钢结构工程中得到广泛应用。如房屋建筑中的楼盖梁、车间的工作平台梁、檩条等。

钢梁通常使用热轧工字钢（或 H 型钢）、槽钢［图 17.1.1（a）］或焊接 H 型钢［图 17.1.1（b）］制作。工字钢（或 H 型钢）的材料在截面上的分布比较符合构件受弯的特点，因而应用最为广泛。当梁的荷载或跨度较大，型钢梁受到尺寸和规格的限制，往往不能满足强度或刚度的要求时，可以考虑采用组合梁［图 17.1.1（c）］。对荷载较小跨度不大的受弯构件，可采用带有卷边的冷弯薄壁 C 型钢或 Z 型钢制作［图 17.1.1（d）］。当荷载很大而高度受到限制或对截面的抗扭刚度要求较高时，可采用双腹板的箱形梁［图 17.1.1（e）］。

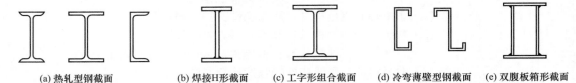

| (a) 热轧型钢截面 | (b) 焊接H形截面 | (c) 工字形组合截面 | (d) 冷弯薄壁型钢截面 | (e) 双腹板箱形截面 |

图 17.1.1　钢梁的截面形式

《钢结构标准》根据局部屈曲制约截面承载力和转动能力的程度，将受弯及压弯构件设计截面划分为 S1、S2、S3、S4、S5 共 5 级。S1 级构件可达全截面塑性，保证塑性铰具有塑性设计要求的转动能力，且在转动过程中承载力不降低，也称为塑性转动截面；S2 级构件截面可达全截面塑性，但由于局部屈曲，塑性铰的转动能力有限，也称为二级塑性截面；S3 级构件截面翼缘全部屈曲，腹板可发展不超过 1/4 截面高度的塑性，也称为弹塑性截面；S4 级构件截面边缘纤维可达屈曲强度，但由于局部屈曲而不能发展塑性，也称为弹性截面，S5 级构件截面在边缘纤维达屈曲应力前，腹板可能局部屈曲，称为薄壁截面。常见的受弯构件（梁）的截面设计等级划分见表 17.1.1。

表 17.1.1　受弯构件（梁）的截面板件宽厚比等级及限值

构件	截面板件宽厚比等级		S1 级	S2 级	S3 级	S4 级	S5 级
受弯构件（梁）	工字形截面	翼缘 b/t	$9\varepsilon_k$	$11\varepsilon_k$	$13\varepsilon_k$	$15\varepsilon_k$	20
		腹板 h_0/t_w	$65\varepsilon_k$	$72\varepsilon_k$	$93\varepsilon_k$	$124\varepsilon_k$	250
	箱形截面	壁板（腹板）间翼缘 b_0/t	$25\varepsilon_k$	$32\varepsilon_k$	$37\varepsilon_k$	$42\varepsilon_k$	—

注：1. ε_k 为钢号修正系数，其值为 235 与钢材牌号中屈服点数值的比值的平方根；

2. b 为工字形、H 形截面的翼缘外伸宽度，t、h_0、t_w 分别是翼缘厚度、腹板净高和腹板厚度，对轧制型截面，腹板净高不包括翼缘腹板过渡处的圆弧段；对于箱形截面，b_0、t 分别为壁板间的距离和壁板厚度；

3. 箱形截面梁及单向受弯的箱形截面柱，其腹板限值可根据 H 形截面腹板采用；

4. 腹板的宽厚比可通过设置加劲肋减小；

5. 当按国家标准《建筑抗震设计规范》（GB 50011—2010）第 9.2.14 条第 2 款的规定设计，且 S5 级截面的板件宽厚比小于 S4 级经 ε_0 修正的板件宽厚比时，可视作 C 类截面，ε_0 为应力修正因子，$\varepsilon_0 = \sqrt{f_y/\sigma_{\max}}$。

二、梁的强度计算

1. 梁的抗弯强度

在弯矩作用下，钢梁的工作可分为三个阶段，即弹性工作阶段、弹塑性工作阶段和塑性工作阶段。

（1）弹性工作阶段　如图 17.1.2（a）所示的工字形截面梁，当作用在梁上的弯矩 M 较小时，截面上各点的弯曲应力 σ 均未超过材料的屈服强度 f_y，梁全截面弹性工作，应力与应变成正比，应力呈三角形直线分布［图 17.1.2（b）］，其外缘纤维最大应力为 $\sigma = M/W_n$。这个阶段可以持续到 σ 达到屈服点 f_y，相应的梁截面弯矩达到弹性工作阶段的最大弯矩 $M_e = f_y W_n$［图 17.1.2（c）］，其中 W_n 为梁的弹性抵抗矩或净截面弹性模量。

（2）弹塑性工作阶段　当弯矩继续增加，梁的两块翼缘板逐渐屈服，梁截面外缘部分进入塑性状态，中央部分仍保持弹性。截面弯曲应力呈折线分布［图 17.1.2（d）］。随着弯矩增大，塑性区逐渐向截面中央扩展，中央弹性区相应逐渐减小，此时梁处于弹塑性工作阶段。

（3）塑性工作阶段　若弯矩不断增大，截面塑性变形继续向内发展，直到弹性区消失，截面全部进入塑性，即达到塑性工作阶段。此时截面上各点的弯曲应力 σ 全部达到材料的屈服强度 f_y，梁截面弯曲应力呈两个矩形分布［图 17.1.2（e）］，弯矩达到最大极限，称为塑性弯矩 $M_p = f_y W_{pn}$。其中 W_{pn} 为梁的净截面模量。

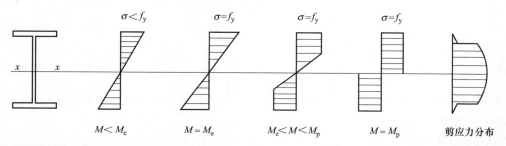

$M < M_e$　　$M = M_e$　　$M_e < M < M_p$　　$M = M_p$　　剪应力分布

(a) 梁的截面形状　(b) 弹性工作阶段1　(c) 弹性工作阶段2　(d) 弹塑性工作阶段　(e) 塑性工作阶段　(f) 塑性工作阶段

图 17.1.2　梁截面的应力分布

《钢结构标准》中对一般受弯构件抗弯强度的计算，考虑了截面部分发展塑性变形，以截面部分发展塑性作为承载力极限状态。梁的抗弯强度按下式计算：

$$\frac{M_x}{\gamma_x W_{nx}} + \frac{M_y}{\gamma_y W_{ny}} \leqslant f \tag{17.1.1}$$

式中　M_x，M_y——同一截面绕 x 轴和 y 轴的弯矩设计值，N·mm；

　　　W_{nx}，W_{ny}——对 x 轴和 y 轴的净截面模量，mm³；当截面板件宽厚比等级为 S1 级、S2 级、S3 级、S4 级时，应取全截面模量，当截面板件宽厚比等级为 S5 级时，应取有效截面模量；

　　　γ_x，γ_y——截面塑性发展系数；对于工字形截面，当截面板件宽厚比等级为 S4 级、S5 级时，截面塑性发展系数应取为 1.0，当截面板件宽厚比等级为 S1 级、S2 级及 S3 级时，$\gamma_x = 1.05$，$\gamma_y = 1.20$（x 轴为强轴，y 轴为弱轴）（其他截面的截面塑性发展系数请查阅《钢结构标准》）；

　　　f——钢材的抗弯强度设计值，N/mm²；比较常见的 Q235、Q345 牌号钢，其抗弯强度设计值见表 17.1.2（其他牌号钢的强度设计值请查阅《钢结构标准》）。

2. 梁的抗剪强度

一般情况下，梁既承受弯矩，同时又承受剪力。在剪力 V 作用下，梁截面剪应力分布如图 17.1.2（f）所示，截面上最大剪应力出现在腹板中和轴处。因此，《钢结构标准》规定，在主平面内受弯的实腹构件，其抗剪强度按下式计算：

$$\tau = \frac{VS}{It_w} \leqslant f_v \qquad (17.1.2)$$

式中　V——计算截面沿腹板平面作用的剪力设计值，N；

　　　S——计算剪应力处以上（或以下）毛截面对中和轴的面积矩，mm^2；

　　　I——梁的毛截面惯性矩，mm^4；

　　　t_w——腹板厚度，mm；

　　　f_v——钢材抗剪强度设计值，N/mm^2（表17.1.2）。

表 17.1.2　钢材的设计用强度指标（部分）　　　　　　　单位：N/mm^2

钢材牌号		钢材厚度或直径/mm	强度设计值			屈服强度 f_y	抗拉强度 f_u
			抗拉、抗压、抗弯 f	抗剪 f_v	端面承压（刨平顶紧）f_{cc}		
碳素结构钢	Q235	≤16	215	125	320	235	370
		>16,≤40	205	120		225	
		>40,≤100	200	115		215	
低合金高强度结构钢	Q345	≤16	305	175	400	345	470
		>16,≤40	295	170		335	
		>40,≤63	290	165		325	
		>63,≤80	280	160		315	
		>80,≤100	270	155		305	

特别说明

　　当梁上翼缘受有沿腹板平面作用的集中荷载、且该荷载处又未设置支撑加劲肋时，应验算腹板计算高度上边缘的局部承压强度；在梁的腹板计算高度边缘处，当同时受有较大的正应力、剪应力和局部压应力时，或同时受有较大的正应力和剪应力（如连续梁中部支座处或梁的翼缘截面改变处等）时，应验算其折算应力。对梁局部承压强度及梁在复杂应力作用下的折算强度计算，《钢结构标准》给出了具体计算公式，本书不再过多介绍。

三、梁的稳定性验算

1. 梁的整体稳定的概念与保证措施

　　为了提高梁的抗弯强度，节省钢材，钢梁截面通常设计成高而窄的形式，受荷方向刚度大而侧向刚度小，如果梁的侧面没有支撑点或支撑点很少，在荷载较小时，梁的弯曲平衡状态是稳定的。然而，当荷载增加到某一数值时，梁将突然发生侧向弯曲（绕弱轴的弯曲）和扭转，并丧失继续承载的能力，这种现象称为梁的整体失稳（图17.1.3）。使梁丧失整体稳定时的弯矩或荷载称为临界弯矩或临界荷载。

　　在实际工程中，梁常与其他构件相互连接，有利于阻止梁丧失整体稳定。《钢结构标准》规定，当铺板（各种钢筋混凝土板和钢板）密铺在梁的受压翼缘上并与其牢固相连，能阻止梁受压翼缘的侧向位移时，可不计算梁的整体稳定性。

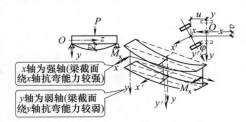

x轴为强轴（梁截面绕x轴抗弯能力较强）

y轴为弱轴（梁截面绕y轴抗弯能力较弱）

图 17.1.3　梁的整体失稳

特别说明

荷载作用在梁的上翼缘〔图 17.1.4（a）〕时，梁容易发生侧向弯曲和扭转而整体失稳；荷载作用在梁的下翼缘〔图 17.1.4（b）〕时，有利于阻止梁的侧向弯曲和扭转，从而有利于梁的整体稳定。

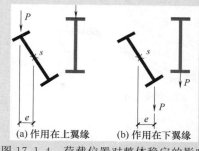

(a) 作用在上翼缘　(b) 作用在下翼缘

图 17.1.4　荷载位置对整体稳定的影响

2. 梁整体稳定性计算

对于不满足上述梁的整体稳定条件时，应对梁的整体稳定进行计算。

（1）在最大刚度主平面内受弯的梁，其整体稳定性应按式（17.1.3）进行计算：

$$\frac{M_x}{\varphi_b W_x f} \leqslant 1.0 \tag{17.1.3}$$

式中　M_x——绕强轴作用的最大弯矩设计值，N·mm；

$\quad\quad W_x$——按受压最大纤维确定的梁毛截面模量，mm^3；当截面板件宽厚比等级为 S1 级、S2 级、S3 级、S4 级时，应取全截面模量，当截面板件宽厚比等级为 S5 级时，应取有效截面模量；

$\quad\quad \varphi_b$——梁的整体稳定性系数；对于均匀弯曲的双轴对称工字形截面受弯构件，当 $\lambda_y \leqslant 120\varepsilon_k$ 时，φ_b 可按下式近似计算（其他截面或类型钢梁的 φ_b 确定方法请查阅《钢结构标准》附录 C）：

$$\varphi_b = 1.07 - \frac{\lambda_y^2}{44000\varepsilon_k^2} \tag{17.1.4}$$

$$\lambda_y = \frac{l_1}{i_y} \tag{17.1.5}$$

式中　λ_y——梁在侧向支承点间对弱轴 y-y 的长细比；

$\quad\quad l_1$——梁受压翼缘侧向支承点之间的距离，mm；

$\quad\quad i_y$——梁毛截面对 y 轴的回转半径，mm。

（2）在两个主平面内受弯的 H 型钢或工字形截面梁，其整体稳定应按式（17.1.6）进行计算：

$$\frac{M_x}{\varphi_b W_x f} + \frac{M_y}{\gamma_y W_y f} \leqslant 1.0 \tag{17.1.6}$$

式中　W_y——按受压最大纤维确定的对 y 轴的毛截面模量，mm^3。

3. 梁局部稳定性的概念与保证措施

为了获得经济的截面尺寸，梁常常采用宽而薄的翼缘和高而薄的腹板。但是，如果将这些板件不适当地减薄加宽，板中的压应力或剪应力达到某一数值后，翼缘或腹板就可能在尚未达到强度极限或在梁丧失整体稳定性之前，偏离其平面位置，出现波浪形的鼓曲（图 17.1.5），这种现象称为局部失稳。

在结构设计中，一般采用在梁中设置加劲肋来减少腹板及翼缘的自由长度（图 17.1.6），从而保证梁的局部稳定。梁中配置加劲肋应符合下列规定。

（1）当 $h_0/t_w \leqslant 80\varepsilon_k$ 时，对有局部压应力的梁，宜按构造配置横向加劲肋；对局部压应力较小时，可不配置加劲肋。

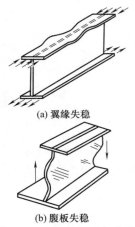

(a) 翼缘失稳

(b) 腹板失稳

图 17.1.5　梁的局部失稳

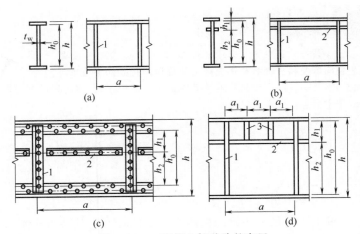

图 17.1.6　腹板上加劲肋的布置

1—横向加劲肋；2—纵向加劲肋；3—短加劲肋

（2）对于直接承受动力荷载的吊车梁及类似构件，当 $h_0/t_w > 80\varepsilon_k$ 时，应配置横向加劲肋。其中，当 $h_0/t_w > 170\varepsilon_k$、受压翼缘扭转未受到约束且 $h_0/t_w > 150\varepsilon_k$，或按计算需要时，应在弯曲应力较大区格的受压区增加配置纵向加劲肋。局部压应力很大的梁，必要时尚宜在受压区配置短加劲肋。此处 h_0 为腹板的计算高度（对单轴对称梁，当确定是否要配置纵向加劲肋时，h_0 应取腹板受压区高度 h_c 的 2 倍），t_w 为腹板的厚度。

（3）h_0/t_w 不宜超过 250。

（4）梁的支座处和上翼缘受有较大固定集中荷载处，宜设置支承加劲肋。

由加劲肋分隔而成的梁段区格中的腹板及翼缘应进行局部稳定计算，具体的计算方法请查阅《钢结构标准》，本书不再过多介绍。

特别说明

（1）加劲肋宜在腹板两侧成对配置，也可单侧配置，但支承加劲肋、重级工作制吊车梁的加劲肋不应单侧配置。

（2）横向加劲肋的最小间距应为 $0.5h_0$，除无局部压应力的梁，当 $h_0/t_w \leqslant 100$ 时，最大间距可采用 $2.5h_0$ 外，最大间距应为 $2h_0$。纵向加劲肋至受压边缘的距离应在 $h_c/2.5 \sim h_c/2$。

（3）在腹板两侧成对配置的钢板横向加劲肋，其截面尺寸应符合下列公式要求：

外伸宽度：$b_s \geqslant h_0/30 + 40$（mm）；厚度：承压加劲肋 $t_s \geqslant b_s/15$，不受力加劲肋 $t_s \geqslant b_s/19$。

（4）在腹板一侧配置的钢板横向加劲肋，其外伸宽度取 $1.2b_s$，厚度要求与两侧成对配置的钢板横向加劲肋相同。

（5）在同时用横向加劲肋和纵向加劲肋加强的腹板中，横向加劲肋的截面尺寸除应符合上述规定外，其截面惯性矩尚应符合相关要求。

（6）短加劲肋的最小间距为 $0.75h_1$。短加劲肋外伸宽度应取横向加劲肋外伸宽度的 $0.7 \sim 1.0$ 倍，厚度不应小于短加劲肋外伸宽度的 $1/15$。

（7）焊接梁的横向加劲肋与翼缘、腹板相接处应切角，当作为焊接工艺孔时，切角宜采用半径 $R = 30$mm 的 1/4 圆弧。目前，这一切角常常采用直边切角处理，切角尺寸一般为 $15 \sim 20$mm（图 17.1.7）。

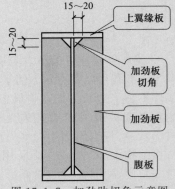

图 17.1.7　加劲肋切角示意图

上翼缘板

加劲板切角

加劲板

腹板

某简支钢梁采用焊接 H 形截面，钢材为 Q235B，其受力简图及截面尺寸如图 17.1.8 所示。试对此梁进行强度与整体稳定性验算（支座及集中力作用处均配置了支撑加劲肋，不必验算局部压应力）。

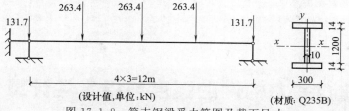

（设计值,单位:kN）　　　　　　　（材质: Q235B）

图 17.1.8　简支钢梁受力简图及截面尺寸

【分析】

1. 截面的几何特征

腹板 $h_0/t_w=1200/10=120<124\sqrt{235/f_y}=124$；翼缘 $b/t=145/14=10.4<15\sqrt{235/f_y}=15$，故截面板件宽厚比等级为 S4 级，应取全截面模量

$A=2\times30\times1.4+120\times1=204(cm^2)$

$I_x=1\times120^3/12+2\times30\times(120/2+1.4/2)^2=453497.16(cm^4)$

$I_y=2\times1.4\times30^3/12+120\times1^3/12=6310(cm^4)$

$i_y=\sqrt{6310/204}=5.56(cm)$

$W_x=453497.16/[(120+2\times1.4)/2]=7386(cm^3)$

$S_x=1.4\times30\times(120/2+1.4/2)+1\times30\times120/2=4349.4(cm^3)$

2. 内力计算

（1）由外部荷载产生的内力

支座反力为：$R=131.7+263.4+263.4/2=526.8$ （kN）

跨中最大弯矩设计值 M_{max} 为：$M_{max}=(526.8-131.7)\times6-263.4\times3=1580.4$ （kN·m）

（2）主梁自重：$g=204\times10^{-4}\times7.86\times9.8\times1.2=1883$ （N/m）$=1.883$ （kN/m）

其中 1.2 为考虑腹板加劲肋等附加构造的用钢系数。

（3）跨中最大弯矩设计值：$M=1580.4+1.2\times1.883\times12^2/8\approx1621.1$ （kN·m）

支座反力设计值为：$R=526.8+(1.2\times1.883\times12)/2\approx540.4$ （kN）

3. 强度验算

（1）抗弯强度验算：

截面板件宽厚比等级为 S4 级，故 $\gamma_x=1.0$

$$\sigma=M/(\gamma_x W_x)=1621.1\times10^6/(1.0\times7386\times10^3)\approx219.5(N/mm^2)>f=215N/mm^2$$

故该梁的抗弯强度不满足要求！

（2）抗剪强度验算：

$$\tau=VS_x/(I_x t_w)=540.4\times10^3\times4349.4\times10^3/(453497.16\times10^4\times10)$$

$$\approx51.8(N/mm^2)<f_v=125N/mm^2$$

故该梁的抗剪强度满足要求！

4. 梁的整体稳定性验算

该梁集中力作用处可以作为有效的侧向支承点，因而受压翼缘的自由长度 $l_1=3m$，

$$\lambda_y=\frac{l_1}{i_y}\approx54.0<120\sqrt{235/f_y}$$

$$\varphi_b = 1.07 - \frac{\lambda_y^2}{44000\varepsilon_k^2} \approx 1.00$$

$$\frac{M_x}{\varphi_b W_x f} \approx 1621.1 \times 10^6 / (1.00 \times 7386 \times 10^3 \times 215) \approx 1.02 > 1.0$$

故该梁的整体稳定不满足要求！

第二节 轴心受力构件的强度与稳定性计算

一、轴心受力构件的截面形式

当钢结构构件只承受轴向拉力或轴向压力时，分别称为轴心受拉构件和轴心受压构件。轴心受力构件的截面形式一般可分为实腹式和格构式两大类。实腹式构件具有整体的截面，最常用的是工形截面（图 17.2.1）；格构式构件的截面分为两肢或多肢，各肢间用缀条或缀板联系（图 17.2.2），当荷载较大、柱身较宽时钢材用量较省。

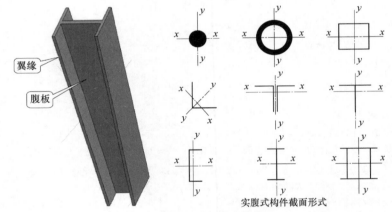

实腹式构件截面形式

图 17.2.1 实腹式构件

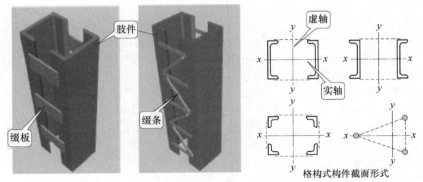

格构式构件截面形式

图 17.2.2 格构式构件

二、轴心受力构件的强度计算

轴心受拉构件的承载力由截面强度决定，轴心受压构件的承载力由截面强度和构件稳定性较低值决定。

1. 非高强度螺栓摩擦型连接构件的截面强度计算

轴心受力构件，当端部连接（及中部拼接）处组成截面的各板件都有连接件直接传力时，除采用高强度螺栓摩擦型连接者外，其截面强度计算按下式计算。

毛截面屈服：

$$\sigma = \frac{N}{A} \leqslant f \tag{17.2.1}$$

净截面屈服：

$$\sigma = \frac{N}{A_n} \leqslant 0.7f_u \tag{17.2.2}$$

式中　N——计算截面处的轴心拉力或轴心压力设计值，N；

　　　f——钢材的抗拉或抗压强度设计值，N/mm²；

　　　A——构件的毛截面面积，mm²；

　　　A_n——构件的净截面面积，当构件多个截面有孔时，取最不利的截面，mm²；

　　　f_u——钢材的抗拉或抗压强度最小值，N/mm²。

2. 高强度螺栓摩擦型连接构件的截面强度计算

用高强度螺栓摩擦型连接的构件，当构件为沿全长都有排列较密的组合构件时，其截面强度按式（17.2.3）计算；除此之外，其毛截面强度计算按式（17.2.1）计算，净截面强度按式（17.2.4）计算。

$$\sigma = \frac{N}{A_n} \leqslant f \tag{17.2.3}$$

$$\sigma = \left(1 - 0.5\frac{n_1}{n}\right)\frac{N}{A_n} \leqslant 0.7f_u \tag{17.2.4}$$

式中　n——在节点或拼接处，构件一端连接的高强度螺栓数目（图 17.2.3）；

　　　n_1——所计算截面（最外列螺栓处）上高强度螺栓数目（图 17.2.3）。

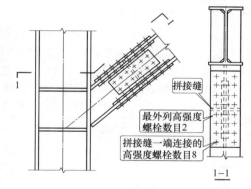

图 17.2.3　高强度螺栓拼接连接节点

三、实腹式轴心受压构件的稳定性计算

对于轴心受压构件，除构件很短或有孔洞等削弱时可能发生强度破坏外，一般会在荷载还没有达到按强度考虑的极限值时，构件就会因屈曲而丧失承载能力，即整体失稳破坏。整体稳定是确定构件截面的最重要因素。

当轴心压力达到某临界值时，轴心受压构件可能发生三种形式的屈曲变形。一种是弯曲屈曲，构件的截面只绕一个主轴旋转，构件的纵轴由直线变为曲线，这是双轴对称截面构件最常见的屈曲形式，如图 17.2.4（a）所示就是两端铰接工字形截面构件发生的绕弱轴的弯曲屈曲；一种是扭转屈曲，失稳时，构件除支撑端外的各截面均绕纵轴扭转，图 17.2.4（b）为长度较小的十字形截面构件可能发生的扭转屈曲；还有一种是弯扭屈曲，单轴对称截面构件绕对称轴屈曲时，发生弯曲变形的同时伴随着扭转，图 17.2.4（c）为 T 形截面构件发生的弯扭屈曲。轴心受压构件以何种形式屈曲，主要取决于截面的形式和尺寸、杆件的长度和杆端的支撑条件。

1. 整体稳定性计算

实腹式轴心受压构件的整体稳定计算公式为：

$$\frac{N}{\varphi A f} \leqslant 1.0 \qquad (17.2.5)$$

式中　N——轴心受压构件的压力设计值；

　　　A——构件的毛截面面积；

　　　f——钢材的抗压强度设计值；

　　　φ——轴心受压构件的整体稳定系数（取截面两主轴稳定系数中的较小值）。

轴心受压构件的整体稳定系数 φ 与构件的长细比 λ 有关。对于截面形心与剪心重合的构件（如双轴对称的 H 型钢），当计算弯曲屈曲时，长细比按下式计算：

$$\lambda_{x} = \frac{l_{ox}}{i_x} \quad \lambda_{y} = \frac{l_{oy}}{i_y} \qquad (17.2.6)$$

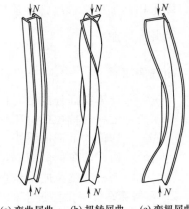

(a) 弯曲屈曲　(b) 扭转屈曲　(c) 弯扭屈曲

图 17.2.4　轴心受压构件的屈曲形式

式中　l_{ox}，l_{oy}——分别为构件对截面主轴 x 和 y 的计算长度，一般情况下可取构件节点中心间距离的几何长度，当有侧向支撑时取侧向支撑点之间的距离（特殊情况下构件的计算长度请查阅《钢结构标准》）；

　　　i_{x}，i_{y}——分别为构件对截面主轴 x 和 y 的回转半径。

计算扭转屈曲时的长细比及截面单轴对称构件的长细比、双角钢组合 T 形截面的换算长细比、截面无对称轴且剪心与形心不重合构件的长细比、不等边角钢的换算长细比，《钢结构标准》均给出了相应的计算公式，本书不再介绍。

确定轴心受压构件的整体稳定系数 φ 时，首先根据构件的截面形式和弯曲轴按照表 17.2.1 确定截面所属类别（截面所属类别分为 a、b、c 三类），然后再根据式（17.2.6）求得的长细比 λ，查表 17.2.2 可得整体稳定系数 φ 的值。

表 17.2.1　轴心受压构件的截面分类（板厚 $t<40$mm）（部分）

（完整截面分类请扫码查看）

截面形式		对 x 轴	对 y 轴
轧制	$b/h \leqslant 0.8$	a 类	b 类
	$b/h > 0.8$	a^* 类	b^* 类
焊接、翼缘为焰切边	焊接	b 类	b 类
轧制			

注：a^* 类含义为 Q235 钢取 b 类，Q345、Q390、Q420 和 Q460 取 a 类；b^* 类含义为 Q235 钢取 c 类，Q345、Q390、Q420 和 Q460 取 b 类。

2. 局部稳定性计算

由翼缘和腹板等薄板组成的轴心受压构件，当轴压力达到某一数值时，板件有可能在构件丧失强度和整体稳定之前，薄板先发生屈曲而导致构件较早地丧失承载力，这种屈曲现象称为构件失去局部稳定性或局部屈曲。《钢结构标准》以限制板件的宽厚比来保证轴心受压构件的局部稳定，当实腹轴压构件要求不出现局部失稳者，其板件的宽厚比应符合下列规定〔本书仅介绍 H 形截面，其他截面板件的宽厚比要求请查阅《钢结构标准》〕。

（1）H 形截面腹板

$$h_0/t_w \leqslant (25+0.5\lambda)\varepsilon_k \tag{17.2.7}$$

式中　λ——构件的较大长细比；当 $\lambda<30$ 时，取为 30；当 $\lambda>100$ 时，取为 100；

h_0，t_w——分别为腹板计算高度和厚度，对焊接构件 h_0 取为腹板净高 h_w，对轧制型截面 h_0 不包括翼缘板过渡处圆弧段。

表 17.2.2　轴心受压构件的稳定系数 φ（b 类截面）（部分）

（完整 b 类截面稳定系数 φ 请扫码查看）

λ/ε_k	0	1	2	3	4	5	6	7	8	9
0	1.000	1.000	1.000	0.999	0.999	0.998	0.997	0.996	0.995	0.994
10	0.992	0.991	0.989	0.987	0.985	0.983	0.981	0.978	0.976	0.973
20	0.970	0.967	0.963	0.960	0.957	0.953	0.950	0.946	0.943	0.939
30	0.936	0.932	0.929	0.925	0.921	0.918	0.914	0.910	0.906	0.903
40	0.899	0.895	0.891	0.886	0.882	0.878	0.874	0.870	0.865	0.861
50	0.856	0.852	0.847	0.842	0.837	0.833	0.828	0.823	0.818	0.812
60	0.807	0.802	0.796	0.791	0.785	0.780	0.774	0.768	0.762	0.757
70	0.751	0.745	0.738	0.732	0.726	0.720	0.713	0.707	0.701	0.694
80	0.687	0.681	0.674	0.668	0.661	0.654	0.648	0.641	0.634	0.628
90	0.621	0.614	0.607	0.601	0.594	0.587	0.581	0.574	0.568	0.561
100	0.555	0.548	0.542	0.535	0.529	0.523	0.517	0.511	0.504	0.498

注：本书仅列出 b 类截面的稳定系数值，其他类截面的稳定系数值请查阅《钢结构标准》附录 D。

（2）H 形截面翼缘

$$b/t_f \leqslant (10+0.1\lambda)\varepsilon_k \tag{17.2.8}$$

式中　b，t_f——分别为翼缘板自由外伸宽度和厚度。

当板件宽厚比超过上述限值时，可采用纵向加劲肋加强，加劲肋宜在腹板两侧成对配置，其一侧外伸宽度不应小于 $10t_w$，厚度不应小于 $0.75t_w$。

二维码 17.2

特别说明

为避免弯扭失稳，实腹式轴心受压柱常用双轴对称截面。为了提高构件的抗扭刚度，防止构件在施工和运输过程中发生变形，当腹板的计算高度 h_0 与其厚度 t_w 之比大于 80 时，应在一定位置设置成对的横向加劲肋（图 17.2.5），横向加劲肋的间距不得大于 $3h_0$，加劲肋的外伸宽度 b_s 不小于（$h_0/30+40$）mm，厚度 t_s 应不小于 $b_s/15$。

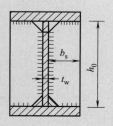

图 17.2.5　腹板加劲肋

四、格构式轴心受压构件计算简介

格构式轴心受压构件需要计算其强度、刚度、整体稳定、分肢稳定，同时需要对缀条或缀板进行强度及稳定性计算。现就格构式轴心受压构件的整体稳定性计算做简要说明。

1. 格构式轴心受压构件的整体稳定性计算

双肢格构截面有两个主轴，穿过肢件腹板的轴称为实轴，穿过两肢之间缀材的轴称为虚轴。当格构柱绕实轴屈曲时，与实腹式构件基本相同，即整体稳定仍采用式 (17.2.5) 进行计算。但在绕虚轴屈曲时，剪力要由柔弱的缀材来承担，缀材较大的剪切变形会导致构件产生较大的侧向附加变形，对稳定承载力有明显的降低作用。《钢结构标准》采用换算长细比代替虚轴的实际长细比来考虑缀材剪切变形对格构式轴心受压构件的影响。换算长细比按下列公式计算。

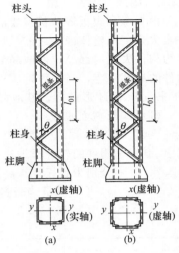

图 17.2.6　格构式轴心受压柱

（1）双肢组合构件 [图 17.2.6 (a)]

当缀件为缀板时，

$$\lambda_{ox}=\sqrt{\lambda_x^2+\lambda_1^2} \tag{17.2.9}$$

当缀件为缀条时，

$$\lambda_{ox}=\sqrt{\lambda_x^2+27A/A_{1x}} \tag{17.2.10}$$

式中　λ_{ox}——构件绕虚轴 x 轴的换算长细比；

λ_x——整个构件对 x 轴的长细比；

λ_1——分肢对最小刚度轴 1-1 轴的长细比，其计算长度取为：焊接时，为相邻两缀板的净距；螺栓连接时，为取相邻两缀板边缘螺栓的距离；

A——构件的毛截面面积，mm^2；

A_{1x}——构件截面中垂直于 x 轴的各斜缀条的毛截面面积之和，mm^2。

（2）四肢组合构件 [图 17.2.6 (b)]

当缀件为缀板时，

$$\lambda_{ox}=\sqrt{\lambda_x^2+\lambda_1^2} \tag{17.2.11}$$

$$\lambda_{oy}=\sqrt{\lambda_y^2+\lambda_1^2} \tag{17.2.12}$$

当缀件为缀条时，

$$\lambda_o=\sqrt{\lambda_x^2+40A/A_{1x}} \tag{17.2.13}$$

$$\lambda_{oy}=\sqrt{\lambda_y^2+40A/A_{1y}} \tag{17.2.14}$$

式中　λ_{oy}——构件绕虚轴 y 轴的换算长细比；

λ_y——整个构件对 y 轴的长细比；

A_{1y}——构件截面中垂直于 y 轴的各斜缀条的毛截面面积之和，mm^2。

其他组合截面构件的换算长细比计算方法请查阅《钢结构标准》相关内容，本书不再过

多介绍。

求出换算长细比后，查稳定系数 φ，再用式（17.2.5）计算虚轴整体稳定。

2. 格构式轴心受压构件的基本构造

缀件面宽度较大的格构式柱宜采用缀条柱，斜缀条与构件轴线间的夹角应为 $40°\sim70°$。缀条柱的分肢长细比 λ_1 不应大于构件两个方向长细比较大值 λ_{max} 的 0.7 倍，对虚轴取换算长细比。

缀板柱的分肢长细比 λ_1 不应大于 $40\varepsilon_k$，并不应大于 λ_{max} 的 0.5 倍，$\lambda_{max}<50$ 时，取 $\lambda_{max}=50$。缀板柱中同一截面处缀板的线刚度之和不得小于柱较大分肢线刚度的 6 倍。

案例

如图 17.2.7（a）所示，钢柱 AB 的设计压力设计值为 $N=1780kN$，钢柱两端铰接，钢材为 Q235B，截面无孔眼削弱。钢柱采用焊接 H 形截面 [图 17.2.7（b）]，翼缘板为焰切边。试验算此钢柱的强度与稳定性是否满足要求。

【分析】

（1）计算截面特性

$A=2\times30\times1.2+25\times1.0=97$（$cm^2$）

$I_x=1.0\times25^3/12+2\times30\times1.2\times(25/2+12/2)^2\approx25944$（$cm^4$）

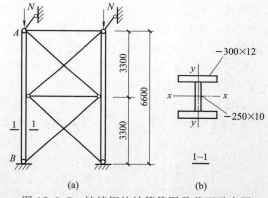

$I_y=2\times1.2\times30^3/12+25\times1^3/12\approx5402$（$cm^4$）

$i_x=\sqrt{I_x/A}=\sqrt{25944/97}\approx16.35$（$cm$）

$i_y=\sqrt{I_y/A}=\sqrt{5402/97}\approx7.46$（$cm$）

（2）截面强度验算

因截面无削弱，截面稳定性起控制作用，可不验算其截面强度。

图 17.2.7　铰接钢柱计算简图及截面示意图

（3）长细比计算

由于 AB 柱两个方向的计算长度不相等，故柱在两个方向的计算长度分别为：

$l_{ox}=660cm$，$l_{oy}=330cm$

故有：

$\lambda_x=l_{ox}/i_x=660/16.35\approx40.4$；

$\lambda_y=l_{oy}/i_x=330/7.46\approx44.2$

（4）整体稳定性验算

查表 17.2.1 可知，柱对 x 轴和 y 轴都属于 b 类截面，故采用长细比较大值 $\lambda_y=44.2$，查表 17.2.2 可得 $\varphi=0.881$。

$$\frac{N}{\varphi Af}=\frac{1780\times10^3}{0.881\times97\times10^3\times215}\approx0.969<1.0$$

故该钢柱整体稳定性满足要求。

（5）局部稳定性验算

由长细比较大值 $\lambda_y=44.2$ 进行局部稳定性计算；

H 形截面腹板：$h_0/t_w=250/10=25<(25+0.5\times44.2)\times1.0=47.1$，腹板局部稳定满足要求；

H 形截面翼缘：$b/t_f=(300/2-5)/12\approx12.1<(10+0.1\times44.2)\times1.0\approx14.4$，翼缘局部稳定满足要求；

通过验算可知，此钢柱的强度与稳定性均满足要求。

第三节 拉弯、压弯构件的强度与稳定性计算

一、拉弯、压弯构件的破坏形态

截面同时承受轴心拉力和弯矩作用的构件称为拉弯构件，又称偏心受拉构件（图 17.3.1）。拉弯构件通常采用双轴对称或单轴对称的截面形式，可以为实腹式或格构式。当截面上的弯矩不大，而轴心拉力较大时，其截面形式和一般轴心拉杆一样；当截面上承受的弯矩很大时，应在弯矩作用平面内采用高度较大的截面。

截面同时承受轴心压力和弯矩作用的构件称为压弯构件，又称偏心受压构件（图 17.3.2）。压弯构件在钢结构中应用十分广泛，如有吊车梁的厂房柱、高层建筑的框架边柱等。对于压弯构件，如果截面上的弯矩不大，而轴心压力很大时，其截面形式和一般轴心压杆相同。如果截面上的弯矩相对较大，可采用高度较大的双轴对称截面，也可采用单轴对称截面。

拉弯构件是以截面出现塑性铰作为承载力极限状态。

压弯构件的破坏形态有以下两类。

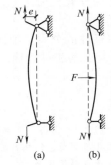

图 17.3.1 拉弯构件

（1）强度破坏 因为杆端弯矩很大或者杆件截面局部有严重削弱时截面出现塑性铰而发生强度破坏。

（2）失稳破坏 失稳破坏包括两种形式：在对称轴平面内作用有弯矩的压弯构件，如果在弯矩作用平面外有足够的支撑以阻止构件发生侧向位移和扭转，就只会在弯矩作用平面内发生弯曲失稳破坏，称之为平面内失稳。如果构件侧向缺乏足够支撑，就很可能发生侧向（弯矩作用平面外）弯扭屈曲破坏，即平面外失稳。

拉弯、压弯构件除了必须满足承载能力要求外，还必须满足正常使用条件。

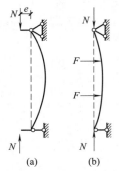

图 17.3.2 压弯构件

二、拉弯、压弯构件的强度计算

图 17.3.3 为一双轴对称矩形截面压弯构件，受轴心压力 N 和弯矩 M 共同作用。当荷载较小时，截面边缘最大纤维压应力小于 f，构件处于弹性工作状态 [图 17.3.3（a）]。随着荷载继续增加，截面受压边缘纤维屈服，截面受压区进入塑性工作状态 [图 17.3.3（b）]。当荷载再继续增加时，整个截面进入塑性状态形成塑性铰 [图 17.3.3（c）]。

《钢结构标准》规定，弯矩作用在两个主平面内的拉弯和压弯构件（圆管截面除外），其截面强度计算公式为：

$$\frac{N}{A_n} \pm \frac{M_x}{\gamma_x W_{nx}} \pm \frac{M_y}{\gamma_y W_{ny}} \leqslant f \tag{17.3.1}$$

式中　　N——轴心压力或拉力，N；

M_x，M_y——分别为同一截面处对 x 轴和 y 轴的弯矩设计值，N·mm；

W_{nx}，W_{ny}——对 x 轴和 y 轴的净截面模量，mm^3；

A_n——构件的净截面面积，mm^2；

γ_x，γ_y——截面塑性发展系数，根据其受压板件的内力分布情况确定其截面板件宽厚比

等级，当截面板件宽厚比等级不满足 S3 级要求时，取 1.0；满足 S3 级要求时，对于一般的焊接 H 形截面，$\gamma_x=1.05$，$\gamma_y=1.20$（x 轴为强轴，y 轴为弱轴）［其他截面的截面塑性发展系数请查阅《钢结构标准》］。

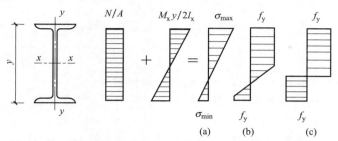

图 17.3.3　压弯构件截面应力的发展过程

三、实腹式压弯构件的稳定性计算

1. 弯矩作用平面内的稳定性计算

实腹式压弯构件的承载力取决于构件的长度、支撑条件、截面的形状和尺寸及构件的初始缺陷（初偏心、初弯矩和残余应力），其在弯矩作用平面内失稳时已经发展了塑性。因此《钢结构标准》以边缘纤维屈服为准则，计入轴心压力引起的弯矩增大影响及截面上部分塑性扩展，并考虑了构件的初始缺陷，导出了弯矩作用平面内的稳定计算公式为：

$$\frac{N}{\varphi_x A f}+\frac{\beta_{mx} M_x}{\gamma_x W_{1x}(1-0.8N/N'_{Ex})f}\leqslant 1.0 \tag{17.3.2}$$

$$N'_{Ex}=\pi^2 EA/(1.1\lambda_x^2) \tag{17.3.3}$$

式中　N——所计算构件范围内轴心压力设计值，N；

N'_{Ex}——参数，按式（17.3.3）计算，mm；

φ_x——弯矩作用平面内轴心受压构件的稳定系数；

M_x——所计算构件段范围内的最大弯矩设计值，N·mm；

W_{1x}——在弯矩作用平面内对受压最大纤维的毛截面模量，mm³；

β_{mx}——弯矩作用平面内的等效弯矩系数，对无侧移框架柱和两端支承的构件，按下述规定确定［有侧移框架柱和悬臂构件的情况请参见《钢结构标准》］：

① 无横向荷载作用时，取 $\beta_{mx}=0.6+0.4\dfrac{M_2}{M_1}$，$M_1$ 和 M_2 为端弯矩（N·mm），构件无反弯点时取同号；构件有反弯点时取异号，$|M_1|\geqslant|M_2|$；

② 无端弯矩但有横向荷载作用时，

跨中单个集中荷载

$$\beta_{mqx}=1-0.36N/N_{cr} \tag{17.3.4}$$

全跨均布荷载

$$\beta_{mqx}=1-0.18N/N_{cr} \tag{17.3.5}$$

式中：N_{cr}——弹性临界力，N，参数，$N_{cr}=\pi^2 EI/(\mu l)^2$；

μ——构件的计算长度系数。

③ 端弯矩和横向荷载同时作用时，将 $\beta_{mx}M_x$ 取为 $\beta_{mqx}M_{qx}+\beta_{m1x}M_1$，即取端弯矩和横向荷载作用两种工况的等效弯矩之代数和。M_{qx} 为横向均布荷载产生的弯矩最大

值（N·mm）。

2. 弯矩作用平面外的稳定性计算

当压弯构件的弯矩作用在截面最大刚度的平面内时，因弯矩作用平面外截面的刚度较小，构件可能向弯矩作用平面外发生侧向弯扭屈曲破坏。

实腹式压弯构件在弯矩作用平面外的稳定性按下式计算：

$$\frac{N}{\varphi_y A f}+\eta\,\frac{\beta_{tx} M_x}{\varphi_b W_{1x} f}\leqslant 1.0 \tag{17.3.6}$$

式中　φ_y——弯矩作用平面外的轴心受压构件的稳定系数；

　　　φ_b——均匀弯曲的受弯构件整体稳定系数；

　　　η——截面影响系数，闭口截面 $\eta=0.7$，其他截面 $\eta=1.0$；

　　　β_{tx}——等效弯矩系数，对弯矩作用平面外有支承的构件，按下述规定确定：

① 无横向荷载作用时，取 $\beta_{tx}=0.65+0.35\dfrac{M_2}{M_1}$。

② 无端弯矩但有横向荷载作用时，$\beta_{tx}=1.0$。

③ 端弯矩和横向荷载同时作用时，使构件产生同向曲率时 $\beta_{tx}=1.0$；使构件产生反向曲率时 $\beta_{tx}=0.85$。

3. 实腹式压弯构件的局部稳定性

压弯构件的局部稳定也是采用限制板件的宽厚比来保证的。实腹压弯构件要求不出现局部失稳者，其腹板高厚比、翼缘宽厚比应符合压弯构件 S4 级截面要求。当腹板宽厚比不满足上述要求时，可同轴心受压柱那样，设置纵向加劲肋以满足宽厚比限值要求。设置加劲肋时，宜在板件两侧成对配置，其一侧外伸宽度不应小于板件厚度 t 的 10 倍，且厚度不宜小于 $0.75t$。

特别说明

　　弯矩作用在两个主平面的双轴对称实腹式压弯构件及格构式压弯构件的整体稳定性计算本书不再进行介绍，可参阅《钢结构标准》进行学习。

案例

　　某压弯实腹构件为双轴对称的焊接 H 型钢截面（图 17.3.4），钢材为 Q235B 牌号钢。翼缘为火焰切割边，截面无削弱。该构件承受的轴心压力设计值（含构件自重）$N=800\text{kN}$，构件中间有一个 160kN 的横向集中荷载（设计值），方向位于腹板平面内。构件两端为铰接，侧向中间有一个支撑点，$l_{ox}=10\text{m}$，$l_{oy}=5\text{m}$。试验算该压弯构件的强度与整体稳定性是否满足要求。

　　提示：钢材弹性模量 $E=206\times10^3\ \text{N/mm}^2$；梁的整体稳定性系数 φ_b 取 0.795。

【分析】

（1）截面几何特性

$A=A_n=2\times250\times12\ +760\times12=15100$（$\text{mm}^2$）

$I_x=(12\times760^3)/12\ +2\times250\times12\times386^2\approx1.333\times10^9$（$\text{mm}^4$）

$i_x=\sqrt{1.333\times10^9/15100}\approx297.1$（mm）

$W_{1x}=W_{nx}=1.333.5\times10^9/392\approx3.40\times10^6$（$\text{mm}^3$）

$I_y=(2\times1.2\times25^3)/12\approx3.125\times10^7$（$\text{mm}^4$）

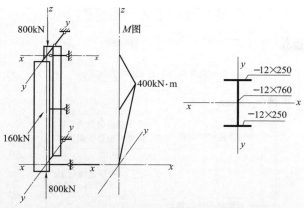

图 17.3.4　压弯实腹构件计算简图及截面示意图

$$i_y = \sqrt{3.125 \times 10^7 / 15100} \approx 45.5 \ (\text{mm})$$

（2）构件的强度验算

$$M_x = (160 \times 10^3 / 2) \times (10 \times 10^3 / 2) = 400 \times 10^6 \ (\text{N} \cdot \text{mm})$$

$$\frac{N}{A_n} \pm \frac{M_x}{\gamma_x W_{nx}} = 800 \times 10^3 / 15100 + 400 \times 10^6 / (1.05 \times 3.4 \times 10^6) \approx 165 (\text{N/mm}^2) < f = 215 \text{N/mm}^2$$

故构件强度满足要求。

（3）弯矩作用平面内的整体稳定性验算

$\lambda_x = l_{ox} / i_x = 1000 / 297 \approx 33.7$，按 b 类截面，查相应规范表得 $\varphi_x = 0.923$

$$N'_{Ex} = \pi^2 EA / (1.1 \lambda_x^2) = 3.14^2 \times 2.06 \times 10^5 \times 151 \times 10^2 / (1.1 \times 33.7^2) \approx 24549970 \ (\text{N})$$

$$N_{cr} = \pi^2 EI_x / (\mu l)^2 = 3.14^2 \times 2.06 \times 10^5 \times 1.333 \times 10^9 / (1 \times 10000)^2 \approx 27074264 \ (\text{N})$$

$$\beta_{mx} = 1 - 0.36 N / N_{cr} = 1 - 0.36 \times 800 \times 10^3 / 27074264 \approx 0.989$$

$$\frac{N}{\varphi_x A f} + \frac{\beta_{mx} M_x}{\gamma_x W_{1x} (1 - 0.8 N / N'_{Ex}) f}$$

$$= 800 \times 10^3 / (0.923 \times 15100 \times 215) + 0.989 \times 400 \times 10^6 / [1.05 \times 3.40 \times 10^6 \times (1 - 0.8 \times 800 \times 10^3 /$$

$$24549970) \times 215]$$

$$\approx 0.796 < 1.0$$

故弯矩作用平面内的整体稳定性满足要求

（4）弯矩作用平面外的整体稳定性

$\lambda_y = l_{oy} / i_y = 5000 / 45.5 \approx 109.9$，按 b 类截面，查相应规范表得 $\varphi_y = 0.493$，$\varphi_b = 0.795$（题中给出）

无端弯矩但有横向荷载作用，故 $\beta_{tx} = 1.0$

$$\frac{N}{\varphi_y A f} + \eta \frac{\beta_{tx} M_x}{\varphi_b W_{1x} f}$$

$$= 800 \times 10^3 / (0.493 \times 15100 \times 215) + 1.0 \times 1.0 \times 400 \times 10^6 / (0.795 \times 3.40 \times 10^6 \times 215)$$

$$\approx 1.19 > 1.0$$

故弯矩作用平面外的整体稳定性不满足要求

本章小结

　　　　钢结构采用以概率论为基础的极限状态设计方法，钢结构除应按承载能力极限状态设计外，还应满足正常使用极限状态的要求。由于钢结构构件截面扩展、截面面积小，相对比较细长，容易出现失稳破坏，故钢结构构件的稳定性往往起控制作用。

　　梁是常见的受弯构件，也是组成钢结构的基本构件之一。梁的设计计算包括强度计算、稳定性计算及构造保证措施、刚度验算等内容，见下图。

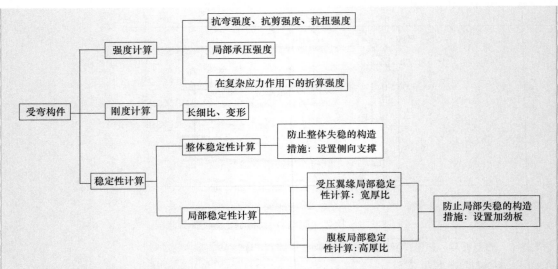

轴心受力构件和拉弯、压弯构件的截面形式一般可分为实腹式和格构式两大类。轴心受力构件和拉弯、压弯构件是组成钢结构的基本构件，这几种构件的设计计算也包括强度计算、稳定性计算及构造保证措施、刚度验算等内容，见下图。

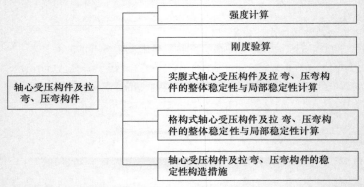

需要注意的是，格构式截面有两个主轴，穿过肢件腹板的轴称为实轴，穿过两肢之间缀材的轴称为虚轴。当格构柱绕实轴屈曲时，与实腹式构件基本相同，但在绕虚轴屈曲时，应采用换算长细比代替虚轴的实际长细比来计算整体稳定性。对于压弯构件，应分别计算弯矩作用平面内的整体稳定性与弯矩作用平面外的整体稳定性。

思考与练习

1. 钢梁的设计计算一般包括哪些内容？

2. 《钢结构标准》中对钢梁的承载力极限状态是如何规定的？钢梁的抗弯强度计算时如何考虑截面塑性发展？

3. H 型钢梁截面中剪应力分布是否均匀？最大剪应力出现在何处？

4. 什么是钢梁的整体失稳？在什么情况下可不计算钢梁的整体稳定？

5. 在两个主平面内受弯的 H 型钢梁，只需要考虑哪个平面内的整体稳定系数 φ_b？

6. 在钢结构设计中，一般采用什么措施来保证钢梁的局部稳定性？钢梁加劲肋的配置应符合哪些要求？

7. 举例说明实腹式构件和格构式构件的特点，说明其组成零件名称并解释虚轴与实轴的概念。

8. 轴心受拉构件与轴心受压构件的承载力分别由哪种指标决定？试解释毛截面与净截面的含义。

9. 何谓构件整体失稳破坏？整体失稳屈曲的形态有哪几种？

10. 何谓构件的长细比？如何计算？如何确定受压构件的整体稳定系数 φ？

11. 何谓构件的局部失稳？如何保证受压构件的局部稳定性？

12. 为防止构件在施工和运输过程中发生变形，通常需要配置横向加劲肋，其配置应符合哪些要求？

13. 格构式受压构件的计算内容有哪些？格构式受压构件与实腹式受压构件的整体稳定性计算有何异同之处？

14. 压弯构件的破坏形态有哪几种？何谓平面内失稳与平面外失稳？

15. 《钢结构标准》中的弯矩作用平面内的稳定计算公式考虑了哪些因素？

16. 当压弯构件的腹板宽厚比不满足局部稳定性要求时，应如何处理？

17. 已知简支钢梁承受均布荷载，其最大弯矩设计值 $M_x = 89\text{kN} \cdot \text{m}$，最大剪力设计值 $V_x = 79\text{kN}$，采用 Q235B 热轧 I25a 型钢制作。试验算该钢梁的抗弯强度与抗剪强度是否满足要求。

提示：I25a 型钢截面几何特性指标为：$I_x = 5020\text{cm}^4$，$W_x = 402\text{cm}^3$，$S_x = 232\text{cm}^3$，$t_w = 8\text{mm}$，$t = 13\text{mm}$。

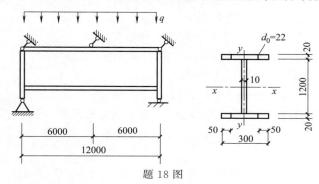

题 18 图

18. 某焊接 H 形等截面简支梁，材料为 Q235B 牌号钢，截面尺寸如题 18 图所示。在梁中央处和离梁端 $l/4$ 处每块翼缘板上设有两个直径 $d_0 = 22\text{mm}$ 的螺栓孔，在跨中和两端都设有侧向支撑点。钢梁承受均布荷载，其最大弯矩设计值 $M_x = 1710\text{kN} \cdot \text{m}$，最大剪力设计值 $V_x = 570\text{kN}$。试验算该钢梁的抗弯强度与抗剪强度、整体稳定性是否满足要求。

提示：① H 形钢梁截面几何特性指标为：$A = 240\text{cm}^2$，$I_x = 590560\text{cm}^4$，$W_x = 9525.2\text{cm}^3$，$W_{nx} = 8468.9\text{cm}^3$，$I_y = 9000\text{cm}^4$，$i_y = 6.1\text{cm}$，$I_{nx} = 525070.4\text{cm}^4$，$x$ 轴以上（或以下）截面对 x 轴的面积矩 $S_x = 5460\text{cm}^3$。

② 梁整体稳定性的等效弯矩系数 $\varphi_b = 0.927$。

19. 某轴心受压实腹构件为双轴对称的焊接 H 形钢，截面为 H $274 \times 250 \times 8 \times 12$（题 19 图），钢材为 Q345B 牌号钢。翼缘为火焰切割边，截面无削弱。该构件承受的轴心压力设计值（含构件自重）$N = 1900\text{kN}$。构件的计算长度分别为：$l_{0x} = 6\text{m}$，$l_{0y} = 3\text{m}$。试验算该轴心受压构件的整体稳定性与局部稳定性是否满足要求。

提示：构件截面为 b 类截面，$A = 80\text{cm}^2$，$i_x = 11.91\text{cm}$，$i_y = 6.25\text{cm}$。

题 19 图

20. 某杆件的轴心压力设计值为 400kN，拟采用焊接方钢管 □$150 \times 150 \times 5$，杆件的计算长度 $l_{0x} = l_{0y} = 3.5\text{m}$，$A = 2900\text{mm}^2$，$i_x = i_y \approx 47.3\text{mm}$。试验算该轴心受压构件的整体稳定性是否满足要求。

提示：构件截面为 b 类截面，材质为 Q235 号钢。

21. 某焊接 H 形截面压弯构件（题 21 图），两端铰接，构件长 15m，采用 Q235B 钢，翼缘为火焰切割边，承受的轴线压力设计值为 $N = 900\text{kN}$，跨中集中横向荷载设计值 $F = 100\text{kN}$，横向荷载作用处有一侧向支撑。试验算此压弯构件的强度及在弯矩作用平面内的整体稳定性是否满足要求。（钢材弹性模量 $E = 206 \times 10^3 \text{N/mm}^2$）

提示：构件截面为 b 类截面。

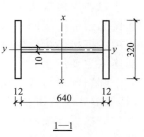

二维码 17.3

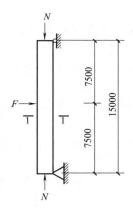

题 21 图

第十八章　钢结构连接与节点

知识目标

- 了解钢结构连接的基本形式
- 熟悉焊缝对接连接的基本构造与强度计算方法
- 掌握角焊缝连接的基本构造与强度计算方法
- 掌握普通螺栓连接的基本构造与强度计算方法
- 熟悉高强度螺栓连接的基本构造与强度计算方法
- 了解钢结构常见节点的形式与构造要求

能力目标

- 能够对焊接和螺栓连接强度进行计算
- 在理解连接及节点构造的基础上能够读懂钢结构施工图

　　钢结构构件（或连接节点）一般是由多个零件通过焊接连接、螺栓连接等方式组合而成，因此零件连接的好坏决定了构件的受力性能，故应熟悉焊接连接、螺栓连接的基本构造与计算方法。钢结构构件通过节点连接而形成钢结构，因此钢结构节点是结构安全的重要保证，由于连接点破坏造成的工程事故屡见不鲜，故应熟悉钢结构节点的基本构造与计算要点。

第一节　焊缝连接

一、焊接方法与构造要求

　　1. 焊接方法

　　焊接连接是钢结构普遍采用的一种连接方法。焊接是一种以加热、高温或高压的方式接合金属的工艺。焊接过程中，工件和焊料熔化形成熔融区域，熔池冷却凝固后便形成材料之间的连接。钢结构中常用的焊接方法主要有手工电弧焊、埋弧焊（自动或半自动）、气体保护焊、电阻焊等，其焊接原理及基本要求请扫描二维码 18.1 进行学习。

　　2. 焊接接头形式及焊缝形式

　　（1）焊接接头形式　按被连接钢材的相互位置，焊接接头形式可分为对接、搭接、T 形连接和角部连接四种（图 18.1.1）。对接连接主要用于厚度相同或接近相同的两构件的相互连接。搭接连接适用于不同厚度构件的连接。T 形连接省工省料，常用于制作组合截面。角部连接主要用于制作箱形截面。

　　（2）焊缝形式　按焊缝截面形式的不同，焊缝可分为对接焊缝和角焊缝两种基本形式（其他形式还有组合焊缝、塞焊缝等）。

　　对接焊缝按所受力的方向分为正对接焊缝［图 18.1.2（a）］、斜对接焊缝［图 18.1.2（b）］、全熔透对接［图 18.1.2（a）、（b）］或部分熔透对接焊缝［图 18.1.2（c）］。

　　角焊缝按其与作用力的关系可分为正面角焊缝（端焊缝）、侧面角焊缝、斜焊缝。正面角焊缝的焊缝长度方向与作用力垂直；侧面角焊缝的焊缝长度方向与作用力平行；斜焊缝的焊缝长度方向与作用力呈一夹角（图 18.1.3）。

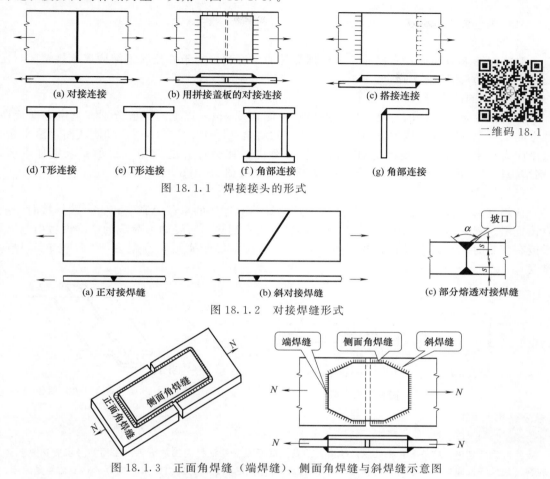

(a) 对接连接　　(b) 用拼接盖板的对接连接　　(c) 搭接连接

二维码 18.1

(d) T形连接　　(e) T形连接　　(f) 角部连接　　(g) 角部连接

图 18.1.1　焊接接头的形式

(a) 正对接焊缝　　(b) 斜对接焊缝　　(c) 部分熔透对接焊缝

图 18.1.2　对接焊缝形式

图 18.1.3　正面角焊缝（端焊缝）、侧面角焊缝与斜焊缝示意图

按角焊缝的截面形式可分为直角角焊缝和斜角角焊缝（图 18.1.4，图中 h_f 为焊脚尺寸），其中直角角焊缝最为常见。

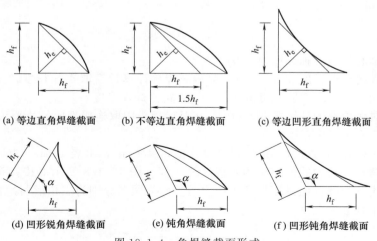

(a) 等边直角焊缝截面　　(b) 不等边直角焊缝截面　　(c) 等边凹形直角焊缝截面

(d) 凹形锐角焊缝截面　　(e) 钝角焊缝截面　　(f) 凹形钝角焊缝截面

图 18.1.4　角焊缝截面形式

二、焊缝连接计算

1. 对接焊缝的构造与计算

（1）构造要求

1）坡口形式。

对接焊缝坡口的形式和尺寸，宜根据焊件的厚度和施焊条件按《钢结构焊接规范》（GB 50661—2011）的要求来确定。

2）截面的改变。

在拼接处，当焊件的宽度不同或厚度在一侧相差 4mm 以上时，应分别在宽度方向或厚度方向从一侧或两侧做成坡度不大于 1∶2.5 的斜角 [图 18.1.5（a）]，以使截面过渡平缓，减小应力集中。对于直接承受动力荷载且需要进行疲劳计算的结构，斜角要求更加平缓，《钢结构设计标准》规定斜角坡度不应大于 1∶2.5 [图 18.1.5（b）]。

3）引弧板。

在焊缝起灭弧处会出现弧坑等缺陷，这些缺陷对连接的承载力影响较大，故焊接时一般应设置引（灭）弧板，如图 18.1.6 所示，焊后将它割除。对受静力荷载的结构设置引（灭）弧板有困难时，允许不设置，此时可令焊缝计算长度等于实际长度减去 2t（t 为较薄焊件厚度）。

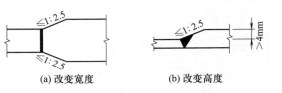

（a）改变宽度　　（b）改变高度

图 18.1.5　钢板拼接构造

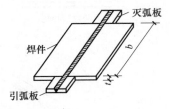

图 18.1.6　引（灭）弧板

 特别说明

　　实际钢结构中，构件常存在孔洞、缺口、凹角、截面改变及钢材内部缺陷等，在构件形状突然改变或材料不连续的截面，应力分布不再均匀，出现应力局部增大的现象称为应力集中。构件形状变化越是急剧，应力集中就越严重，钢材的塑性也就降低得越厉害。应力集中是导致钢材发生脆性破坏的主要因素之一。

　　（2）轴心受力的对接焊缝计算　　在对接接头和 T 形接头中，垂直于轴心拉力或轴心压力 N 的对接焊缝（图 18.1.7），其强度应按下式计算：

$$\sigma=\frac{N}{l_{\mathrm{w}}h_{\mathrm{e}}}\leqslant f_{\mathrm{t}}^{\mathrm{w}}\text{ 或 }f_{\mathrm{c}}^{\mathrm{w}} \tag{18.1.1}$$

式中　N——轴心拉力或轴心压力，N；

$\quad\quad l_{\mathrm{w}}$——焊缝计算长度，mm；有引弧板时焊缝计算长度取实际长度；无引弧板时焊缝计算长度取实际长度减去 $2t$（t 为较薄焊件厚度）；

$\quad\quad h_{\mathrm{e}}$——对接焊缝的计算厚度，mm，在对接接头中取连接件的较小厚度，对 T 形接头为腹板厚度；

$\quad\quad f_{\mathrm{t}}^{\mathrm{w}}$，$f_{\mathrm{c}}^{\mathrm{w}}$——对接焊缝的抗拉、抗压强度设计值，N/mm^2，由表 18.1.1 查取。

　　（3）承受弯矩和剪力共同作用的对接焊缝计算　　图 18.1.8 所示对接接头受弯矩和剪力的共同作用，由于焊缝截面是矩形，正应力与剪应力图形分别为三角形与抛物线形，其最大值应分别满足下列强度条件：

$$\sigma_{\mathrm{max}}=\frac{M}{W_{\mathrm{w}}}=\frac{6M}{l_{\mathrm{w}}^2t}\leqslant f_{\mathrm{t}}^{\mathrm{w}} \tag{18.1.2}$$

$$\tau_{\max} = \frac{VS_w}{I_w t} \leqslant f_v^w \tag{18.1.3}$$

式中　W_w——焊缝截面模量；

$\qquad S_w$——计算剪应力处焊缝截面面积矩；

$\qquad I_w$——焊缝截面惯性矩；

$\qquad t$——在对接接头中为连接件的较小厚度，对 T 形接头为腹板的厚度。

表 18.1.1　**焊缝的强度指标**（部分）　　　　　　　　　　　　单位：N/mm²

焊接方法和焊条型号	构件钢材		对接焊缝强度设计值				角焊缝强度设计值	对接焊缝抗拉强度 f_u^w	角焊缝抗拉、抗压和抗剪强度 f_u^f
	牌号	厚度或直径 /mm	抗压 f_c^w	焊缝质量为下列等级时，抗拉 f_t^w		抗剪 f_v^w	抗拉、抗压和抗剪 f_f^w		
				一级、二级	三级				
自动焊、半自动焊和 E43 型焊条手工焊	Q235	≤16	215	215	185	125	160	415	240
		>16,≤40	205	205	175	120			
		>40,≤100	200	200	170	115			
自动焊、半自动焊和 E50、E55 型焊条手工焊	Q345	≤16	305	305	260	175	200	480(E50)、540(E55)	280(E50)、315(E55)
		>16,≤40	295	295	250	170			
		>40,≤63	290	290	245	165			
		>63,≤80	280	280	240	160			
		>80,≤100	270	270	230	155			
	Q390	≤16	345	345	295	200	200(E50)、220(E55)		
		>16,≤40	330	330	280	190			
		>40,≤63	310	310	265	180			
		>63,≤100	295	295	250	170			

注：1. 手工焊用焊条、自动焊和半自动焊所采用的焊丝和焊剂，应保证其熔敷金属的力学性能不低于母材的性能。

2. 焊缝质量等级应符合现行国家标准《钢结构焊接规范》（GB 50661）的规定。其中厚度小于 6mm 钢材的对接焊缝，不应采用超声波探伤确定焊缝质量等级。

3. 对焊接件在受压区的抗弯强度设计值取 f_c^w，在受拉区的抗弯强度设计值取 f_t^w。

4. 施工条件较差的高空安装焊缝，其强度设计值应乘以系数 0.9；进行无垫板的单面对接焊缝的连接计算，焊缝强度设计值应乘以系数 0.85；几种情况同时存在时，其折减系数应连乘。

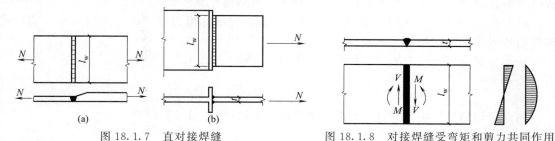

图 18.1.7　直对接焊缝　　　　　　图 18.1.8　对接焊缝受弯矩和剪力共同作用

采用对接焊缝，除应分别验算最大正应力和剪应力外，对于同时受有较大正应力和较大剪应力处，还应按下式验算折算应力：

$$\sqrt{\sigma_1^2 + 3\tau_1^2} \leqslant 1.1 f_t^w \tag{18.1.4}$$

式中　σ_1，τ_1——验算点处的焊缝正应力和剪应力；

$\qquad$ 1.1——考虑到最大折算应力只在局部出现，而将强度设计值适当提高的系数。

2. 角焊缝的构造与计算

（1）构造要求

1）角焊缝两焊脚边的夹角 α 一般为 90°（直角角焊缝）。斜角焊缝不宜用作受力焊缝（钢管结构除外）。采用角焊缝焊接连接，不宜将厚板焊接到较薄板上。

2）角焊缝的尺寸应符合下列要求。

角焊缝的高度不能过小，否则焊缝因输入能量过小，而焊件厚度较大，以致施焊时冷却速度过快，产生淬硬组织，导致母材开裂。角焊缝的最小焊脚尺寸宜按表 18.1.2 取值，承受动荷载时角焊缝焊脚尺寸不宜小于 5mm。

表 18.1.2　角焊缝的最小焊脚尺寸

单位：mm

母材厚度 t	角焊缝最小焊脚尺寸 h_f
$t \leqslant 6$	3
$6 < t \leqslant 12$	5
$12 < t \leqslant 20$	6
$t > 20$	8

搭接焊缝沿母材棱边的最大焊脚尺寸，当板厚不大于 6mm 时，应为母材厚度；当板厚大于 6mm 时，应为母材厚度减去 1～2mm（图 18.1.9）。

3）角焊缝计算长度应符合下列规定。

角焊缝长度过小，焊件局部受热严重，且弧坑太近，还有可能产生其他的缺陷，因此《钢结构标准》规定，角焊缝的最小计算长度应为其焊脚尺寸 h_f 的 8 倍，且不应小于 40mm；焊缝计算长度应为扣除引弧、收弧长度后的焊缝长度。

4）搭接连接中，搭接长度不得小于焊件较小厚度的 5 倍，并不得小于 25mm。搭接侧面角焊缝的端部在构件转角处容易产生应力集中，可在构件转角处连续地作长度为 $2h_f$ 的绕角焊（见图 18.1.10），但绕角焊必须连续施焊，避免起灭弧可能出现弧坑或咬边等缺陷，从而加大应力集中的影响。

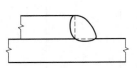
(a) 母材厚度小于等于6mm时

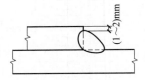
(b) 母材厚度大于6mm时

图 18.1.9　搭接焊缝沿母材棱边的最大焊脚尺寸

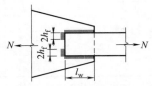

图 18.1.10　绕角焊

5）在次要构件或次要焊接连接中，可采用断续角焊缝。断续角焊缝焊段长度不得小于 $10h_f$ 或 50mm，其净距不应大于 $15t$（对受压构件）或 $30t$（对受拉构件），t 为较薄焊件厚度。

（2）直角角焊缝的计算　本书仅介绍比较常见的直角角焊缝的计算方法，其他形式的角焊缝及组合焊缝等情况本书不再介绍，可参考《钢结构标准》学习。

1）通过焊缝形心的拉力、压力或剪力作用下，焊缝的应力可以认为是均匀分布的，此时的角焊缝计算公式如下。

正面角焊缝（作用力垂直于焊缝长度方向），按式（18.1.5）计算：

$$\sigma_f = \frac{N}{h_e l_w} \leqslant \beta_f f_f^w \tag{18.1.5}$$

侧面角焊缝（作用力平行于焊缝长度方向），按式（18.1.6）计算：

$$\tau_f = \frac{N}{h_e l_w} \leqslant f_f^w \tag{18.1.6}$$

式中　σ_f——按焊缝有效截面（$h_e l_w$）计算，垂直于焊缝长度方向的应力，N/mm^2；

τ_f——按焊缝有效截面计算，沿焊缝长度方向的应力，N/mm^2；

h_e——角焊缝的计算厚度，mm，当两焊件间隙 $b \leqslant 1.5mm$ 时，$h_e = 0.7h_f$；$1.5mm < b \leqslant 5mm$ 时，$h_e = 0.7(h_f - b)$，h_f 为焊脚尺寸 [图 18.1.4（a）～(c)]；

l_w——角焊缝的计算长度，mm，对每条焊缝取其实际长度减去 $2h_f$；

f_f^w——角焊缝的强度设计值，由表 18.1.1 查取；

β_f——正面角焊缝的强度设计值增大系数。对承受静力荷载和间接承受动力荷载的结构，$\beta_f = 1.22$；对直接承受动力荷载的结构，$\beta_f = 1.0$。

2）在各种力综合作用下，σ_f 和 τ_f 共同作用处，按式（18.1.7）计算：

$$\sqrt{\left(\frac{\sigma_f}{\beta_f}\right)^2 + \tau_f^2} \leqslant f_f^w \tag{18.1.7}$$

当采用三面围焊时，对矩形拼接板（图 18.1.11），可先按式（18.1.5）计算正面角焊缝所承担内力 N'，再由自 $N-N'$ 按式（18.1.6）计算侧面角焊缝。

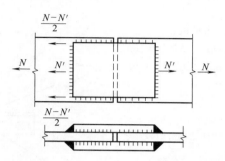

图 18.1.11　矩形拼接板三面围焊角焊缝连接

（3）角钢连接焊缝计算的说明　在钢桁架中，角钢腹杆与节点板一般采用两面侧焊、三面围焊或 L 形围焊连接（图 18.1.12）。此时，虽然轴心力通过截面形心，但由于截面形心到角钢肢背和肢尖的距离不等，肢背焊缝和肢尖焊缝受力也不相等。

设 N_1、N_2 分别为角钢肢背焊缝和肢尖焊缝承担的内力，由平衡条件得

$$N_1 = e_2 N/(e_1 + e_2) = K_1 N \tag{18.1.8}$$
$$N_2 = e_1 N/(e_1 + e_2) = K_2 N \tag{18.1.9}$$

式中　K_1，K_2——角焊缝内力分配系数，可按表 18.1.3 查得。

当采用三面围焊 [图 18.1.12（b）] 时，可选定正面角焊缝的焊脚尺寸，并算出它所能承担的内力 $N_3 = 0.7h_f \sum l_w \beta_f f_f^w$，再通过平衡关系，可以解得 N_1、N_2，再按式（18.1.6）计算侧面角焊缝。

对于 L 形的角焊缝 [图 18.1.12（c）]，同理求得 N_3 后，可得 $N_1 = N - N_3$，求得 N_1 后，也可按式（18.1.6）计算侧面角焊缝。

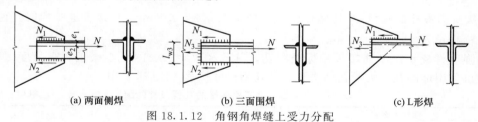

(a) 两面侧焊　　　　　　(b) 三面围焊　　　　　　(c) L 形焊

图 18.1.12　角钢角焊缝上受力分配

表 18.1.3　角钢角焊缝内力分配系数表

角钢类型		等边	不等边	不等边
连接情况				
分配系数	角钢肢背 K_1	0.70	0.75	0.65
	角钢肢尖 K_2	0.30	0.25	0.35

案例

在图 18.1.13 所示角钢和节点板采用两面侧焊缝的连接中，$N=660$kN（静力荷载，设计值），角钢为 $2\llcorner 110\times10$，节点板厚度 $t_1=12$mm，钢材为 Q235-A·F，焊条为 E43 型系列，手工焊。试确定所需角焊缝的焊脚尺寸 h_f 和实际长度。

【分析】

角焊缝的强度设计值 $f_f^w=160$N/mm²

最小 h_f：板厚 6mm$<t\leqslant12$mm，$h_{f,min}=5$mm

最大 h_f：搭接板厚大于 6mm，$h_{f,max}=t-(1\sim2)=8\sim9$mm

故角钢肢尖和肢背都取 $h_f=8$mm

焊缝受力分析如下。

肢背：$N_1=K_1N=0.7\times660=462$（kN）

肢尖：$N_2=K_2N=0.3\times660=198$（kN）

所需焊缝长度计算如下。

肢背焊缝长度：$l_w=\dfrac{N_1}{2h_ef_f^w}=\dfrac{462\times10^3}{2\times0.7\times8\times160}\approx257$（mm）

肢尖焊缝长度：$l_w=\dfrac{N_2}{2h_ef_f^w}=\dfrac{198\times10^3}{2\times0.7\times8\times160}\approx110$（mm）

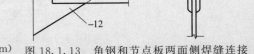

图 18.1.13 角钢和节点板两面侧焊缝连接

当角钢端部采用绕角焊时，肢背、肢尖的实际角焊缝长度可取 270mm、120mm；当不采用绕角焊时，需增加 $2h_f=2\times8=16$mm 的起、落弧长度，故肢背角焊缝的实际长度为 280mm，故肢尖角焊缝的实际长度为 130mm。

第二节 螺栓连接

一、构造要求

1. 螺栓孔孔型

B 级普通螺栓的孔径 d_0 比螺栓公称直径 d 大 $0.2\sim0.5$mm，C 级普通螺栓的孔径 d_0 比螺栓公称直径 d 大 $1.0\sim1.5$mm。

高强度螺栓承压型连接采用标准圆孔，其孔径 d_0 按表 18.2.1 采用；高强度螺栓摩擦型连接可采用标准孔、大圆孔和槽孔，其孔型尺寸按表 18.2.1 采用。

表 18.2.1 高强度螺栓连接的孔型尺寸匹配　　　　　　单位：mm

螺栓公称直径		M12	M16	M20	M22	M24	M27	M30
孔型	标准孔 直径	13.5	17.5	22	24	26	30	33
	大圆孔 直径	16	20	24	28	30	35	38
	槽孔 短向	13.5	17.5	22	24	26	30	33
	槽孔 长向	22	30	37	40	45	50	55

2. 螺栓孔孔距

螺栓在构件上的排列分为并列布置和错列布置（图 18.2.1）。螺栓的排列应考虑受力、构造和施工要求，其孔距和边距的最大和最小容许距离应满足表 18.2.2 的规定。

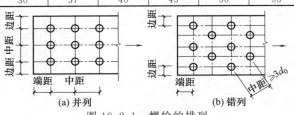

图 18.2.1 螺栓的排列

表 18.2.2　螺栓的孔距和边距

项次	名称	位置和方向			距离编号	最大容许距离 (取两者的较小值)	最小容许距离
1	中心间距	外排(垂直内力方向或顺内力方向)			d_2、d_5	$8d_0$ 或 $12t$	$3d_0$
		中间排	垂直内力方向		d_6	$16d_0$ 或 $24t$	
			顺内力方向	构件受压力	d_3	$12d_0$ 或 $18t$	
				构件受拉力	d_3	$16d_0$ 或 $24t$	
2	中心至构件 边缘距离	顺内力方向			d_1	$4d_0$ 或 $8t$	$2d_0$
		垂直内力 方向	剪切边或手工气割边		d_4		$1.5d_0$
			轧制边、自动气 割边或锯割边	高强度螺栓	d_4		$1.5d_0$
				其他螺栓	d_4		$1.5d_0$
示意图	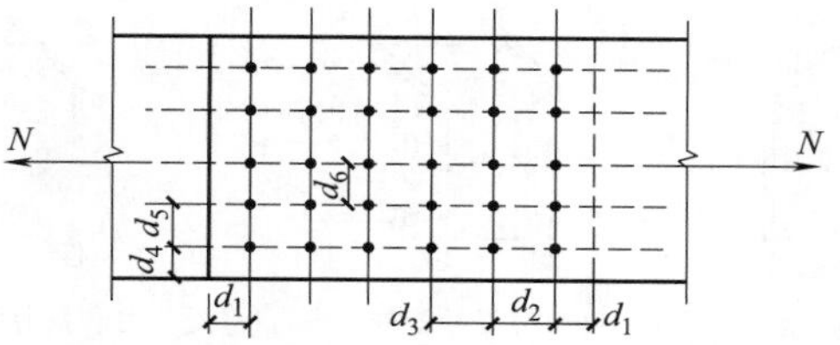						

注：1. d_0 为螺栓孔径，对槽孔为短向尺寸，t 为外层较薄板件的厚度。
2. 钢板边缘与刚性构件（如角钢、槽钢等）相连的高强螺栓的最大间距，可按中间排的数值采用，计算螺栓孔引起的截面削弱时取 $d+4\text{mm}$ 和 d_0 的较大值。

特别说明

（1）C 级螺栓宜用于沿其杆轴方向受拉的连接，当受力较小或用于次要连接时可用于受剪连接。
（2）每一杆件在节点上以及拼接接头一端，永久性的螺栓数量不宜少于 2 个；对组合构件的缀条其端部连接可采用 1 个螺栓。

二、螺栓连接计算

1. 普通螺栓连接计算

（1）普通螺栓破坏形态与计算基本要求　当连接处于弹性阶段时，螺栓群中各螺栓受力不相等，两端大而中间小，超过弹性阶段出现塑性变形后，因内力重分布使螺栓受力趋于均匀。这样，在设计时，当外力通过螺栓群中心时，可认为所有螺栓受力相同。

1）抗剪螺栓连接。

普通螺栓连接在受力以后，首先由构件间的摩擦力抵抗外力。由于摩擦力很小，构件间不久就会出现相对滑移，螺栓杆和螺栓孔壁发生接触，使螺栓杆受剪，同时螺栓杆和孔壁间互相接触挤压。

图 18.2.2 表示螺栓连接有五种可能破坏情况：①当螺栓杆较细、板件较厚时，能被剪断 [图 18.2.2 (a)]；②当螺栓杆较粗、板件相对较薄时，板件可能先被挤压而破坏 [图 18.2.2 (b)]；③当螺栓孔对板的削弱过多，板件可能在削弱处被拉断 [图 18.2.2 (c)]；④当端距太小，板端可能受冲剪而破坏 [图 18.2.2 (d)]；⑤当栓杆细长，螺栓杆可能发生过大的变形使连接破坏 [图 18.2.2 (e)]。

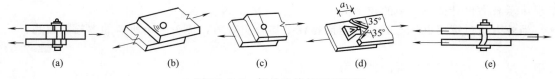

(a)　　　　　(b)　　　　　(c)　　　　　(d)　　　　　(e)

图 18.2.2　螺栓连接的破坏形态

其中对螺栓杆被剪断、孔壁挤压破坏，要进行计算。而对于钢板剪断和螺栓杆弯曲破坏两种形式，可以通过以下措施防止：规定端距允许距离（参见表18.2.2），以避免板端受冲剪而破坏；限制板叠厚度不大于螺栓直径的5倍，以避免弯曲过大而破坏。

2）抗拉螺栓连接。

在抗拉螺栓连接中，外力将被连接构件拉开而使螺栓受拉，最后螺杆被拉断而破坏。

（2）普通螺栓的承载力计算　普通螺栓连接按螺栓传力方式，可分为受剪螺栓、受拉螺栓、受剪力和拉力共同作用的螺栓，见图18.2.3。受剪螺栓受力垂直于螺杆，依靠螺栓杆的承压和抗剪来传递外力；受拉螺栓沿螺栓杆轴受力，依靠螺栓杆的受拉传递外力。

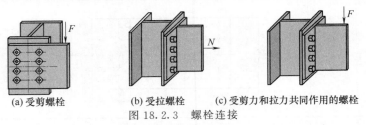

(a) 受剪螺栓　　　　(b) 受拉螺栓　　(c) 受剪力和拉力共同作用的螺栓

图 18.2.3　螺栓连接

1）抗剪螺栓连接的承载力计算

对于采用普通螺栓的抗剪连接，可能出现的破坏形式有：螺栓杆被剪断或孔壁挤压破坏。

对于螺栓受剪承载力设计值，按下式计算：

$$N_v^b = n_v \frac{\pi d^2}{4} f_v^b \qquad (18.2.1)$$

对于孔壁承压承载力设计值，按下式计算：

$$N_c^b = d \cdot \sum t \cdot f_c^b \qquad (18.2.2)$$

式中　N_v^b，N_c^b——一个普通螺栓的抗剪、承压承载力设计值，N；

n_v——受剪面数（图18.2.4），单剪 $n_v=1$，双剪 $n_v=2$，四剪 $n_v=4$；

d——普通螺栓的螺杆直径，mm；

$\sum t$——在不同受力方向中一个受力方向承压构件总厚度的较小值，mm；

f_v^b，f_c^b——普通螺栓的抗剪、承压强度设计值，N/mm^2，由表18.2.3查得。

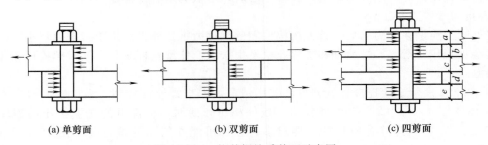

(a) 单剪面　　　　　　　(b) 双剪面　　　　　　　(c) 四剪面

图 18.2.4　抗剪螺栓受剪面示意图

在普通螺栓抗剪连接中，承载力设计值应取每个普通螺栓的受剪承载力设计值 N_v^b 和孔壁承压承载力设计值 N_c^b 中的较小值，即 $N_{min}^b = \text{Min}\{N_v^b, N_c^b\}$。

当外力通过螺栓群形心时，假定诸螺栓平均分担剪力，接头一边所需的螺栓数目为：

$$n = N / N_{min}^b \qquad (18.2.3)$$

式中　N——作用于螺栓群的轴心力的设计值。

需要说明的是，在螺栓抗剪连接中，尚应对构件净截面承载力进行验算。

表 18.2.3　螺栓连接的强度指标　　　　　　　单位：N/mm²

螺栓的性能等级、锚栓和构件钢材的牌号		强度设计值										高强度螺栓的抗拉强度
		普通螺栓						锚栓	承压型连接或网架用高强度螺栓			
		C级螺栓			A级、B级螺栓							
		抗拉 f_t^b	抗剪 f_v^b	承压 f_c^b	抗拉 f_t^b	抗剪 f_v^b	承压 f_c^b	抗拉 f_t^a	抗拉 f_t^b	抗剪 f_v^b	承压 f_c^b	f_u^b
普通螺栓	4.6级、4.8级	170	140	—								
	5.6级	—	—	—	210	190	—					
	8.8级	—	—	—	400	320	—					
锚栓	Q235	—	—	—				140				
	Q345	—	—	—				180				
	Q390	—	—	—				185				
承压型连接高强度螺栓	8.8级								400	250	—	830
	10.9级								500	310	—	1040
螺栓球节点用高强度螺栓	9.8级								385			
	10.9级								430			
构件钢材牌号	Q235			305			405				470	
	Q345			385			510				590	
	Q390			400			530				615	
	Q420			425			560				655	
	Q460			450			595				695	
	Q345GJ			400			530				615	

注：1. A级螺栓用于 $d\leqslant24$mm 和 $L\leqslant10d$ 或 $L\leqslant150$mm（按较小值）的螺栓；B级螺栓用于 $d>24$mm 或 $L>24$mm 或 $L>10d$ 或 $L>150$mm（按较小值）的螺栓。d 为公称直径，L 为螺杆公称长度。

2. A、B级螺栓孔的精度和孔壁表面粗糙度，C级螺栓孔的允许偏差和孔壁表面粗糙度，均应符合现行国家标准《钢结构工程施工质量验收规范》（GB 50205）的要求。

2）抗拉螺栓连接的承载力计算

一个抗拉螺栓的承载力设计值，应按下式计算：

$$N_t^b = \frac{\pi d_e^2}{4} f_t^b \tag{18.2.4}$$

式中　d_e——普通螺栓在螺纹处的有效直径，mm；

　　　f_t^b——普通螺栓的抗拉强度设计值，N/mm²（见表 18.2.3）。

（3）同时承受剪力和拉力的螺栓连接

同时承受剪力和拉力的普通螺栓连接，应按下列公式计算：

$$\sqrt{\left(\frac{N_v}{N_v^b}\right)^2 + \left(\frac{N_t}{N_t^b}\right)^2} \leqslant 1.0 \tag{18.2.5}$$

$$N_v \leqslant N_c^b \tag{18.2.6}$$

式中　N_v，N_t——某个普通螺栓所承受的剪力和拉力，N；

N_v^b，N_t^b，N_c^b——一个普通螺栓抗剪、抗拉和承压承载力设计值，N。

2. 高强度螺栓连接计算

（1）高强度螺栓破坏形态与计算基本要求　高强度螺栓连接和普通螺栓连接的主要区别是：普通螺栓连接在抗剪时依靠杆身承压和螺栓抗剪来传递剪力，在扭紧螺帽时螺栓杆产生的预拉力很小，由此产生的被连接件之间的摩擦力可以忽略。而高强度螺栓则除了其材料强度高之外还给螺栓杆施加很大的预拉力，使被连接件的接触面之间产生很大挤压力，因而当接触面有相对滑移趋势时将产生很大的摩擦力，如图 18.2.5 所示。这种挤压力和摩擦力对外

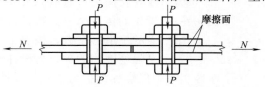

图 18.2.5　高强度螺栓连接

力的传递有很大影响。

如前所述，高强度螺栓连接，从受力特征分为摩擦型高强度螺栓连接、承压型高强度螺栓连接和抗拉型高强度螺栓连接。

摩擦型高强度螺栓连接单纯依靠被连接件间的摩擦阻力传递剪力，以摩擦阻力刚被克服，连接钢板间即将产生相对滑移时作为承载能力的极限状态；承压型高强度螺栓连接的传力特征是剪力超过摩擦阻力时，被连接构件间发生相互滑移，螺栓杆身与孔壁接触，螺杆受剪，孔壁承压。最终着随外力的增大，以螺栓受剪或钢板承压破坏为承载能力的极限状态，其破坏形式和普通螺栓相同；抗拉型高强度螺栓连接，由于预拉力作用，构件间在承受荷载前已经有较大的挤压力，拉力作用首先要抵消这种挤压力。至构件完全被拉开后，高强度螺栓的受拉情况就和普通螺栓受拉相同，不过这种连接的变形要小得多。

高强度螺栓的预拉力、抗滑移系数和钢材种类都直接影响到高强度螺栓连接的承载力。

高强度螺栓的预拉力，是通过扭紧螺帽实现的，一般采用扭矩法、转角法或扭剪法来控制预拉力。高强度螺栓的设计预拉力值由材料强度和螺栓有效截面确定，一个高强度螺栓预拉力设计值见表 18.2.4。

表 18.2.4　一个高强度螺栓预拉力设计值 P　　　　　　单位：kN

螺栓的性能等级	螺栓的公称直径/mm					
	M16	M20	M22	M24	M27	M30
8.8 级	80	125	150	175	230	280
10.9 级	100	155	190	225	290	355

摩擦型高强度螺栓连接完全依靠被连接构件间的摩擦阻力传力，而摩擦阻力的大小与螺栓的预拉力和连接件间的摩擦面的抗滑移系数 μ 有关。《钢结构标准》规定的摩擦面抗滑移系数 μ 值见表 18.2.5。

表 18.2.5　钢材摩擦面的抗滑移系数 μ

连接处构件接触面的处理方法	构件的钢材牌号		
	Q235 钢	Q345 钢或 Q390 钢	Q420 钢或 Q460 钢
喷硬质石英砂或铸钢棱角砂	0.45	0.45	0.45
抛丸（喷砂）	0.40	0.40	0.40
钢丝刷清除浮锈或未经处理的干净轧制面	0.30	0.35	—

注：1. 钢丝刷除锈方向应与受力方向垂直。

2. 当连接构件采用不同钢材牌号时，μ 按相应较低强度者取值。

3. 采用其他方法处理时，其处理工艺及抗滑移系数值均需要试验确定。

（2）高强度螺栓承载力计算

① 摩擦型高强度螺栓连接计算。

摩擦型高强度螺栓承受剪力时的设计准则是剪力不得超过最大摩擦阻力。每个高强度螺栓的抗剪承载力设计值应按下式计算：

$$N_v^b = 0.9kn_f\mu P \tag{18.2.7}$$

式中　N_v^b——一个高强度螺栓的受剪承载力设计值，N；

　　　k——孔型系数，标准孔取 1.0；大圆孔取 0.85；内力与槽孔长向垂直时取 0.7，内力与槽孔长向平行时取 0.6；

　　　n_f——一个螺栓的传力摩擦面数目；

　　　μ——摩擦面的抗滑移系数，按表 18.2.5 取值；

　　　P——一个高强度螺栓的预拉力设计值，N，按表 18.2.4 取值。

一个摩擦型高强度螺栓的抗剪承载力设计值求得后，仍按式（18.2.3）计算高强度螺栓连接所需螺栓数目，其中 N_{min}^b 对摩擦型为按式（18.2.7）算得的 N_v^b 值。

当摩擦型高强度螺栓同时承受摩擦面间的剪力和螺栓杆轴方向的外拉力时，其承载力应按下式计算：

$$\frac{N_{\mathrm{v}}}{N_{\mathrm{v}}^{\mathrm{b}}} + \frac{N_{\mathrm{t}}}{N_{\mathrm{t}}^{\mathrm{b}}} \leqslant 1.0 \tag{18.2.8}$$

式中　N_{v}，N_{t}——分别为某个高强度螺栓所承受的剪力和拉力，N；

$N_{\mathrm{v}}^{\mathrm{b}}$——一个高强度螺栓的受剪承载力设计值，N；

$N_{\mathrm{t}}^{\mathrm{b}}$——一个高强度螺栓的受拉承载力设计值，N，取 $N_{\mathrm{t}}^{\mathrm{b}} = 0.8P$。

② 承压型连接高强度螺栓承载力计算。

承压型连接的高强度螺栓预拉力 P 与摩擦型连接高强度螺栓相同。在抗剪连接中，每个承压型连接高强度螺栓的受剪承载力计算方法与普通螺栓基本相同，但当计算剪切面在螺纹处时，其受剪承载力设计值应按螺纹处的有效截面积进行计算。在杆轴受拉的连接中，每个承压型连接高强度螺栓的受拉承载力设计值的计算方法与普通螺栓相同。

当承压型高强度螺栓同时承受剪力和螺栓杆轴方向的拉力时，其承载力应按下列公式计算：

$$\sqrt{\left(\frac{N_{\mathrm{v}}}{N_{\mathrm{v}}^{\mathrm{b}}}\right)^2 + \left(\frac{N_{\mathrm{t}}}{N_{\mathrm{t}}^{\mathrm{b}}}\right)^2} \leqslant 1.0 \tag{18.2.9}$$

$$N_{\mathrm{v}} \leqslant N_{\mathrm{c}}^{\mathrm{b}}/1.2 \tag{18.2.10}$$

式中　N_{v}，N_{t}——所计算的某个高强度螺栓所承受的剪力和拉力，N；

$N_{\mathrm{v}}^{\mathrm{b}}$，$N_{\mathrm{t}}^{\mathrm{b}}$，$N_{\mathrm{c}}^{\mathrm{b}}$——一个高强度螺栓按普通螺栓计算时的受剪、受拉和承压承载力设计值，N。

案例

试设计图 18.2.6 所示的双拼接板拼接（采用 C 级普通螺栓）。承受轴心拉力设计值 $N = 600\mathrm{kN}$，钢板截面 $340\mathrm{mm} \times 12\mathrm{mm}$，钢材为 Q235 钢，螺栓直径 $d = 20\mathrm{mm}$，孔径 $d_0 = 21.5\mathrm{mm}$。

【分析】

（1）计算螺栓数目

一个螺栓的承载力设计值为：

受剪承载力设计值：

$$N_{\mathrm{v}}^{\mathrm{b}} = n_{\mathrm{v}} \frac{\pi d^2}{4} f_{\mathrm{v}}^{\mathrm{b}} = 2 \times \frac{\pi \times 20^2}{4} \times 130 = 81640(\mathrm{N})$$

承压承载力设计值：

$$N_{\mathrm{c}}^{\mathrm{b}} = d \cdot \sum t \cdot f_{\mathrm{c}}^{\mathrm{b}} = 20 \times 12 \times 305 = 73200(\mathrm{N})$$

则 $N_{\mathrm{min}}^{\mathrm{b}} = 7320\mathrm{N}$

连接一边所需螺栓数目为：

$$n = N/N_{\mathrm{min}}^{\mathrm{b}} = 600000/73200 = 8.2$$

取 9 个，采用并列式排列，按表 18.2.2 的规定排列距离，如图 18.2.6 所示。

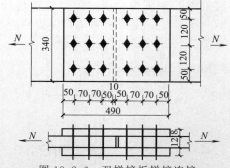

图 18.2.6　双拼接板拼接连接

（2）构件净截面强度验算

构件的净面积为：

$$A_{\mathrm{n}} = A - n_1 d_0 t = 340 \times 12 - 3 \times 21.5 \times 12 = 3306(\mathrm{mm}^2)$$

式中　$n_1 = 3$ 为第一列螺栓的数目。

构件的净截面强度验算为：

$$\sigma = N/A_{\mathrm{n}} = 600000/3306 = 181.5(\mathrm{N/mm}^2) < f = 215\mathrm{N/mm}^2$$

构件净截面强度验算满足要求。

第三节 节点构造与计算要点

钢结构节点是保证结构安全的重要组成部分，由于连接点破坏造成的工程事故屡见不鲜。因此，必须保证节点满足承载力极限状态要求及相关构造要求，防止节点因强度破坏、局部失稳、变形过大、连接开裂等引起的节点失效。本书仅对节点构造和计算要点进行介绍，详细计算内容不再展开介绍。

一、连接板节点

（1）连接节点处板件承受拉、剪作用下时，节点可能发生撕裂破坏（图 18.3.1），故应对连接节点处进行拉、剪撕裂强度验算。

（2）桁架节点板边缘与腹杆轴线之间的夹角不应小于 15°；斜腹杆与弦杆的夹角应为 30°～60°；节点板的自由边长度 l_f 与厚度 t 之比不得大于 $60\varepsilon_k$。桁架节点板应进行强度及稳定性验算（在斜腹杆应力作用下）。

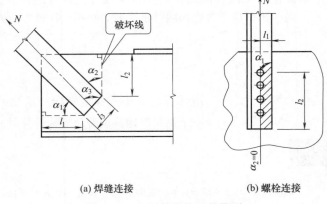

图 18.3.1　板件的拉、剪撕裂

（3）垂直于杆件轴向设置的连接板（或梁的翼缘）采用焊接方式与工字形、H 形或其他截面的未设水平加劲肋的杆件翼缘相连，形成 T 形结点时，其母材和焊缝都应按有效宽度进行强度计算，有效宽度应满足构造与强度的要求（图 18.3.2）。当节点板不满足有效宽度要求时，被连接杆件的翼缘应设置加劲肋。

（4）杆件与节点板的连接焊缝宜采用两面侧焊，也可三面围焊（图 18.3.3），对角钢杆件可采用 L 形围焊，所有围焊的转角处必须连续施焊；弦杆与腹杆、腹杆与腹杆之间的间隙不应小于 20mm，相邻角焊缝焊趾间净距不应小于 5mm。

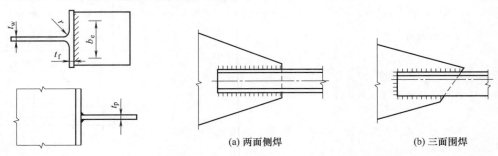

图 18.3.2　未加劲 T 形连接节点的有效宽度　　图 18.3.3　杆件与节点板的焊缝连接

（a）两面侧焊　　（b）三面围焊

（5）节点板厚度宜根据所连接杆件内力的大小确定，但不得小于 6mm。节点板的平面尺寸应考虑制作和装配的误差。

二、梁柱连接节点

（1）梁柱连接可采用栓焊混合连接、螺栓连接、焊接连接、端板连接、顶底角钢连接等构造。

（2）当梁与柱采用刚性或半刚性连接时，节点应进行在弯矩和剪力作用下的强度验算。当梁柱采用刚性连接，对应于梁翼缘的柱腹板部位设置横向加劲肋。当节点域厚度不满足承载力要求时，对 H 形截面柱节点域可采用下列补强措施：

1）加厚节点域的柱腹板，腹板加厚的范围应伸出梁的上下翼缘外不小于 150mm。

2）节点域处焊贴补强板加强，补强板与柱加劲肋和翼缘可采用角焊缝连接，与柱腹板采用塞焊连成整体，塞焊点之间的距离不应大于较薄焊件厚度的 $21\varepsilon_k$ 倍。

3）设置节点域斜向加劲肋加强。

特别说明

梁柱铰接连接时，节点处梁相对柱有足够的转动能力，节点抗弯极限承载力不大于被连接梁的塑性弯矩的 25%（图 18.3.4）；梁柱刚性连接时，节点处梁相对柱无相对转动，节点抗弯极限承载力不低于被连接梁的塑性弯矩的 1.2 倍（图 18.3.5）；梁柱半刚性连接时，节点处梁相对柱端有一定程度相对转动，节点抗弯极限承载力大于铰接连接梁的塑性弯矩而小于刚性连接梁的塑性弯矩（图 18.3.6）。

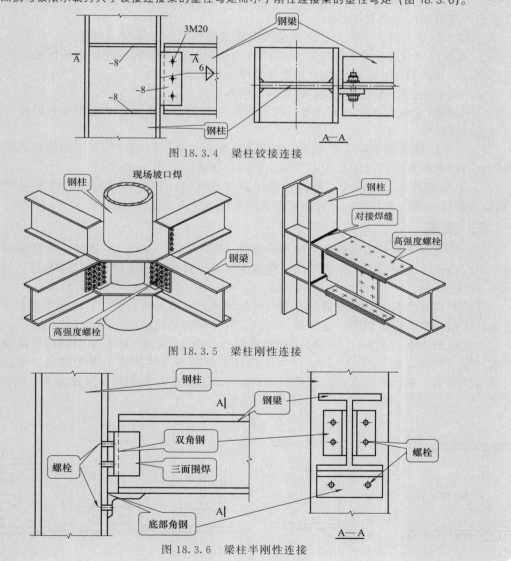

图 18.3.4　梁柱铰接连接

图 18.3.5　梁柱刚性连接

图 18.3.6　梁柱半刚性连接

（3）采用焊接连接或栓焊混合连接（梁翼缘与柱焊接，腹板与柱高强度螺栓连接）的梁柱刚接节点，其构造应符合下列规定：

1）H 形钢柱腹板对应于梁翼缘部位宜设置横向加劲肋，箱形（钢管）柱对应于梁翼缘的位置宜设置水平隔板。

2）梁柱节点宜采用柱贯通构造，当柱采用冷成型管截面或壁板厚度小于翼缘厚度较多时，梁柱节点宜采用隔板贯通式构造。节点采用隔板贯通式构造时，柱与贯通式隔板应采用全熔透坡口焊缝连接。贯通式隔板挑出长度 l 宜满足 $25\text{mm} \leqslant l \leqslant 60\text{mm}$；隔板厚度不应小于梁翼缘厚度和柱壁板的厚度。

3）梁柱节点区柱腹板加劲肋或隔板应符合下列规定：

① 横向加劲肋的截面尺寸应经计算确定，其厚度不宜小于梁翼缘厚度；其宽度应符合传力、构造和板件宽厚比限值的要求；

② 横向加劲肋的上表面宜与梁翼缘的上表面对齐，并以焊透的 T 形对接焊缝与柱翼缘连接，当梁与 H 形截面柱弱轴方向连接，即与腹板垂直相连形成刚接时，横向加劲肋与柱腹板的连接宜采用焊透对接焊缝；

③ 箱形柱中的横向隔板与柱翼缘的连接宜采用焊透的 T 形对接焊缝；

④ 当采用斜向加劲肋加强节点域时，加劲肋及其连接应能传递柱腹板所能承担剪力之外的剪力；其截面尺寸应符合传力和板件宽厚比限值的要求。

（4）端板连接的梁柱刚接节点应符合下列规定：

1）端板宜采用外伸式端板，端板的厚度不宜小于螺栓直径，节点中端板厚度与螺栓直径应由计算决定；

2）节点区柱腹板对应于梁翼缘部位应设置横向加劲肋，其与柱翼缘围隔成的节点域应进行抗剪强度验算，强度不足时宜设斜向加劲肋加强；

3）采用端板连接的节点，连接应采用高强度螺栓，螺栓应成对布置，其间距应满足《钢结构设计标准》的要求，并应满足拧紧螺栓的施工要求。

三、支座

（1）梁支撑于砌体或混凝土上的平板支座［图 18.3.7（a）］，其板底应有足够面积将支座压力传给砌体或混凝土，平板厚度应根据支座反力对底板产生的弯矩等参数进行计算，且不宜小于 12mm。

梁的端部支撑加劲肋的下端，按端面承压强度设计值进行计算时，应刨平顶紧，其中突缘加劲板的伸出长度不得大于其厚度的 2 倍，并宜采取限位措施［图 18.3.7（b）］。

（2）弧形支座［图 18.3.8（a）］和辊轴支座［图 18.3.8（b）］中的圆柱形弧面与平板为线接触，铰轴支座［图 18.3.8（c）］的圆柱形枢轴与圆柱形弧面自由接触。弧形支座的材料宜用铸钢，单面弧形支座板也可用钢板加工而成。支座应根据支座反力等参数进行强度验算。

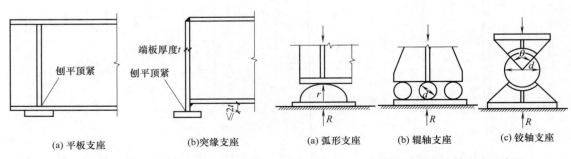

（a）平板支座　　　（b）突缘支座

图 18.3.7　平板支座与突缘支座示意图

（a）弧形支座　　（b）辊轴支座　　（c）铰轴支座

图 18.3.8　弧形支座与滚轴支座示意图

（3）板式橡胶支座（图 18.3.9）适用于要求支座反力较大、有一定水平位移与较小转角位移的结构。

（4）对于受力复杂或大跨度结构，为适应支座处转角、位移和较大的上拔力及水平力的需要，宜采用球形支座（图 18.3.10）。球形支座应根据需要采用固定、单向滑动或双向滑动等形式。球形支座上盖板、球芯、底座和箱体均应采用铸钢加工制作，滑动面应采用相应的润滑，支座整体应采用防尘及防锈措施。

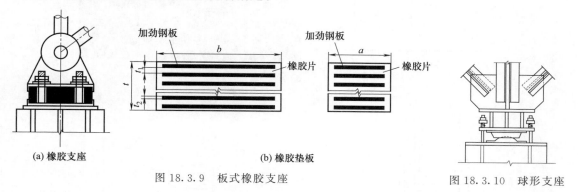

图 18.3.9　板式橡胶支座

图 18.3.10　球形支座

四、柱脚

多高层结构框架柱的柱脚应采用埋入式柱脚（图 18.3.11）、插入式柱脚（图 18.3.12）及外包式柱脚（图 18.3.13）；多层结构框架柱尚可采用外露式柱脚（图 18.3.14）；单层厂房刚接柱脚可采用插入式柱脚、外露式柱脚，铰接柱脚宜采用外露式柱脚。

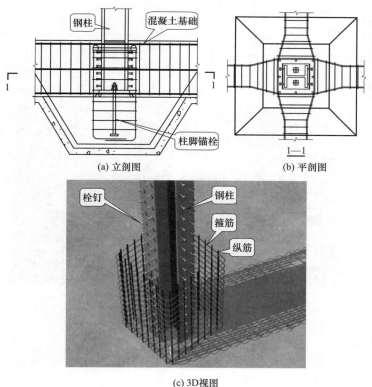

(a) 立剖图　　(b) 平剖图

(c) 3D视图

图 18.3.11　埋入式柱脚

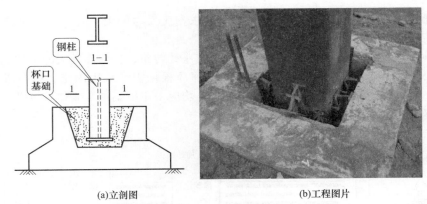

(a)立剖图   (b)工程图片

图18.3.12　插入式柱脚

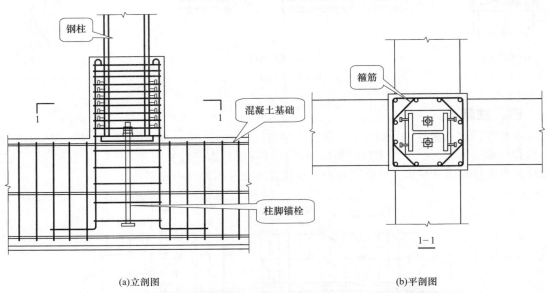

(a)立剖图   (b)平剖图

(c)工程图片

图18.3.13　外包式柱脚

1. 外露式柱脚

（1）柱脚螺栓不宜用于承受柱脚底部的水平反力，此水平反力由底板与混凝土基础间的摩擦力（摩擦系数可取0.4）或设置抗剪键承受。

（2）柱脚底板尺寸和厚度应根据柱端弯矩、轴心力、底板的支承条件和底板下混凝土的反力以及柱脚构造确定。外露式柱脚的锚栓应考虑使用环境由计算确定。

(3) 柱脚锚栓应有足够的埋置深度，当埋置深度受限或锚栓在混凝土中的锚固较长时，则可设置锚板或锚梁。

图 18.3.14 外露式柱脚

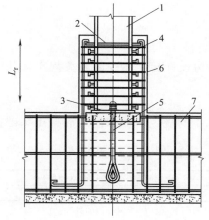

图 18.3.15 外包式柱脚
1—钢柱；2—水平加劲肋；3—柱底板；
4—栓钉（可选）；5—锚栓；
6—外包混凝土；7—基础梁；
L_r—外包混凝土顶部箍筋至柱底板的距离

2. 外包式柱脚

外包式柱脚的计算与构造应符合下列规定：

(1) 外包式柱脚底板应位于基础梁或筏板的混凝土保护层内；外包混凝土厚度，对 H 形截面柱不宜小于 160mm，对矩形管或圆管柱不宜小于 180mm，同时不宜小于钢柱建模高度的 30%；混凝土强度等级不宜低于 C30；柱脚混凝土外包高度，H 形截面柱宜小于柱截面高度的 2 倍，矩形管柱或圆管柱宜为矩形管截面长边尺寸或圆管直径的 2.5 倍（见图 18.3.15）；当没有地下室时，外包宽度和高度宜增大 20%；当仅有一层地下室时，外包宽度宜增大 10%。

(2) 柱脚底板尺寸和厚度应按结构安装阶段荷载作用下轴心力、底板的支承条件计算确定，其厚度不宜小于 16mm。

(3) 柱脚锚栓按构造要求设置，直径不宜小于 16mm，锚固长度不宜小于其直径的 20 倍。

(4) 柱在外包混凝土的顶部箍筋处应设置水平加劲肋或横隔板，其宽厚比应符合《钢结构设计标准》中的相关规定。

(5) 当框架柱为圆管或矩形管时，应在管内浇灌混凝土，强度等级应不小于基础混凝土。浇灌高度应大于外包混凝土，且不小于圆管直径或矩形管的长边。

(6) 外包钢筋混凝土的抗弯和抗剪承载力验算及受拉钢筋和箍筋的构造要求应符合现行国家标准《混凝土结构设计规范》（GB 50010）的有关规定，主筋伸入基础内的长度不应小于直径的 25 倍，四角主筋两端应加弯钩，下弯长度不应小于 150mm，下弯段宜与钢柱焊接，顶部箍筋应加强加密，并不应小于 3 根直径 12mm 的 HRB335 级热轧钢筋。

3. 埋入式柱脚

(1) 埋入式柱脚应符合下列规定。

① 柱埋入部分四周设置的主筋、箍筋应根据柱脚底部弯矩和剪力按现行国家标准《混凝土结构设计规范》（GB 50010）计算确定，并应符合相关的构造要求。柱翼缘或管柱外边缘混凝土保护层厚度（图 18.3.16），边列柱的翼缘或管柱外边缘至基础梁端部的距离应不小于 400mm，中间柱翼缘或管柱外边缘至基础梁梁边相交线的距离应不小于 250mm；基础

梁梁边相交线的夹角应做成钝角，其坡度应不大于 1∶4 的斜角；在基础筏板的边缘部，应设置水平 U 形箍筋抵抗柱的水平冲切。

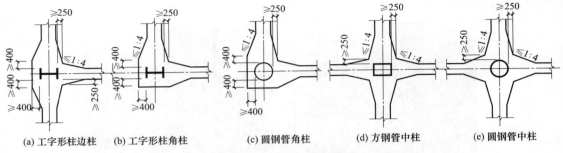

(a) 工字形柱边柱　(b) 工字形柱角柱　　　(c) 圆钢管角柱　　　(d) 方钢管中柱　　　(e) 圆钢管中柱

图 18.3.16　柱翼缘或管柱外边缘混凝土保护层厚度

② 柱脚端部及底板、锚栓、水平加劲肋或横隔板的要求应符合《钢结构设计标准》中的相关规定。

③ 圆管柱和矩形管柱应在管内浇灌混凝土。

④ 对于有拔力的柱，宜在柱埋入混凝土部分设置栓钉。

（2）埋入式柱脚埋入混凝土的深度 d 应符合《钢结构设计标准》中的相关规定，并应根据柱脚底部的弯矩和剪力设计值等参数进行复核。

4. 插入式柱脚

（1）柱脚插入混凝土基础杯口的深度应符合表 18.3.1 的规定，柱脚插入混凝土基础杯口的深度尚应根据柱端轴力设计值等参数进行复核。

表 18.3.1　钢柱插入杯口的最小深度

柱截面形式	实腹柱	双肢格构柱（单杯口或双杯口）
最小插入深度 $d_{\min}$	$1.5h_c$ 或 $1.5D$	$0.5h_c$ 和 $1.5b_c$（或 D）的较大值

注：1. 实腹 H 形柱或矩形管柱的 h_c 为截面高度（长边尺寸）；b_c 为柱截面宽度；D 为圆管柱的外径。

　　2. 格构柱的 h_c 为两肢垂直于虚轴方向最外边的距离；b_c 为沿虚轴方向的柱肢宽度。

　　3. 双肢格构柱柱脚插入混凝土基础杯口的最小深度不宜小于 500mm，亦不宜小于吊装时柱长度的 1/20。

（2）插入式柱脚设计应符合下列规定：

① H 形钢实腹柱宜设柱底板，钢管柱应设柱底板，柱底板应设排气孔或浇筑孔；

② 实腹柱柱底至基础杯口底的距离不应小于 50mm，当有柱底板时，其距离可采用 150mm；

③ 实腹柱、双肢格构柱杯口基础底板应验算柱吊装时局部受压和冲切承载力；

④ 宜采用便于施工时临时调整的技术措施；

⑤ 杯口基础的杯壁应根据柱底部内力设计值作用于基础顶面配置钢筋，杯壁厚度应不小于《建筑地基基础设计规范》（GB 50007）的有关规定。

本章小结

　　钢结构构件（或连接节点）一般是由多个零件通过焊接连接、螺栓连接等方式组合而成。本章主要介绍了焊接连接、螺栓连接的基本构造与计算方法，以及钢结构连接节点的基本构造与计算要点。

1. 焊接连接

钢结构焊接连接的主要内容如下。

焊缝除应满足强度外，同时还应符合构造方面的要求。

2. 螺栓连接

钢结构螺栓连接主要形式有普通螺栓连接与高强度螺栓连接，其主要内容如下。

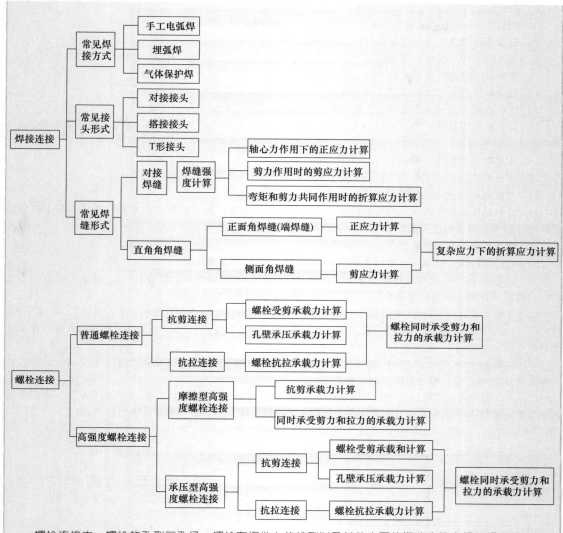

螺栓连接中，螺栓的孔型与孔径、螺栓在构件上的排列以及其他方面的构造应符合相关规定的要求。

3. 连接节点

钢结构节点是保证结构安全的重要组成部分，必须保证节点的承载力并满足相关构造要求。本章主要介绍了节点板、梁柱连接节点、梁端支座、钢柱柱脚等节点的主要构造要求及承载力或稳定性计算要点。

思考与练习

1. 钢结构中常用的焊接方法主要有哪几种？
2. 常见的焊接接头形式及焊缝形式主要有哪几种？
3. 对接焊缝、角焊缝按其与作用力的关系可分为哪几种？
4. 搭接焊缝的主要构造要求有哪些？
5. 何谓应力集中？引弧板有何作用？
6. 角焊缝的焊脚尺寸是如何定义的？角焊缝的主要构造要求有哪些？
7. 角钢腹杆与节点板采用三面围焊或 L 形围焊连接时，试说明焊缝计算思路。

二维码 18.2

8. 螺栓连接的主要构造要求有哪些？

9. 普通螺栓连接的形式有哪几种？抗剪螺栓连接的破坏形态有哪几种？

10. 试说明普通螺栓抗剪连接的设计思路与计算要点。

11. 高强度螺栓连接的形式有哪几种？试说明各连接形式的受力状态与承载力极限状态的界定。

12. 影响高强度螺栓连接承载力的主要因素有哪些？

13. 连接板节点的主要构造要求有哪些？

14. 梁柱连接节点的形式有哪些？如何理解梁柱节点的刚性连接与铰接连接？

15. 梁柱刚性连接时，节点域柱腹板应进行哪些验算？如不满足强度要求，需要设置横向加劲肋时，其构造应满足哪些要求？

16. 常见的支座形式有哪些？

17. 常见的柱脚形式有哪些？柱脚形式一般应如何选用？

18. 外露式实腹柱脚底板厚度与锚栓直径应如何确定？

19. 外包式柱脚外包混凝土高度如何确定？外包混凝土中应配置哪些钢筋？柱脚的外包混凝土部分设置的栓钉应符合哪些构造要求？

20. 埋入式柱脚与外包式柱脚有哪些异同点？

21. 插入式柱脚，柱脚插入混凝土基础杯口的深度应符合哪些要求？

22. 如题 22 图所示的对接连接，承受轴心拉力设计值 $N = 1500\text{kN}$，钢材 Q345-A，焊条 E50 型，手工焊，焊缝质量Ⅲ级。试确定连接板厚度。

23. 如题 23 图所示角钢与连接板的三面围焊连接中，轴力设计值 $N = 800\text{kN}$（静力荷载），角钢为 2∟110×70×10（长肢相连），连接板厚度为 12mm，钢材 Q235，焊条 E43 型，手工焊。试确定所需焊脚尺寸和焊缝长度。

24. 如题 24 图所示用 M20、C 级普通螺栓的钢板拼接，钢材 Q235。试计算此拼接所能承受的最大轴心拉力设计值 N。注：螺栓孔型为标准孔。

25. 某双盖板高强度螺栓摩擦型连接如题 25 图所示。构件材料为 Q345 钢，螺栓采用 M20，强度等级为 8.8 级，接触面喷砂处理。试确定此连接所能承受的最大拉力 N。注：螺栓孔型为标准孔。

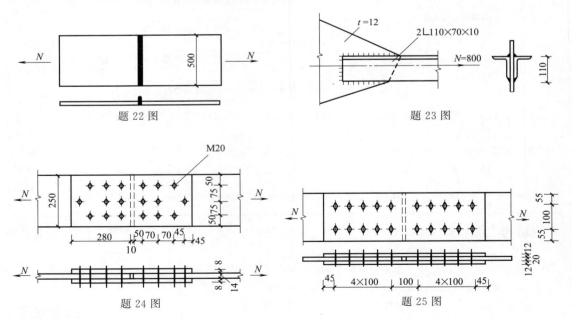

题 22 图　　　　　　　　题 23 图

题 24 图　　　　　　　　题 25 图

第十九章 钢框架与网架结构施工图识读示例

如前所述，钢结构体系主要有单层钢结构、多高层钢结构及大跨钢结构等类型。单层钢结构中单层厂房最为常见，其施工图在前述章节进行了学习。本章主要学习多高层钢结构中最为常见的钢框架结构施工图识读及大跨钢结构中最为常见的网架结构施工图识读方面的知识。通过学习，培养钢结构施工图识读的基本能力。

第一节 钢框架结构及其施工图

多、高层钢结构房屋主要由钢柱、钢梁、楼盖结构、支撑结构、墙板或墙架结构等构件组成（图19.1.1）。其中由钢柱、钢梁通过刚性节点连接而成的主框架是多高层钢结构的主受力部分［图19.1.2（a）］。当结构承受的水平作用较大时，可在框架中设置柱间支撑，形成抗侧力体系［图19.1.2（b）］。

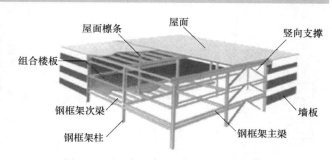

图 19.1.1 多、高层钢结构房屋的组成

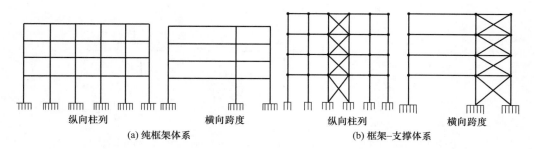

（a）纯框架体系 　　　（b）框架-支撑体系

图 19.1.2 多高层框架结构体系简图

特别说明

　　一般而言，对于多高层钢结构房屋，当楼层数≤12层时称为多层钢结构；楼层数＞12层时称为高层钢结构。

一、钢结构施工图表示方法

　　目前，钢结构施工图按照《钢结构施工图参数表示方法制图规则和构造详图》（08SG 115-1）采用参数表示。按节点参数法绘制的钢结构施工图，一般主要由带节点索引的平面布置图、立面布置图和节点详图等部分组成。

　　1. 钢结构施工图表示的一般规定

　　（1）常见钢结构构件的代号规定　钢框架柱—GKZ；钢柱—GZ；钢框架梁—GKL；钢梁—GL；变截面钢框架梁—GKLb；变截面钢梁—GLb；钢支撑—GC；埋件—MJ；螺栓—M；楼梯钢柱—GTZ；楼梯钢梁—GTL。

　　（2）在平面布置图上应标示出各构件尺寸、构件定位、洞口大小和位置，以及节点索引。在立面图上应标示出各竖向构件的尺寸和定位、构件放置方向、钢柱拼接位置，以及节点索引。

　　（3）按参数化法绘制结构施工图时，应将所有的柱、梁、支撑构件进行编号，编号中含有构件类型代号和序号等。其中构件类型代号的主要作用是与节点图对应，也明确该结构布置图与节点图中相同构件的相互关系，使两者结合构成完整的结构设计图。

　　（4）梁与柱的连接节点应从结构平面布置图上进行索引注写，注写方式如图 19.1.3 所示。一组梁柱节点中存在同类节点时（梁高不同也为同类）可以简化索引注写（同方向的两根梁与柱汇交节点为同类时，这个方向可以只注写一个索引节点；当所有汇交梁均为同类节点时，整组节点可以只注写一个索引节点），如图 19.1.4 所示。

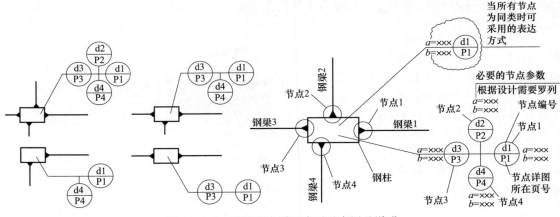

图 19.1.3　梁柱节点详图索引示意图及说明

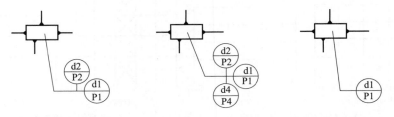

(a) 同方向梁柱节点相同　　　(b) d1与d3相同，d2与d4不同　　　(c) 所有节点相同

图 19.1.4　梁柱节点索引的简化标注（一）

（5）支撑与梁柱的连接节点从结构立面布置图上进行索引注写，索引注写方式如图 19.1.5 所示。一组支撑节点中存在同类节点时（与支撑截面大小无关）可以简化索引注写［以梁为分界线，例如梁上（或梁下）的支撑同类时，梁上（或梁下）可以只注写一个索引节点；当所有汇交支撑均为同类节点时，整组节点可以只注写一个支撑索引节点］，如图 19.1.6 所示。

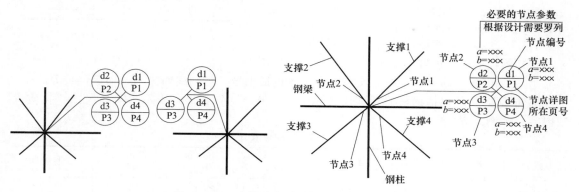

图 19.1.5　支撑节点详图索引示意图及说明

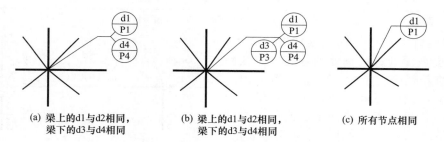

(a) 梁上的d1与d2相同，　(b) 梁上的d1与d2相同，　(c) 所有节点相同
　　梁下的d3与d4相同　　　　梁下的d3与d4相同

图 19.1.6　梁柱节点索引的简化标注（二）

2. 平面布置图表示方法

梁柱在平面布置图中应按不同结构层（标准层），采用适当比例绘制。平面布置图中应注写：梁、柱编号；梁、柱与轴线的关系，即梁、柱定位；节点和节点索引；当结构布置支撑时，应在平面图中注明支撑编号等内容。

（1）钢梁的注写内容

① 在平面布置图中，钢梁的注写内容主要有：编号、标高、与轴线的关系、与钢柱的关系等。

② 钢梁编号包括钢梁的类型代号、序号，另外以列表形式表示出截面尺寸、材质等项内容，示例见表 19.1.1。

表 19.1.1　钢构件表（一）

构件类型	代号	序号	编号举例	截面尺寸/mm（高×宽×腹板厚×翼缘厚）	材质
钢框架梁	GKL	××	GKL5	H600×200×12×16	
钢梁（次梁）	GL	××	GL2	H400×150×8×10	Q235-B
楼梯梁	GTL	××	GTL3	H200×200×8×12	

注：截面相同的钢梁可以采用相同的编号。

③ 平面布置图中，钢梁通常采用单线条表示（也可以采用钢梁俯视图表示）。图注基准标高一般为钢梁梁顶标高，当钢梁的标高与基准标高一致时，可不加注写，如与基准标高不一致，则需要注写说明与基准标高的差值（图 19.1.7）。

④ 钢梁中心线宜与钢柱中心线重合。钢梁与钢柱的连接有两种方式，即刚接、铰接，

在平面布置图中应按表 19.1.2 的形式表示。

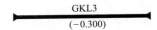

图 19.1.7　降标高的钢梁注写

注：括号内的数字表示的是钢梁与基准标高的差值，正值表示高于基准标高的数值；负值表示低于基准标高的数值，假定钢梁所在层的基准标高为 6.500m，则该钢梁标高为 6.500m－0.300m＝6.200m。

表 19.1.2　钢构件连接示意

构件铰接	□ ──
构件刚接	□▶ ──

（2）钢柱的注写内容

① 在平面布置图中，钢柱的注写内容一般包括编号、与轴线的关系（即定位）等。

② 钢柱的编号包括钢柱的类型代号、序号，另外以列表形式表示出截面尺寸、材质等项内容，示例见表 19.1.3。

表 19.1.3　钢构件表（二）

柱类型	代号	序号	编号举例	截面尺寸/mm （高×宽×腹板厚×翼缘厚）	变截面处 高度/m	材质
钢框架柱	GKZ	××	GKZ1	H400×400×12×18	7.8	Q235-B
			GKZ2	□400×400×18×18		
楼梯柱	GTZ	××	GTZ1	H200×200×8×12		

注：编序号时，当柱的总高、分段截面及起止标高均相同时，可将其编为相同柱号。

③ 钢柱宜采用柱立面图或柱表的方式，表示出柱变截面处或接长处的标高（变截面处宜位于框架梁上方 1.3m 处）。如图 19.1.8（a）中的节点注写表示三个方向上钢梁与钢柱的连接。如果每个方向钢梁截面以及与钢柱的连接形式均相同，可用一个索引号表示。如图 19.1.8（b）中 GKZ2、GKZ3 与钢梁汇交节点均为同类，注写一次即可。

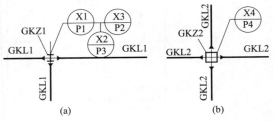

图 19.1.8　节点注写示意图

④ 当结构布置图中设有支撑时，应在平面图中注明支撑编号，并用虚线表示，如图 19.1.9 中 GC1。

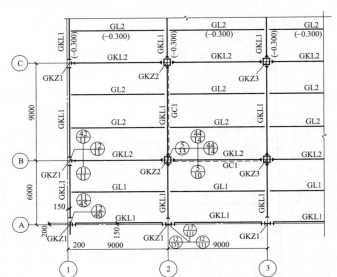

表5　钢构件截面表

构件编号	截面尺寸/mm （高×宽×腹板厚×翼缘厚）	说明
GKL1	H700×300×14×18	焊接H形梁 Q345B
GKL2	H600×300×10×12	
GL1	H500×220×8×14	
GL2	H500×220×8×12	
GKZ1	H400×400×12×18	
GC1	H200×200×10×14	
GKZ2	□500×500×16×16	焊接箱形柱 Q345B
GKZ3	□500×500×18×18	

注：图中钢框架支撑用虚线表示。

图 19.1.9　二层结构平面布置图（梁顶标高 6.000m）

结构平面布置图示例详见图 19.1.9。

施工图识读时，先查看钢梁、钢柱的连接节点号，然后根据索引即可查得该节点详图。如图中②轴与Ⓑ轴交点处左侧 GKL2 与 GKZ2 采用刚性节点，节点号为 5 号，根据索引可知，5 号节点详图在图纸的第 33 页，可以查得 5 号节点详图（图 19.1.10）。

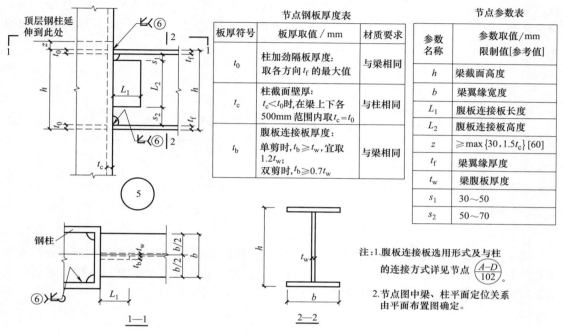

节点钢板厚度表

板厚符号	板厚取值 / mm	材质要求
t_0	柱加劲隔板厚度：取各方向 t_f 的最大值	与梁相同
t_c	柱截面壁厚：$t_c < t_0$ 时，在梁上下各 500mm 范围内取 $t_c = t_0$	与柱相同
t_b	腹板连接板厚度：单剪时，$t_b \geq t_w$，宜取 $1.2t_w$；双剪时，$t_b \geq 0.7t_w$	与梁相同

节点参数表

参数名称	参数取值/mm 限制值[参考值]
h	梁截面高度
b	梁翼缘宽度
L_1	腹板连接板长度
L_2	腹板连接板高度
z	$\geq \max\{30, 1.5t_c\}$ [60]
t_f	梁翼缘厚度
t_w	梁腹板厚度
s_1	30～50
s_2	50～70

注：1.腹板连接板选用形式及与柱的连接方式详见节点 $\dfrac{A-D}{102}$。

2.节点图中梁、柱平面定位关系由平面布置图确定。

图 19.1.10　5 号节点详图

3. 立面布置图表示方法

当结构布置有支撑或平面布置图不足以清楚表达特殊构件布置时，应在平面布置图的基础上，增加立面布置图。立面布置图应注写立面轴号和与平面图的对应关系、层高及标高、柱网等主要几何尺寸，同时应包含柱、梁、支撑和节点等内容。立面布置图中应注明各梁的梁顶标高，宜以柱图或柱表的方式标注柱变截面处或拼接处的标高。立面图中各构件可以采用单线条表示，当单线条表示不清时，也可以采用双线条表示。下面就支撑的注写与节点注写方式做重点介绍。

（1）支撑的注写内容

① 在立面图中，钢支撑构件的注写内容主要有支撑编号、支撑两端的定位。钢支撑构件的编号包括钢支撑的类型代号、序号、截面尺寸、材质等内容，如果钢支撑的强轴在框架平面外，则还应在截面尺寸后加注"（转）"，见表 19.1.4。

表 19.1.4　支撑类型表

构件类型	代号	序号	编号举例	截面尺寸/mm(高×宽×腹板厚×翼缘厚)	材质
钢支撑	GC	××	GC1	H400×400×12×18	Q235-B
钢支撑		××	GC2	□400×400×16×16	
钢支撑(转轴)		××	GC3	H400×400×12×18(转)	

注：截面相同而长度不同的支撑可以采用相同的编号。

② 钢支撑轴线的水平投影与梁轴线水平投影重合。钢支撑轴线如交汇于梁、柱轴线交点，则无需定位，如偏离交点，则需要注明与交点的距离。如图 19.1.11 中支撑与梁、柱节点的偏离距离 e_1 为 500mm。

③ 当该立面的柱在其他方向的立面还有其他支撑与之相连时，另一方向的组成用虚线表示（图19.1.11）。

（2）节点的注写内容　在立面布置图中，节点主要表现支撑与梁、柱之间的关系以及它们连接的情况。节点的注写以索引的方式表达，每个索引表示的是该方向上的钢支撑与梁、柱的连接。如图19.1.12中的下部节点注写表示的是两个方向上支撑与梁、柱的连接。如果每个支撑与梁、柱的连接均相同，且支撑的截面也一样，则可用一个索引号表示（如图19.1.12的顶部节点）。

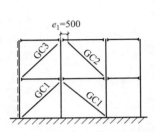

图 19.1.11　立面布置图中钢支撑的注写规则

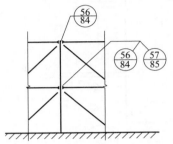

图 19.1.12　立面布置图中钢节点的注写规则

图19.1.13为钢支撑立面布置图注写示例。

施工图识读时，先查看钢支撑与钢梁、钢柱的连接节点号，然后根据索引即可查得支撑节点的相关参数。如标高18.000m处GC1与钢梁、钢柱的连接节点号为56，根据索引，该节点参数在图纸的第84页，可以查得56号节点详图（图19.1.14）。

图 19.1.13　某工程 GKC1 立面布置图

表7　构件截面表

编号	截面尺寸/mm (高×宽×腹板厚×翼缘厚)	材质
GKL1	H400×300×8×12	Q235-B
GKL2	H400×300×10×16	
GKZ1	H500×300×12×16	
GKZ2	H400×300×12×16	
GC1	H300×300×10×16	
GC2	H400×300×16×16（转）	

二、钢结构施工图识读示例

多、高层钢结构房屋的结构施工图一般由下列内容组成：图纸目录、结构设计总说明、基础平面布置图及基础详图、锚栓及柱脚平面布置图、结构节点平面布置图、结构节点立面布置图、连接节点详图、标准焊接大样、楼梯详图及楼板（屋面板）详图等。

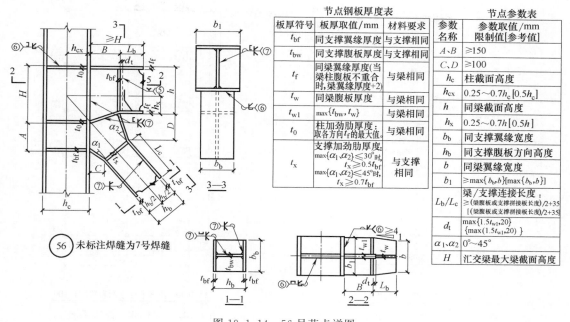

节点钢板厚度表

板厚符号	板厚取值/mm	材料要求
t_{bf}	同支撑翼缘厚度	与支撑相同
t_{bw}	同支撑腹板厚度	与支撑相同
t_f	同梁翼缘厚度（当梁柱腹板不重合时，梁翼缘厚度+2）	与梁相同
t_w	同梁腹板厚度	与梁相同
t_{w1}	$\max\{t_{bw}, t_w\}$	与梁相同
t_0	柱加劲肋厚度；取各方向t_f的最大值	与梁相同
t_x	支撑加劲肋厚度：$\max\{\alpha_1, \alpha_2\} \leqslant 30°$时，$t_x \geqslant 0.5 t_{bf}$ $\max\{\alpha_1, \alpha_2\} \leqslant 45°$时，$t_x \geqslant 0.7 t_{bf}$	与支撑相同

节点参数表

参数名称	参数取值/mm 限制值[参考值]
A、B	$\geqslant 150$
C、D	$\geqslant 100$
h_c	柱截面高度
h_{cx}	$0.25 \sim 0.7 h_c$ $[0.5 h_c]$
h	同梁截面高度
h_x	$0.25 \sim 0.7 h$ $[0.5h]$
b_b	同支撑翼缘宽度
h_b	同支撑腹板方向高度
b	同梁翼缘宽度
b_1	$\geqslant \max\{b_b, b\}$ $[\max\{b_b, b\}]$
L_b / L_c	梁／支撑连接长度：(梁腹板或支撑拼接板长度)/2+35 [(梁腹板或支撑拼接板长度)/2+35]
d_t	$\max\{1.5 t_{w1}, 20\}$ $\{\max(1.5 t_{w1}, 20)\}$
α_1, α_2	$0° \sim 45°$
H	汇交梁最大梁截面高度

图 19.1.14　56 号节点详图

以××生产线钢平台为例，来说明多层钢框架结构施工图识读的一般方法。

1. 查阅结构设计总说明

结构设计总说明是对钢结构工程的一般说明，应该首先阅读，并获得诸如结构类型、层数及高、主要结构材料、连接的基本要求、制作与安装要求等信息。

先通过 3D 视图来简单了解一下该钢平台的基本情况（图 19.1.15）。通过观察可以看出：该钢平台横向两跨（①～③轴），纵向四跨（Ⓐ～Ⓔ轴）。Ⓐ～Ⓑ轴间为一层钢平台，设有钢支撑；Ⓑ～Ⓒ轴间为两层钢平台；Ⓒ～Ⓓ轴间布置有钢梯；Ⓓ～Ⓔ轴间为三层钢平台，在③轴一侧第一、二层处设有悬挑平台。

2. 查阅锚栓及柱脚平面布置图

查阅锚栓平面布置图（图 19.1.16），可知轴网布置以及每个柱脚锚栓数量、规格（6M24）和平面布置相同（相对轴线居中布置）。

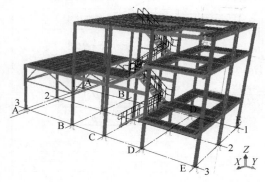

图 19.1.15　××生产线钢平台 3D 视图

查阅柱脚平面布置图（图 19.1.17），可知各柱脚定位（相对轴线居中布置）及柱脚节点编号（$\frac{1}{18}$）均相同。根据索引，查阅钢施-18 第 1 号节点详图，可知节点构造详细信息（图 19.1.18）。

3. 查阅结构平面布置图

以 2.485m 标高节点平面布置图为例，来说明钢框架平面布置图的阅读方法。

（1）查阅 2.485m 标高节点平面布置图可知（图 19.1.19），该标高处①～③轴与Ⓓ～Ⓔ轴间布置有钢平台，其他位置空置；钢柱均为 GZ1，相对轴线居中布置，强轴在图中水平方向；钢梁有 3 种，其中与 GZ 相连的梁、柱节点均为刚性节点（强轴与弱轴方向均为刚性节点），主、次梁连接为铰接连接（如 GL3 与 GL1 连接节点）。

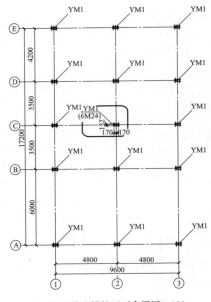

图 19.1.16　锚栓平面布置图

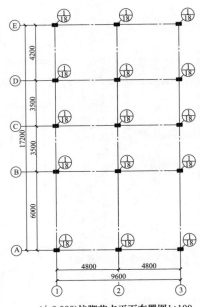

图 19.1.17　柱脚平面布置图

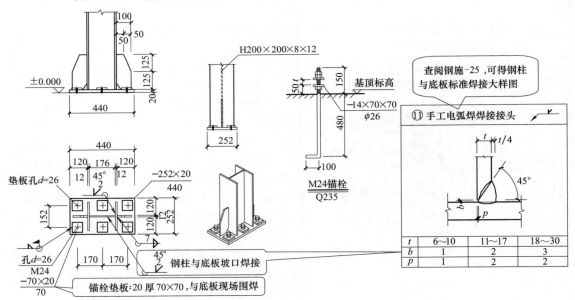

图 19.1.18　柱脚节点详图（钢施-18）

（2）查阅截面表可知，钢梁、钢柱材质均为 Q235 牌号钢；钢柱截面均为 H200×200× 8×12；钢梁有 3 种截面，分别为 GL1：H200×150×6×9、GL2：H250×125×6×9、 GL3：H150×150×7×10。

（3）梁、柱刚接节点及梁、梁铰接节点编号已在节点平面布置图中清楚标出。

关于梁、柱刚接节点，以①轴与①轴交点处 $\frac{8}{18}$ 节点为例加以说明。$\frac{8}{18}$ 节点为 GL2 与 GZ1 强轴方向的刚性节点，根据索引，查阅钢施-19 第 8 号节点，就可以得到 $\frac{8}{18}$ 节点详图 （图 19.1.20），其中钢梁翼缘与钢柱焊接要求可查阅标准焊接大样得到。

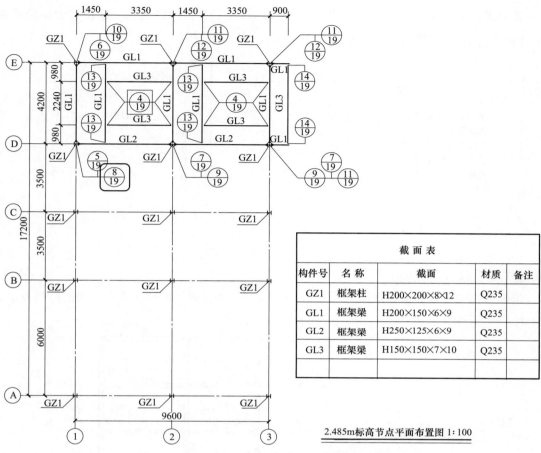

图 19.1.19　2.485m 标高节点平面布置图（钢施-6）

截 面 表				
构件号	名 称	截 面	材质	备注
GZ1	框架柱	H200×200×8×12	Q235	
GL1	框架梁	H200×150×6×9	Q235	
GL2	框架梁	H250×125×6×9	Q235	
GL3	框架梁	H150×150×7×10	Q235	

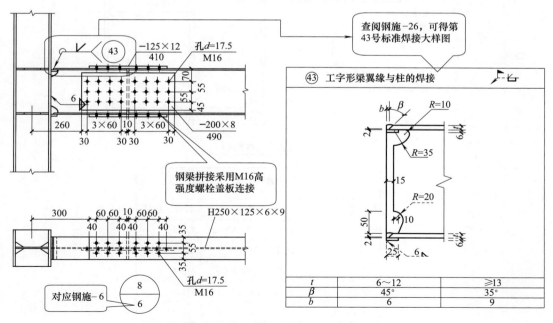

图 19.1.20　第 8 号节点（钢施-19）

关于梁、梁铰接节点，以 GL3 与 GL1 连接节点 $\frac{4}{19}$ 为例加以说明。根据索引，查阅钢施-19 第 4 号节点，就可以得到 $\frac{4}{19}$ 节点详图（图 19.1.21）。

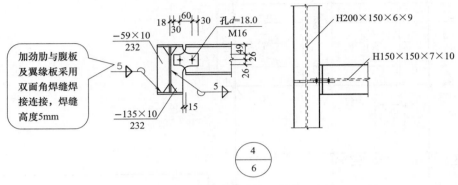

图 19.1.21　第 4 号节点（钢施-19）

4. 查阅结构立面布置图

以①轴框架节点立面布置图为例（图 19.1.22），来说明钢框架立面布置图的阅读方法。

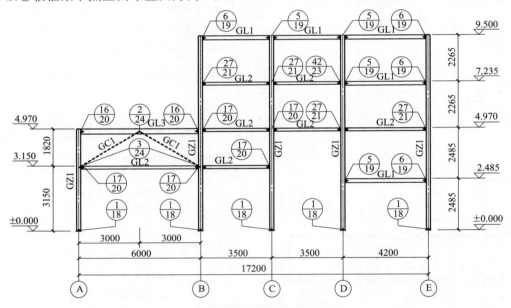

①轴框架节点立面布置图1:100

		截 面 表		
构件号	名称	截面	材质	备注
GZ1	框架柱	H200×200×8×12	Q235	
GC1	支撑	圆管95×4	Q235	
GL1	框架梁	H200×150×6×9	Q235	
GL2	框架梁	H150×150×7×10	Q235	
GL3	框架梁	H250×125×6×9	Q235	

图 19.1.22　①轴框架节点立面布置图

（1）①轴框架节点立面布置图采用双线条表示。梁、柱节点均为刚性节点，节点编号已在节点立面布置图中清楚标出。在Ⓐ与Ⓑ轴之间上部的 GL3 与 GL2 之间布置有人字形支撑，支撑上部节点为 $\frac{2}{24}$，在梁跨中与梁高中线相交；支撑下部节点为 $\frac{3}{24}$，与梁高中线及柱中线相交。

（2）查阅截面表可知，钢梁、钢柱、钢支撑材质均为 Q235 牌号钢；钢柱截面均为 H200×200×8×12；钢支撑截面为圆管 95×4；钢梁有 3 种截面，分别为 GL1：H200×150×6×9、GL2：H150×150×7×10、GL3：H250×125×6×9。

（3）关于支撑节点，以 $\frac{2}{24}$ 节点为例加以说明。根据索引，查阅钢施-24 第 2 号节点，可以得到 $\frac{2}{24}$ 节点详图（图 19.1.23），其中支撑圆管与节点板的连接详图可查看本张图中的详图 $\frac{A}{—}$。

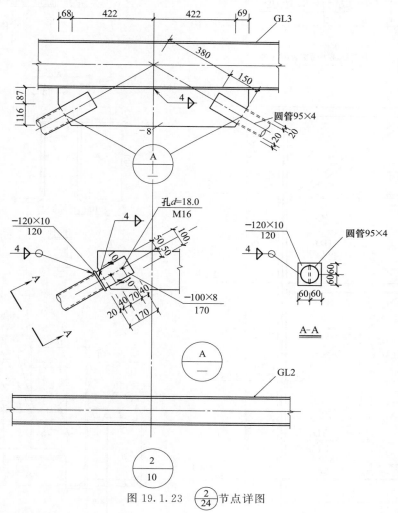

图 19.1.23　$\frac{2}{24}$ 节点详图

5. 查阅楼梯详图

（1）查阅楼梯平面布置图（以首层为例）及立面布置图，可以得到钢梯的平面布置及立面布置情况 [图 19.1.24（a）]。其中钢梯斜段钢梁截面为 C16A。钢梯梯段有三种规格，编号分别为 TD1、TD2、TD3。梯段斜梁与基础连接节点为 $\frac{7}{—}$，梯段与平台钢梁连接节点为 $\frac{2}{—}$，节点详图均可在本张图中查到 [图 19.1.24（b）]。

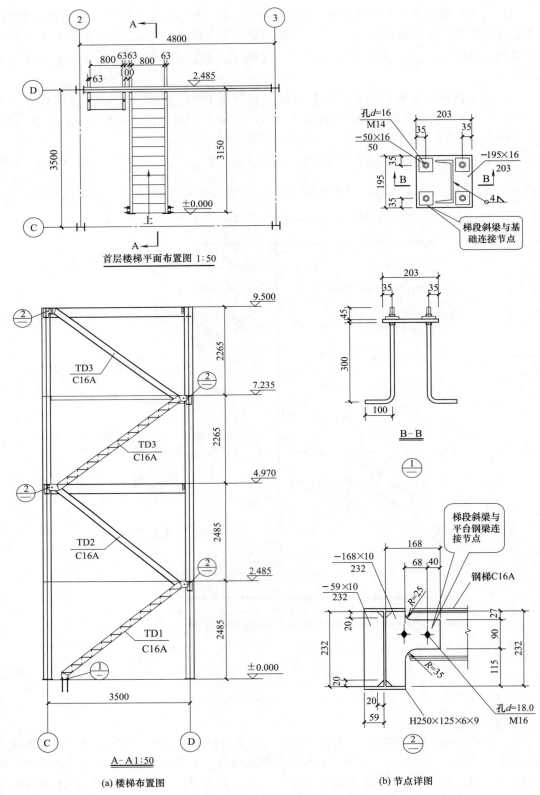

图 19.1.24　楼梯布置图及节点构造

（2）查阅梯段详图（以 TD2 为例），可以得到梯段加工的相关信息。其中钢梯斜梁与钢梁连接处细部构造及踏步详情可查看大样图得到（图 19.1.25）。

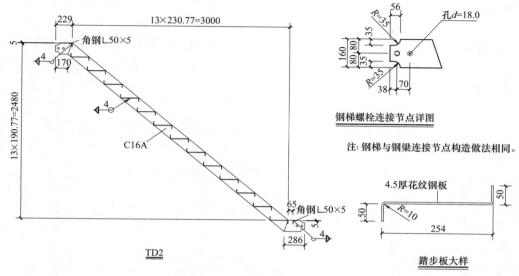

图 19.1.25　梯段详图及细部大样

实训　钢框架结构施工图识读

1. 实训目标

通过钢框架结构施工图识读，了解钢框架结构施工图的参数化表示方法，熟悉钢结构连接节点的形式与细部构造，能够初步识读钢框架结构施工图。

2. 实训要点

识读某工程钢框架一层结构平面布置图（图 19.1.26），熟悉钢框架结构施工图的参数化表示方法，能够将结构平面布置图与节点详图相结合，并读懂节点详图中表达的细部构造，初步读懂钢框架结构施工图。

3. 实训内容及深度

（1）学习钢框架结构施工图表示的一般规定。

（2）学习钢框架结构平面及立面布置图中的钢梁的注写内容、钢柱的注写内容、支撑的注写内容以及节点的注写内容。

（3）学习节点详图中表达的节点细部构造。

4. 实训过程

首先识读钢框架结构平面布置图（图 19.1.26），了解钢梁、柱的平面布置、编号及其截面形式。然后识读梁、柱连接节点及梁、梁连接节点编号。最后根据节点编号的索引查阅相应的节点详图，了解节点细部构造（图 19.1.27）。施工图识读过程中主要了解如下内容。

（1）平面布置图中钢梁采用单线条表示，钢梁中心线与钢柱中心线_____（重合或偏离）。钢梁与钢柱的连接节点为_____（刚接或铰接），主梁与次梁的连接节点为_____（刚接或铰接）。

（2）钢柱编号有____、____，其截面形式分别为_____、_____，材质均为____。钢梁编号有____、____、____、____、____，其截面形式分别为_____、_____、

277

_____、_____、_____，材质均为_____。

（3）Ⓟ轴与⑫轴交点处，GL1、GL2与GZ2的节点符号（见图19.1.26中题例符号①）的含义是_____。Ⓟ轴上GL2与GL4的节点符号（见图19.1.26中题例符号②）的含义是_____。

（4）Ⓟ轴与⑫轴交点处，GL与GZ连接的节点索引符号 $\frac{19}{G15}$ 对应的结构施工图图号为_____，节点编号为_____，图纸名称为_____。该节点在钢柱弱轴方向与钢梁连接的上部连接板为_____，与钢梁上翼缘连接的焊缝形式为_____，焊缝标准焊接大样图

一层结构平面布置图 1:100
（本层钢梁顶标高4.050m）

截 面 表				
构件号	名称	截面	材质	备注
GZ1	框架柱	H400×400×14×22	Q345	
GZ2	框架柱	H450×400×16×25	Q345	
GL1	框架梁	H600×200×12×20	Q345	
GL2	框架梁	H500×200×10×20	Q345	
GL3	框架梁	H500×200×10×16	Q345	
GL4	框架梁	H400×200×10×16	Q345	
GL5	框架梁	H300×200×8×12	Q345	

图19.1.26 某工程钢框架结构平面布置图

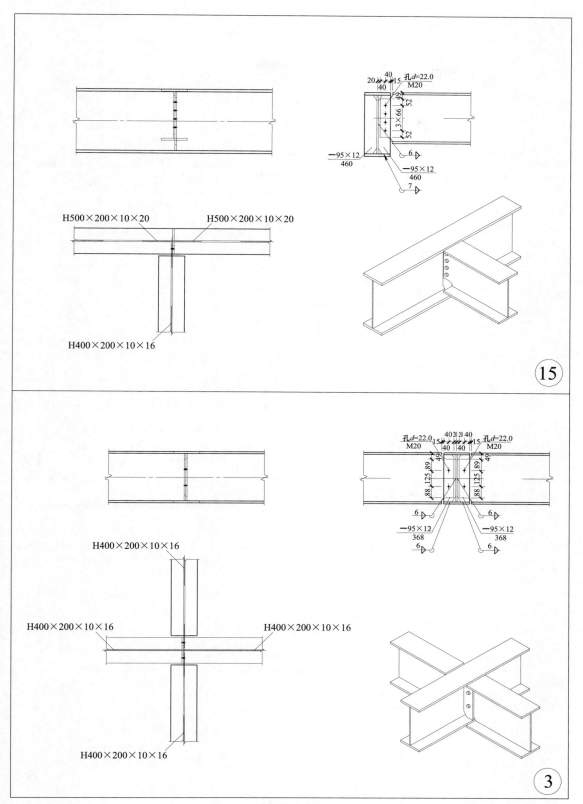

图 19.1.27

279

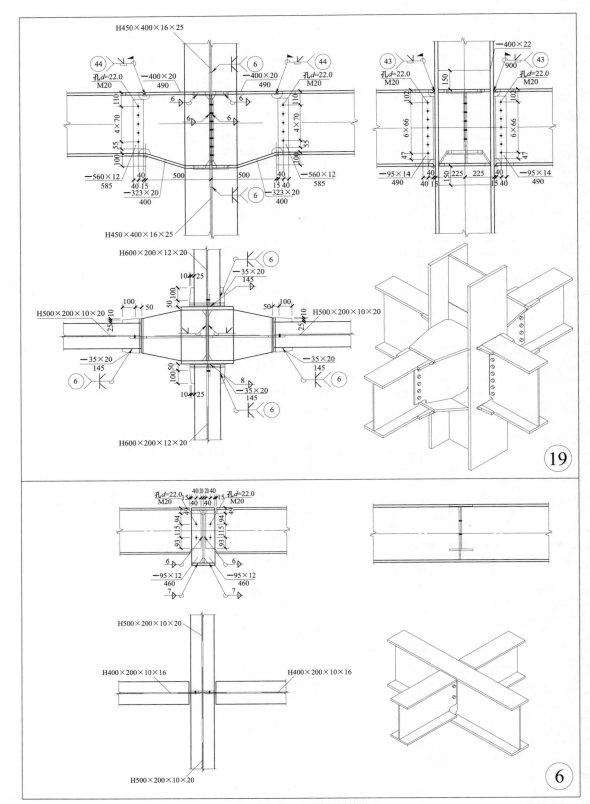

图 19.1.27　节点细部构造

编号为_____；该节点在钢柱强轴方向与钢梁翼缘连接的焊缝形式为_____，焊缝标准焊接大样图编号为_____；梁、柱节点处柱腹板局部加厚，加厚腹板的规格为_____。

（5）Ⓟ轴上 GL2 与 GL4 的节点索引符号⑥/G13对应的结构施工图图号为_____，节点编号为_____，图纸名称为_____。GL2 与 GL4 连接的节点板为_____，节点板与 GL2 腹板焊缝连接符号为_____，其含义为_____。

5. 实训小结

通过钢框架结构施工图识读，能够将结构平面布置图与节点详图相结合，明确节点详图细部构造，能够初步识读参数化钢框架结构施工图。

二维码 19.1

第二节　网架结构及其施工图

网架结构是由多根杆件按照一定的网格形式通过节点联结而成的空间结构。网架结构广泛用作体育馆、展览馆、候车厅、车间等的屋盖结构。

根据网架表面形状不同，可以分为平板网架结构［图 19.2.1（a）］与网壳结构［图 19.2.1（b）］；根据网架构造不同，可分为单层网架、双层网架、三层网架等。本章主要介绍目前比较常见的双层平板网架结构（简称为网架）。

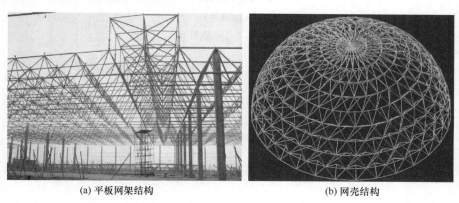

(a) 平板网架结构　　　　　　　　　　(b) 网壳结构

图 19.2.1　网架结构工程图片

一、网架结构的组成与分类

由上、下弦杆和腹杆组成的各种体形称为网架单元，将各种网架单元按一定的规律组合起来，就形成了各种形式的网架结构。构成网架的基本单元通常有平行弦桁架单元（上弦杆与下弦杆平行，见图 19.2.2）、倒三角锥单元（图 19.2.3）、倒四角锥单元（图 19.2.4）等，由这些网架基本单元可组合成三边形、四边形、六边形、圆形或其他任何形体的网架结构。按网架单元的组成形式，网架结构通常可分为交叉桁架体系网架、三角锥体系网架、四角锥体系网架等类型。

特别说明

1. 网架屋盖通常包括主受力的网架结构部分、屋面系统及其他组成构件。

2. 网架基本单元（平行弦桁架单元、倒三角锥单元、倒四角锥单元）中，上弦杆、下弦杆、腹杆均为二力杆，一般不可在杆件中间施加外力。

1. 交叉桁架体系网架

由平行弦桁架单元组成的网状交叉梁体系称为交叉桁架体系网架。交叉桁架体系网架又可分为两向正交正放网架、两向正交斜放网架、三向网架等形式。

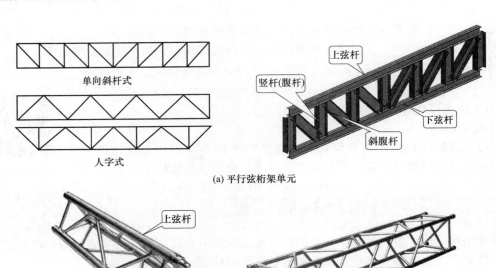

单向斜杆式

人字式

(a) 平行弦桁架单元

上弦杆

竖杆(腹杆)

下弦杆

斜腹杆

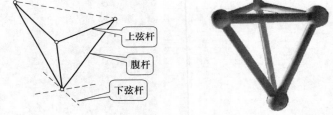

上弦杆

下弦杆

腹杆

(b) 管桁架单元

图 19.2.2 桁架单元

上弦杆

腹杆

下弦杆

图 19.2.3 倒三角锥单元

上弦杆

腹杆

下弦杆

屋面系统支架

图 19.2.4 倒四角锥单元

（1）两向正交正放网架（图 19.2.5） 在矩形建筑平面中，网架的弦杆垂直于或平行于平面边界。

（2）两向正交斜放网架（图 19.2.6） 两向正交斜放网架的短桁架对长桁架有嵌固作用，受力有利角部产生拔力，常取无角部形式。两向正交斜放网架适用于两个方向网格尺寸不同的情形，受力性能欠佳，节点构造较复杂。

（3）三向网架（图 19.2.7） 由三个方向的竖向平面桁架按 60°夹角互交叉形成的空间网架称为三向网架。适合于大跨度，特别适合于三角形、梯形、多边形或圆形建筑平面。

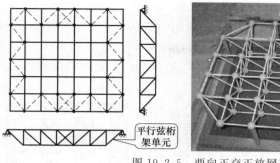

图 19.2.5　两向正交正放网架

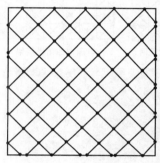

图 19.2.6　两向正交斜放网架

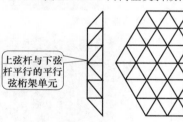

图 19.2.7　三向网架

2. 三角锥体系网架

三角锥体系网架是由倒三角锥为基本网架单元组成的空间网架结构，其上、下弦平面均为正三角形网格，上、下弦节点一般各连 9 根杆件。三角锥体系网架又可分为三角锥网架 [图 19.2.8 (a)]，抽空三角锥网架 [图 19.2.8 (b)]，蜂窝形三角锥网架 [图 19.2.8 (c)] 等形式。当网架高度为网格尺寸的 $\frac{\sqrt{2}}{2}$ 倍时，上下弦杆和腹杆等长。三角锥网架受力均匀，整体性和抗扭刚度好，适用于平面为多边形的大中跨度建筑。

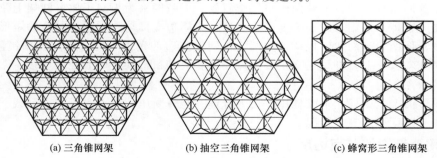

(a) 三角锥网架　　　　　(b) 抽空三角锥网架　　　　　(c) 蜂窝形三角锥网架

图 19.2.8　三角锥体系网架

3. 四角锥体系网架

四角锥体系网架是由倒四角锥为基本单元组成的空间网架结构。四角锥体系网架又可分为正放四角锥网架［图 19.2.9（a）］、正放抽空四角锥网架［图 19.2.9（b）］、斜放四角锥网架［图 19.2.9（c）］、星形四角锥网架［图 19.2.9（d）］、棋盘形四角锥网架［图 19.2.9（e）］等形式。

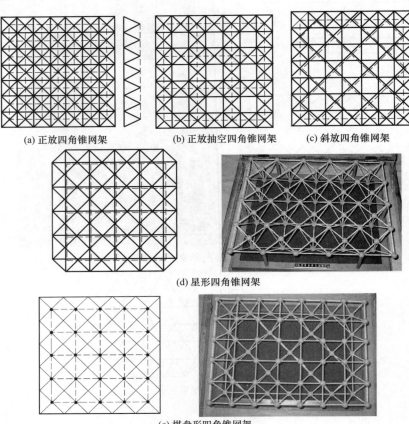

(a) 正放四角锥网架　　　(b) 正放抽空四角锥网架　　　(c) 斜放四角锥网架

(d) 星形四角锥网架

(e) 棋盘形四角锥网架

图 19.2.9　四角锥体系网架

（1）正放四角锥网架空间刚度较好，但杆件数量较多，用钢量偏大。适用于接近方形的中小跨度网架，宜采用周边支撑。

（2）将正放四角锥网架适当抽掉一些腹杆和下弦杆即正放抽空四角锥网架，杆件较少，构造简单，经济效果好，但其下弦杆内力均匀性较差。

（3）斜放四角锥网架，上弦网格呈正交斜放，下弦网格为正交正放。网架上弦杆短，下弦杆长，受力合理。适用于中小跨度周边支撑，或周边支撑与点支撑相结合的矩形平面。

（4）棋盘形四角锥网架，保持正放四角锥网架周边四角锥不变，中间四角锥间隔抽空，下弦杆呈正交斜放，上弦杆呈正交正放。克服了斜放四角锥网架屋面板类型多、屋面组织排水较困难的缺点。

（5）星形网架上弦杆比下弦杆短，受力合理。竖杆受压，内力等于节点荷载。星形网架一般用于中小跨度周边支撑情况。

二、网架结构的节点构造

目前，比较常见的网架结构通常采用钢管作为弦杆和腹杆，采用焊接空心球节点和螺栓球节点。对于型钢网架，一般采用焊接钢板节点。下面分别对这几种节点构造做一简单介绍。

1. 焊接空心球节点

焊接空心球节点（图 19.2.10）是国内应用较多的一种节点形式，这种节点传力明确、构造简单，但焊接工作量大，对焊接质量和杆件尺寸的准确度要求较高。

由两个半球焊接而成的空心球，可分为不加肋和加肋两种（图 19.2.10），适用于连接钢管杆件。

空心球外径与壁厚的比值可按设计要求在 25～45 范围内选用，空心球壁厚与钢管最大壁厚的比值宜选用 1.2～2.0，空心球壁厚不宜小于 4mm。

当空心球外径不小于 300mm，且杆件内力较大需要提高承载力时，球内可设加劲肋，加劲肋厚度不应小于球壁厚度，如图 19.2.10（b）所示，内力较大的杆件应位于肋板平面内。

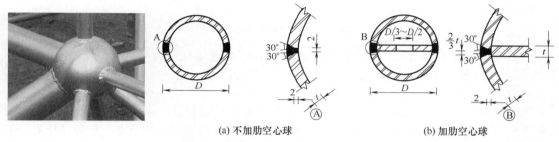

(a) 不加肋空心球　　　　(b) 加肋空心球

图 19.2.10　焊接空心球节点

2. 螺栓球节点

螺栓球节点是通过螺栓把钢管杆件和钢球连接起来的一种节点形式，它主要由螺栓、钢球、销子（或螺钉）、套筒和锥头或封板等零件组成（其中锥头或封板常称作堵头），如图 19.2.11 所示。

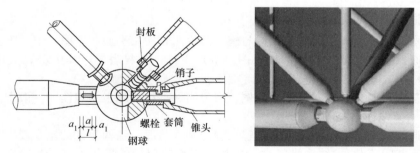

图 19.2.11　螺栓球节点

3. 焊接钢板节点

焊接钢板节点可由十字节点板和盖板组成，适用于连接型钢构件。

十字节点板由两个带企口的钢板对插焊成，也可由三块钢板焊成，如图 19.2.12（a）、（b）所示。节点板与盖板所用钢材应与网架杆件钢材一致。节点板的竖向焊缝应有足够的承载力，并宜采用 V 形或 K 形坡口的对接焊缝。小跨度网架的受拉节点，可不设置盖板。

焊接钢板节点上，弦杆与腹杆、腹杆与腹杆之间以及弦杆端部与节点板中心线之间的间隙均不宜小于 20mm，如图 19.2.12（c）所示。

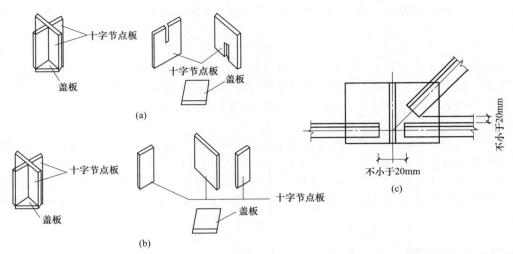

图 19.2.12　焊接钢板节点

节点板厚度应根据网架最大杆件内力确定，并应比连接杆件的厚度大 2mm，但不得小于 6mm，节点板的平面尺寸应适当考虑制作和装配的误差。

4. 支座节点

网架结构的支座应尽量采用传力可靠、连接简单的构造形式，一般采用铰节点。根据受力状态，支座节点可分为压力支座节点和拉力支座节点。网架的支座节点一般传递压力，但周边简支的正交斜放类网架，在角隅处通常会产生拉力，因此设计时应按拉力支座节点设计。

网架结构中常用的压力支座节点有：平板支座节点、单面弧形压力支座节点、双面弧形压力支座节点、球铰压力支座节点、板式橡胶支座节点、拉力支座节点等（参见第十八章第三节）。其中拉力支座节点的构造与单面弧形压力支座节点相似，它把支撑平面做成弧形，主要是为了便于支座转动，它主要适用于中小跨度网架。

三、网架结构施工图识读示例

网架结构施工图主要包括网架设计与施工总说明，网架平面布置图，上、下弦杆及腹杆安装图，屋面檩条布置图，螺栓球加工图，节点大样，材料表等，其中材料表中应注明杆件、封板、锥头、螺栓、螺母、螺栓球等信息。

下面以某正放四角锥网架施工图为例，来说明网架结构施工图识读的一般方法。

1. 查阅网架设计与施工总说明

网架设计与施工总说明中，可以了解工程的基本情况，结构设计的基本规定（如网架的上、下弦杆无节间荷载），结构材料材质［如本工程网架杆件采用 Q235 钢，节点为螺栓球节点，螺栓、销子或螺钉采用 40Cr、40B 及 20MnTiB（或 45 号钢）］，以及基本构造与施工方面的信息（如网架结构构件长度按实际放样下料）等。

2. 查阅网架结构布置图

图 19.2.13 为正放四角锥网架结构施工图（部分），从图中可以看到：

① 网架支撑方式为周边支撑。

② 网架跨度分别为 21m 和 15m；四角锥单元平面尺寸为 3m×3m，上、下弦杆距离为 1.2m。

③ 网架上弦杆编号有 1a、2b、4c、4b 四种规格；下弦杆编号有 1a、1b、2c 三种规格；腹杆编号有 1a、2b 两种规格；节点球编号有 A、B 两种规格。

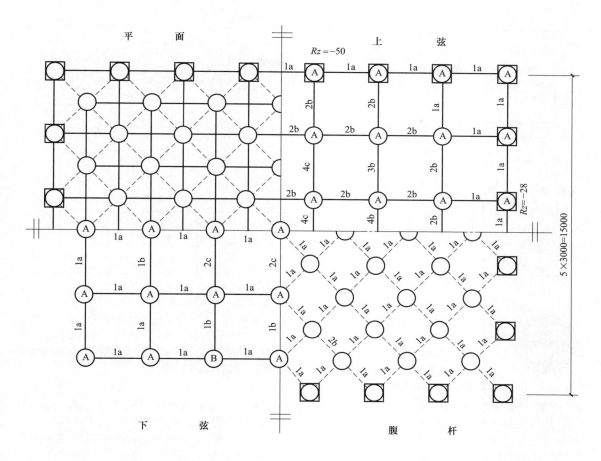

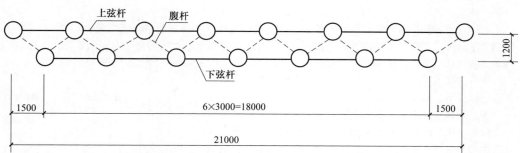

图 19.2.13　正放四角锥网架结构施工图（部分）

　　网架结构构件通常以不同截面尺寸进行编号。图中杆件编号的第一个数字表示截面尺寸，第二个英文字母表示配合的高强螺栓编号；螺栓球编号仅表示球的直径。

3. 查阅材料表

表 19.2.1 为网架材料表，可以看到：

　　① 编号为 1a 的上、下弦杆及腹杆，其截面为 $\phi60\times3$，共有 224 根，与之相连的螺栓球 A 的直径为 100mm，螺栓为 M16，螺母孔径为 17mm，其他情况以此类推。

　　② 对于编号为 2c 的下弦杆，其截面为 $\phi76\times3.5$，与螺栓球 A 相连的螺栓为 M27，采用外径×厚度＝76mm×16mm 封板堵头；对于编号为 2b 的上弦杆，其截面为 $\phi76\times3.5$，与螺栓球 A 相连的螺栓为 M27，采用锥头为外径×长度＝76mm×60mm 堵头。

表 19.2.1　网架材料表

1. 杆件

序号	杆件规格/mm	数量/个	下料长度总计/m	合重/kg
1	φ60×3	224	556.7	2348
2	φ76×3.5	44	118.1	739
3	φ89×4	4	10.8	91
4	φ114×4.5	8	21.5	262
				3439

3. 封板、锥头

封板序号	外径×厚度/mm	数量/个	单重/kg	合重/kg	锥头序号	外径×长度/mm	数量/个	单重/kg	合重/kg
1	60×14	448	0.36	161.3	1	76×60	76	1.50	114.0
2	76×16	12	0.57	6.8	2	89×70	8	2.20	17.6
					3	114×70	16	3.20	51.2
				168					183

2. 螺栓、螺母

编号	螺栓	数量/个	单重/kg	合重/kg	螺母(对边/孔径)/mm	长度/mm	数量/个	单重/kg	合重/kg
a	M16	428	0.10	42.8	27/17	30	428	0.15	63.7
b	M22	108	0.30	32.4	36/23	35	108	0.31	33.3
c	M27	24	0.56	13.4	45/28	42	24	0.58	13.9
				89					111

4. 螺栓球

编号	直径/mm	数量/个	单重/kg	合重/kg
A	100	75	4.11	308.3
B	110	8	5.47	43.8
				352

用钢量：13.78kg/m²

注：杆件 φ76×3.5，当配合螺栓为 M27 时采用封板，其余采用锥头。

本章小结

　　读懂结构施工图是建筑施工技术人员的基本能力。钢结构一般包括单层钢结构、多高层钢结构及大跨钢结构等类型。单层钢结构施工图在前述章节进行了学习，本章主要学习多高层钢结构中最为常见的钢框架结构施工图识读及大跨钢结构中最为常见的网架结构施工图识读方面的知识。通过学习，培养钢结构施工图识读的基本能力。

　　1. 钢框架结构施工图识读

　　多、高层钢结构房屋主要由钢柱、钢梁、楼盖结构、支撑结构、墙板或墙架结构等构件组成。目前，钢结构施工图按照《钢结构施工图参数表示方法制图规则和构造详图》（08SG 115—1）采用参数表示。按参数化法绘制结构施工图时，应将所有的柱、梁、支撑构件进行编号，编号中含有构件类型代号和序号等。其中构件类型代号的主要作用是与节点图对应，也明确该结构布置图与节点图中相同构件的相互关系，使两者结合构成完整的结构设计图纸。

　　多、高层钢结构房屋的结构施工图一般由下列内容组成：图纸目录、结构设计总说明、基础平面布置图及基础详图、锚栓及柱脚平面布置图、结构节点平面布置图、结构节点立面布置图、连接节点详图、标准焊接大样、楼梯详图及楼板（屋面板）详图等，图纸阅读顺序一般也按此顺序进行。

　　需要说明的是，在阅读结构节点布置图时，需要与节点详图进行对照，并相互印证。

　　2. 网架结构施工图识读

　　网架结构是由多根杆件按照一定的网格形式通过节点联结而成的空间结构。目前，比较常见的双层平板网架，通常采用钢管作为弦杆和腹杆，杆件之间采用焊接空心球和螺栓球连接。网架结构的类型主要有如下几种。

　　网架的支座节点主要有平板支座节点、单面弧形压力支座节点、双面弧形压力支座节点、球铰压力支座节点、板式橡胶支座节点等。

　　网架结构施工图主要包括网架设计与施工总说明，网架平面布置图，上、下弦杆及腹杆安装图，屋面檩条布置图，螺栓球加工图，节点大样，材料表等，图纸阅读顺序一般也按此顺序进行。

　　需要说明的是，在阅读网架结构布置图或上、下弦杆及腹杆杆件安装图时，需要与材料表进行对照查看。

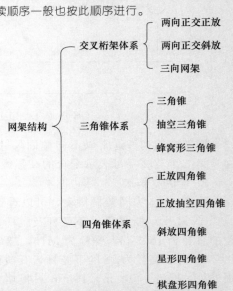

思考与练习

1. 多、高层钢结构房屋主要由哪几部分组成？钢框架中布置柱间支撑的主要目的是什么？

2. 按节点参数法绘制的钢结构施工图，一般主要包括哪些组成部分？

3. 钢结构施工图中，常见钢结构构件的代号是如何规定的？

4. 钢梁与钢柱的连接节点类型通常有哪两种？各类型节点在施工图中如何表达？

5. 试说明题5图（a）、（b）钢梁与钢柱节点类型及其索引的含义。

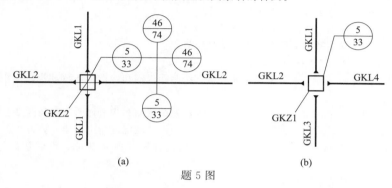

题 5 图

6. 试说明题6图中支撑节点类型及其索引的含义。

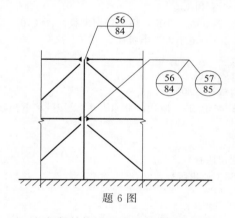

题 6 图

题 15 图

7. 钢框架结构施工图通常由哪几部分组成？

8. 何谓网架结构？平板网架结构与网壳结构有何不同？

9. 构成网架的基本单元通常有哪几种？这些单元中杆件受力情况如何？

10. 交叉桁架体系网架有何构造特点？

11. 三角锥体系网架可分为哪几种具体形式？四角锥体系网架可分为哪几种具体形式？

12. 网架结构的节点形式有哪几种？

13. 网架结构中常用的支座类型有哪些？

14. 网架结构施工图通常由哪几部分组成？

15. 题15图为某汽车商贸城网架结构屋盖，试判断其结构体系及节点类型。

参 考 文 献

[1] GB 50010—2010. 混凝土结构设计规范（2015 年版）.
[2] GB 50009—2012. 建筑结构荷载规范.
[3] GB 50011—2010. 建筑抗震设计规范（2016 年版）.
[4] GB 50003—2011. 砌体结构设计规范.
[5] GB 50017—2017. 钢结构设计标准.
[6] GB 50153—2008. 工程结构可靠性设计统一标准.
[7] GB 50223—2008. 建筑工程抗震设防分类标准.
[8] GB 50204—2015. 混凝土结构工程施工质量验收规范.
[9] GB 50203—2011. 砌体结构工程施工质量验收规范.
[10] GB/T 50105—2010. 建筑结构制图标准.
[11] 16G101—1. 混凝土结构施工图平面整体表示方法制图规则和构造详图（现浇混凝土框架、剪力墙、梁、板）.
[12] 16G101—2. 混凝土结构施工图平面整体表示方法制图规则和构造详图（现浇混凝土板式楼梯）.
[13] 18G901—1. 混凝土结构施工钢筋排布规则与构造详图（现浇混凝土框架、剪力墙、梁、板）.
[14] 18G901—3. 混凝土结构施工钢筋排布规则与构造详图（独立基础、条形基础、筏形基础、桩基础）.
[15] 12G614—1. 砌体填充墙结构构造.
[16] 15G108—6.《门式刚架轻型房屋钢结构技术规范》图示.
[17] 08 SG115—1. 钢结构施工图参数表示方法制图规则和构造详图.
[18] 沈蒲生，罗国强，廖莎，等. 混凝土结构（上、下册）. 第 5 版. 北京：中国计划出版社，2016.
[19] 包世华，张铜生. 高层建筑结构设计和计算（下册）. 北京：清华大学出版社，2007.
[20] 钟善桐. 钢结构. 武汉：武汉大学出版社，2005.
[21] 杜绍堂. 钢结构施工. 第 3 版. 北京：高等教育出版社，2014.
[22] 魏瑞演，董卫华. 钢结构. 第 2 版. 北京：高等教育出版社，2016.
[23] 周俐俐. 多层钢筋混凝土框架结构设计实例详解手算与 PKPM 应用. 北京：中国水利水电出版社，2008.
[24] 沈祖炎，陈杨骥. 网架与网壳. 上海：同济大学出版社，1997.
[25] 苏英志，张广峻. 钢结构构造与识图. 北京：电子工业出版社，2015.
[26] 张宪江. 混凝土结构施工构造与 BIM 建模. 北京：化学工业出版社，2018.

应用型人才培养"十三五"规划教材

建筑结构施工图集

张宪江 主 编

化学工业出版社

·北京·

目　录

【工程实例一】 ××有限公司——××别墅（C型）

××建筑工程设计所

图 纸 目 录

建设单位 _____××有限公司_____

工程名称 _____××别墅（C型）_____

设计编号 _____××-16-2_____

图纸完成日期 _____××××年××月_____

序号	图纸编号	图纸名称或图纸内容	图纸规格	图纸张数	备　注
1	建施 01	图纸目录	A4	1	
2	建施 02	建筑设计说明	A2	1	
3	建施 03	一层平面图、二层平面图	A2	1	
4	建施 04	屋顶层平面图	A2	1	
5	建施 05	①～③立面图、③～①立面图	A2	1	
6	建施 06	Ⓓ～Ⓐ立面图、Ⓐ～Ⓓ立面图	A2	1	
7	建施 07	1—1剖面图、2—2剖面图	A2	1	
8	建施 08	楼梯详图	A2	1	
			合计：	8	

××建筑工程设计所

图 纸 目 录

建设单位 _____××有限公司_____

工程名称 _____××别墅（C型）_____

设计编号 _____××-16-2_____

图纸完成日期 _____××××年××月_____

序号	图纸编号	图纸名称或图纸内容	图纸规格	图纸张数	备　注
1	结施 01	图纸目录	A4	1	
2	结施 02	结构设计总说明	A2	1	
3	结施 03	基础结构平面图	A2	1	
4	结施 04	柱平法施工图	A2	1	
5	结施 05	二层梁平法施工图 屋面梁平法施工图	A2	1	
6	结施 06	二层现浇板结构平面图 屋面现浇板结构平面图	A2	1	
7	结施 07	楼梯结构图	A2	1	
			合计：	7	

熟悉建筑施工图，请扫码查看。

二维码附1.1

结构设计总说明

1. 本图为××别墅（C型）的结构设计。

2. 本工程的安全等级为二级，设计使用年限为50年。

3. 本工程的抗震设防类别为丙类，抗震设防烈度为6度，设计基本地震加速度值为0.05g（设计地震第二组）；场地类别按Ⅱ类设计。

4. 本工程为框架结构，框架抗震等级为四级。

5. 设计依据

《建筑结构荷载规范》（GB 50009—2012）

《建筑地基基础设计规范》（GB 50007—2011）

《建筑抗震设计规范》（2016年版）（GB 50011—2010）

《混凝土结构设计规范》（2015年版）（GB 50010—2010）

6. 本设计结构计算程序采用"中国建筑科学研究院结构所"编制的《PKPM系列计算程序》中的PK、PMCAD、SATWE、JCCAD等辅助设计软件（2016年版）。

7. 本设计图纸中所注尺寸除标高以米（m）为单位外，其余均以毫米（mm）为单位。

8. 基础部分设计说明详见基础平面布置图。

9. 本工程楼层结构使用活荷载标准值为：

楼面、楼梯、走廊、上人屋面 2.0kN/m²

不上人屋面 0.5kN/m²

基本风压 0.45kN/m²（地面粗糙度B级）

雪荷载 0.3kN/m²

10. 材料

混凝土强度等级为C30；

HPB300级钢筋（用Φ表示），$f_y=210N/mm^2$；

HRB335级钢筋（用Φ表示），$f_y=300N/mm^2$；

HRB400级钢筋（用Φ表示），$f_y=360N/mm^2$；

填充墙采用240厚加气混凝土砌块，M5混合砂浆。

11. 纵向受力钢筋的混凝土保护层厚度

柱为30mm；梁为25mm；

除卫生间处板为20mm外其余板为15mm。

12. 未注明的钢筋最小锚固和最小搭接长度详见标准图集16G101-1。

13. 楼、屋面板

（1）现浇板中，未表示出的板内分布钢筋均为Φ6@200。

（2）现浇双向板配筋中，短向的底部受力钢筋应放在长向的底部受力钢筋之下；短向的顶部受力钢筋应放在长向的顶部受力钢筋之上。

（3）板配筋图中，支座上部钢筋（负筋）的所示长度为墙边或梁边至板内直钩弯折点的长度；边支座上部钢筋（负筋）应伸入至墙或梁外侧纵筋的内侧，其端部垂直段伸至板底亦应≥10d，同时在梁或墙内锚固总长度符合受拉钢筋锚固长度的要求。

（4）板内下部钢筋（主筋）在边支座处锚入梁内的长度应≥120mm。

14. 框架梁、柱

（1）框架梁、柱均采用平面整体配筋图表示法，标准图集号为16G101-1。

（2）本设计仅表示出了构件的断面及配筋，详细构造按标准图集16G101-1。

（3）主、次梁相交处，应在主梁内，沿次梁两侧设置附加箍筋，每侧3根（间距50mm）；主梁上标注有附加吊筋时，则应在设置附加箍筋的同时增设吊筋。

15. 钢筋混凝土构造柱、梁上柱及后砌填充墙

（1）各层楼面的窗台下，均应加设钢筋混凝土压顶梁。除注明外，压顶梁的断面尺寸为250mm×120mm，梁内配筋为2Φ10＋Φ6@200（钢筋的两端伸入墙体内满足锚固长度）。

（2）梁上柱构造措施按16G101-1执行。

16. 建筑的门、窗、洞口处，均采用钢筋混凝土预制过梁、过梁宽度同墙厚；

预制过梁与现浇钢筋混凝土构件相连时，预制过梁改为现浇。

17. 本设计要密切配合建筑、给排水、电气、暖通等专业图纸施工。

18. 梁、板、墙、柱上的预埋件，应按照各工种的要求埋件，各工种应配合土建施工。

19. 给排水、电气、暖通等专业的管道穿梁、墙处，均应按照有关专业的图纸预埋套管。

20. 本设计中未尽事宜详见有关的规范及规程。

21. 未经技术鉴定或设计许可，不得改变结构的用途和使用环境。

22. 未经有关部门审查和图纸会审，不得施工。

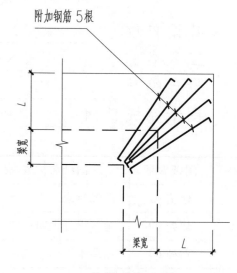

挑檐转角配筋

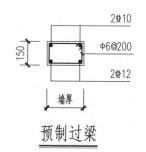

预制过梁

××建筑工程设计所		工程项目	××别墅（C型）		
审核	校对			图别	结施
项目负责	设计		结构设计总说明	日期	XXXX.XX
专业负责	制图			共7张 第2张	

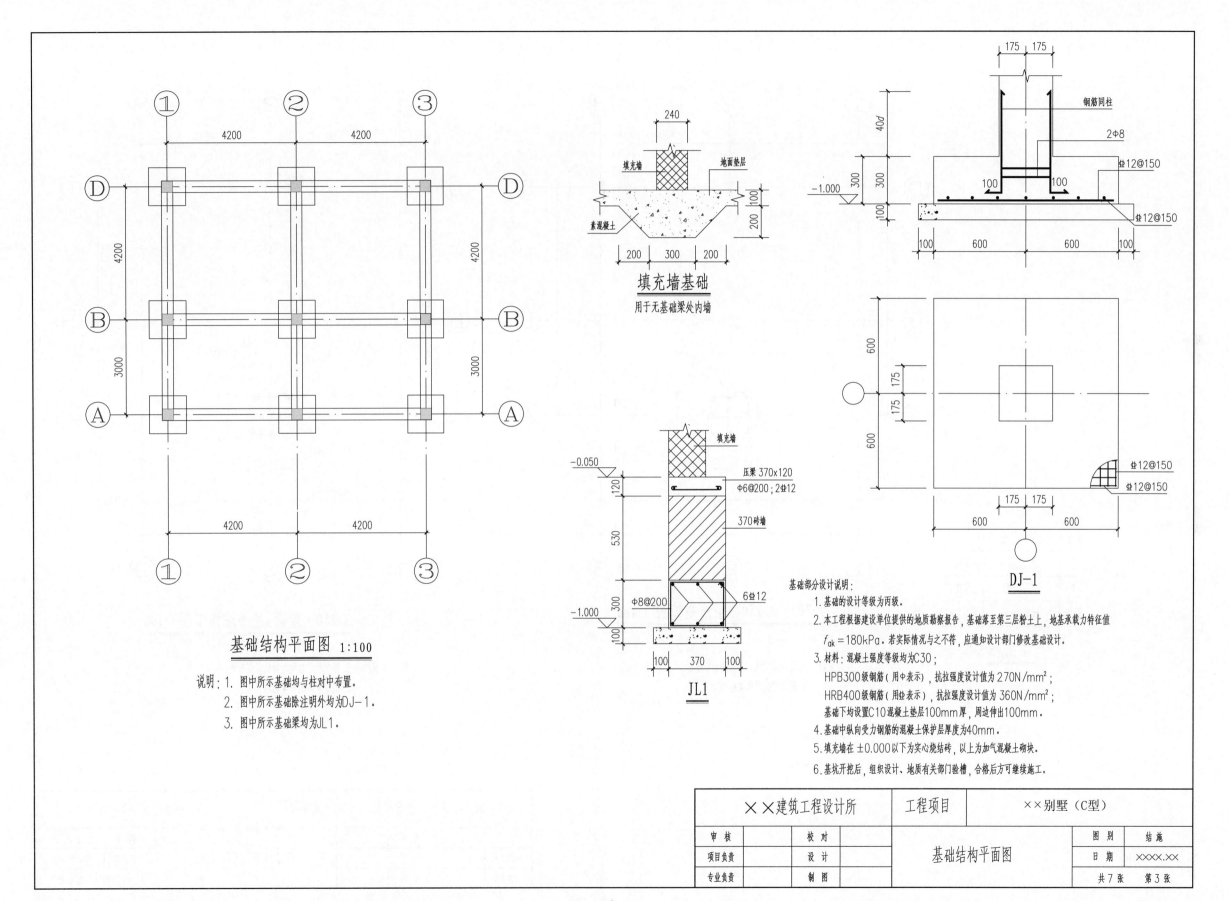

填充墙基础
用于无基础梁处内墙

JL1

DJ-1

基础结构平面图 1:100

说明：1. 图中所示基础均与柱对中布置。
　　　2. 图中所示基础除注明外均为DJ-1。
　　　3. 图中所示基础梁均为JL1。

基础部分设计说明：
1. 基础的设计等级为丙级。
2. 本工程根据建设单位提供的地质勘察报告，基础落至第三层粉土上，地基承载力特征值 $f_{ak}=180kPa$。若实际情况与之不符，应通知设计部门修改基础设计。
3. 材料：混凝土强度等级均为C30；
　　HPB300级钢筋（用Φ表示），抗拉强度设计值为270N/mm²；
　　HRB400级钢筋（用Φ表示），抗拉强度设计值为360N/mm²；
　　基础下均设置C10混凝土垫层100mm厚，周边伸出100mm。
4. 基础中纵向受力钢筋的混凝土保护层厚度为40mm。
5. 填充墙在±0.000以下为实心烧结砖，以上为加气混凝土砌块。
6. 基坑开挖后，组织设计、地质有关部门验槽，合格后方可继续施工。

××建筑工程设计所		工程项目	××别墅（C型）		
审 核		校 对		图 别	结 施
项目负责		设 计	基础结构平面图	日 期	XXXX.XX
专业负责		制 图		共7张	第3张

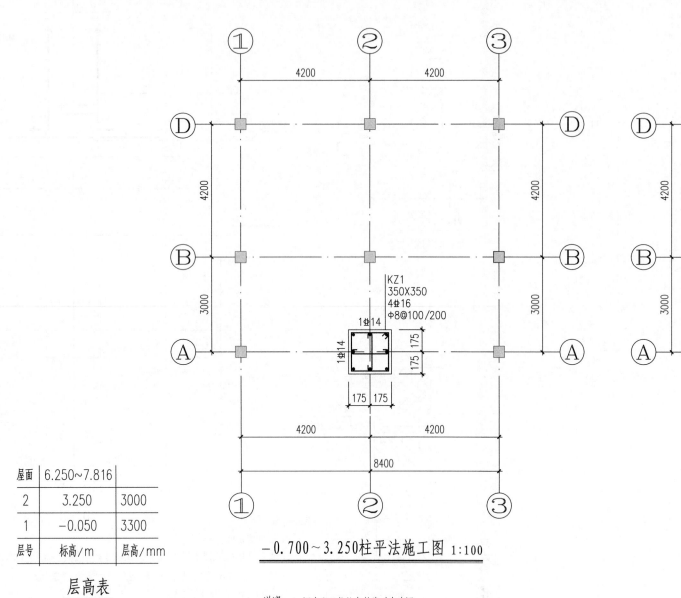

层高表

屋面	6.250~7.816	
2	3.250	3000
1	−0.050	3300
层号	标高/m	层高/mm

KZ1
350X350
4Φ16
Φ8@100/200

1Φ14
1Φ14
175 175
175 175

−0.700~3.250柱平法施工图 1:100

说明：1.图中所示柱均与轴线对中布置。
　　　2.图中未注明框架柱均为 KZ1。

KZ1
350X350
8Φ16
Φ8@100/200

175 175
175 175

3.250~屋面 柱平法施工图 1:100

说明：1.图中所示柱均与轴线对中布置。
　　　2.图中未注明框架柱均为 KZ1。

××建筑工程设计所		工程项目		××别墅（C型）		
审　核		校　对		柱平法施工图	图　别	结　施
项目负责		设　计			日　期	XXXX.XX
专业负责		制　图			共 7 张　第 4 张	

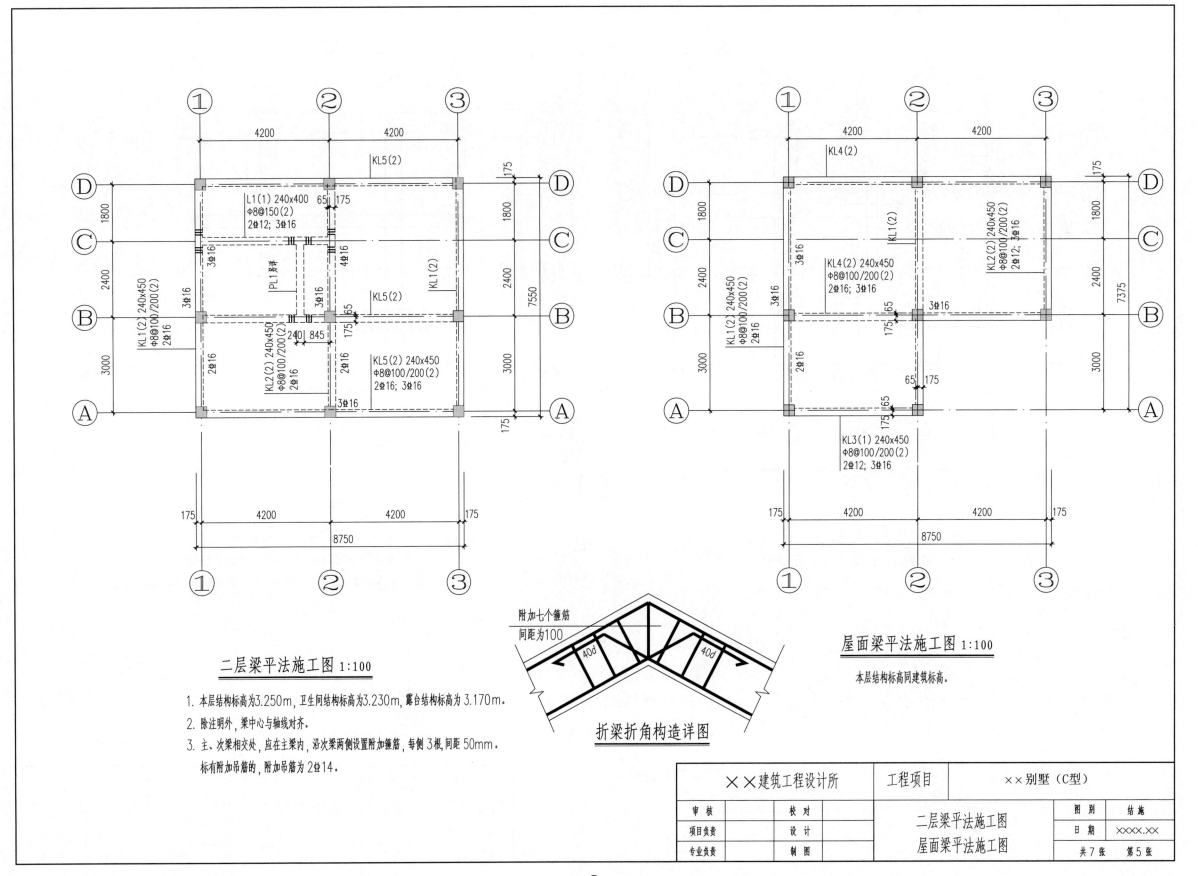

二层梁平法施工图 1:100

1. 本层结构标高为3.250m，卫生间结构标高为3.230m，露台结构标高为3.170m。
2. 除注明外，梁中心与轴线对齐。
3. 主、次梁相交处，应在主梁内，沿次梁两侧设置附加箍筋，每侧3根，间距50mm。标有附加吊筋的，附加吊筋为2Φ14。

折梁折角构造详图

附加七个箍筋
间距为100
40d
40d

屋面梁平法施工图 1:100

本层结构标高同建筑标高。

××建筑工程设计所		工程项目		××别墅（C型）		
审 核		校 对		二层梁平法施工图	图 别	结 施
项目负责		设 计		屋面梁平法施工图	日 期	XXXX.XX
专业负责		制 图			共7张	第5张

· 5 ·

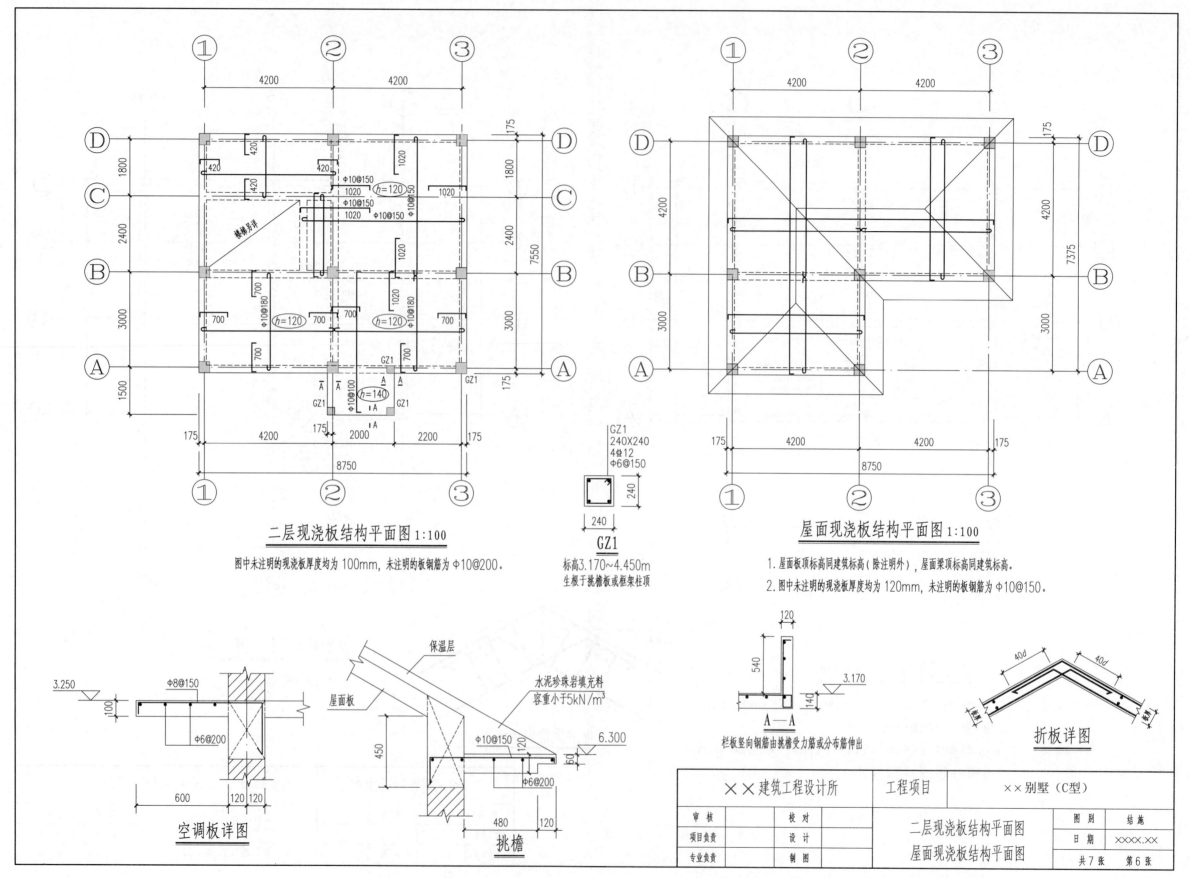

二层现浇板结构平面图 1:100

图中未注明的现浇板厚度均为 100mm，未注明的板钢筋为 Φ10@200。

GZ1
240X240
4Φ12
Φ6@150

GZ1

标高3.170~4.450m
生根于挑檐板或框架柱顶

屋面现浇板结构平面图 1:100

1. 屋面板顶标高同建筑标高（除注明外），屋面梁顶标高同建筑标高。

2. 图中未注明的现浇板厚度均为 120mm，未注明的板钢筋为 Φ10@150。

保温层

水泥珍珠岩填充料
容重小于5kN/m³

屋面板

空调板详图

挑檐

A—A

栏板竖向钢筋由挑檐受力筋或分布筋伸出

折板详图

××建筑工程设计所		工程项目		××别墅（C型）		
审 核		校 对		二层现浇板结构平面图	图 别	结 施
项目负责		设 计		屋面现浇板结构平面图	日 期	XXXX.XX
专业负责		制 图			共7张	第6张

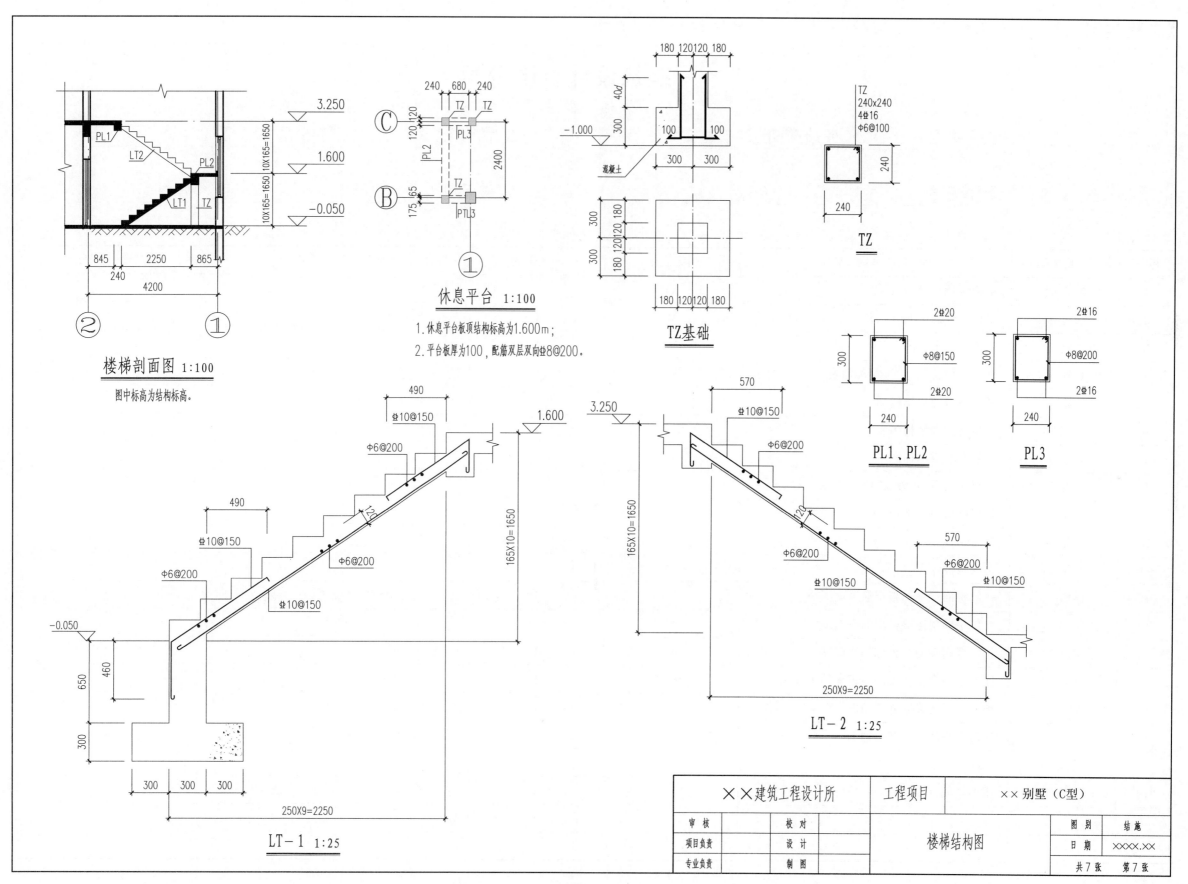

楼梯剖面图 1:100

图中标高为结构标高。

休息平台 1:100

1.休息平台板顶结构标高为1.600m；
2.平台板厚为100，配筋双层双向Φ8@200。

TZ基础

TZ
240x240
4Φ16
Φ6@100

TZ

PL1、PL2

PL3

LT-2 1:25

LT-1 1:25

××建筑工程设计所	工程项目	××别墅（C型）		
审 核	校 对	楼梯结构图	图 别	结 施
项目负责	设 计		日 期	XXXX.XX
专业负责	制 图		共7张 第7张	

【工程实例二】 ××房地产开发有限公司——××居住小区2#楼

××建筑设计有限公司

图纸目录

建设单位 ___××房地产开发有限公司___ 　　工程名称 ___××居住小区2#楼___

设计编号 ___××-11-05___ 　　　　　　完成日期 ___××××年××月___

序号	图纸编号	图纸名称或图纸内容	图纸规格	图纸张数	折合A1图张数	备　注
1	结施01	结构设计总说明（一）	A4	1	0.500	
2	结施02	结构设计总说明（二）	A2	1	0.500	
3	结施03	基础平面布置图	A2	1	0.500	
4	结施04	基础详图及KZ、连梁配筋表	A2	1	0.500	
5	结施05	地下室剪力墙结构图	A2	1	0.500	
6	结施06	一层剪力墙结构图	A2	1	0.500	
7	结施07	二层剪力墙结构图	A2	1	0.500	
8	结施08	三至十层剪力墙结构图	A2	1	0.500	
9	结施09	坡屋面剪力墙平面图	A2	1	0.500	
10	结施10	边缘构件详图（一）	A2	1	0.500	
11	结施11	边缘构件详图（二）	A2	1	0.500	
12	结施12	一层楼面现浇梁板配筋平面图	A2	1	0.500	
13	结施13	二层楼面现浇梁板配筋平面图	A2	1	0.500	
14	结施14	三层楼面现浇梁板配筋平面图	A2	1	0.500	
15	结施15	四至十一层楼面现浇梁板配筋平面图	A2	1	0.500	
16	结施16	坡屋面现浇梁配筋平面图	A2	1	0.500	
17	结施17	坡屋面现浇板配筋平面图	A2	1	0.500	
18	结施18	楼梯详图（一）	A2	1	0.500	
19	结施19	楼梯详图（二）	A2	1	0.500	
		合计：		19		

结构设计总说明

1. 本工程为××房地产开发有限公司××居住小区2#楼，地下一层，地上十一层。

2. 本工程建筑结构的安全等级为二级，设计使用年限为50年。

3. 本工程的抗震设防类别为丙类，抗震设防烈度为7度，设计基本地震加速度值为0.10g（设计地震第一组），场地类别为Ⅲ类。

混凝土结构的环境类别：地面以下为二a类；地面以上为一类。

4. 本工程为框架-剪力墙结构，剪力墙抗震等级为三级，框架抗震等级为三级。

5. 设计依据

《建筑结构荷载规范》（GB 50009—2012）

《建筑地基基础设计规范》（GB 50007—2011）

《建筑抗震设计规范》（2016年版）（GB 50011—2010）

《混凝土结构设计规范》（2015年版）（GB 50010—2010）

《砌体结构设计规范》（GB 50003—2011）

《高层建筑混凝土结构技术规程》（JGJ 3—2010）

6. 本设计结构计算程序采用《PKPM系列计算程序》中的PK、PMCAD、SATWE、JCCAD等辅助设计软件（2016年版）。

7. 本设计图纸中所注尺寸除标高以米（m）为单位外，其余均以毫米（mm）为单位。

8. 基础部分设计说明详见基础结构图。

9. 本工程楼层结构使用荷载标准值为：

卧室、客厅、厨房、楼梯、上人屋面	2.0kN/m²
阳台	2.5kN/m²
不上人屋面	0.5kN/m²
电梯机房	7.0kN/m²
基本风压	0.4kN/m²（地面粗糙度为B类）
雪荷载	0.45kN/m³
最大冻土深度	0.5m

10. 材料

混凝土强度等级均为C30；

其中关于卫生间、阳台等处现浇板采用防水混凝土，抗渗标号为S6。

HPB300级钢筋（用φ表示），抗拉强度设计值为270N/mm²。

HRB400级钢筋（用Φ表示），抗拉强度设计值为360N/mm²。

基础垫层采用C15素混凝土。

±0.000m以上的填充墙采用MU5.0煤矸石空心砌块、M5混合砂浆砌筑。

±0.000m以下的填充墙采用MU7.5煤矸石实心砖、M7.5水泥砂浆砌筑。

煤矸石空心砌块的容重≤8.0kN/m³。

其他内墙隔板采用轻质墙板（面密度≤0.6kN/m²）。

标高±0.000以下墙体内、外均采用1：2水泥砂浆抹面20mm（掺5%防水剂）。

11. 混凝土保护层厚度详见标准图集16G101-1。

12. 框架梁、框架柱内纵向钢筋的接头，应采用焊接连接。

13. 未注明的钢筋最小锚固和最小搭接长度详见标准图集16G101-1。

14. 楼、屋面板

(1) 现浇板中，未注明规格的板内配筋均为φ8@200；未示出的板内分布钢筋均为φ6@200。

(2) 现浇双向板配筋中，短向的底部受力钢筋应放在长向的底部受力钢筋之下；短向的顶部受力钢筋应放在长向的顶部受力钢筋之上。

(3) 各层楼面的窗台下、屋面女儿墙顶，均应加设钢筋混凝土压顶梁。压顶梁的断面尺寸为250mm×120mm，梁内配筋为4φ10+φ6@200（钢筋的两端锚入墙或柱内）。

(4) 现浇板上的预留洞口长边或直径≤300mm时，洞口不设置附加钢筋，应将板内钢筋从洞口边绕过；预留洞口长边或直径＞300mm时，洞口周边应设置附加钢筋2φ14，每侧附加钢筋应不小于孔洞宽度内被切断钢筋的一半，并锚入支座内。

(5) 除轻质墙板外，楼板上不得砌筑其他砖墙。板上采用轻质墙板处，应在板底设置附加钢筋2φ12（具体位置见建筑图）。

(6) 板配筋图中，支座上部钢筋（负筋）的所示长度为梁边至板内直钩弯折点的长度；边支座上部钢筋（负筋）应伸入至墙或梁外侧纵筋的内侧，其端部垂直段应≥10d。

(7) 板内下部钢筋（主筋）在边支座处锚入梁内的长度应≥120mm。

(8) 厚度≥120mm（或跨度≥4.2m）的现浇板中，板顶未双向配筋者增设温度收缩钢筋，在板的上表面设双向钢筋φ6@200，与板的上皮筋搭接。

15. 框架梁、柱、剪力墙

(1) 框架梁、柱、剪力墙均采用平面整体配筋图表示法，标准图集号为16G101-1。

(2) 本设计仅表示出了构件的断面及配筋，详细构造均见标准图集。

(3) 框架柱、剪力墙与填充墙交接处，应在框架柱、剪力墙上沿墙高每隔500mm，设2φ6拉结钢筋，钢筋伸入墙内的长度为墙长的1/5，且不小于700mm（或伸至洞口边）。

(4) 主、次梁相交处，应在主梁内，沿次梁两侧设置附加箍筋，每侧3根（间距50mm）。

(5) 主、次梁相交处，次梁内的上部（或下部）纵向钢筋应放在主梁的上部（或下部）纵向钢筋之下（或上），详见图1～图3。

(6) 悬臂梁内的箍筋应按悬臂部分的全长进行加密，即箍筋间距均为100mm。

(7) 对于屋面处的框架梁KL-*，其钢筋构造应同16G101-1中WKL的构造。

(8) 剪力墙竖向及水平分布钢筋的接头位置应错开，见"详图一、详图二"。每次连接的钢筋数量不超过总数量50%。

(9) 剪力墙均采用φ6拉结钢筋连接，拉接钢筋应勾住外皮水平钢筋，见"详图三"。

(10) 剪力墙上的非连续小洞口且边长≤800mm时，洞口边钢筋的加强见"详图四"。对于剪力墙上开设的圆形洞口，则应附加环形钢筋2φ16（搭接长度为40d）。剪力墙连梁内预埋套管构造见"详图五"。

(11) 剪力墙与后砌筑的填充墙之间的拉接做法见"详图六"。

(12) 剪力墙端柱、暗柱内的箍筋做法见"详图七"。

16. 钢筋混凝土构造柱

(1) 构造柱的间距应不大于层高的2倍。

(2) 构造柱与砌体连接处应沿墙高每隔500mm设2φ6拉结钢筋，每边伸入墙内的长度不小于500mm（或伸至洞口边）。

(3) 构造柱纵筋锚入圈梁或其他梁内600mm。出屋面构造柱应锚入女儿墙压顶内。

(4) 构造柱箍筋在纵筋搭接及各楼层上下端600mm高范围内，间距加密至100mm。

17. 屋面现浇挑檐应沿长度方向每隔12m设置伸缩缝一道。

18. 对于长度大于5m的填充墙，应在墙中部设置构造柱（@≤3.0m），填充墙顶部与框架梁或剪力墙按照详图进行拉接。

高度大于4m的填充墙，在距楼面高度2.1m（门过梁位置）处增设钢筋混凝土圈梁一道，圈梁高240mm，配筋为4φ12+φ6@200。

19. 建筑门、窗、洞口处，均采用钢筋混凝土过梁，选用山东省标准图集L03G303，过梁宽度同墙厚，梁上的荷载等级为3级。预制过梁与现浇钢筋混凝土构件相碰时，预制过梁改为共同现浇。

20. 本设计要密切配合建筑、给排水、电气、暖通等专业图纸施工。

21. 电梯订货必须符合本图所提供电梯井道尺寸、门洞尺寸、门洞侧面预留孔洞、吊钩位置及机房楼板预留洞，待电梯订货并核对无误后再施工。

22. 梁、板、墙、柱上的预埋件，应按照各工种的要求埋件，各工种应配合土建施工。

23. 给排水、电气、暖通等专业的管道穿梁、墙处，均应按照有关专业的图纸预埋套管。

24. 本设计中未尽事宜详见有关的规范及规程。

25. 未经技术鉴定或设计许可，不得改变结构的用途和使用环境。

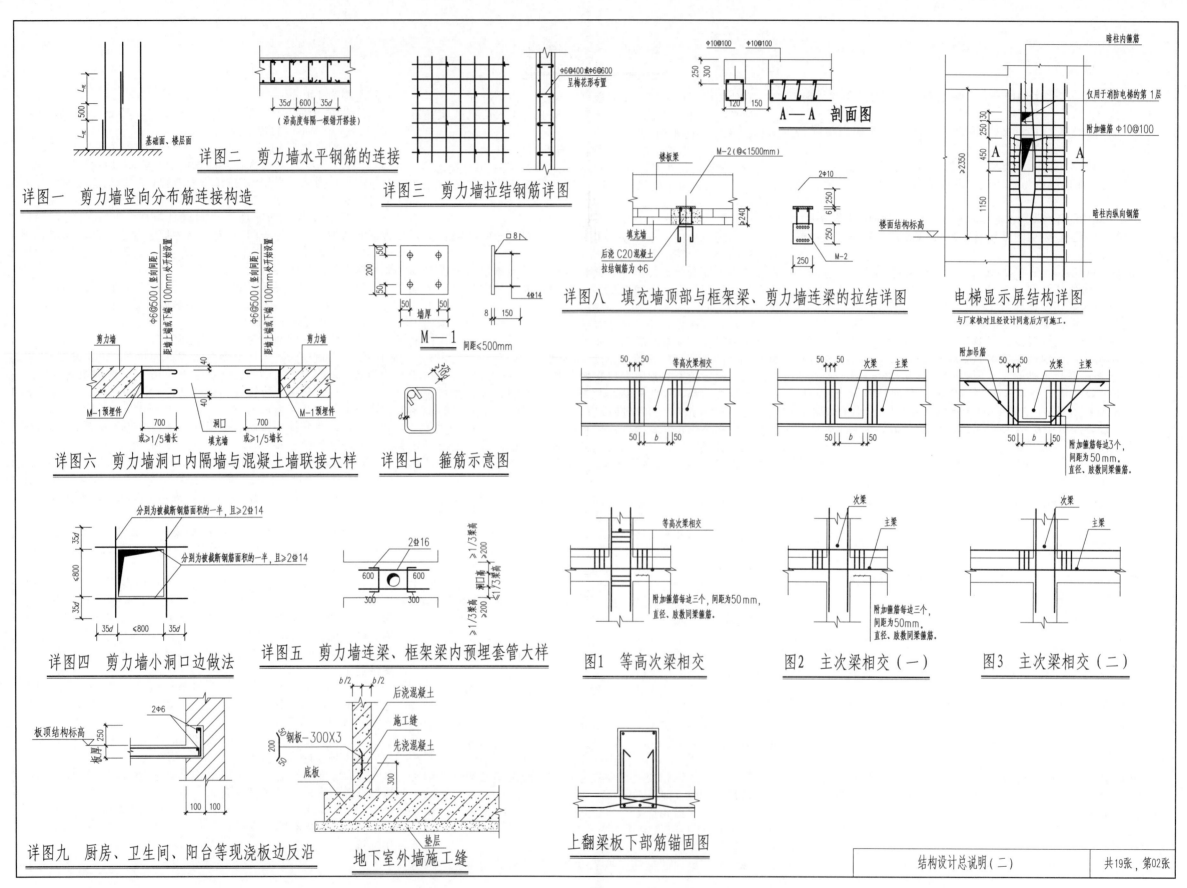

详图一 剪力墙竖向分布筋连接构造

详图二 剪力墙水平钢筋的连接

详图三 剪力墙拉结钢筋详图

A—A 剖面图

详图八 填充墙顶部与框架梁、剪力墙连梁的拉结详图

电梯显示屏结构详图

详图六 剪力墙洞口内隔墙与混凝土墙联接大样

详图七 箍筋示意图

详图四 剪力墙小洞口边做法

详图五 剪力墙连梁、框架梁内预埋套管大样

图1 等高次梁相交

图2 主次梁相交(一)

图3 主次梁相交(二)

详图九 厨房、卫生间、阳台等现浇板边反沿

地下室外墙施工缝

上翻梁板下部筋锚固图

结构设计总说明(二)

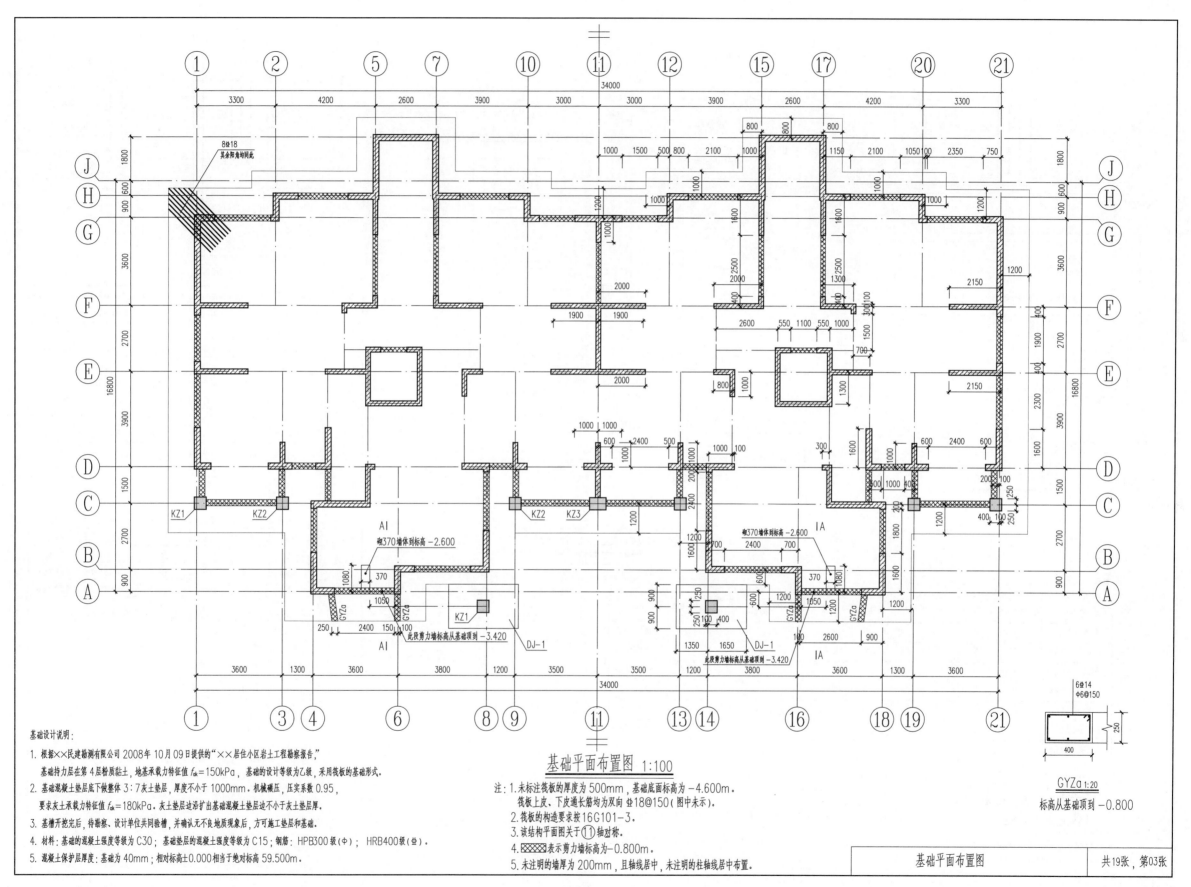

基础平面布置图 1:100

基础设计说明：
1. 根据××民建勘测有限公司 2008 年 10 月 09 日提供的"××居住小区岩土工程勘察报告"，
   基础持力层在第 4 层粉质黏土，地基承载力特征值 f_{ak}=150kPa，基础的设计等级为乙级，采用筏板的基础形式。
2. 基础混凝土垫层底下做整体 3：7 灰土垫层，厚度不小于 1000mm。机械碾压，压实系数 0.95，
   要求灰土垫层承载力特征值 f_{ak}=180kPa。灰土垫层边沿扩出基础混凝土垫层边不小于灰土垫层厚。
3. 基槽开挖完后，待勘察、设计单位共同验槽，并确认无不良地质现象后，方可施工垫层和基础。
4. 材料：基础的混凝土强度等级为 C30；基础垫层的混凝土强度等级为 C15；钢筋：HPB300 级(Φ)；HRB400 级(Φ)。
5. 混凝土保护层厚度：基础为 40mm；相对标高±0.000 相当于绝对标高 59.500m。

注：1. 未标注筏板的厚度为 500mm，基础底面标高为 -4.600m。
   筏板上皮、下皮通长筋均为双向 Φ18@150（图中未示）。
2. 筏板的构造要求按 16G101-3。
3. 该结构平面图关于⑪轴对称。
4. ▨▨表示剪力墙标高为 -0.800m。
5. 未注明的墙厚为 200mm，且轴线居中，未注明的柱轴线居中布置。

GYZa 1:20
标高从基础顶到 -0.800

基础平面布置图

共19张，第03张

· 11 ·

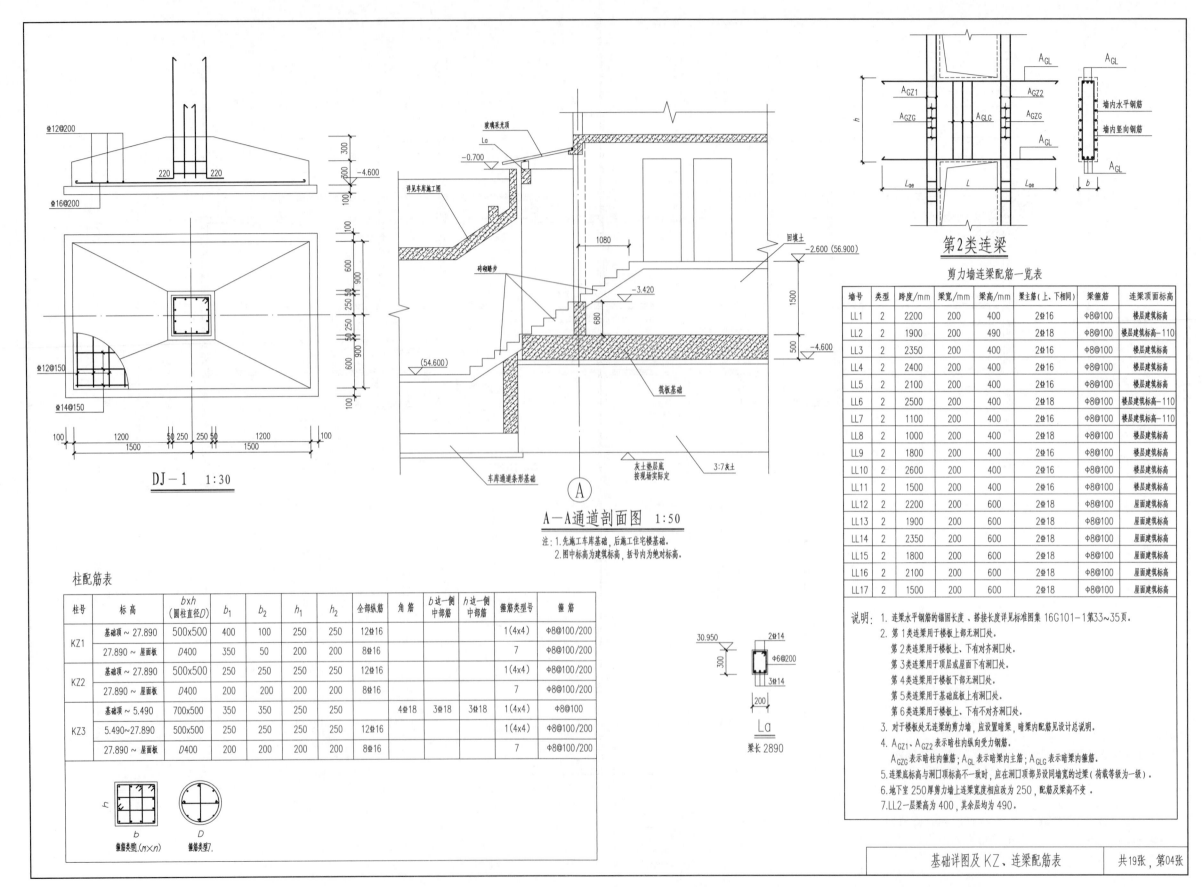

第2类连梁

剪力墙连梁配筋一览表

墙号	类型	跨度/mm	梁宽/mm	梁高/mm	梁主筋（上、下相同）	梁箍筋	连梁顶面标高
LL1	2	2200	200	400	2⏀16	Φ8@100	楼层建筑标高
LL2	2	1900	200	490	2⏀18	Φ8@100	楼层建筑标高-110
LL3	2	2350	200	400	2⏀16	Φ8@100	楼层建筑标高
LL4	2	2400	200	400	2⏀16	Φ8@100	楼层建筑标高
LL5	2	2100	200	400	2⏀16	Φ8@100	楼层建筑标高
LL6	2	2500	200	400	2⏀18	Φ8@100	楼层建筑标高-110
LL7	2	1100	200	400	2⏀16	Φ8@100	楼层建筑标高-110
LL8	2	1000	200	400	2⏀18	Φ8@100	楼层建筑标高
LL9	2	1800	200	400	2⏀16	Φ8@100	楼层建筑标高
LL10	2	2600	200	400	2⏀16	Φ8@100	楼层建筑标高
LL11	2	1500	200	400	2⏀16	Φ8@100	楼层建筑标高
LL12	2	2200	200	600	2⏀18	Φ8@100	屋面建筑标高
LL13	2	1900	200	600	2⏀18	Φ8@100	屋面建筑标高
LL14	2	2350	200	600	2⏀18	Φ8@100	屋面建筑标高
LL15	2	1800	200	600	2⏀18	Φ8@100	屋面建筑标高
LL16	2	2100	200	600	2⏀18	Φ8@100	屋面建筑标高
LL17	2	1500	200	600	2⏀18	Φ8@100	屋面建筑标高

说明：1. 连梁水平钢筋的锚固长度、搭接长度详见标准图集16G101-1第33~35页。
2. 第1类连梁用于楼板上部无洞口处。
第2类连梁用于楼板上、下有洞口处。
第3类连梁用于顶层或屋面上有洞口处。
第4类连梁用于楼板下部无洞口处。
第5类连梁用于基础底板上有洞口处。
第6类连梁用于楼板上、下有不对齐洞口处。
3. 对于楼板处无连梁的剪力墙，应设置暗梁，暗梁内配筋见设计总说明。
4. A_{GZ1}、A_{GZ2}表示暗柱内纵向受力钢筋。
A_{GZG}表示暗柱内箍筋；A_{GL}表示暗梁内主筋；A_{GLG}表示暗梁内箍筋。
5. 连梁底标高与洞口顶标高不一致时，应在洞口顶部另设同墙宽的过梁（荷载等级为一级）。
6. 地下室250厚剪力墙上连梁宽度相应改为250，配筋及梁高不变。
7. LL2一层梁高为400，其余层均为490。

DJ-1 1:30

A-A通道剖面图 1:50

注：1. 先施工车库基础，后施工住宅楼基础。
2. 图中标高为建筑标高，括号内为绝对标高。

柱配筋表

柱号	标高	b×h（圆柱直径D）	b₁	b₂	h₁	h₂	全部纵筋	角筋	b边一侧中部筋	h边一侧中部筋	箍筋类型号	箍筋
KZ1	基础顶~27.890	500x500	400	100	250	250	12⏀16				1(4×4)	Φ8@100/200
	27.890~屋面板	D400	350	50	200	200	8⏀16				7	Φ8@100/200
KZ2	基础顶~27.890	500x500	250	250	250	250	12⏀16				1(4×4)	Φ8@100/200
	27.890~屋面板	D400	200	200	200	200	8⏀16				7	Φ8@100/200
KZ3	基础顶~5.490	700x500	350	350	250	250		4⏀18	3⏀18	3⏀18	1(4×4)	Φ8@100
	5.490~27.890	500x500	250	250	250	250	12⏀16				1(4×4)	Φ8@100/200
	27.890~屋面板	D400	200	200	200	200	8⏀16				7	Φ8@100/200

箍筋类型1(n×n)   箍筋类型7.

梁长 2890

基础详图及KZ、连梁配筋表	共19张，第04张

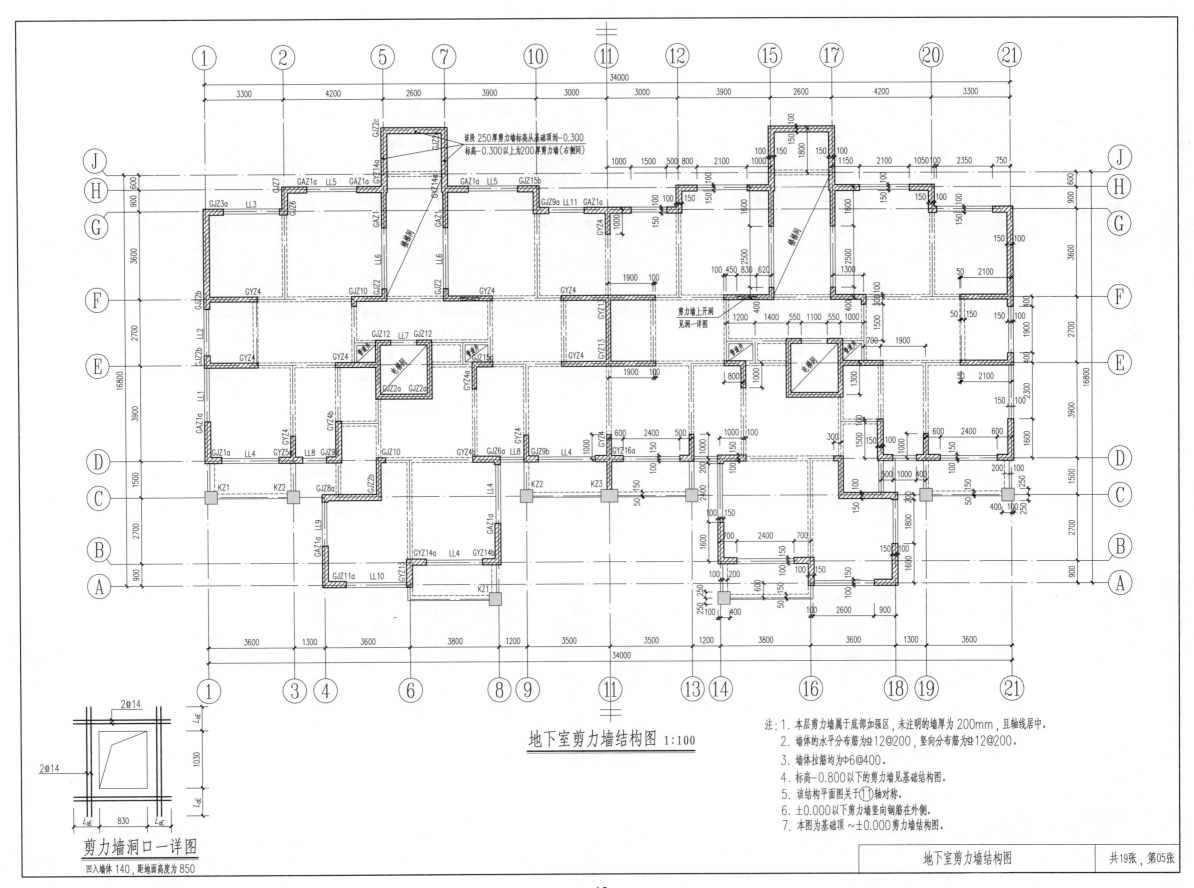

地下室剪力墙结构图 1:100

剪力墙洞口一详图

凹入墙体140,距地面高度为850

注：1. 本层剪力墙属于底部加强区，未注明的墙厚为200mm，且轴线居中。
2. 墙体的水平分布筋为Φ12@200，竖向分布筋为Φ12@200。
3. 墙体拉筋均为Φ6@400。
4. 标高−0.800以下的剪力墙见基础结构图。
5. 该结构平面图关于⑪轴对称。
6. ±0.000以下剪力墙竖向钢筋在外侧。
7. 本图为基础顶~±0.000剪力墙结构。

该段250厚剪力墙标高从基础顶到−0.300
标高−0.300以上为200厚剪力墙(右侧同)

剪力墙上开洞
见洞一详图

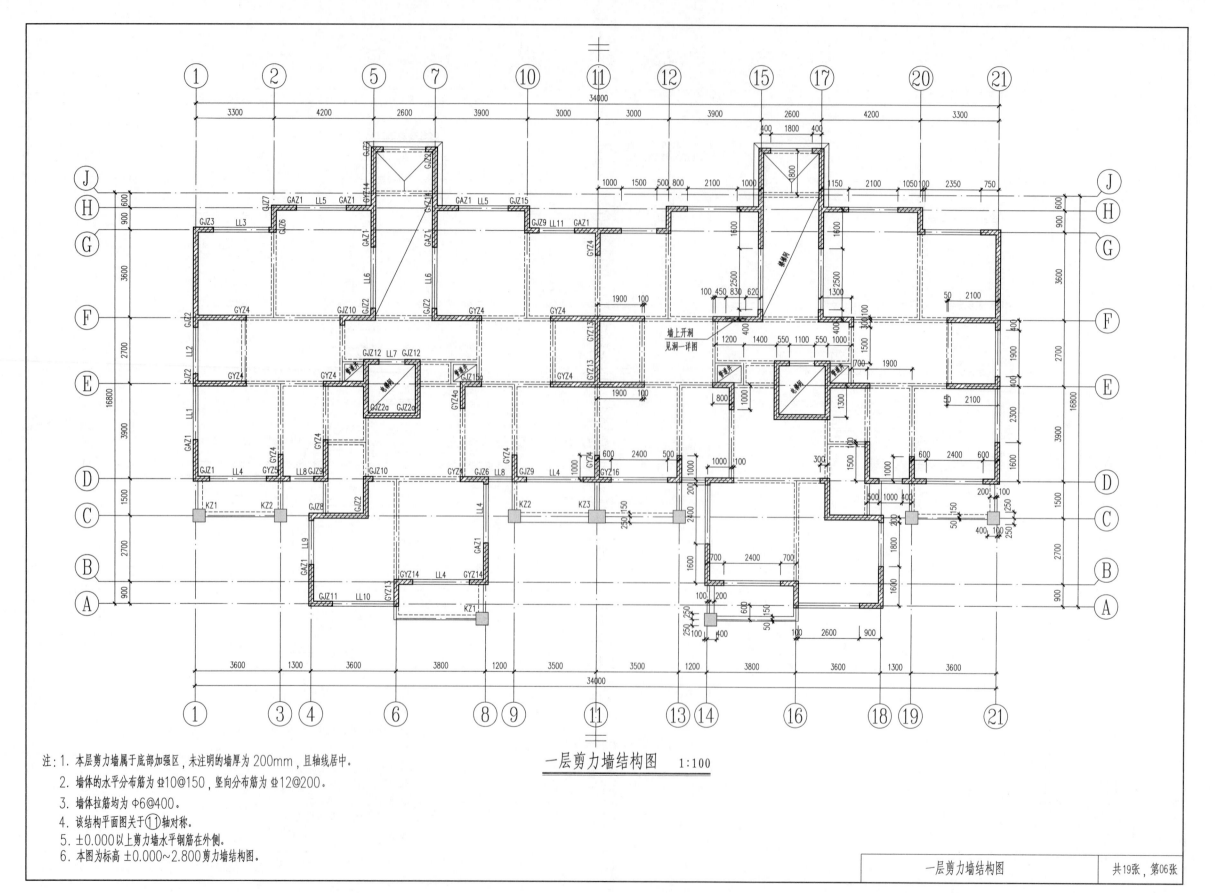

一层剪力墙结构图 1:100

注：1. 本层剪力墙属于底部加强区，未注明的墙厚为 200mm，且轴线居中。
2. 墙体的水平分布筋为 Φ10@150，竖向分布筋为 Φ12@200。
3. 墙体拉筋均为 Φ6@400。
4. 该结构平面图关于⑪轴对称。
5. ±0.000 以上剪力墙水平钢筋在外侧。
6. 本图为标高 ±0.000～2.800 剪力墙结构图。

一层剪力墙结构图	共19张，第06张

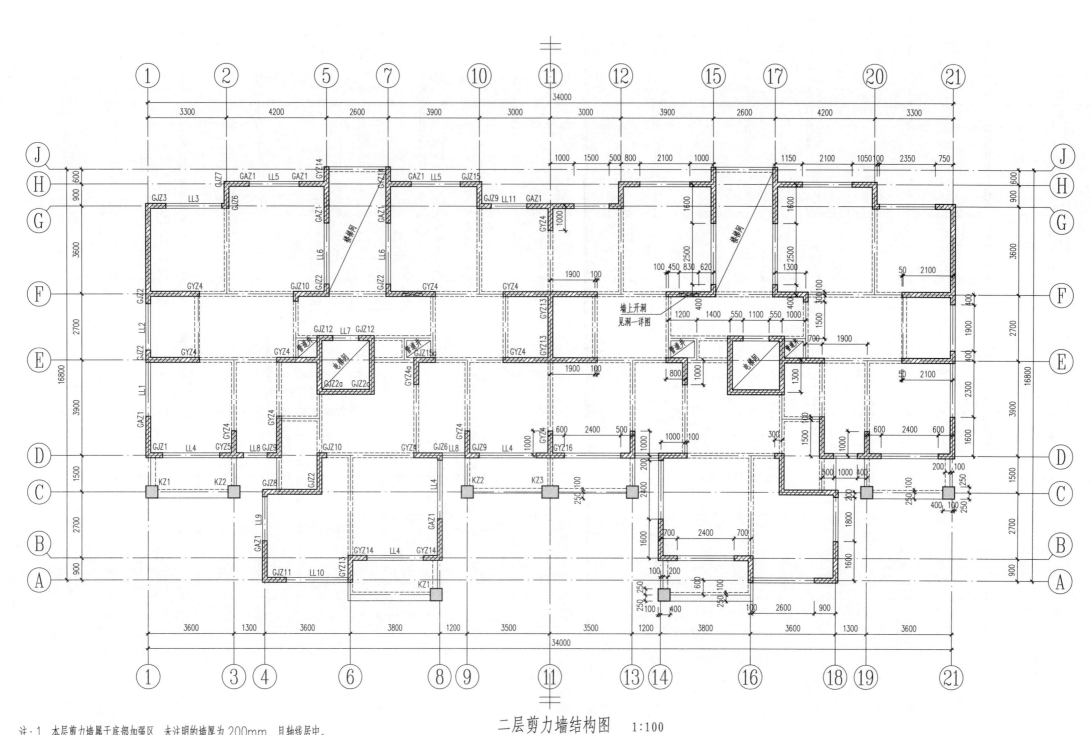

二层剪力墙结构图 1:100

注: 1. 本层剪力墙属于底部加强区,未注明的墙厚为 200mm,且轴线居中。
　　2. 墙体的水平分布筋为 Φ10@150,竖向分布筋为 Φ12@200。
　　3. 墙体拉筋均为 Φ6@400。
　　4. 该结构平面图关于⑪轴对称。
　　5. 本图为标高 2.800~5.600 剪力墙结构图。

| 二层剪力墙结构图 | 共19张,第07张 |

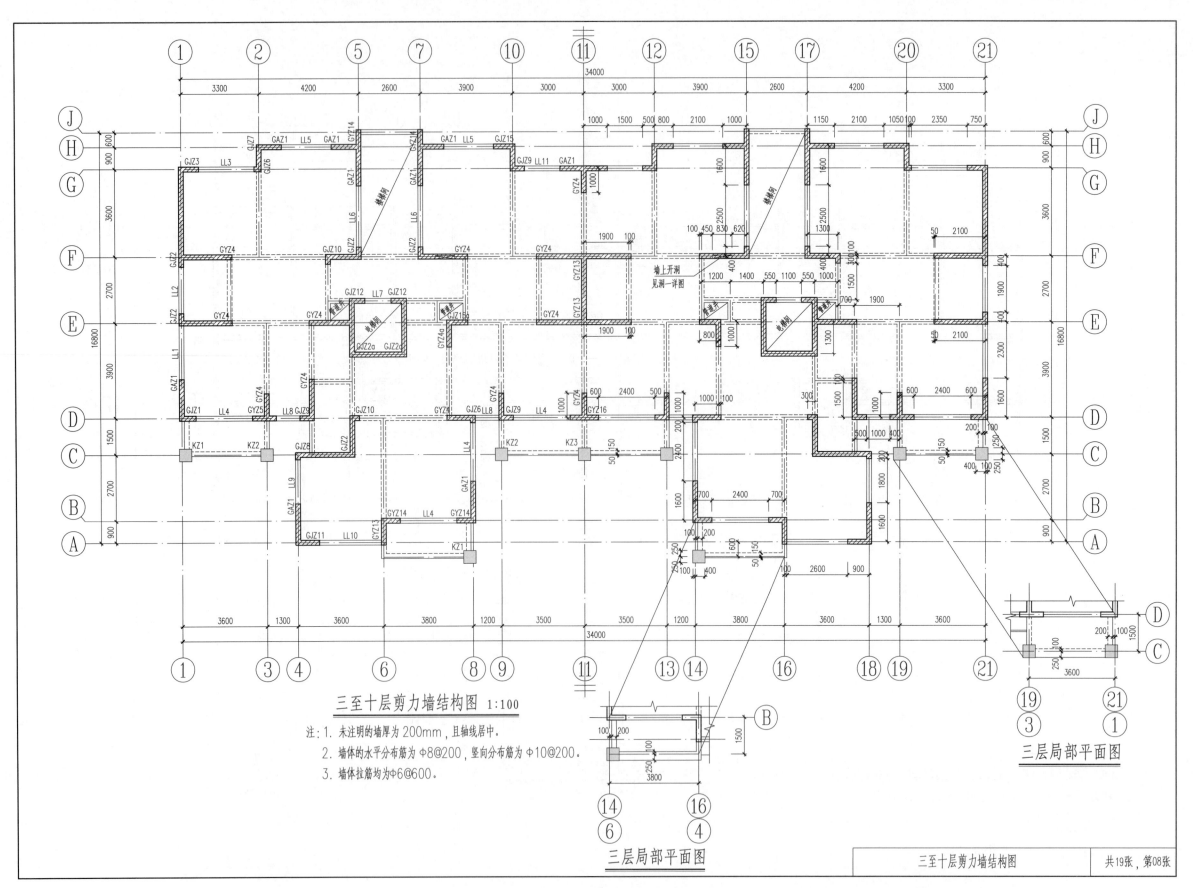

三至十层剪力墙结构图 1:100

注：1. 未注明的墙厚为200mm，且轴线居中。
    2. 墙体的水平分布筋为Φ8@200，竖向分布筋为Φ10@200。
    3. 墙体拉筋均为Φ6@600。

三层局部平面图

三层局部平面图

三至十层剪力墙结构图

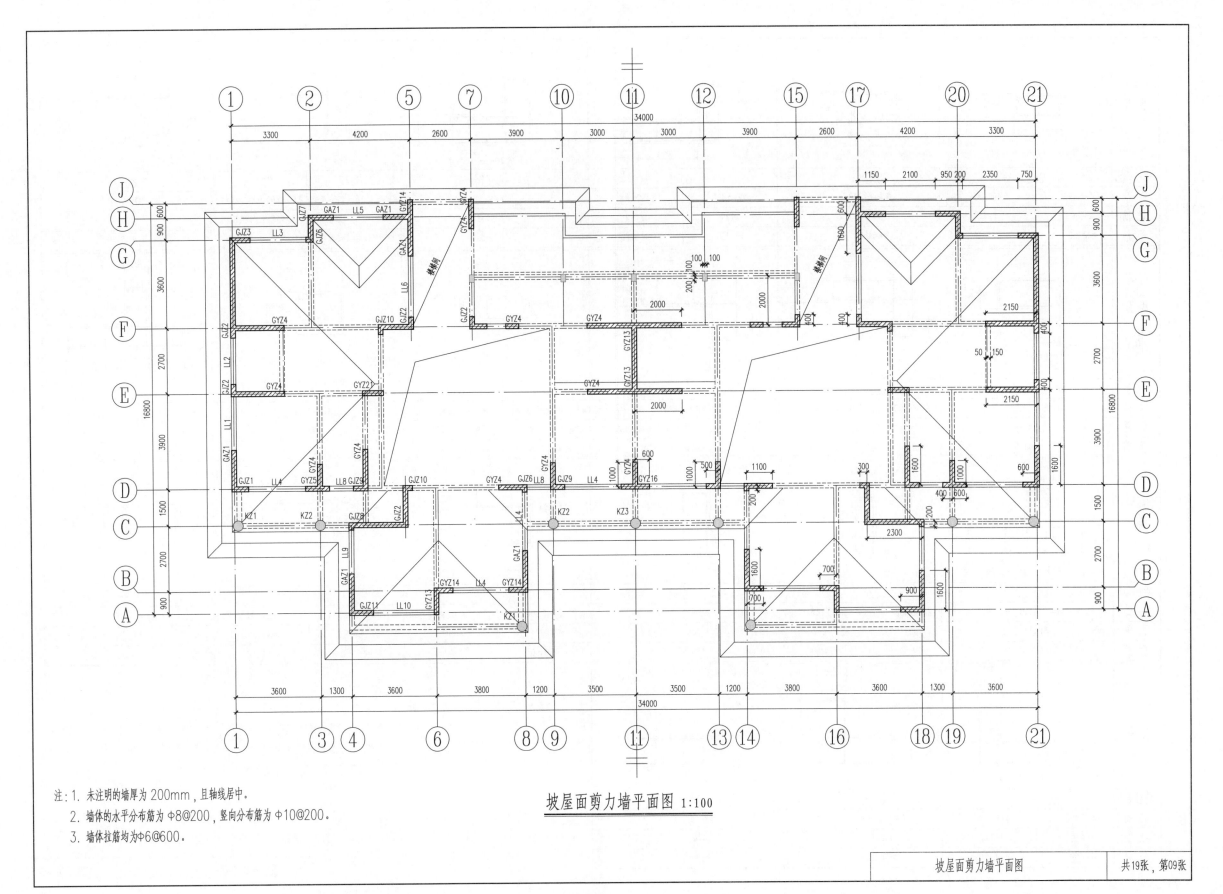

坡屋面剪力墙平面图 1:100

注: 1. 未注明的墙厚为200mm，且轴线居中。
　　2. 墙体的水平分布筋为Φ8@200，竖向分布筋为Φ10@200。
　　3. 墙体拉筋均为Φ6@600。

坡屋面剪力墙平面图	共19张，第09张

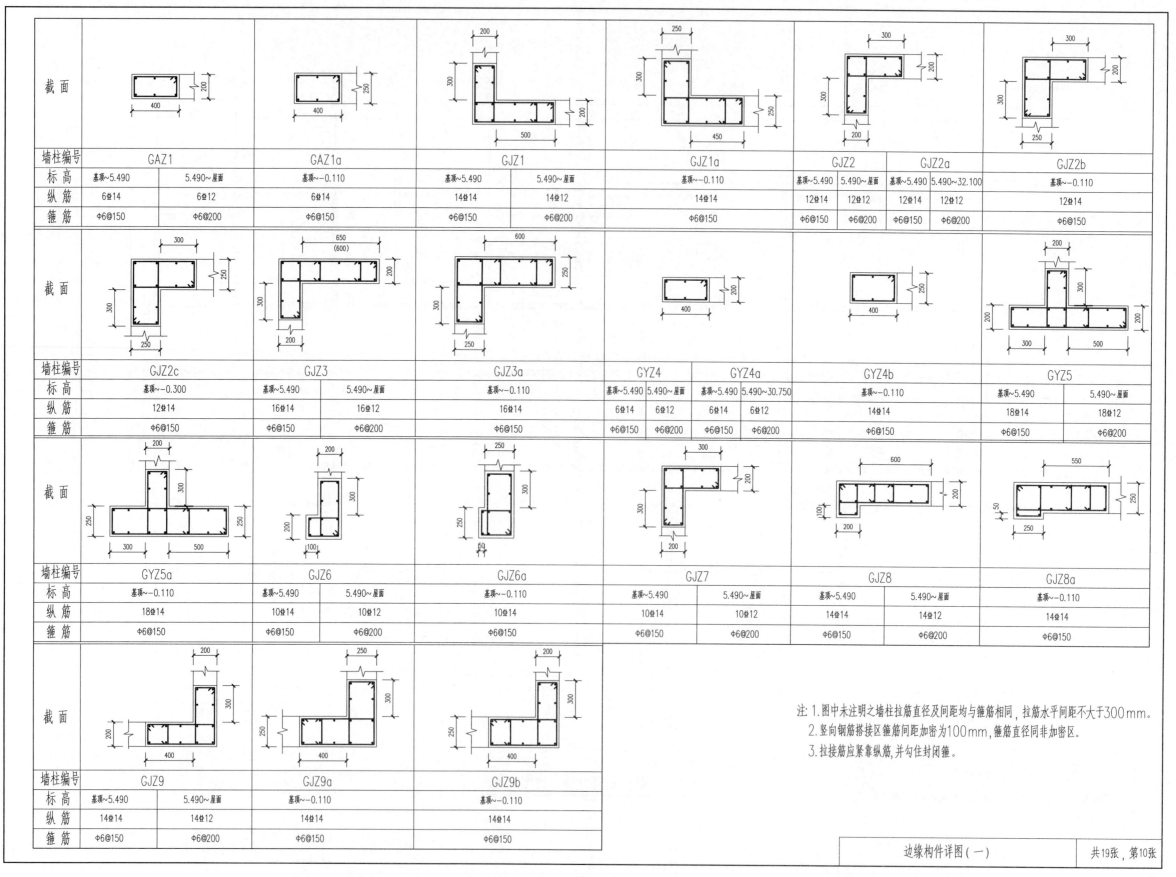

墙柱编号	GAZ1		GAZ1a	GJZ1		GJZ1a	GJZ2		GJZ2a		GJZ2b
标高	基顶~5.490	5.490~屋面	基顶~-0.110	基顶~5.490	5.490~屋面	基顶~-0.110	基顶~5.490	5.490~屋面	基顶~5.490	5.490~32.100	基顶~-0.110
纵筋	6Φ14	6Φ12	6Φ14	14Φ14	14Φ12	14Φ14	12Φ14	12Φ12	12Φ14	12Φ12	12Φ14
箍筋	Φ6@150	Φ6@200	Φ6@150	Φ6@150	Φ6@200	Φ6@150	Φ6@150	Φ6@200	Φ6@150	Φ6@200	Φ6@150

墙柱编号	GJZ2c	GJZ3		GJZ3a	GYZ4		GYZ4a		GYZ4b	GYZ5	
标高	基顶~-0.300	基顶~5.490	5.490~屋面	基顶~-0.110	基顶~5.490	5.490~屋面	基顶~5.490	5.490~30.750	基顶~-0.110	基顶~5.490	5.490~屋面
纵筋	12Φ14	16Φ14	16Φ12	16Φ14	6Φ14	6Φ12	6Φ14	6Φ12	14Φ14	18Φ14	18Φ12
箍筋	Φ6@150	Φ6@150	Φ6@200	Φ6@150	Φ6@150	Φ6@200	Φ6@150	Φ6@200	Φ6@150	Φ6@150	Φ6@200

墙柱编号	GYZ5a	GJZ6		GJZ6a	GJZ7		GJZ8		GJZ8a
标高	基顶~-0.110	基顶~5.490	5.490~屋面	基顶~-0.110	基顶~5.490	5.490~屋面	基顶~5.490	5.490~屋面	基顶~-0.110
纵筋	18Φ14	10Φ14	10Φ12	10Φ14	10Φ14	10Φ12	14Φ14	14Φ12	14Φ14
箍筋	Φ6@150	Φ6@150	Φ6@200	Φ6@150	Φ6@150	Φ6@200	Φ6@150	Φ6@200	Φ6@150

墙柱编号	GJZ9		GJZ9a	GJZ9b
标高	基顶~5.490	5.490~屋面	基顶~-0.110	基顶~-0.110
纵筋	14Φ14	14Φ12	14Φ14	14Φ14
箍筋	Φ6@150	Φ6@200	Φ6@150	Φ6@150

注: 1.图中未注明之墙柱拉筋直径及间距均与箍筋相同，拉筋水平间距不大于300mm。

2.竖向钢筋搭接区箍筋间距加密为100mm，箍筋直径同非加密区。

3.拉接筋应紧靠纵筋，并勾住封闭箍。

边缘构件详图(一)

共19张，第10张

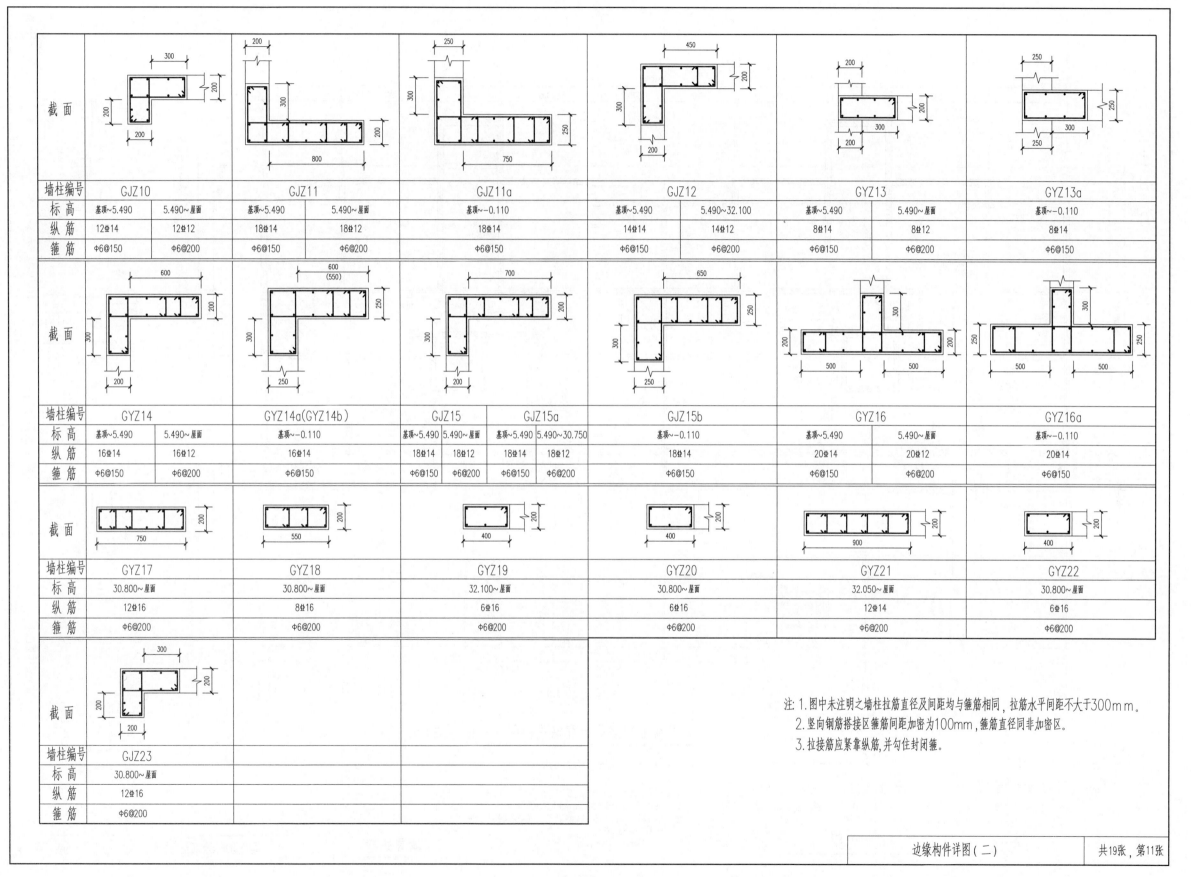

截 面										
墙柱编号	GJZ10		GJZ11		GJZ11a	GJZ12		GYZ13		GYZ13a
标 高	基顶~5.490	5.490~屋面	基顶~5.490	5.490~屋面	基顶~-0.110	基顶~5.490	5.490~32.100	基顶~5.490	5.490~屋面	基顶~-0.110
纵 筋	12⚫14	12⚫12	18⚫14	18⚫12	18⚫14	14⚫14	14⚫12	8⚫14	8⚫12	8⚫14
箍 筋	Φ6@150	Φ6@200	Φ6@150	Φ6@200	Φ6@150	Φ6@150	Φ6@200	Φ6@150	Φ6@200	Φ6@150

截 面								
墙柱编号	GYZ14	GYZ14a(GYZ14b)	GJZ15		GJZ15a		GJZ15b	GYZ16
标 高	基顶~5.490	5.490~屋面	基顶~-0.110	基顶~5.490	5.490~屋面	基顶~5.490	5.490~30.750	基顶~-0.110

墙柱编号	GYZ14		GYZ14a(GYZ14b)	GJZ15		GJZ15a		GJZ15b	GYZ16		GYZ16a
标 高	基顶~5.490	5.490~屋面	基顶~-0.110	基顶~5.490	5.490~屋面	基顶~5.490	5.490~30.750	基顶~-0.110	基顶~5.490	5.490~屋面	基顶~-0.110
纵 筋	16⚫14	16⚫12	16⚫14	18⚫14	18⚫12	18⚫14	18⚫12	18⚫14	20⚫14	20⚫12	20⚫14
箍 筋	Φ6@150	Φ6@200	Φ6@150	Φ6@150	Φ6@200	Φ6@150	Φ6@200	Φ6@150	Φ6@150	Φ6@200	Φ6@150

截 面						
墙柱编号	GYZ17	GYZ18	GYZ19	GYZ20	GYZ21	GYZ22
标 高	30.800~屋面	30.800~屋面	32.100~屋面	30.800~屋面	32.050~屋面	30.800~屋面
纵 筋	12⚫16	8⚫16	6⚫16	6⚫16	12⚫14	6⚫16
箍 筋	Φ6@200	Φ6@200	Φ6@200	Φ6@200	Φ6@200	Φ6@200

截 面		
墙柱编号	GJZ23	
标 高	30.800~屋面	
纵 筋	12⚫16	
箍 筋	Φ6@200	

注：1.图中未注明之墙柱拉筋直径及间距均与箍筋相同，拉筋水平间距不大于300mm。
　　2.竖向钢筋搭接区箍筋间距加密为100mm，箍筋直径同非加密区。
　　3.拉接筋应紧靠纵筋，并勾住封闭箍。

边缘构件详图（二）　　　共19张，第11张

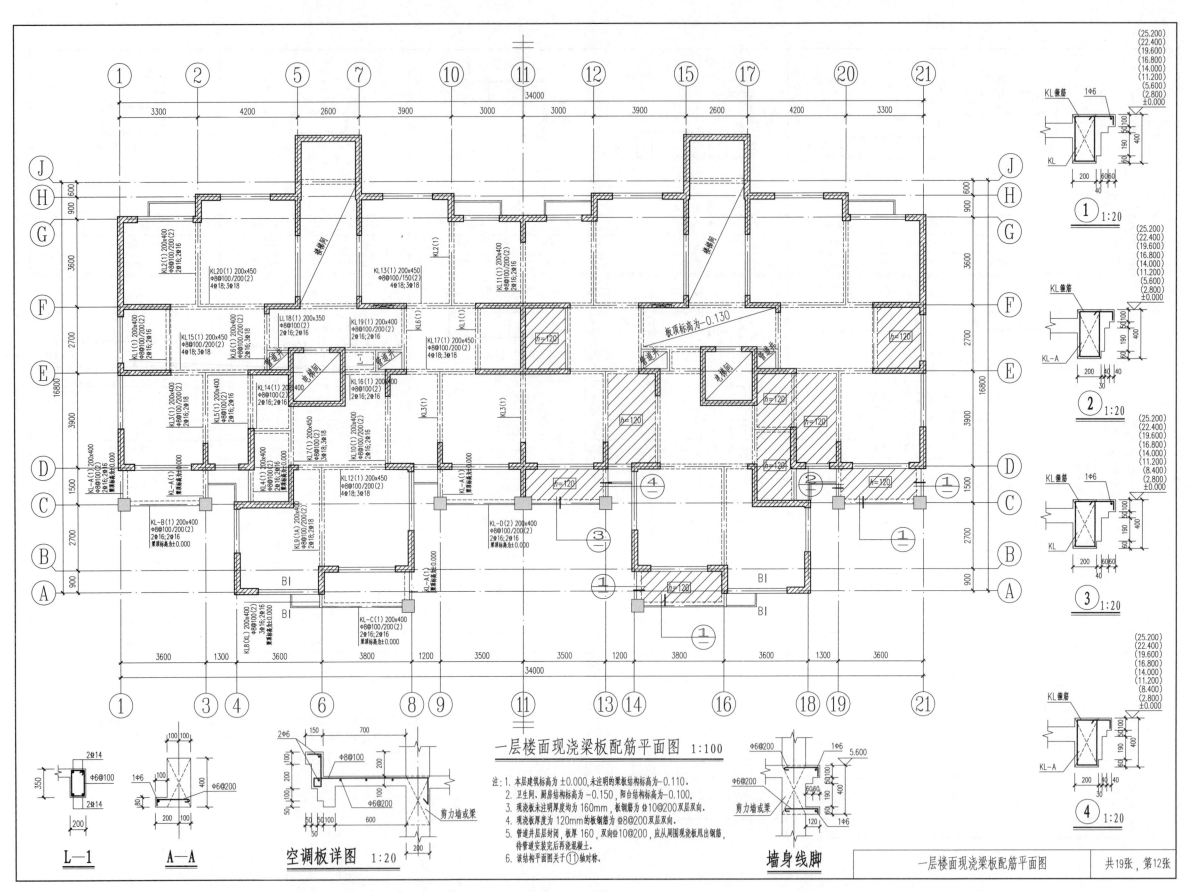

一层楼面现浇梁板配筋平面图 1:100

注: 1. 本层建筑标高为±0.000,未注明的梁板结构标高为-0.110。
2. 卫生间、厨房结构标高为-0.150,阳台结构标高为-0.100。
3. 现浇板未注明厚度均为160mm,板钢筋为φ10@200双层双向。
4. 现浇板厚度为120mm的板钢筋为φ8@200双层双向。
5. 管道井层层封闭,板厚160,双向φ10@200,应从周围现浇板甩出钢筋,待管道安装完后再浇混凝土。
6. 该结构平面图关于⑪轴对称。

L—1   A—A   空调板详图 1:20   墙身线脚   一层楼面现浇梁板配筋平面图   共19张,第12张

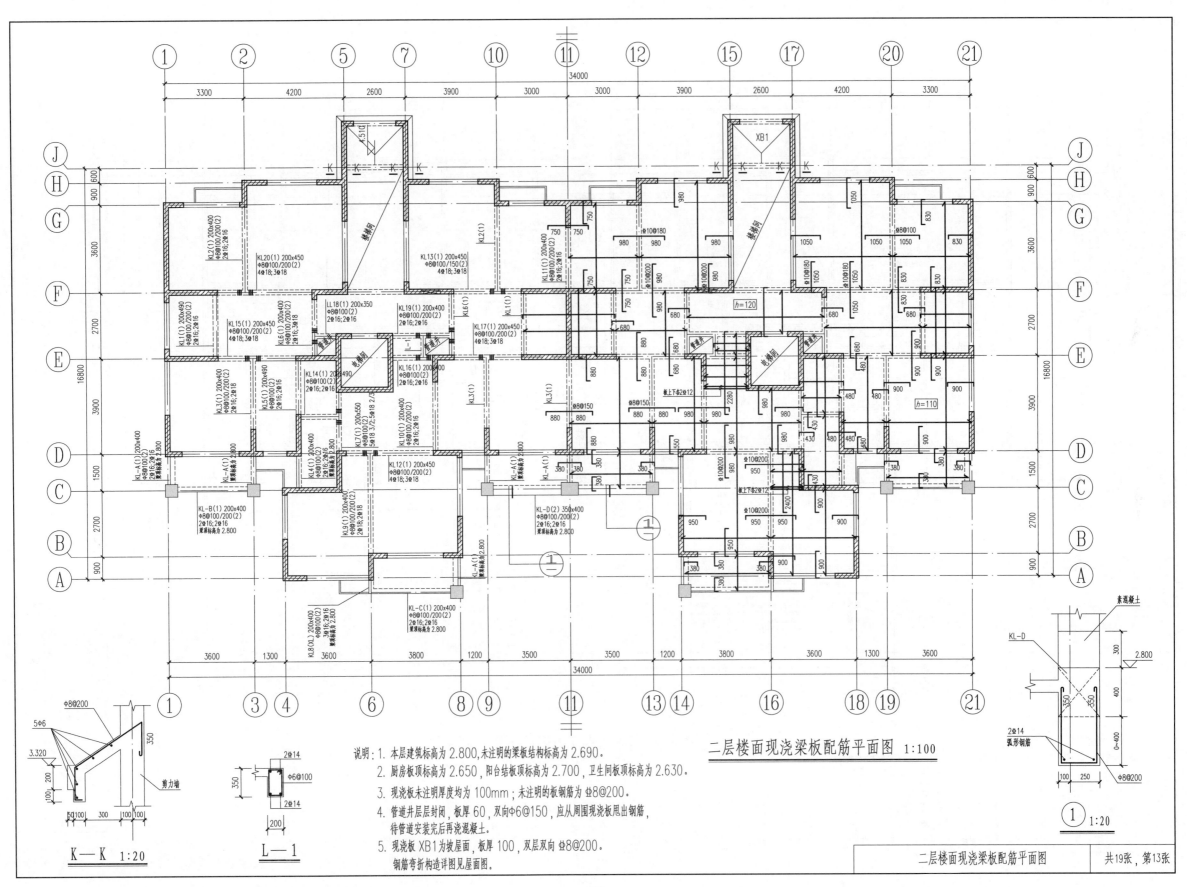

二层楼面现浇梁板配筋平面图 1:100

说明：1. 本层建筑标高为 2.800，未注明的梁板结构标高为 2.690。
2. 厨房板顶标高为 2.650，阳台结板顶标高为 2.700，卫生间板顶标高为 2.630。
3. 现浇板未注明厚度均为 100mm；未注明的板钢筋为 Φ8@200。
4. 管道井层层封闭，板厚 60，双向Φ6@150，应从周围现浇板甩出钢筋，
待管道安装完后再浇混凝土。
5. 现浇板 XB1 为坡屋面，板厚 100，双层双向 Φ8@200。
钢筋弯折构造详图见屋面图。

K—K 1:20

L—1

1 1:20

二层楼面现浇梁板配筋平面图

共19张，第13张

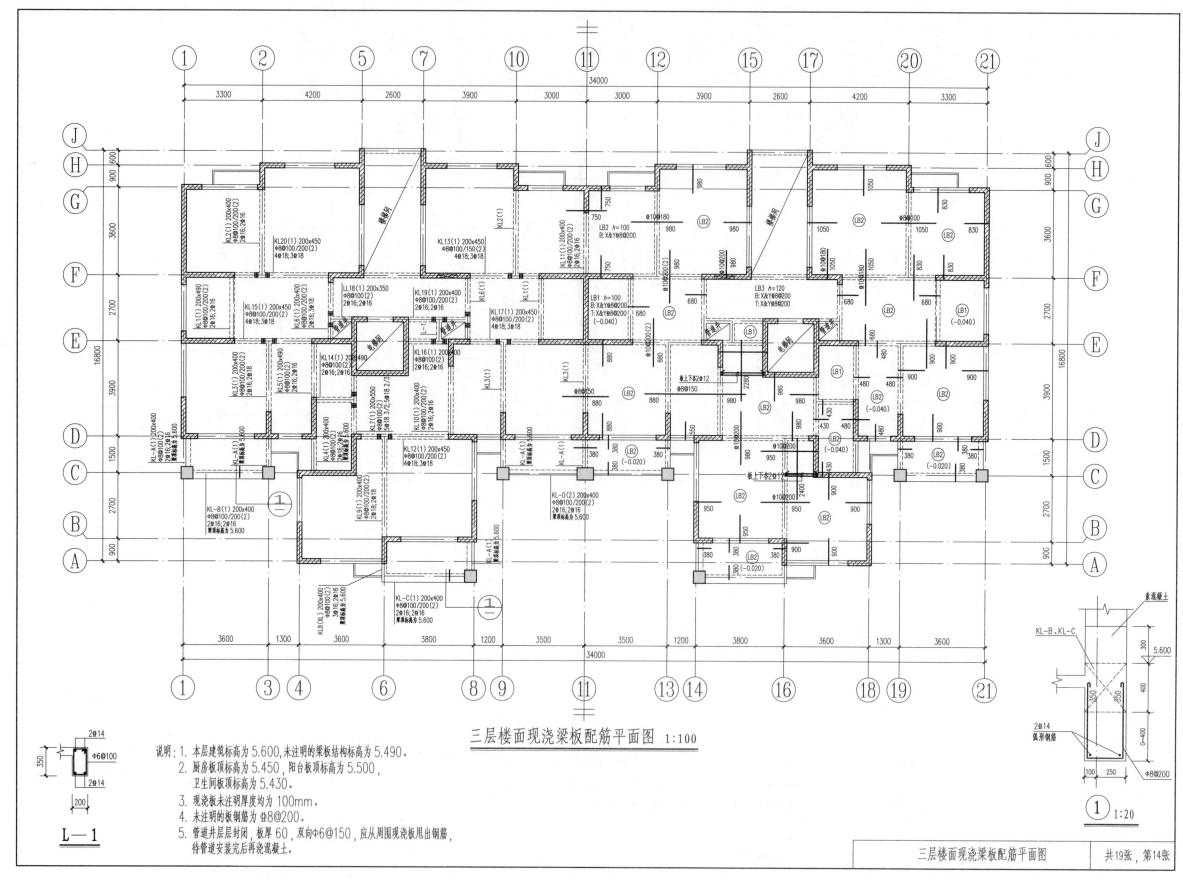

三层楼面现浇梁板配筋平面图 1:100

说明：1. 本层建筑标高为5.600，未注明的梁板结构标高为5.490。
2. 厨房板顶标高为5.450，阳台板顶高为5.500，
   卫生间板顶标高为5.430。
3. 现浇板未注明厚度均为100mm。
4. 未注明的板钢筋为Φ8@200。
5. 管道井层层封闭，板厚60，双向Φ6@150，应从周围现浇板甩出钢筋，
   待管道安装完后再浇混凝土。

L—1

KL-B、KL-C

1 1:20

三层楼面现浇梁板配筋平面图

共19张，第14张

· 22 ·

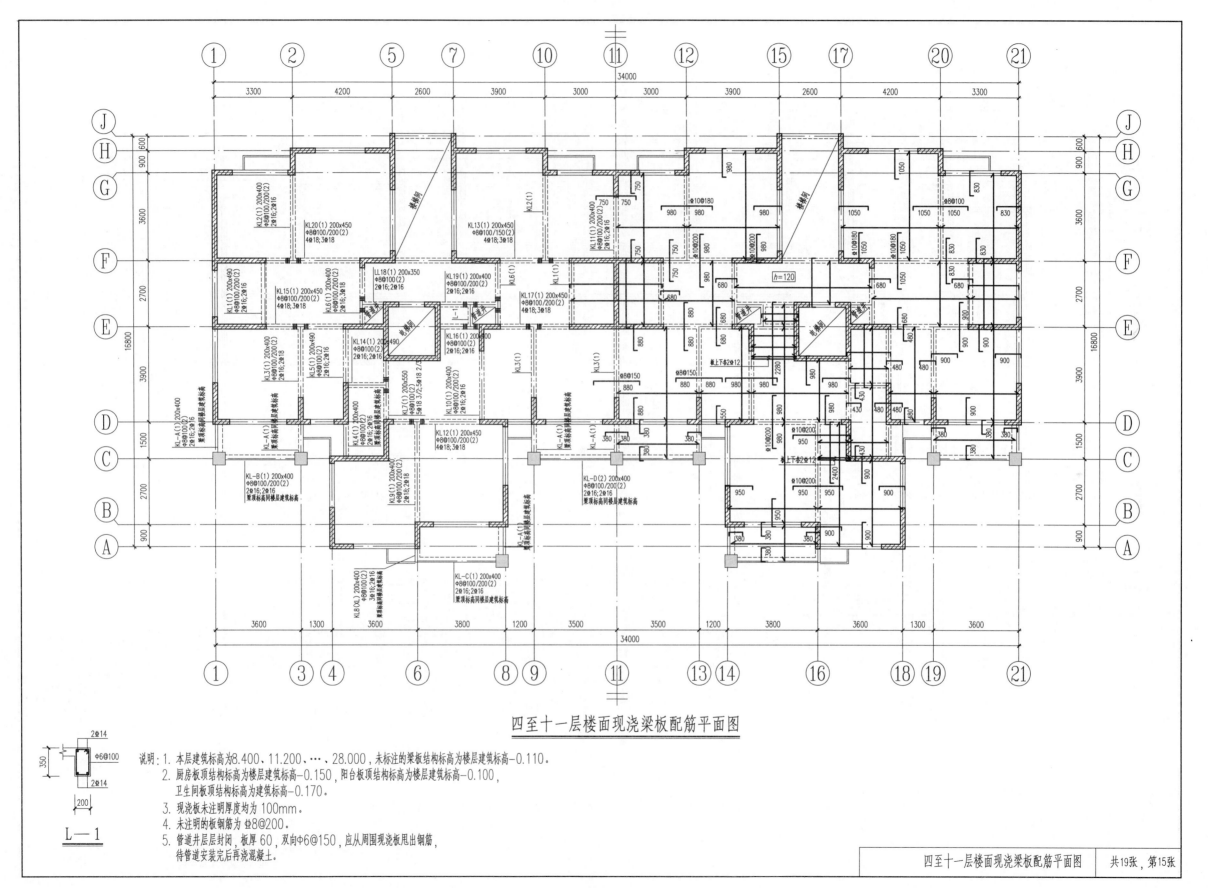

四至十一层楼面现浇梁板配筋平面图

说明: 1. 本层建筑标高为8.400、11.200、…、28.000，未注明的梁板结构标高为楼层建筑标高−0.110。
2. 厨房板顶结构标高为楼层建筑标高−0.150，阳台板结构标高为楼层建筑标高−0.100，
卫生间板顶结构标高为建筑标高−0.170。
3. 现浇板未注明厚度均为100mm。
4. 未注明的板钢筋为Φ8@200。
5. 管道井层层封闭，板厚60，双向Φ6@150，应从周围现浇板甩出钢筋，
待管道安装完后再浇混凝土。

L—1

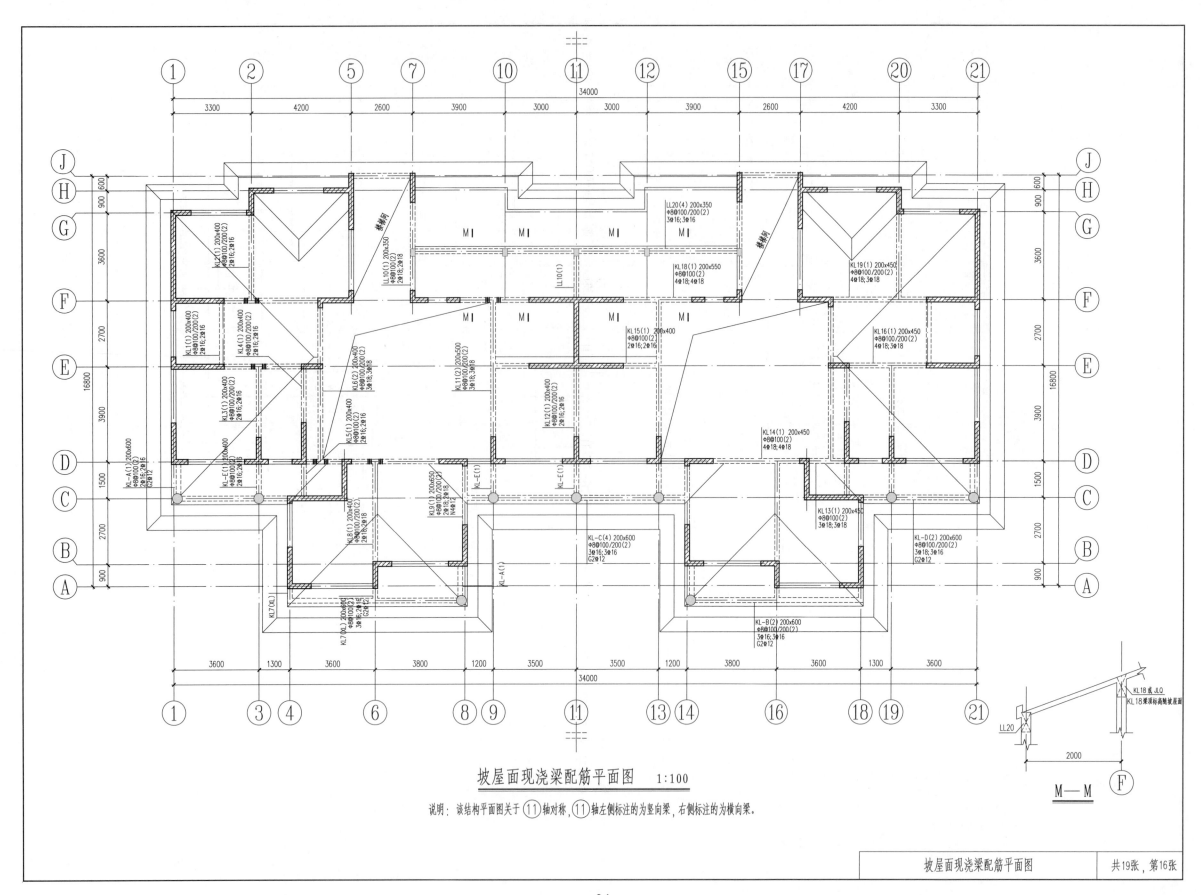

坡屋面现浇梁配筋平面图　1:100

说明：该结构平面图关于⑪轴对称，⑪轴左侧标注的为竖向梁，右侧标注的为横向梁。

坡屋面现浇梁配筋平面图

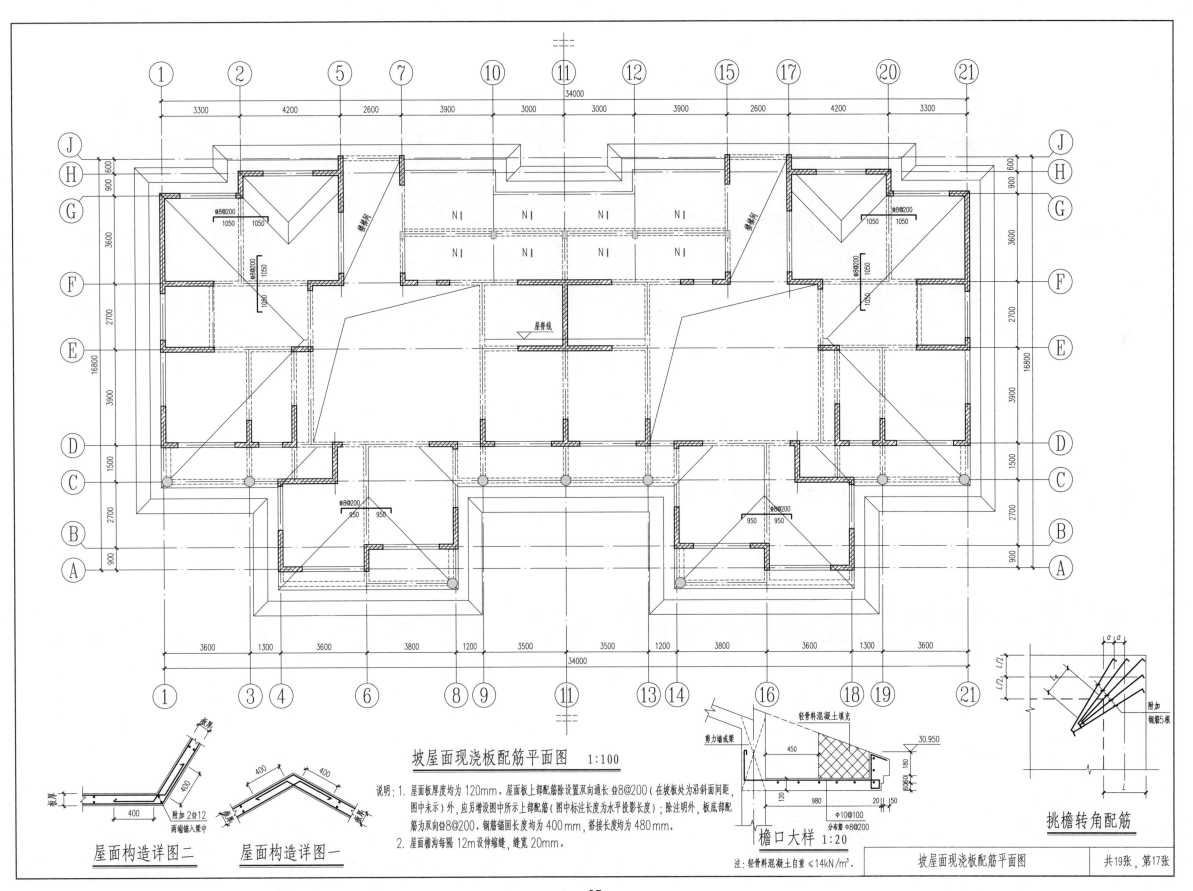

坡屋面现浇板配筋平面图 1:100

说明：1. 屋面板厚度均为120mm。屋面板上部配筋除设置双向通长 ⊕8@200（在坡板处为沿斜面间距，图中未示）外，应另增设图中所示上部配筋（图中标注长度为水平投影长度）；除注明外，板底部配筋为双向⊕8@200。钢筋锚固长度均为400mm，搭接长度均为480mm。

2. 屋面檐沟每隔12m设伸缩缝，缝宽20mm。

注：轻骨料混凝土自重≤14kN/m³。

屋面构造详图二

屋面构造详图一

檐口大样 1:20

挑檐转角配筋

坡屋面现浇板配筋平面图

共19张，第17张

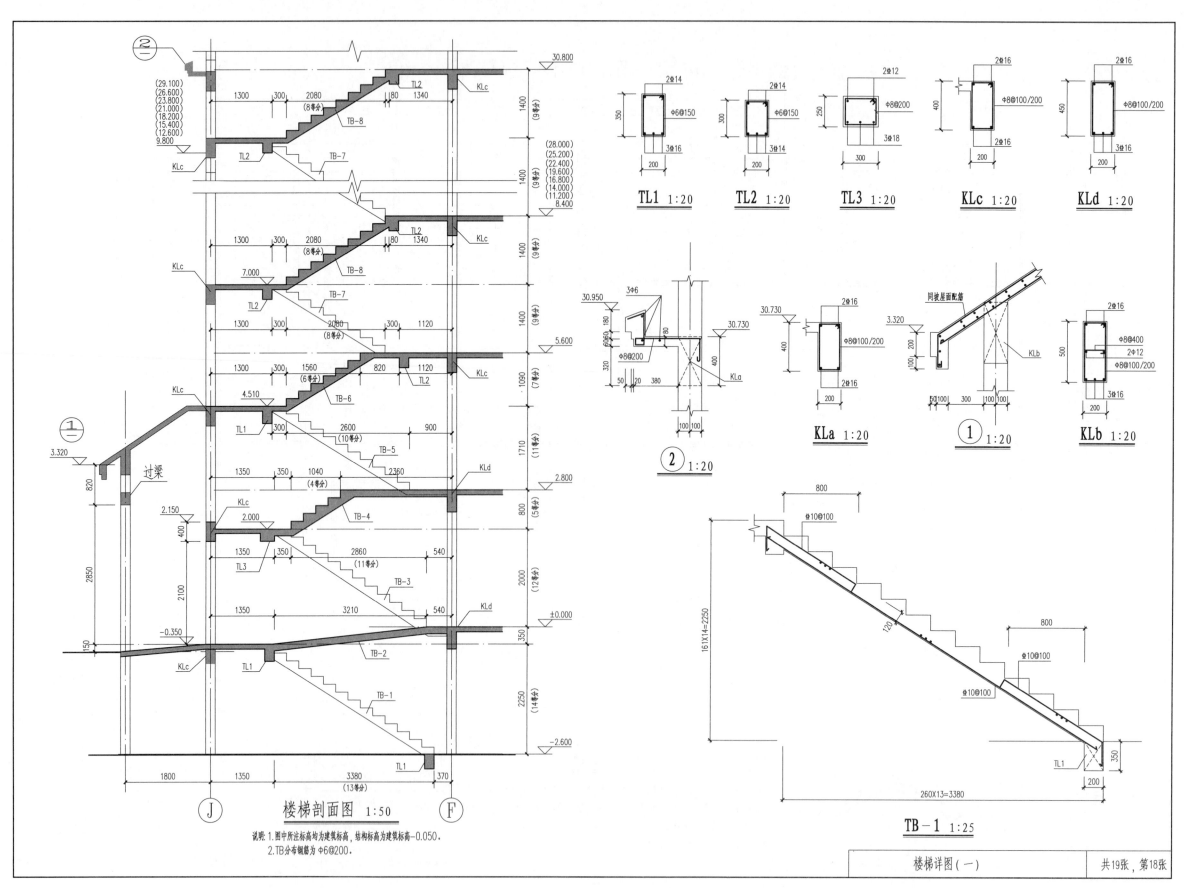

楼梯剖面图 1:50

说明：1. 图中所注标高均为建筑标高，结构标高为建筑标高−0.050。
2. TB分布钢筋为 Φ6@200。

TL1 1:20   TL2 1:20   TL3 1:20   KLc 1:20   KLd 1:20

KLa 1:20   ① 1:20   KLb 1:20

② 1:20

TB−1 1:25

楼梯详图(一)

共19张，第18张

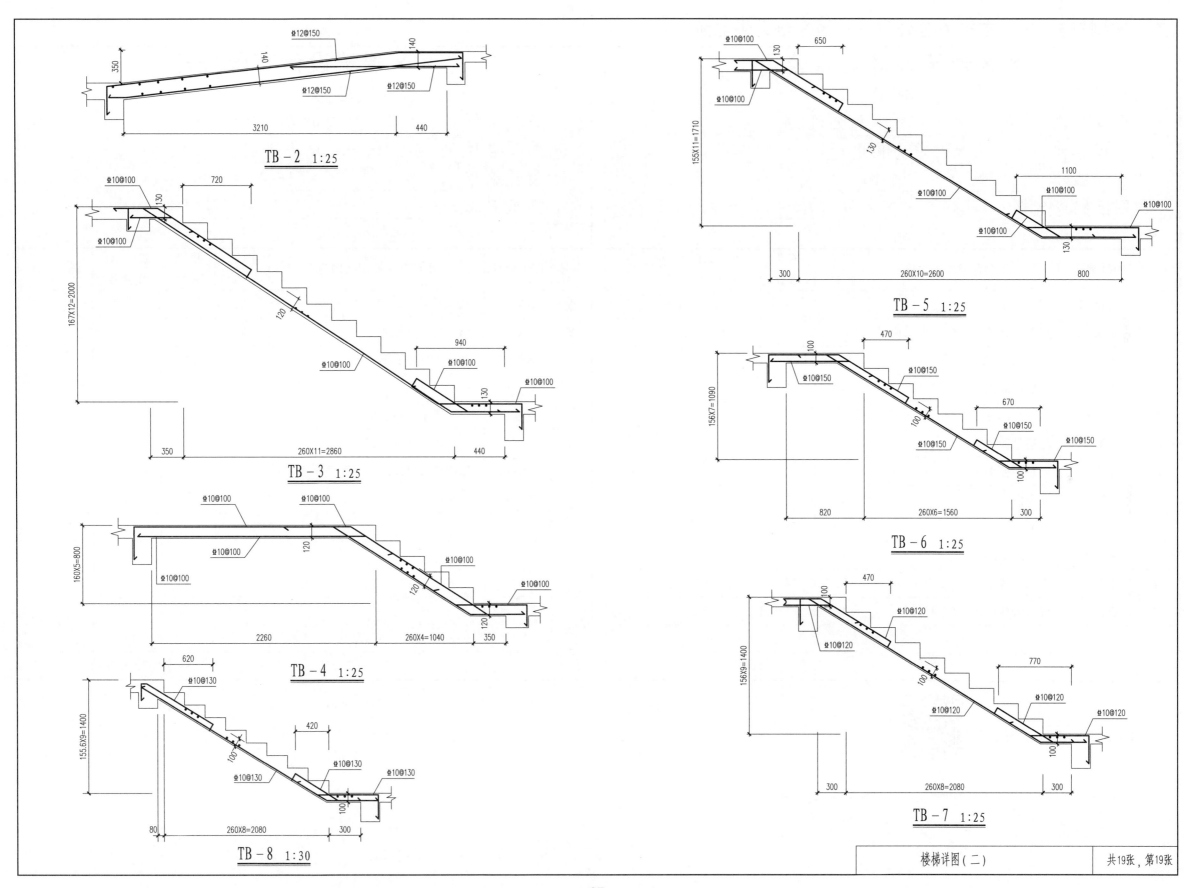

TB-2 1:25

TB-3 1:25

TB-4 1:25

TB-8 1:30

TB-5 1:25

TB-6 1:25

TB-7 1:25

楼梯详图 (二)

共19张，第19张

· 27 ·

【工程实例三】 ××市电力总公司——××电力供电所

××建筑设计有限公司
图纸目录

建设单位 ＿＿＿＿＿＿＿＿××市电力总公司＿＿＿＿＿＿＿＿

工程名称 ＿＿＿＿＿＿＿＿××电力供电所＿＿＿＿＿＿＿＿

设计编号 ＿＿＿＿＿＿＿＿××-16-2＿＿＿＿＿＿＿＿

图纸完成日期 ＿＿＿＿＿＿＿××××年××月＿＿＿＿＿＿

序号	图纸编号	图纸名称或图纸内容	图纸规格	图纸张数	折合A1图张数	备注
1	建施01	图纸目录	A4	1	0.125	
2	建施02	建筑设计说明　建筑做法说明	A2	1	0.5	
3	建施03	门窗表　楼梯详图	A2	1	0.5	
4	建施04	一层平面图	A2	1	0.5	
5	建施05	二层平面图	A2	1	0.5	
6	建施06	三层平面图	A2	1	0.5	
7	建施07	屋顶平面图	A2	1	0.5	
8	建施08	立面图	A2	1	0.5	
9	建施09	立面图	A2	1	0.5	
10	建施10	1—1剖面图	A2	1	0.5	
11	建施11	2—2剖面图	A2	1	0.5	
12	建施12	墙身大样图　卫生间详图	A2	1	0.5	
		合计：		12	5.625	

××建筑设计有限公司
图纸目录

建设单位 ＿＿＿＿＿＿＿＿××市电力总公司＿＿＿＿＿＿＿＿

工程名称 ＿＿＿＿＿＿＿＿××市电力供电所＿＿＿＿＿＿＿

设计编号 ＿＿＿＿＿＿＿＿××-16-2＿＿＿＿＿＿＿＿

图纸完成日期 ＿＿＿＿＿＿＿××××年××月＿＿＿＿＿＿

序号	图纸编号	图纸名称或图纸内容	图纸规格	图纸张数	折合A1图张数	备注
1	结施01	图纸目录	A4	1	0.125	
2	结施02	结构设计总说明	A2	1	0.500	
3	结施03	基础平面布置图	A2	1	0.500	
4	结施04	二层梁平法施工图	A2	1	0.500	
5	结施05	三层梁平法施工图	A2	1	0.500	
6	结施06	二层板配筋平面图	A2	1	0.500	
7	结施07	屋面板及局部三层板配筋平面图	A2	1	0.500	
8	结施08	楼梯详图	A2	1	0.500	
		合计：		8	3.625	

熟悉建筑施工图，可扫码查看。

二维码附3.1

结 构 设 计 总 说 明

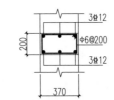

370厚墙楼层圈梁配筋

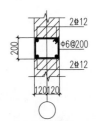

240厚墙楼层圈梁配筋

1. 本设计为××市电力总公司供电所的结构设计。

2. 本工程为砖混结构，设计使用年限为50年。基础设计等级为丙级，结构的安全等级为二级，砌体施工质量控制等级为B级。混凝土结构的环境类别：地面以下为二a类，室内为一类。

3. 本工程抗震设防烈度为7度（一组），设计基本地震加速度值为0.10g，场地类别为Ⅱ类。

4. 结构计算程序采用中国建筑科学研究院编制的PKPM系列辅助设计软件（2016年版）。

5. 本设计图纸中所注尺寸除标高以米（m）为单位外，其余均以毫米（mm）为单位。

6. 设计依据
《建筑结构荷载规范》（GB 50009—2012）
《建筑地基基础设计规范》（GB 50007—2011）
《建筑抗震设计规范》（2016年版）（GB 50011—2010）
《混凝土结构设计规范》（2015年版）（GB 50010—2010）
《砌体结构设计规范》（GB 50003—2011）

7. 基础部分设计说明详见基础结构图。

8. 本工程楼层结构活荷载标准值为：
楼面　　　2kN/m²　　　基本风压　　0.45kN/m²
不上人屋面　0.5kN/m²　　雪荷载　　　0.35kN/m²

9. 材料：混凝土强度等级±0.000以下为C30（仅基础），梁、板、柱C25；
HPB300级钢筋（用Φ表示）；
HRB400级钢筋（用⚊表示）；
砌体：采用黄河淤泥烧结砖；
砂浆：地面以下为M10水泥砂浆，地面以上为M5.0混合砂浆。

10. 现浇构件中混凝土保护层厚度：详见标准图集16G101-1。

11. 除注明外，钢筋锚固及搭接长度：详见标准图集16G101-1。

12. 楼、屋面板

（1）现浇板中，未示出的板内分布钢筋均为Φ6@200。

（2）现浇双向板配筋中，短向的底部受力钢筋放在长向的底部受力钢筋之下；短向的顶部受力钢筋应放在长向的顶部受力钢筋之上。

（3）板配筋图中，支座上部钢筋（负筋）的所示长度为墙边或梁边至板内直钩弯折点点的长度；边支座上部钢筋（负筋）应伸入至墙或梁外皮留出保护层厚度，其端部垂直段伸至板底亦应≥10d，同时在梁或墙内的总长度不小于受拉钢筋锚固长度。板内下部钢筋（主筋）在边支座处锚入梁内的长度应≥120mm。

（4）现浇板中，当板厚≥120mm或短向板跨≥4.2m时，其上部未配筋表面布置温度收缩钢筋（构造钢筋焊接网片），钢筋规格及构造要求参L03G323第47、48页。

13. 现浇梁、柱

（1）本设计中现浇梁均采用平面整体配筋图表示法，图中仅示出了构件的断面及配筋，详细构造见标准图集16G101-1（注明者除外）。

梁最小支撑长度2×240mm，两端在≤1000mm范围内有构

造柱时，梁应伸长与构造柱相连。

（2）结构平面布置图中构造柱均为本楼面下层构造柱；构造柱应随墙体伸至女儿墙顶并锚固；楼层新加构造柱应生根于梁或圈梁上，且纵向钢筋应锚入圈梁或其他梁内。

（3）构造柱、墙、板、梁、圈梁等连接处构造应按照标准图集L03G313的要求施工。

（4）构造柱在门、窗、洞口边，墙宽小于300mm时，改用混凝土与构造柱整体浇成。

（5）沿各层楼，屋面板处，沿墙均设置圈梁，圈梁应拉通封闭。

14. 建筑的门、窗、洞口处，除注明外，均采用钢筋混凝土过梁，选用山东省标准图集L03G303，过梁宽度同墙宽，梁上的荷载等级为3级，过梁遇柱、梁处改现浇（满足钢筋锚固长度要求）。

15. 未注明的线脚在砖墙处由砖墙砌出，在混凝土构件处由混凝土浇出。

16. 防止墙体裂缝措施。

（1）屋面保温层及砂浆找平层设置分隔缝，分隔缝间距不大于6m，并与女儿墙隔开，其缝宽不小于30mm。

（2）各层门窗及洞口过梁上的水平灰缝内设置3道Φ6钢筋（240厚墙2Φ6，370厚墙3Φ6），并应伸入过梁两端墙内不小于600mm。

（3）各层窗台下墙体灰缝内设置3道Φ6钢筋（240厚墙2Φ6，370厚墙3Φ6），并伸入两边窗间墙内不小于600mm。

（4）墙体转角处和纵横墙交接处无构造柱时，沿竖向每隔500mm设一道拉结筋，其数量为每120mm厚墙1Φ6，埋入长度从墙的转角或交接处算起，每边不小于1000mm。

17. 本设计要密切配合建筑、给排水、电气、暖通等专业图纸施工。

18. 设备预留洞、预埋套管等必须与相关专业图纸核对无误后方可施工；未经设计允许，不得随意在墙、板、梁、柱上开洞。

19. 本说明中未尽事宜详见有关的规范及规程。

20. 未经有关部门审查和图纸会审，不得施工；本工程设计在规划批准生效后方可实施。

21. 未经技术鉴定或设计许可，不得改变结构的用途和使用环境。

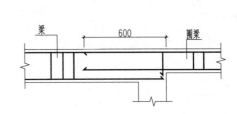

梁与圈梁搭接节点详图

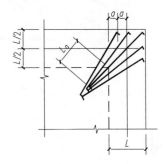

挑檐转角配筋

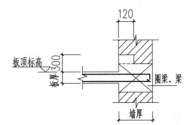

卫生间、厨房及阳台板边反沿详图

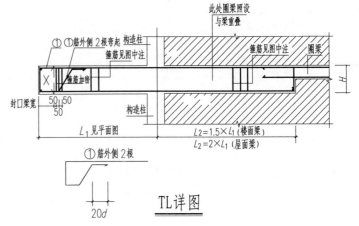

TL详图

××	建设单位	××市电力总公司	审定		专业负责人		工程号	XX-16-2
建筑设计有限公司	工程名称	××市电力供电所	院审		校对		图号	结施
资质证书编号	图名	结构设计总说明	室审		设计		日期	XXXX.XX
注册新印审编号			项目负责人		绘图		共8张 第2张

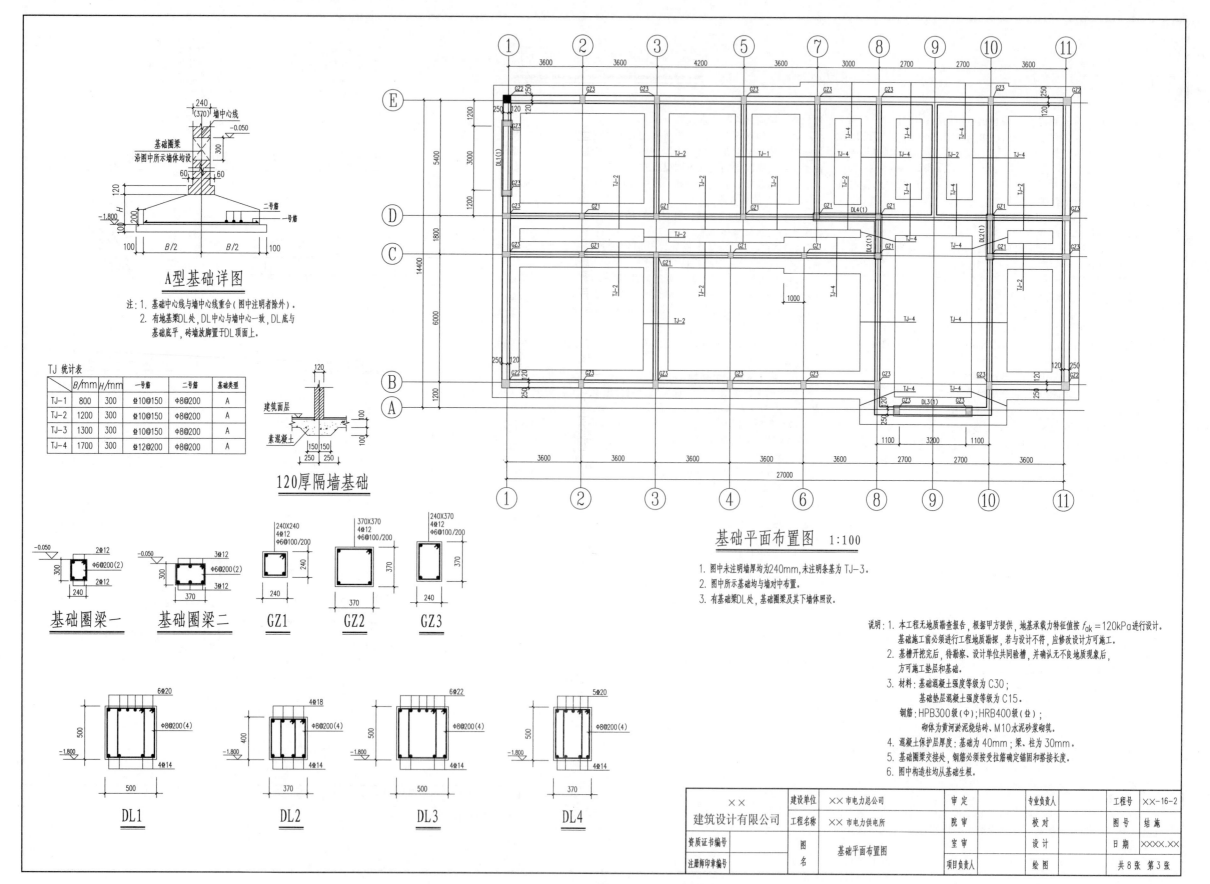

A型基础详图

注：1. 基础中心线与墙中心线重合（图中注明者除外）。
2. 有地基梁DL处，DL中心与墙中心一致，DL与基础底平，砖墙放脚置于DL顶面上。

TJ 统计表

	B/mm	H/mm	一号筋	二号筋	基础类型
TJ-1	800	300	Φ10@150	Φ8@200	A
TJ-2	1200	300	Φ10@150	Φ8@200	A
TJ-3	1300	300	Φ10@150	Φ8@200	A
TJ-4	1700	300	Φ12@200	Φ8@200	A

120厚隔墙基础

基础圈梁一　基础圈梁二　GZ1　GZ2　GZ3

DL1　DL2　DL3　DL4

基础平面布置图 1:100

1. 图中未注明墙厚均为240mm，未注明条基为 TJ-3。
2. 图中所示基础均与墙对中布置。
3. 有基础梁DL处，基础圈梁及其下墙体照设。

说明：1. 本工程无地质勘查报告，根据甲方提供，地基承载力特征值按 f_{ak} =120kPa进行设计。基础施工前必须进行工程地质勘探，若与设计不符，应修改设计方可施工。
2. 基槽开挖完后，待勘察、设计单位共同验槽，并确认无不良地质现象后，方可施工垫层和基础。
3. 材料：基础混凝土强度等级为 C30；
基础垫层混凝土强度等级为 C15。
钢筋：HPB300级（Φ）；HRB400级（Φ）；
砌体为黄河淤泥烧结砖、M10水泥砂浆砌筑。
4. 混凝土保护层厚度：基础为 40mm；梁、柱为 30mm。
5. 基础圈梁交接处，钢筋必须按受拉筋确定锚固和搭接长度。
6. 图中构造柱均从基础生根。

×× 建筑设计有限公司	建设单位	××市电力总公司	审定		专业负责人		工程号	XX-16-2
	工程名称	××市电力供电所	院审		校对		图号	结施
资质证书编号	图名	基础平面布置图	室审		设计		日期	XXXX.XX
注册师印章编号			项目负责人		绘图		共8张 第3张

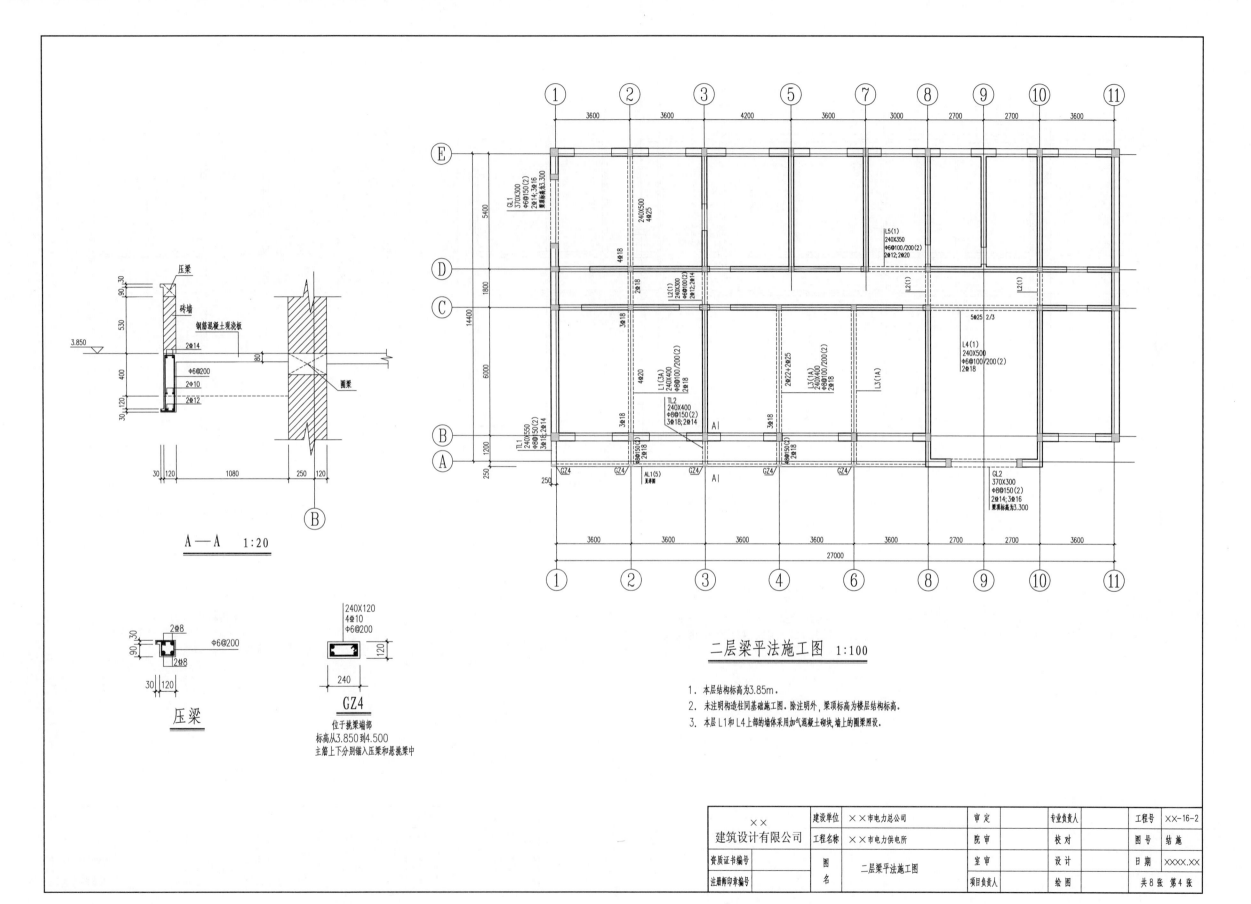

A — A 1:20

压梁

240X120
4Φ10
Φ6@200

GZ4

位于挑梁端部
标高从3.850到4.500
主筋上下分别锚入压梁和悬挑梁中

二层梁平法施工图 1:100

1. 本层结构标高为3.85m。
2. 未注明构造柱同基础施工图。除注明外，梁顶标高为楼层结构标高。
3. 本层L1和L4上部的墙体采用加气混凝土砌块，墙上的圈梁照设。

×× 建筑设计有限公司	建设单位	××市电力总公司	审 定		专业负责人		工程号	××-16-2
	工程名称	××市电力供电所	院 审		校 对		图 号	结 施
资质证书编号	图 名	二层梁平法施工图	室 审		设 计		日 期	XXXX.XX
注册印章编号			项目负责人		绘 图		共8张 第4张	

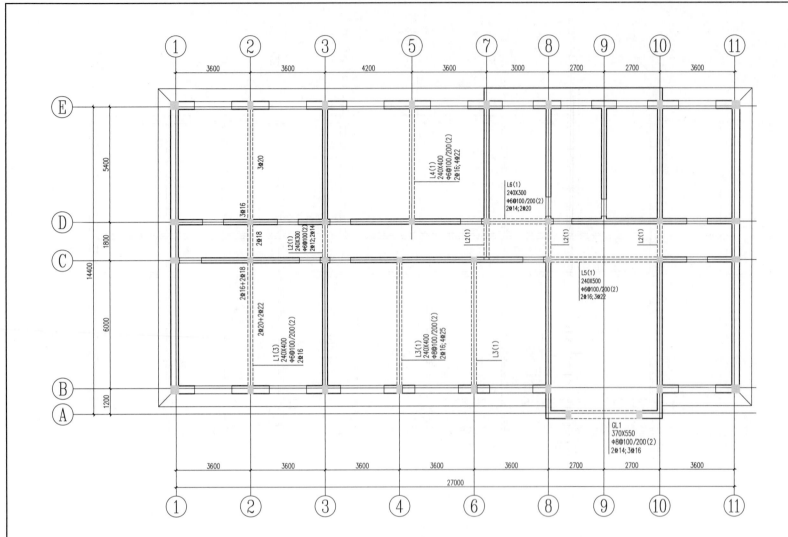

三层梁平法施工图 1:100

1. 本层结构标高为7.150m。
2. 构造柱同基础施工图。除注明外，梁顶标高为楼层结构标高。

顶层梁平法施工图 1:100

1. 本层结构标高为10.500m。
2. 构造柱同基础施工图。除注明外，梁顶标高为楼层结构标高。
3. GZ1从下层圈梁生根。

××	建设单位	××市电力总公司	审 定		专业负责人		工程号	XX-16-2
建筑设计有限公司	工程名称	××市电力供电所	院 审		校 对		图 号	结 施
资质证书编号	图	三层梁平法施工图	室 审		设 计		日 期	XXXX.XX
注册师印章编号	名		项目负责人		绘 图		共8张 第5张

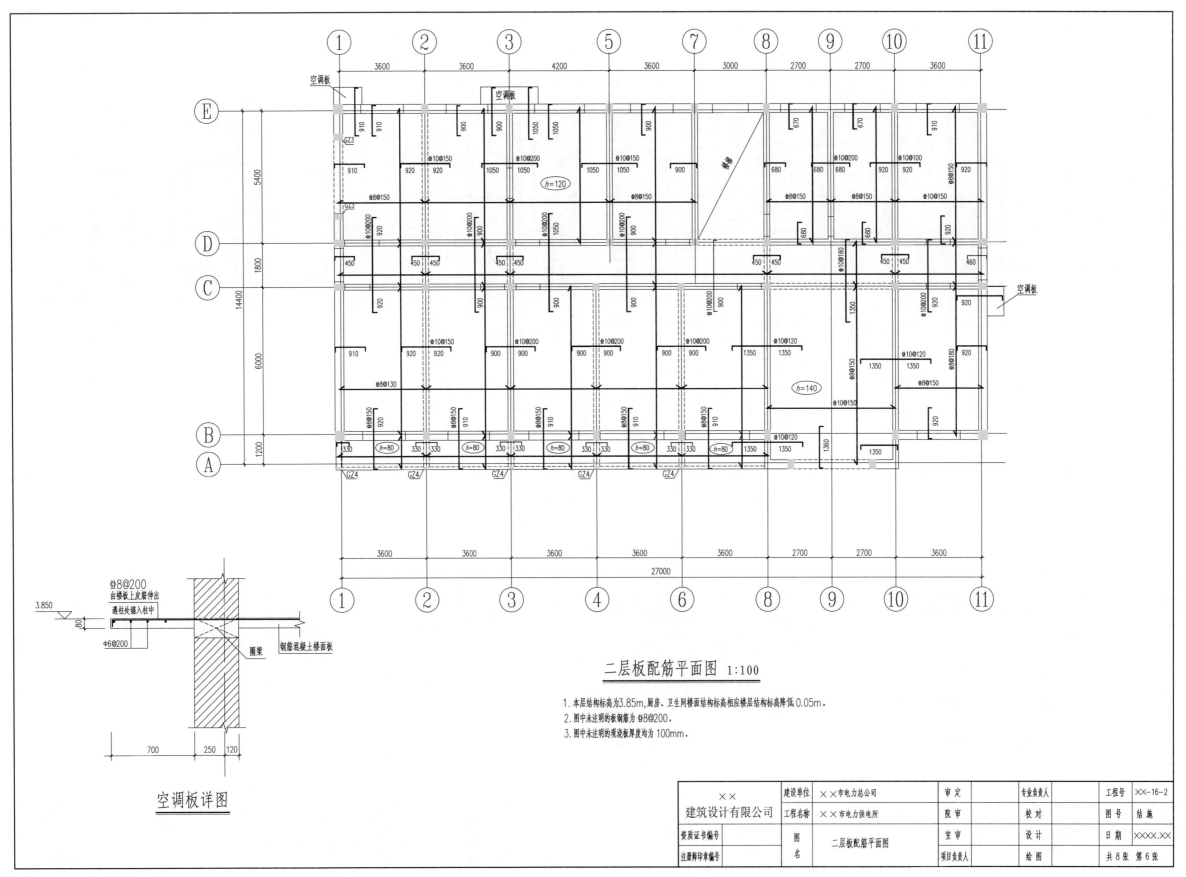

二层板配筋平面图 1:100

1. 本层结构标高为3.85m,厨房、卫生间楼面结构标高相应楼层结构标高降低0.05m。
2. 图中未注明的板钢筋为φ8@200。
3. 图中未注明的现浇板厚度均为100mm。

空调板详图

×× 建筑设计有限公司		建设单位	××市电力总公司	审定		专业负责人		工程号	XX-16-2
		工程名称	××市电力供电所	院审		校对		图号	结施
资质证书编号		图名	二层板配筋平面图	室审		设计		日期	XXXX.XX
注册师印章编号				项目负责人		绘图		共8张 第6张	

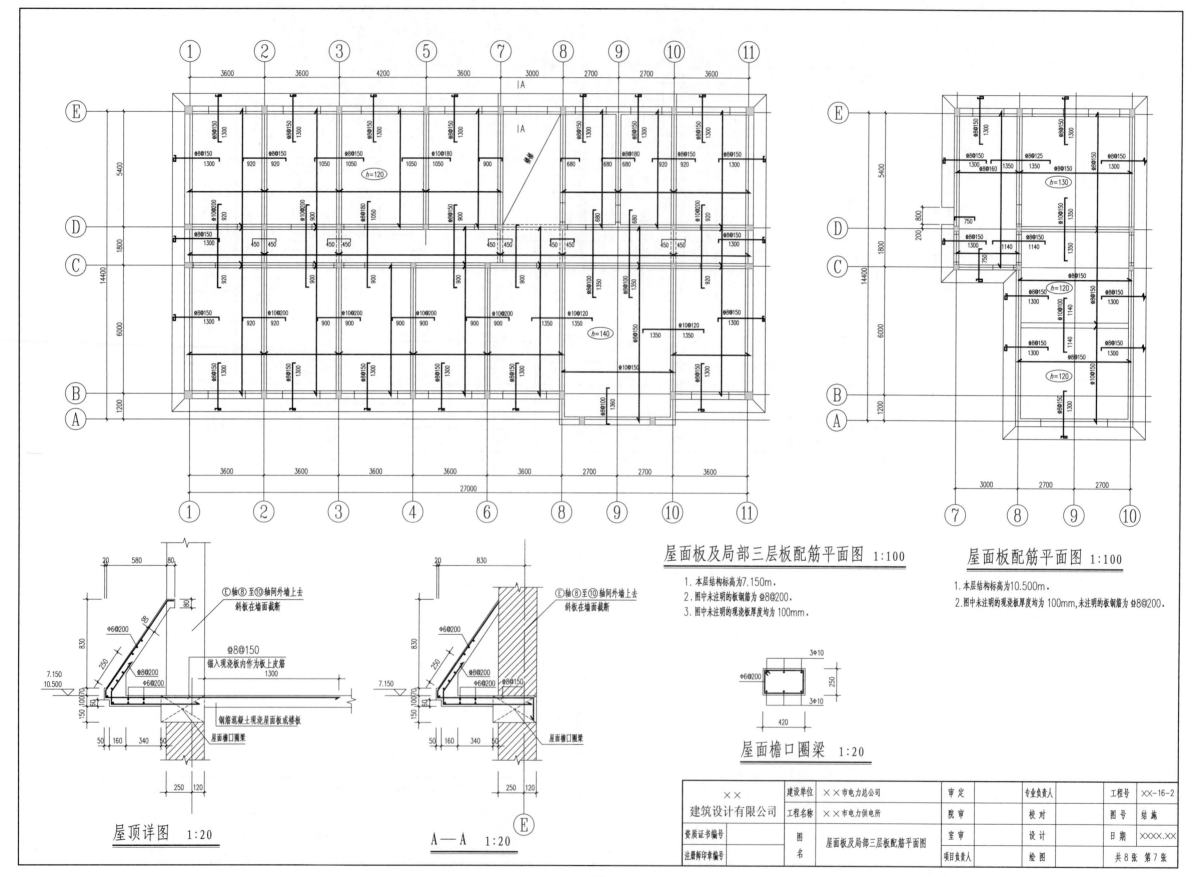

屋面板及局部三层板配筋平面图 1:100

1. 本层结构标高为7.150m。
2. 图中未注明的板钢筋为 φ8@200。
3. 图中未注明的现浇板厚度均为100mm。

屋面板配筋平面图 1:100

1. 本层结构标高为10.500m。
2. 图中未注明的现浇板厚度均为100mm,未注明的板钢筋为 φ8@200。

E轴⑧至⑩轴间外墙上去
斜板在墙面截断

φ8@150
锚入现浇板内作为板上皮筋
1300

φ8@200
φ6@200

钢筋混凝土现浇屋面板或楼板
屋面檐口圈梁

屋顶详图 1:20

E轴⑧至⑩轴间外墙上去
斜板在墙面截断

φ6@200
φ8@200
φ8@150

屋面檐口圈梁

A—A 1:20

3φ10
φ6@200
3φ10
250
420

屋面檐口圈梁 1:20

×× 建筑设计有限公司	建设单位	××市电力总公司	审 定		专业负责人		工程号	XX-16-2
	工程名称	××市电力供电所	院 审		校 对		图 号	结施
资质证书编号	图 名	屋面板及局部三层板配筋平面图	室 审		设 计		日 期	XXXX.XX
注册师印章编号					绘 图		项目负责人	共8张 第7张

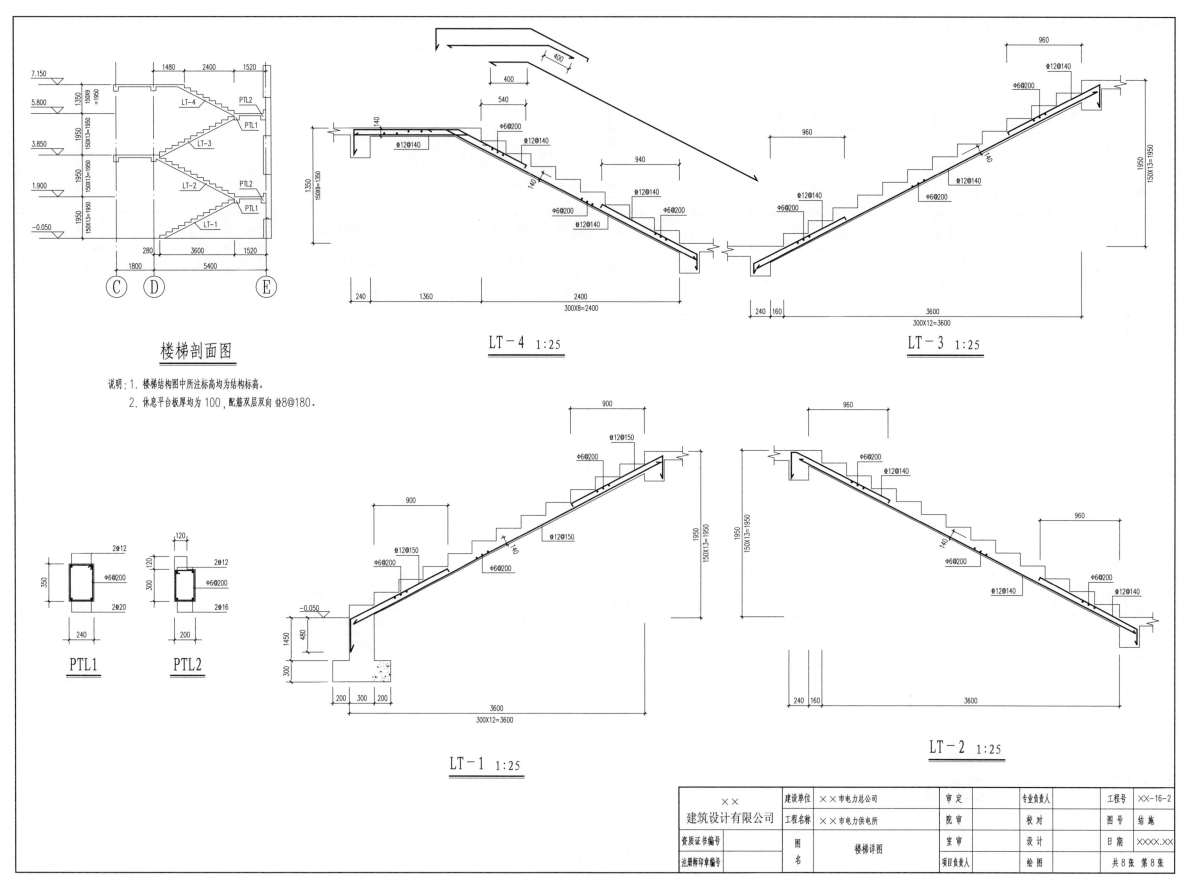

楼梯剖面图

说明：1. 楼梯结构图中所注标高均为结构标高。
　　　2. 休息平台板厚均为100，配筋双层双向 ⊈8@180。

PTL1　　PTL2

LT-4　1:25

LT-3　1:25

LT-1　1:25

LT-2　1:25

×× 建筑设计有限公司	建设单位	××市电力总公司	审定		专业负责人		工程号	XX-16-2
	工程名称	××市电力供电所	院审		校对		图号	结施
资质证书编号	图名	楼梯详图	室审		设计		日期	XXXX.XX
注册师印章编号			项目负责人		绘图		共8张 第8张	

【工程实例四】 ××制衣有限公司——仓库

图 纸 目 录

工程名称　　　　××制衣有限公司

项　　目　　　　　仓库

序号	图别（号）	图纸名称	图幅	版次	备注	序号	图别（号）	图纸名称	图幅	版次	备注
1	建施 01	建筑设计总说明	A1	1		1	结施 01	结构设计说明	A2	1	
2	建施 02	一层平面图	A1	1		2	结施 02	基础平面图	A2	1	
3	建施 03	仓库上空平面图	A1	1		3	结施 03	基础详图	A2	1	
4	建施 04	屋顶平面图	A1	1		4	结施 04	螺栓平面图	A2	1	
5	建施 05	立面图	A1	1		5	结施 05	屋面结构平面图	A2	1	
6	建施 06	1—1 剖面图　节点详图	A1	1		6	结施 06	檩条布置平面图	A2	1	
7	建施 07	窗大样及门窗表	A1	1		7	结施 07	①～⑥柱间支撑布置图 ⑥～①柱间支撑布置图	A2	1	
						8	结施 08	①～⑥立面结构布置图 ⑥～①立面结构布置图	A2	1	
						9	结施 09	Ⓐ～Ⓒ立面结构布置图 Ⓒ～Ⓐ立面结构布置图	A2	1	
						10	结施 10	GJ-1 详图	A2	1	
						11	结施 11	GJ-1 材料表	A2	1	
						12	结施 12	构件详图一	A2	1	
						13	结施 13	构件详图二	A2	1	

熟悉建筑施工图，请扫码查看

二维码附 4.1

结 构 设 计 说 明

一、一般说明

1. 结构类型：门式刚架钢结构。结构安全等级为二级，抗震等级四级。

2. 本区地震动峰值加速度为 $0.05g$。

3. 未尽之处参见有关施工验收规范执行。

4. 本工程的设计年限：25年。

5. 建筑场地类型：Ⅲ类。地面粗糙度类别为 B 类；地基设计等级为丙类。

二、图中尺寸以毫米（mm）为单位，标高以米（m）为单位

三、设计遵循的规范规程及规定

1.《建筑结构荷载规范》（GB 50009—2012）

2.《建筑抗震设计规范》（2016年版）（GB 50011—2010）

3.《钢结构设计标准》（GB 50017—2017）

4.《冷弯薄壁型钢结构技术规范》（GB 50018—2002）

5.《钢结构工程施工质量验收规范》（GB 50205—2001）

6.《门式刚架轻型房屋钢结构技术规范》（GB 51022—2015）

7.《建筑地基基础设计规范》（GB 50007—2011）

四、设计荷载

1. 屋面荷载

屋面活荷载：0.5kN/m^2（对钢梁计算），0.5kN/m^2（对檩条计算）；雪荷载：0.45kN/m^2。

屋面恒载：0.25kN/m^2（屋面板和檩条重量）。

2. 基本风压：0.45kN/m^2。

五、材料

1. 主刚架采用焊接 H 型钢，主刚架其材质为 Q345B 钢。其化学成分及力学性能应符合 GB/T 700—2006 中有关规定。

2. 屋面檩条、墙梁采用冷弯薄壁型钢，其材质为 Q235 钢，屋面支撑、柱间支撑材质为 Q235 钢。

3. 高强度螺栓为 10.9 级，应符合《钢结构用高强度大六角头螺栓、大六角螺母、垫圈技术条件》（GB/T 1231—2006）的规定。

4. 普通螺栓材质为 Q235B，地脚螺栓材质为 Q235B，应符合《碳素结构钢》（GB/T 700—2006）的规定。

5. 焊接材料：埋弧自动焊或半自动埋弧焊，焊丝为 H08MnA，配合中锰型焊剂 HJ431，应符合《熔化焊用钢丝》（GB 14957—1994）、《气体保护焊用钢丝》（GB 14958—1994）的规定，焊丝及焊剂应与主体金属强度相匹配，手工焊条为 E43** 型用于 Q235 钢，符合《非合金钢及细晶粒钢焊条》（GB/T 5117—2012）的规定，E50** 型用于 Q345 钢，应符合《热强钢焊条》（GB/T 5118—2012）的规定。

6. 所用钢材的规格、材质应符合设计要求，下料前应检查钢材外表不应有严重的锈蚀、损伤、重皮观象。

7. 屋面材料：见建施。

8. 墙面材料：见建施。

六、制作与安装

1. 钢结构的制作与安装应符合《钢结构工程施工质量验收规范》（GB 50205—2001）中的有关规定。

2. 焊接要求

① 构件板材的对接焊缝应采用反面碳棒清根方法使之焊透，焊缝为二级焊缝，其他为三级焊缝。焊缝探伤按照国家标准《焊接无损检测 超声检测 技术、检测等级和评定》（GB/T 11345—2013）的规定执行。碳素结构钢应在焊缝冷却到环境温度，低合金结构钢应在完成焊接 24 小时后方可进行焊缝探伤检验。

② 图中未注明焊缝长度得均为满焊。

③ 施焊时，应选择合理的焊缝顺序，减少钢结构中产生的焊接应力和焊接变形或采用预热、锤击和整体回火等方法达到同样的目的。

④ 框架梁对接焊缝时，翼缘与腹板对接焊缝位置应错开 200mm 以上。

⑤ 凡图中没有注明的角焊缝，其焊脚尺寸等于较薄板的厚度，其焊缝长度等于构件搭接长度，且一律满焊，当 $t \geqslant 10\text{mm}$ 时 $h_f = t-2$，焊脚最小尺寸 $h_f \geqslant 4\text{mm}$。

⑥ 焊接时严禁在主要构件的板材上敲打起弧。

3. 钢架梁与柱节点连接采用 10.9 级摩擦型高强度螺栓，在连接处构件接触面的处理方法为喷砂后涂处理，抗滑移系数要求达到 0.35，除锈后涂富锌漆。螺栓孔应钻成孔。

4. 钢架在制作安装前，应先编制工艺流程和施工组织设计，认真执行，严格按各工序检验合格后方能进行下道工序。

5. 钢架柱脚螺栓应采用可靠的方法定位，在混凝土灌注前和灌注后钢结构安装前，均应校对螺栓的平面位置及基础标高，确保其符合设计要求，柱子安装就位后应校正垂直度，正确无误后固定地脚螺栓，焊死。钢柱柱脚用 C15 细石混凝土包裹，高度为 300mm，浇注前露出的地脚螺栓用塑料膜包扎好。

6. 钢构件表面的除锈方法和除锈等级，根据现行国家标准《涂覆涂料前钢材表面处理 表面清洁度的目视评定 第 1 部分：未涂覆过的钢材表面和全面清除原有涂层后的钢材表面的锈蚀等级和处理等级》（GB/T 8923.1—2011）的规定，除锈质量等级：当采用手工除锈时应不低于 St2 级，当采用喷丸或抛砂除锈时不低于 Sa2.5 级。

7. 螺栓孔径：高强度螺栓的安装孔径比螺栓直径大 1.5mm，普通螺栓的安装孔径比螺栓直径大 2.0mm（特别注明者除外）。

8. 结构吊装时，应采取适当的措施，防止产生过大的弯曲变形，吊装就位后，应及时系牢支撑及其他连系构件，保证结构的稳定性。

9. 高强度螺栓的施工采用扭矩法或转角法，按照有关技术规定执行。

10. 屋面板的侧向搭接缝和横向搭接缝须用止水胶带密封防水，泛水板、包边板凡有渗水缝隙处应用建筑密封膏防水。

11. 拉条的拉力以张紧但不拉弯构件的腹板或翼缘板为准。

12. 现场制孔及扩孔

① 制孔：若现场需制孔，应优先考虑钻孔；钻孔有困难时，可用火焰割小孔，再扩孔至设计要求孔径，孔壁需磨光。

② 扩孔：若现场需扩孔，应采用扩孔器或大号钻头进行扩孔，孔壁需打磨光滑。

七、其他

1. 框架梁柱须喷砂处理，不得以手工除锈。

2. 油漆

底漆：红丹油性防锈漆（Y53-31）两道，要求干漆膜总厚度不小于 $80\mu\text{m}$。所有涂料如在运输过程有损伤，应在现场妥善补漆。

面漆：二道银色醇酸调和漆，要求干漆膜总厚度不小于 $45\mu\text{m}$。

3. 当漆膜粉化或出现局部轻微锈斑时就应该重新进行涂装。

4. 涂漆时应注意：凡是高强度螺栓连接的范围内，不允许涂刷油漆或油污，并应按有关规范要求施工。

5. 施工图上的几何尺寸与实际放样尺寸有出入时，经设计人员认可后以实际放样尺寸为主。

6. 放样时，按照施工图上的尺寸，以 1:1 的比例在样台上放出实样以求出真实的形状和尺寸，然后根据实样的形状和尺寸制成样板、样杆，作为下料、弯制、铣、刨、制孔的依据。

7. 防火等级、耐火极限按建筑定。

8. 钢结构部分的任何变动须经设计人员的同意，施工出现困难或不正常情况，请及时与设计人员联系。

9. 未注明的加劲板厚为 8mm，未注明切角为 15mm×15mm。

图 纸 会 签 COORDINATION
建筑 ARCHITECTURE
结构 STRUCTURE
给排水 PLUMBING
电气 ELECTRIC
暖通 HVAC

出图章 DESIGN SEAL

注册执业章 REGISTERED SEAL

工程名称 DATALV	××制衣有限公司
项目名称 PROJECT	仓库
图名 TITLE	结构设计说明

	签名 SIGNATURE	日期 DATE
审定人 APPROVED BY		
审核人 EXAMINED BY		
项目负责人 PROJECT MANAGER		
专业负责人 CHIEF ENGI.		
校对人 CHECKED BY		
设计人 DESIGNED BY		

工程号 FILE No.	
图别 DRAWING TYPE	结施
图号 DRAWING No.	01
日期 DATE	XXXX.XX

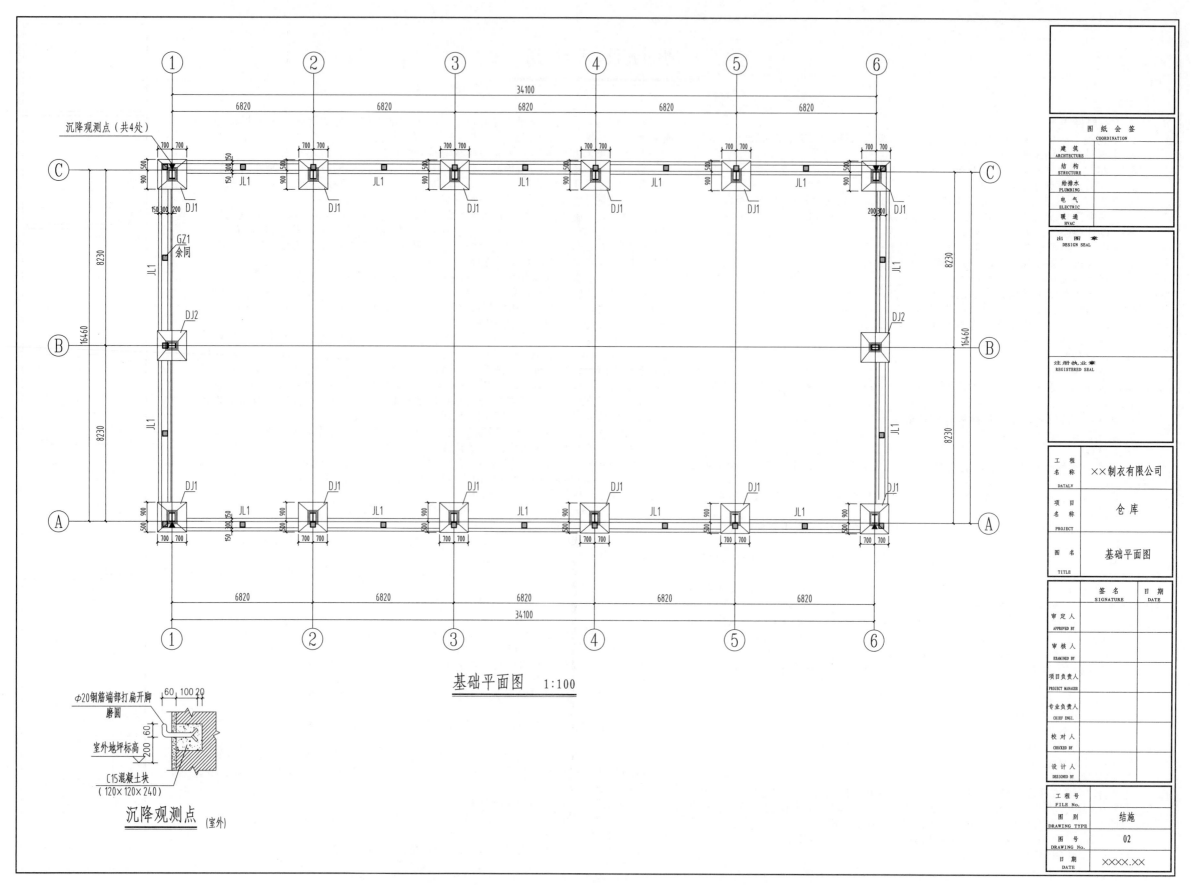

基础平面图 1:100

沉降观测点 (共4处)

沉降观测点 (室外)

φ20钢筋端部打扁开脚磨圆

室外地坪标高

C15混凝土块
(120×120×240)

图 纸 会 签
COORDINATION

建 筑 ARCHITECTURE
结 构 STRUCTURE
给排水 PLUMBING
电 气 ELECTRIC
暖 通 HVAC

出 图 章
DESIGN SEAL

注册执业章
REGISTERED SEAL

工 程 名 称 DATALV ××制衣有限公司

项 目 名 称 PROJECT 仓库

图 名 TITLE 基础平面图

签 名 SIGNATURE | 日 期 DATE
审定人 APPROVED BY
审核人 EXAMINED BY
项目负责人 PROJECT MANAGER
专业负责人 CHIEF ENGL
校对人 CHECKED BY
设 计 人 DESIGNED BY

工 程 号 FILE No.
图 别 DRAWING TYPE 结施
图 号 DRAWING No. 02
日 期 DATE XXXX.XX

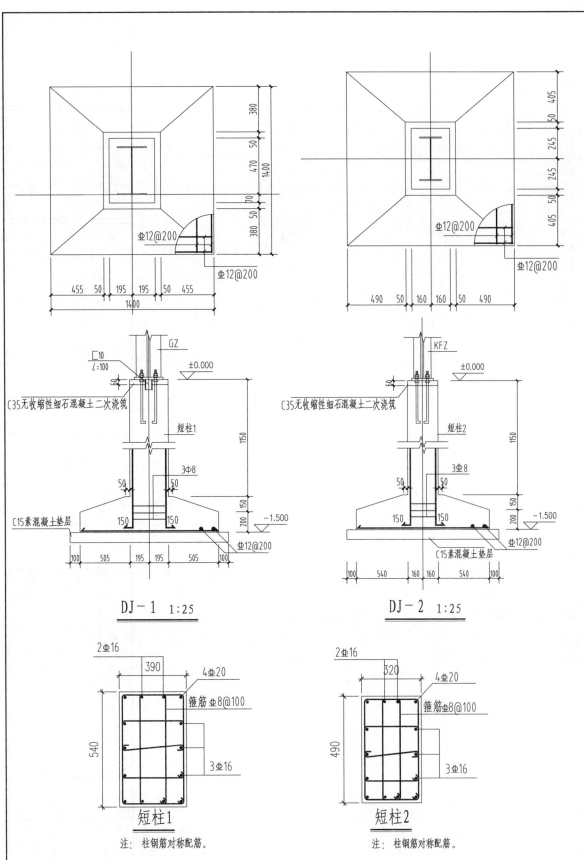

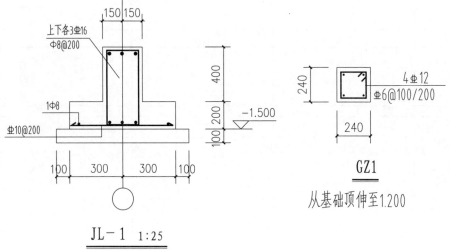

上下各3Φ16
Φ8@200

1Φ8

Φ10@200

-1.500

150 | 150

400

100 | 200

100 | 300 | 300 | 100

JL-1 1:25

240

240

4Φ12
Φ6@100/200

GZ1

从基础顶伸至1.200

380
50
470 1400
70
380

405
50
245
245
50
405

Φ12@200

Φ12@200

455 | 50 | 195 | 195 | 50 | 455
1400

490 | 50 | 160 | 160 | 50 | 490

Φ12@200

Φ12@200

GZ
[10
L=100

±0.000

C35无收缩性细石混凝土二次浇筑

短柱1

1150

3Φ8

50 | 50

C15素混凝土垫层

100 | 505 | 195 | 195 | 505 | 100

150 | 200
150

-1.500

Φ12@200

DJ-1 1:25

KFZ

±0.000

C35无收缩性细石混凝土二次浇筑

短柱2

1150

3Φ8

50 | 50

C15素混凝土垫层

100 | 540 | 160 | 160 | 540 | 100

150 | 200
150

-1.500

Φ12@200

DJ-2 1:25

2Φ16
390
4Φ20
540
箍筋 Φ8@100
3Φ16

短柱1

注：柱钢筋对称配筋。

2Φ16
320
4Φ20
490
箍筋 Φ8@100
3Φ16

短柱2

注：柱钢筋对称配筋。

基础说明:

1.本工程±0.000相当于已有室内地坪标高。

2.基础采用柱下独立基础，基底埋深至-1.500m，挖除表层杂填土至基础垫层底；若基底之下仍存在杂填土，应挖除并采用级配矿渣分层回填压实，压实系数不小于0.96，100厚碎石、100厚C15素混凝土、C30现浇钢筋钢筋混凝土基础，由于无勘察报告，暂估取修正后地基承载力特征值为80kPa。

3.基础(短柱)混凝土强度为C30，GZ、窗台梁混凝土强度为C25。钢筋混凝土主筋保护层厚度：±0.000以下与土接触处外层为40mm，其余柱：30mm，梁：25mm。

4.砌体：±0.000以下为MU15.0混凝土实心砖，±0.000~1.200为MU10.0混凝土多孔砖。砌体施工质量等级B级。±0.000以下为M10水泥砂浆砌体，且用1:3水泥砂浆双面粉饰；±0.000~1.200为M7.5混合砂浆砌体。基础防潮层做法：标高-0.060处设1:2水泥防水砂浆防潮层(掺5%防水剂)。

5.Φ—HPB300级钢筋；Φ—HRB400级钢筋，受拉钢筋的最小锚固长度L_a：Φ为28d，Φ为35d。

6.基坑开挖注意支护、排水，在基础施工前必须组织勘探和设计人员进行基础验槽，验槽合格后方可进行下一道工序。

7.基础柱插筋同上部钢筋，在基础范围内设置3Φ8，第一道箍筋距基础顶面100mm。柱筋在基础中竖直段的锚固长度不小于15d，水平段长度为L_{ae}减去竖直段锚固长度且不小于150mm。

8.室内外回填土要求：清除表层杂填土、淤泥等，用级配矿渣分层回填，蛙夯机来回夯实，压实系数大于0.94，由于车间内地下淤泥层较厚，建议采取地坪加固来减少沉降。

9.本说明未尽及未详处均按现行施工及验收规范执行。

图 纸 会 签
COORDINATION

建筑 ARCHITECTURE
结构 STRUCTURE
给排水 PLUMBING
电气 ELECTRIC
暖通 HVAC

出 图 章
DESIGN SEAL

注册执业章
REGISTERED SEAL

工程名称 DATALV ××制衣有限公司

项目名称 PROJECT 仓库

图名 TITLE 基础详图

签名 SIGNATURE | 日期 DATE

审定人 APPROVED BY
审核人 EXAMINED BY
项目负责人 PROJECT MANAGER
专业负责人 CHIEF ENGI.
校对人 CHECKED BY
设计人 DESIGNED BY

工程号 FILE No.
图别 DRAWING TYPE 结施
图号 DRAWING No. 03
日期 DATE XXXX.XX

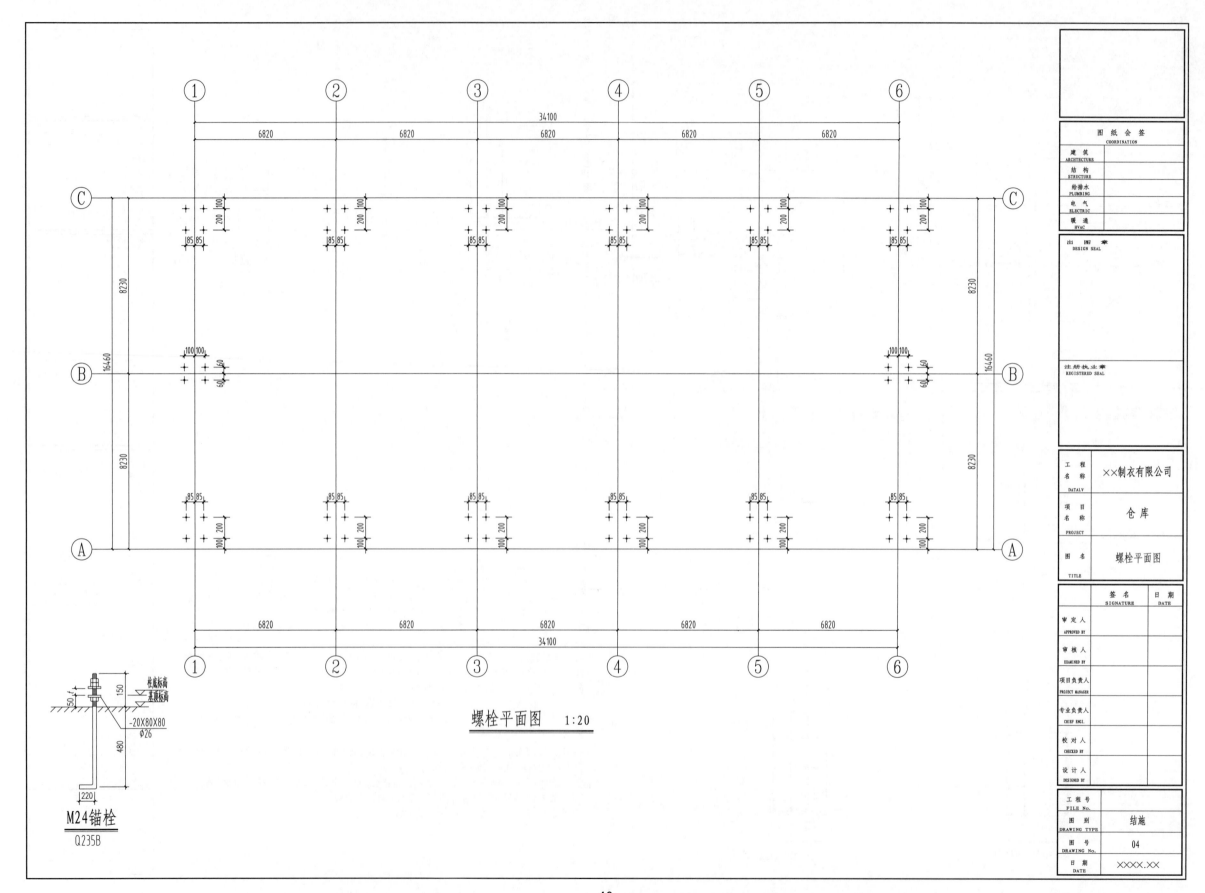

螺栓平面图   1:20

M24锚栓
Q235B

图 纸 会 签
COORDINATION

建 筑
ARCHITECTURE
结 构
STRUCTURE
给排水
PLUMBING
电 气
ELECTRIC
暖 通
HVAC

出 图 章
DESIGN SEAL

注 册 执 业 章
REGISTERED SEAL

工 程
名 称
DATALV
××制衣有限公司

项 目
名 称
PROJECT
仓库

图 名
TITLE
螺栓平面图

签 名
SIGNATURE
日 期
DATE

审 定 人
APPROVED BY

审 核 人
EXAMINED BY

项目负责人
PROJECT MANAGER

专业负责人
CHIEF ENGI.

校 对 人
CHECKED BY

设 计 人
DESIGNED BY

工 程 号
FILE No.

图 别
DRAWING TYPE
结施

图 号
DRAWING No.
04

日 期
DATE
XXXX.XX

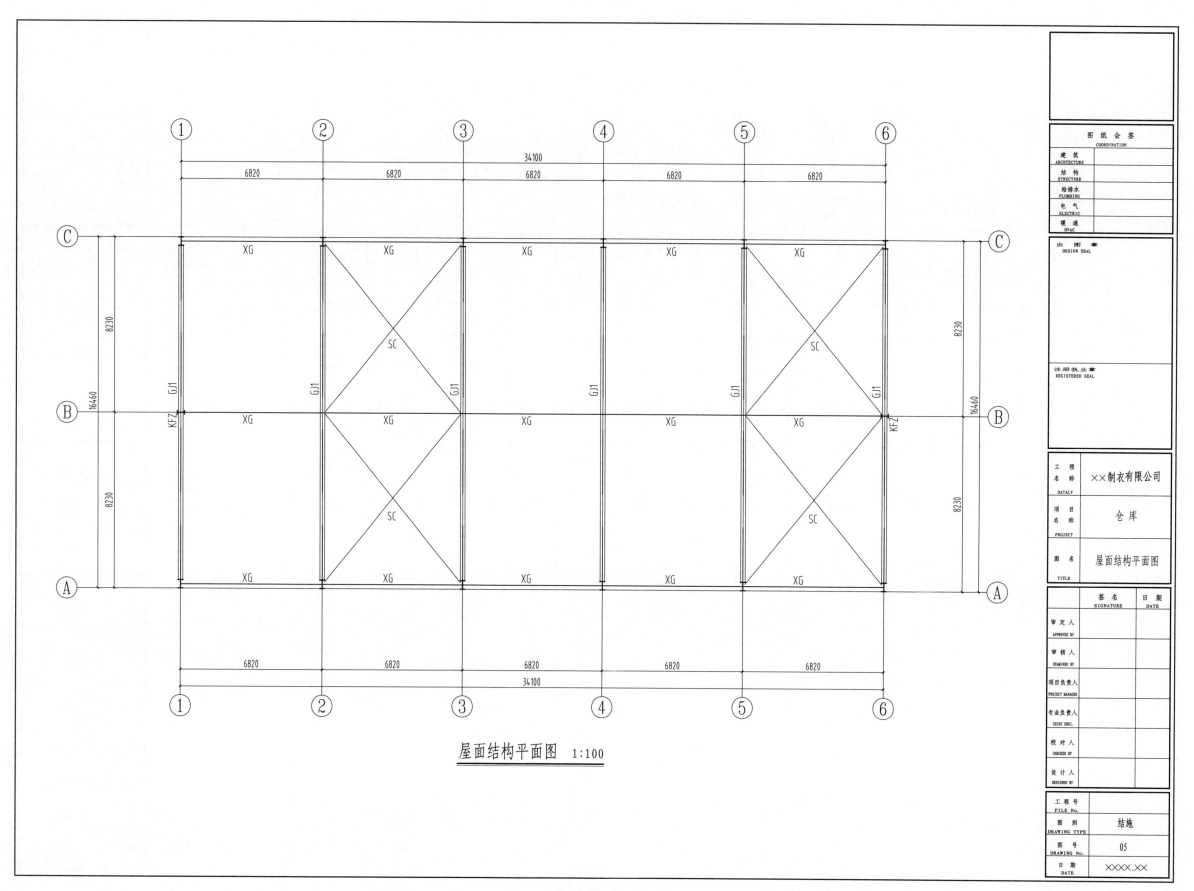

屋面结构平面图 1:100

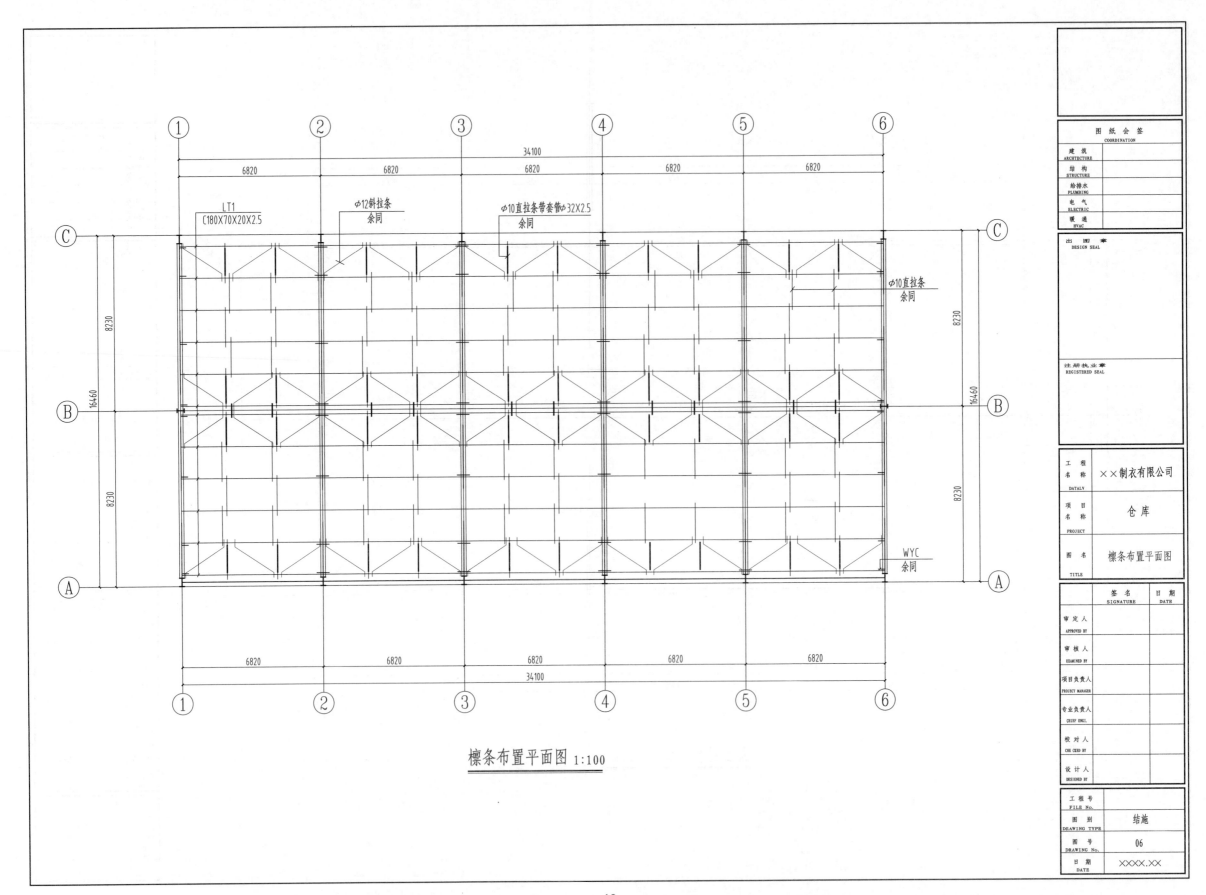

檩条布置平面图 1:100

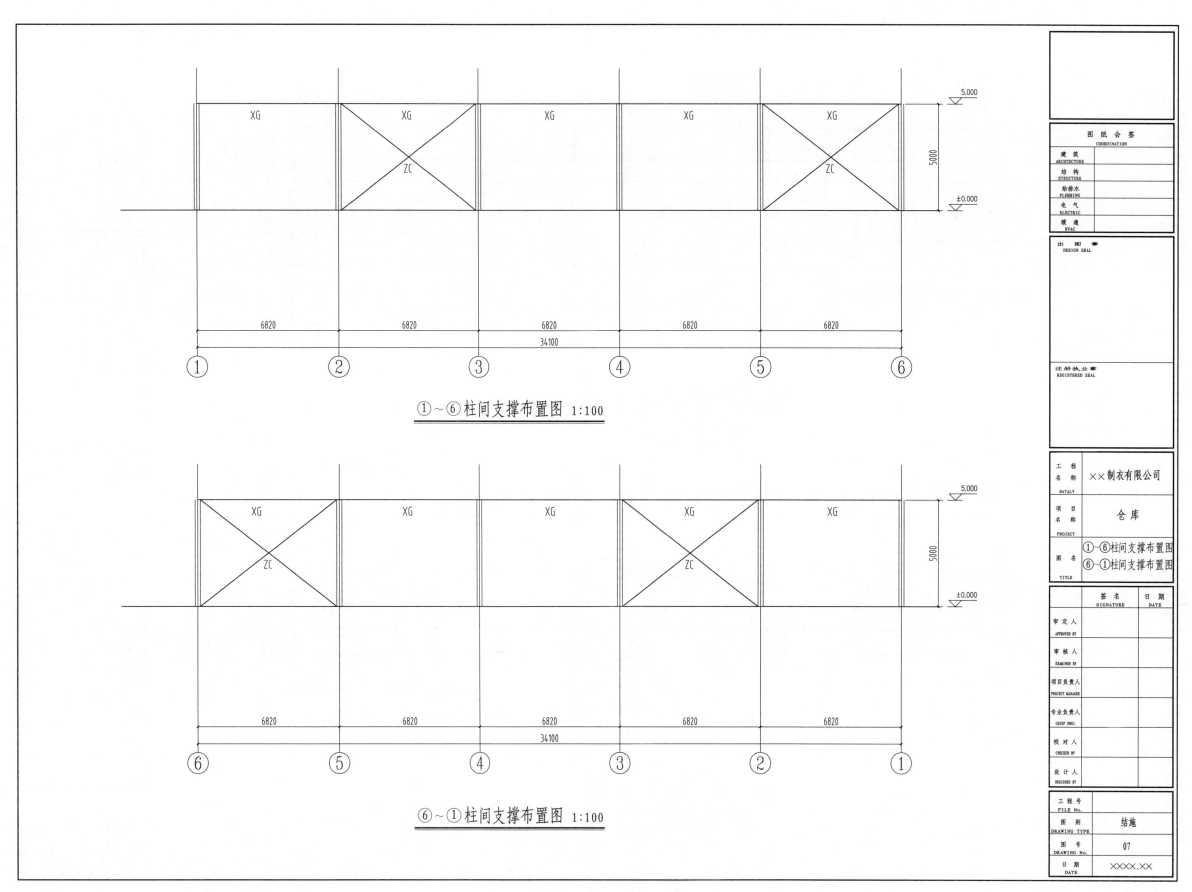

①～⑥柱间支撑布置图 1:100

⑥～①柱间支撑布置图 1:100

图 纸 会 签
COORDINATION

建 筑
ARCHITECTURE

结 构
STRUCTURE

给排水
PLUMBING

电 气
ELECTRIC

暖 通
HVAC

出 图 章
DESIGN SEAL

注 册 执 业 章
REGISTERED SEAL

工 程
名 称
DATALV
××制衣有限公司

项 目
名 称
PROJECT
仓 库

图 名
TITLE
①～⑥柱间支撑布置图
⑥～①柱间支撑布置图

签 名
SIGNATURE
日 期
DATE

审定人
APPROVED BY

审核人
EXAMINED BY

项目负责人
PROJECT MANAGER

专业负责人
CHIEF ENGI.

校对人
CHECKED BY

设计人
DESIGNED BY

工 程 号
FILE No.

图 别
DRAWING TYPE
结施

图 号
DRAWING No.
07

日 期
DATE
XXXX.XX

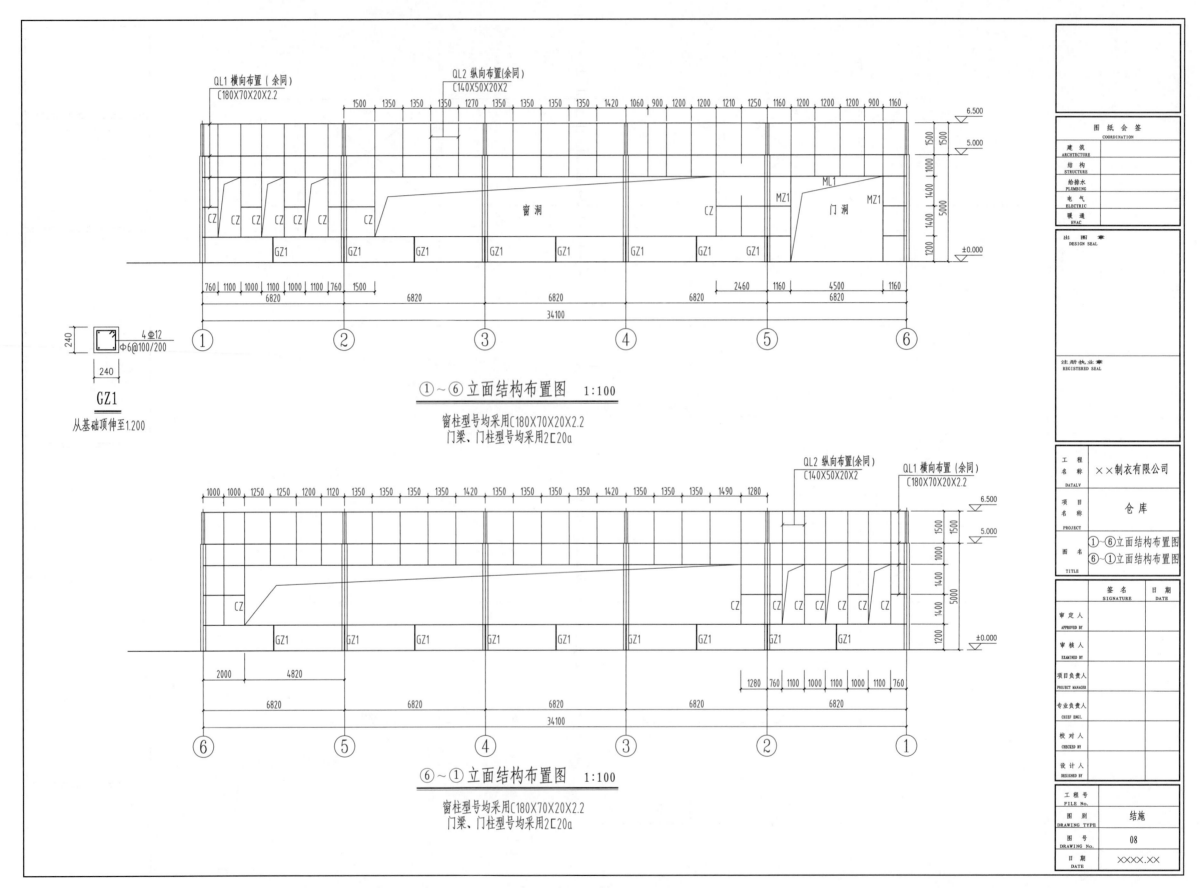

QL1 横向布置（余同）
C180X70X20X2.2

QL2 纵向布置（余同）
C140X50X20X2

1500 1350 1350 1350 1270 1350 1350 1350 1420 1060 900 1200 1200 1210 1250 1160 1200 1200 1200 900 1160

6.500
5.000

窗洞

ML1

CZ

MZ1   门 洞   MZ1

GZ1   GZ1   GZ1   GZ1   GZ1   GZ1   GZ1   GZ1

±0.000

760 1100 1000 1100 1000 1100 760 1500

2460 1160   4500   1160

6820   6820   6820   6820   6820

34100

① ② ③ ④ ⑤ ⑥

GZ1
4 Φ12
Φ6@100/200

GZ1
从基础顶伸至1.200

①～⑥立面结构布置图   1:100

窗柱型号均采用C180X70X20X2.2
门梁、门柱型号均采用2[20a

QL2 纵向布置(余同)
C140X50X20X2

QL1 横向布置（余同）
C180X70X20X2.2

1000 1000 1250 1250 1200 1120 1350 1350 1350 1350 1420 1350 1350 1350 1350 1420 1350 1350 1350 1490 1280

6.500
5.000

CZ

CZ CZ CZ CZ CZ CZ

GZ1   GZ1   GZ1   GZ1   GZ1   GZ1   GZ1   GZ1

±0.000

2000   4820

1280 760 1100 1000 1100 1000 1100 760

6820   6820   6820   6820   6820

34100

⑥ ⑤ ④ ③ ② ①

⑥～①立面结构布置图   1:100

窗柱型号均采用C180X70X20X2.2
门梁、门柱型号均采用2[20a

图 纸 会 签
COORDINATION

建 筑 ARCHITECTURE
结 构 STRUCTURE
给排水 PLUMBING
电 气 ELECTRIC
暖 通 HVAC

出图章 DESIGN SEAL

注册执业章 REGISTERED SEAL

工 程 名 称 DATALV   ××制农有限公司
项 目 名 称 PROJECT   仓 库
图 名 TITLE   ①～⑥立面结构布置图 ⑥～①立面结构布置图

签 名 SIGNATURE   日 期 DATE
审 定 人 APPROVED BY
审 核 人 EXAMINED BY
项目负责人 PROJECT MANAGER
专业负责人 CHIEF ENGL.
校 对 人 CHECKED BY
设 计 人 DESIGNED BY

工 程 号 FILE No.
图 别 DRAWING TYPE   结施
图 号 DRAWING No.   08
日 期 DATE   XXXX.XX

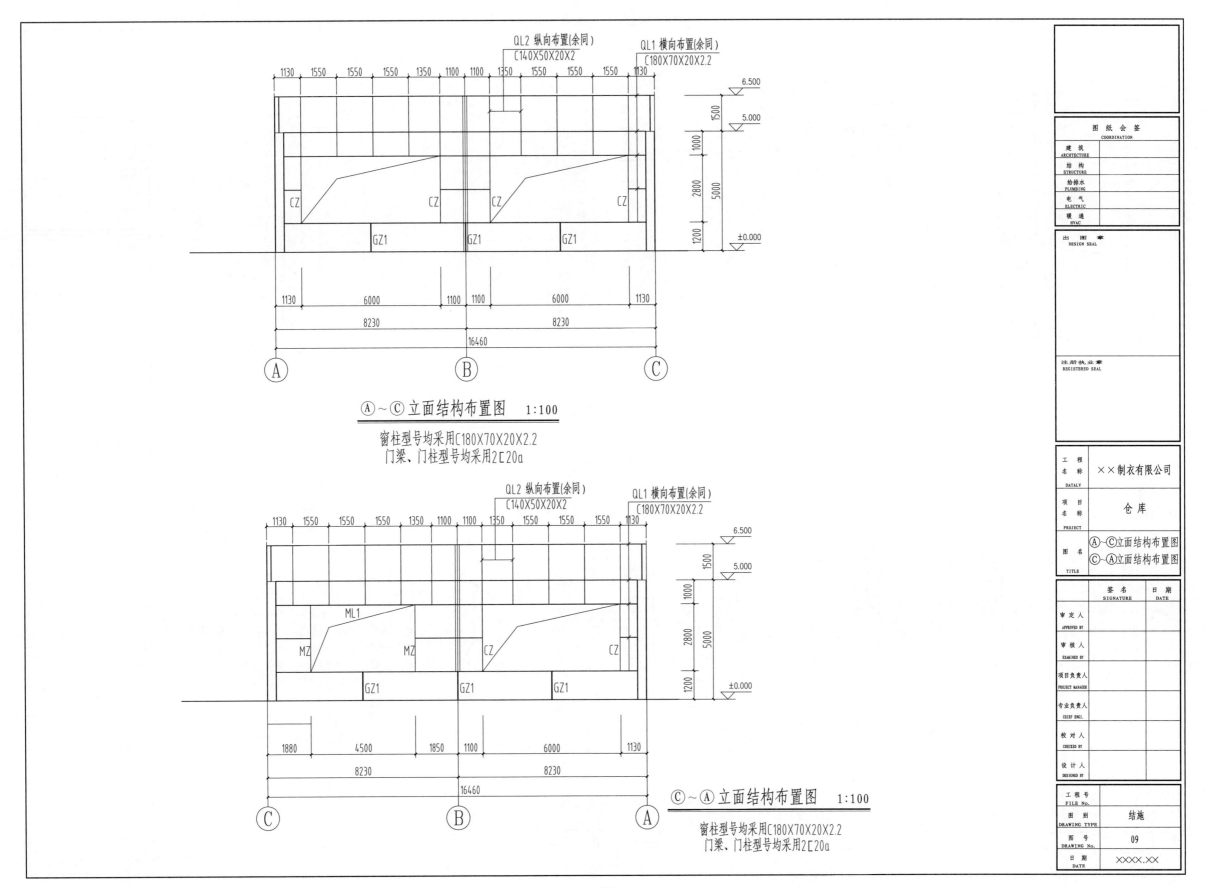

Ⓐ～Ⓒ立面结构布置图　　1:100

窗柱型号均采用C180X70X20X2.2
门梁、门柱型号均采用2[20a

Ⓒ～Ⓐ立面结构布置图　　1:100

窗柱型号均采用C180X70X20X2.2
门梁、门柱型号均采用2[20a

图 纸 会 签
COORDINATION

建 筑 ARCHITECTURE
结 构 STRUCTURE
给排水 PLUMBING
电 气 ELECTRIC
暖 通 HVAC

出 图 章 DESIGN SEAL

注册执业章 REGISTERED SEAL

工程名称 DATALV　××制衣有限公司
项目名称 PROJECT　仓库
图 名 TITLE　Ⓐ～Ⓒ立面结构布置图　Ⓒ～Ⓐ立面结构布置图

签 名 SIGNATURE　日 期 DATE
审定人 APPROVED BY
审核人 EXAMINED BY
项目负责人 PROJECT MANAGER
专业负责人 CHIEF ENGL.
校对人 CHECKED BY
设计人 DESIGNED BY

工程号 FILE No.
图 别 DRAWING TYPE　结施
图 号 DRAWING No.　09
日 期 DATE　XXXX.XX

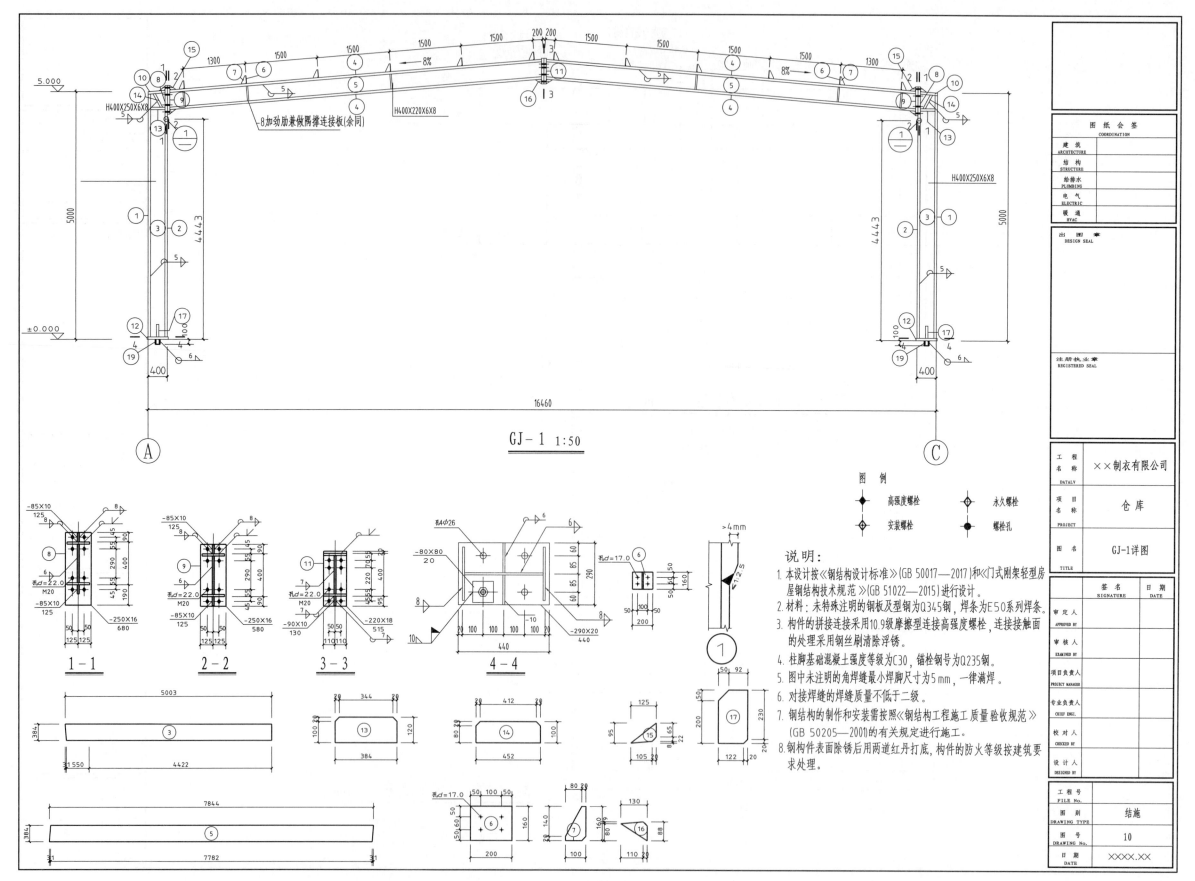

GJ-1 1:50

说明:
1. 本设计按《钢结构设计标准》(GB 50017—2017)和《门式刚架轻型房屋钢结构技术规范》(GB 51022—2015)进行设计。
2. 材料: 未特殊注明的钢板及型钢为Q345钢, 焊条为E50系列焊条。
3. 构件的拼接连接采用10.9级摩擦型连接高强度螺栓, 连接接触面的处理采用钢丝刷清除浮锈。
4. 柱脚基础混凝土强度等级为C30, 锚栓钢号为Q235钢。
5. 图中未注明的角焊缝最小焊脚尺寸为5mm, 一律满焊。
6. 对接焊缝的焊缝质量不低于二级。
7. 钢结构的制作和安装需按照《钢结构工程施工质量验收规范》(GB 50205—2001)的有关规定进行施工。
8. 钢构件表面除锈后用两道红丹打底, 构件的防火等级按建筑要求处理。

图例
◆ 高强度螺栓   ◇ 永久螺栓
◇ 安装螺栓   ◆ 螺栓孔

1-1   2-2   3-3   4-4   1

图纸会签 COORDINATION
建筑 ARCHITECTURE
结构 STRUCTURE
给排水 PLUMBING
电气 ELECTRIC
联通 HVAC

出图章 DESIGN SEAL

注册执业章 REGISTERED SEAL

工程名称 DATALV   ××制衣有限公司
项目名称 PROJECT   仓库
图名 TITLE   GJ-1详图

签名 SIGNATURE | 日期 DATE
审定人 APPROVED BY
审核人 EXAMINED BY
项目负责人 PROJECT MANAGER
专业负责人 CHIEF ENGL.
校对人 CHECKED BY
设计人 DESIGNED BY

工程号 FILE No.
图别 DRAWING TYPE   结施
图号 DRAWING No.   10
日期 DATE   XXXX.XX

· 46 ·

材 料 表

构件编号	零件编号	规格	长度/mm	数量		重量/kg			备注
				正	反	单重	共重	总重	
GJ-1	1	—250×8	4973	2		78.1	156.1	1428.6	
	2	—250×8	4423	2		69.4	138.9		
	3	—384×6	5003	2		90.2	180.4		
	4	—220×8	7813	4		107.9	431.8		
	5	—384×6	7844	2		141.3	282.6		
	6	—160×6	200	12		1.5	18.1		
	7	—100×6	160	12		0.8	9.0		
	8	—250×16	680	2		21.4	42.7		
	9	—250×16	580	2		18.2	36.4		
	10	—250×8	393	2		6.2	12.3		
	11	—220×18	515	2		16.0	32.0		
	12	—290×20	440	2		20.0	40.1		
	13	—120×8	384	4		2.9	11.6		
	14	—100×6	452	4		2.1	8.5		
	15	—85×10	125	6		0.8	5.0		
	16	—90×10	130	2		0.9	1.8		
	17	—142×10	250	4		2.8	11.1		
	18	—80×20	80	8		1.0	8.0		
	19	［10	100	2		1.0	2.0		

图 纸 会 签
COORDINATION

建 筑 ARCHITECTURE
结 构 STRUCTURE
给排水 PLUMBING
电 气 ELECTRIC
暖 通 HVAC

出 图 章 DESIGN SEAL

注册执业章 REGISTERED SEAL

工 程 名 称 DATALV　××制衣有限公司
项 目 名 称 PROJECT　仓 库
图 名 TITLE　CJ-1材料表

	签 名 SIGNATURE	日 期 DATE
审 定 人 APPROVED BY		
审 核 人 EXAMINED BY		
项目负责人 PROJECT MANAGER		
专业负责人 CHIEF ENGI.		
校 对 人 CHECKED BY		
设 计 人 DESIGNED BY		

工 程 号 FILE No.
图 别 DRAWING TYPE　结施
图 号 DRAWING No.　11
日 期 DATE　XXXX.XX

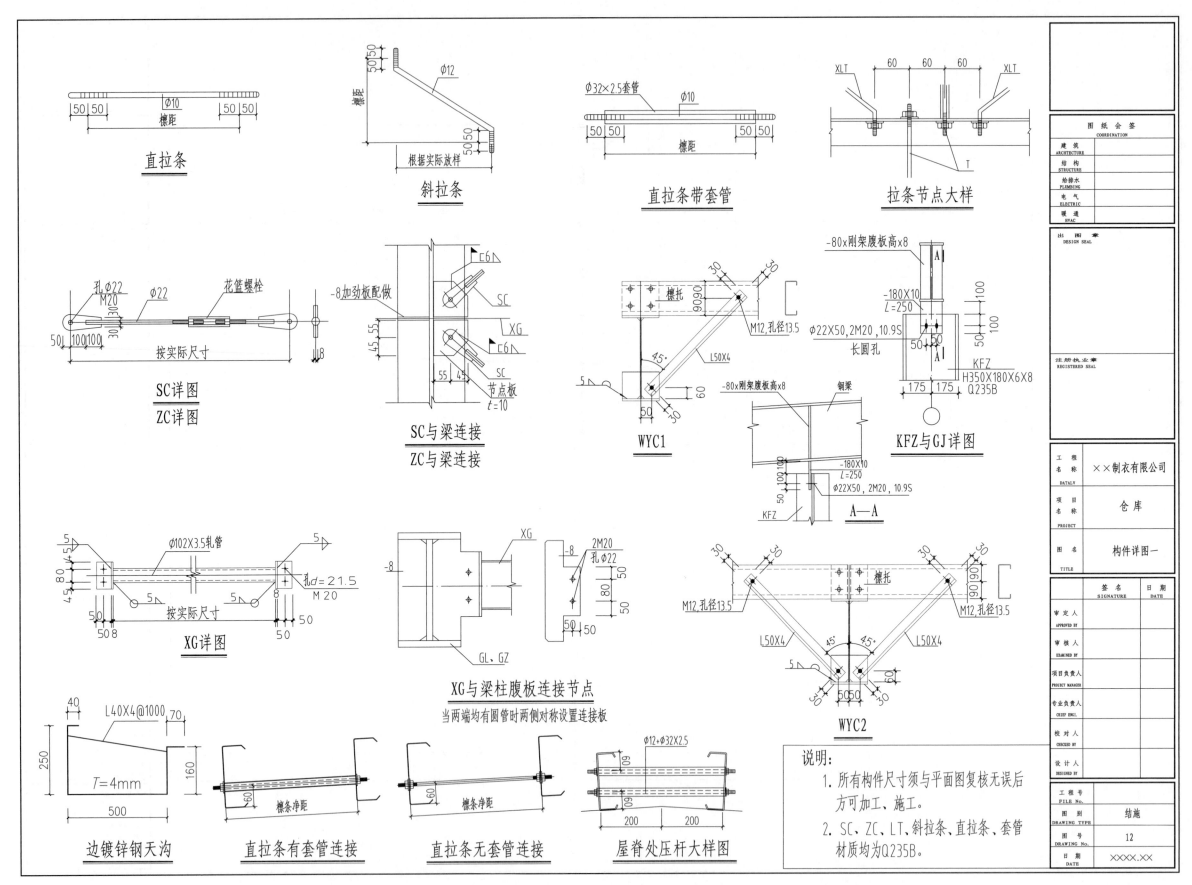

直拉条

斜拉条

直拉条带套管

拉条节点大样

SC详图
ZC详图

SC与梁连接
ZC与梁连接

WYC1

KFZ与GJ详图

XG详图

XG与梁柱腹板连接节点
当两端均有圆管时两侧对称设置连接板

WYC2

边镀锌钢天沟

直拉条有套管连接

直拉条无套管连接

屋脊处压杆大样图

说明：
1. 所有构件尺寸须与平面图复核无误后方可加工、施工。
2. SC、ZC、LT、斜拉条、直拉条、套管材质均为Q235B。

图纸会签 COORDINATION

建筑 ARCHITECTURE	
结构 STRUCTURE	
给排水 PLUMBING	
电气 ELECTRIC	
暖通 HVAC	

出图章 DESIGN SEAL

注册执业章 REGISTERED SEAL

工程名称 DATALV	××制衣有限公司
项目名称 PROJECT	仓库
图名 TITLE	构件详图一

	签名 SIGNATURE	日期 DATE
审定人 APPROVED BY		
审核人 EXAMINED BY		
项目负责人 PROJECT MANAGER		
专业负责人 CHIEF ENGI.		
校对人 CHECKED BY		
设计人 DESIGNED BY		

工程号 FILE No.	
图别 DRAWING TYPE	结施
图号 DRAWING No.	12
日期 DATE	XXXX.XX

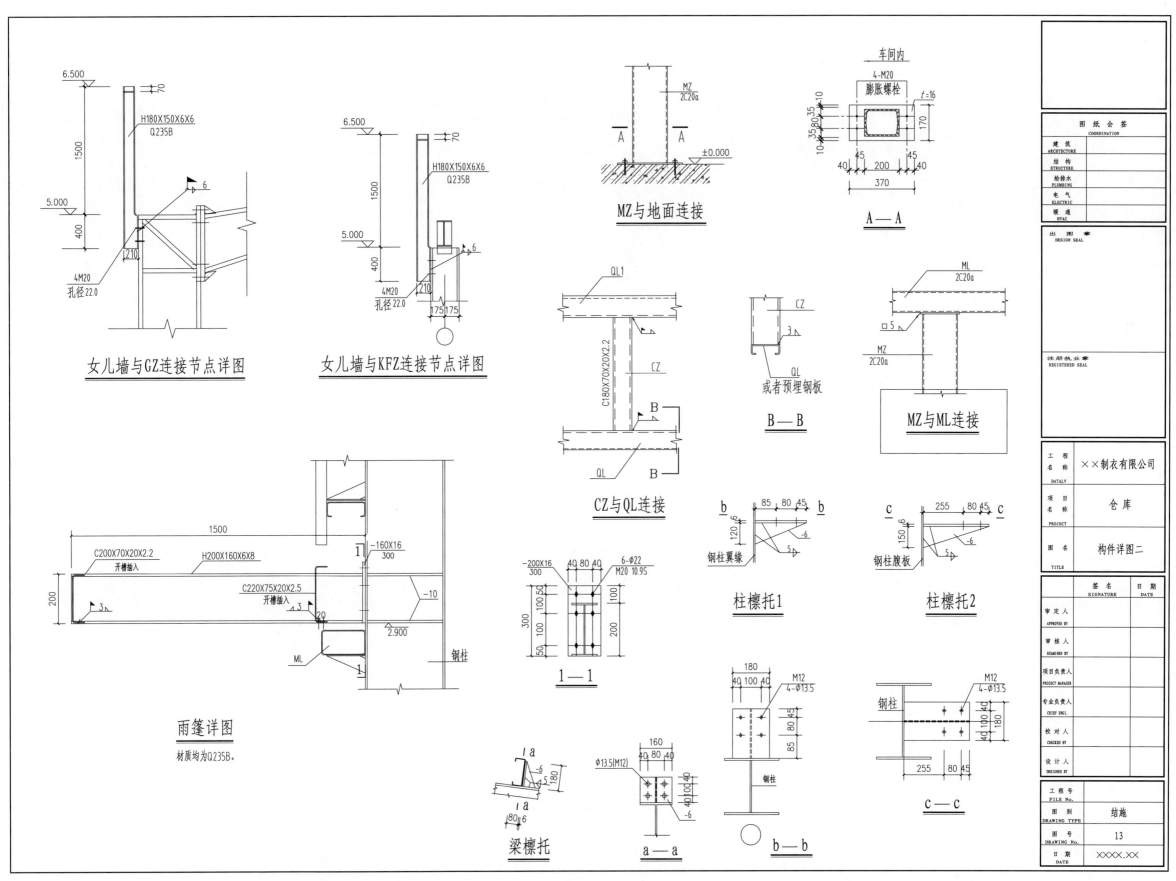

女儿墙与GZ连接节点详图

女儿墙与KFZ连接节点详图

雨篷详图

材质均为Q235B。

梁檩托

MZ与地面连接

A—A

CZ与QL连接

B—B

MZ与ML连接

柱檩托1

柱檩托2

1—1

a—a

b—b

c—c

图 纸 会 签
COORDINATION

建 筑 ARCHITECTURE	
结 构 STRUCTURE	
给排水 PLUMBING	
电 气 ELECTRIC	
暖 通 HVAC	

出 图 章
DESIGN SEAL

注册执业章
REGISTERED SEAL

工程名称 DATALV	××制衣有限公司
项 目 名 称 PROJECT	仓库
图 名 TITLE	构件详图二

	签 名 SIGNATURE	日 期 DATE
审定人 APPROVED BY		
审核人 EXAMINED BY		
项目负责人 PROJECT MANAGER		
专业负责人 CHIEF ENGI.		
校对人 CHECKED BY		
设计人 DESIGNED BY		

工程号 FILE No.	
图 别 DRAWING TYPE	结施
图 号 DRAWING No.	13
日 期 DATE	XXXX.XX